中国通信学会普及与教育工作委员会推荐教材

21世纪高职高专电子信息类规划教材
21 Shiji Gaozhi Gaozhuan Dianzi Xinxilei Guihua Jiaocai

U0258634

移动通信技术与设备（第2版）

解文博 解相吾 主编

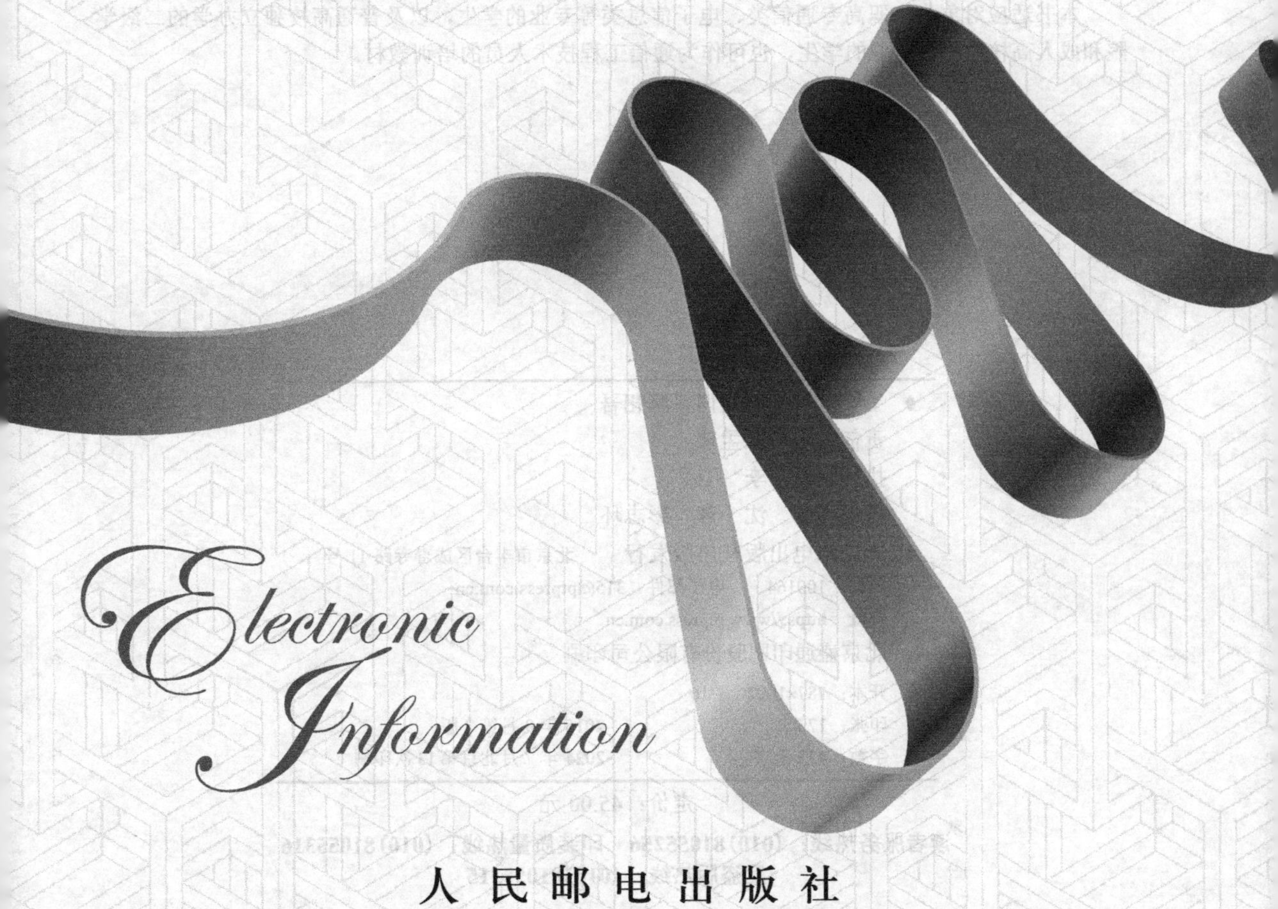

Electronic Information

人民邮电出版社
北京

图书在版编目（CIP）数据

移动通信技术与设备 / 解文博，解相吾主编. -- 2版. -- 北京 : 人民邮电出版社，2015.9
21世纪高职高专电子信息类规划教材
ISBN 978-7-115-39795-9

Ⅰ. ①移… Ⅱ. ①解… ②解… Ⅲ. ①移动通信－通信技术－高等职业教育－教材②移动通信－通信设备－高等职业教育－教材 Ⅳ. ①TN929.5

中国版本图书馆CIP数据核字(2015)第146785号

内容提要

本书从实际应用出发，深入浅出地介绍了移动通信技术的基本理论知识和相关设备的基本原理。全书共12章，主要内容有：移动通信的基本概念，移动通信的编码与调制，移动通信的关键技术，移动通信的网络结构，移动通信的电波传播与干扰，GSM移动通信系统，CDMA移动通信系统，通用分组无线业务（GPRS），第三代移动通信系统，第四代移动通信系统，基站（BS）设备与管理，终端设备。

本书适应对象为高职高专通信类、电子信息类等专业的学生，以及普通高校独立办学的二级学院和成人高校中相关专业的学生，也可作为通信工程技术人员的培训教材。

◆ 主　　编　解文博　解相吾
责任编辑　张孟玮
执行编辑　李　召
责任印制　沈　蓉　彭志环

◆ 人民邮电出版社出版发行　　北京市丰台区成寿寺路11号
邮编　100164　　电子邮件　315@ptpress.com.cn
网址　https://www.ptpress.com.cn
北京盛通印刷股份有限公司印刷

◆ 开本：787×1092　1/16
印张：17.25　　　　2015年9月第2版
字数：432千字　　　2024年7月北京第13次印刷

定价：45.00元

读者服务热线：(010)81055256　印装质量热线：(010)81055316
反盗版热线：(010)81055315

第 2 版前言

通信技术日新月异，给人们带来不少享受。移动通信已经基本实现了人与人的互联，并正在实现人与互联网的互联。移动通信正向数据化、高速化、宽带化、频段更高化方向发展，移动数据、移动 IP 预计将成为未来移动业务的主流。

承蒙读者厚爱，本书自 2009 年出版以来，已经多次重印。由于移动通信技术的快速发展，原书中的内容有些已经过时，同时又有很多新的技术问世。为适应当今移动通信技术、数字多媒体通信、宽带无线传输、移动互联网技术的发展及需要，这次修订在原书的基础上做了精心改编。重点介绍移动通信的基本理论、基本概念和基本技术，以及移动通信领域最新技术的发展。这次修订的主要内容如下。

- 对本书第 1 版中部分项目存在的一些问题进行了校正和修改。
- 对移动通信技术的发展前景补充了新的内容。
- 增加了 Turbo 码、低密度奇偶校验码（LDPC）、空时编码（STC）、预编码技术等相关内容。
- 增补了 OFDM、WiMAX 等相关内容。
- 重点介绍了 LTE，对第四代移动通信系统做了详细说明。

修订后的本书更加注重基础性，突出通用性，强化实用性。将进一步紧跟移动通信领域的发展步伐，更适合于高校的教学。

全书参考教学时数为 64 学时，各校可根据自身专业特点、课程设置的实际情况和教学要求进行适当调整。各章节的学时分配见下表。

章　节	名　称	学 时 数
第 1 章	移动通信的基本概念	2
第 2 章	移动通信的编码与调制	6
第 3 章	移动通信的关键技术	6
第 4 章	移动通信的网络结构	4
第 5 章	移动通信的电波传播与干扰	4
第 6 章	GSM 移动通信系统	4
第 7 章	CDMA 移动通信系统	6
第 8 章	通用分组无线业务（GPRS）	4
第 9 章	第三代移动通信系统	6
第 10 章	第四代移动通信系统	6
第 11 章	基站（BS）设备与管理	8
第 12 章	终端设备	8
总计		64

本书第2版由解文博、解相吾共同主编。参加本书编写的还有徐小英、陆华春、李安、关天军、陈炯光、陈杰辉、王永豪等，他们为本书的资料收集和整理付出了辛勤的劳动，编者在此表示衷心的感谢。

本书难免会有错误和不当之处，敬请广大读者批评指正。

编　者

2015年5月

目　录

第 1 章　移动通信的基本概念 ············1

1.1　移动通信的定义 ························1
1.2　移动通信的发展概况 ··················4
　1.2.1　GSM 发展历程 ····················5
　1.2.2　CDMA 的发展 ·····················6
1.3　移动通信的分类 ························6
1.4　移动通信的工作方式 ··················8
　1.4.1　单工通信 ·························8
　1.4.2　半双工通信 ·······················9
　1.4.3　全双工通信 ·······················9
1.5　移动通信网络的频率配置 ·········10
1.6　移动通信技术的发展趋势 ·········12
小结 ··17
习题 ··17

第 2 章　移动通信的编码与调制 ······18

2.1　数字调制技术 ··························18
　2.1.1　数字调制技术的分类 ············19
　2.1.2　线性调制技术 ···················20
　2.1.3　恒包络调制技术 ················25
　2.1.4　正交振幅调制技术 ·············32
2.2　编码技术 ·······························34
　2.2.1　信源编码 ·························34
　2.2.2　信道编码 ·························39
　2.2.3　纠错编码的基本原理 ············43
　2.2.4　交织技术 ·························45
　2.2.5　网格编码调制 ···················46
　2.2.6　空时编码（STC） ···············46
　2.2.7　预编码技术 ······················50
小结 ··52
习题 ··53

第 3 章　移动通信的关键技术 ·········54

3.1　基带传输 ·······························54
　3.1.1　数字基带信号的常用码型 ······54
　3.1.2　码型变换的基本方法 ···········56
　3.1.3　数字基带系统的组成 ···········58
3.2　多址技术 ·······························60
　3.2.1　频分多址 ·························60
　3.2.2　时分多址 ·························61
　3.2.3　码分多址 ·························62
　3.2.4　空分多址 ·························63
3.3　跳频扩频技术 ··························63
　3.3.1　伪随机序列 ······················64
　3.3.2　直接序列扩频 ···················68
　3.3.3　跳变频率扩频 ···················69
3.4　分集接收技术 ··························70
　3.4.1　分集接收原理 ···················70
　3.4.2　分集接收方式 ···················71
　3.4.3　Rake 接收 ························72
3.5　OFDM 技术 ·····························75
　3.5.1　OFDM 的传输原理 ··············75
　3.5.2　OFDM 的调制与解调 ···········77
小结 ··79
习题 ··79

第 4 章　移动通信的网络结构 ·········81

4.1　网络结构 ·······························81
　4.1.1　基本结构 ·························81

4.1.2 区域覆盖方式 83
4.1.3 服务区形状 84
4.2 信令 85
4.2.1 信令的类型 85
4.2.2 数字信令 86
4.2.3 信令的应用 86
4.3 越区切换与位置管理 87
4.3.1 越区切换 87
4.3.2 位置管理 89
小结 92
习题 92

第5章 移动通信的电波传播与干扰 93
5.1 无线电波的传播 93
5.1.1 无线电波 93
5.1.2 无线电波的波段划分 93
5.1.3 无线电波的传播方式 94
5.2 移动通信中电波传播特性 95
5.2.1 传播损耗 96
5.2.2 信号衰落 96
5.3 信道的结构 97
5.3.1 信道的定义 97
5.3.2 信道的类型 98
5.3.3 信道的结构组成 99
5.4 信道内的噪声与干扰 101
5.4.1 噪声 101
5.4.2 信道内的干扰 102
小结 107
习题 108

第6章 GSM移动通信系统 109
6.1 GSM移动通信系统综述 109
6.2 GSM的系统结构 110
6.2.1 交换网络子系统 111
6.2.2 无线基站子系统 113
6.2.3 移动台 113
6.3 GSM的网络结构 113
6.3.1 移动业务本地网的网络结构 114
6.3.2 省内移动通信网的网络结构 115
6.3.3 全国移动通信网的网络结构 115
6.3.4 GSM的网络接口 116
6.4 GSM网络的编号与业务 118
6.4.1 编号 118
6.4.2 主要业务 120
6.5 GSM信道配置 123
6.5.1 帧结构 124
6.5.2 时隙结构 125
6.5.3 信道及其组合 127
6.6 接续流程与管理 130
6.6.1 位置更新流程 130
6.6.2 移动用户至固定用户出局呼叫流程 130
6.6.3 固定用户至移动用户入局呼叫流程 131
6.6.4 切换流程 132
6.6.5 鉴权与加密 133
小结 135
习题 135

第7章 CDMA移动通信系统 136
7.1 概述 136
7.1.1 扩频通信的基本概念 136
7.1.2 CDMA系统的基本特点 140
7.1.3 CDMA系统的基本特性 143
7.2 CDMA系统信道组成 145
7.2.1 前向传输信道 145
7.2.2 反向传输信道 147
7.3 CDMA移动通信系统组成 148
7.3.1 网络子系统 149
7.3.2 基站子系统 150
7.3.3 移动台子系统 152

7.4　IS-95CDMA 系统简介 ………153
小结 ……………………………………154
习题 ……………………………………154

第 8 章　通用分组无线业务（GPRS）……156

8.1　概述 ……………………………………156
8.2　GPRS 的体系结构 ……………………157
8.2.1　GPRS 逻辑结构 ………157
8.2.2　GPRS 物理结构 ………160
8.2.3　GPRS 网络结构 ………161
8.3　GPRS 的协议 …………………………163
8.3.1　GPRS 协议基础 ………164
8.3.2　GPRS 协议模型 ………166
8.3.3　GPRS 参考模型与移动台 ………………………166
8.4　GPRS 的特点与业务应用 ……167
8.4.1　GPRS 的特点 …………167
8.4.2　业务应用 ………………169
小结 ……………………………………171
习题 ……………………………………171

第 9 章　第三代移动通信系统 ………172

9.1　概述 ……………………………………172
9.1.1　第三代移动通信系统的标准 ………………172
9.1.2　第三代移动通信系统的特点 ………………173
9.1.3　3G 的目标与要求 ……174
9.1.4　3G 的发展趋势 ………175
9.2　第三代移动通信系统的组成 ……………………………………175
9.2.1　WCDMA …………………176
9.2.2　cdma2000 …………………177
9.2.3　TD-SCDMA ………………179
9.2.4　WiMAX ……………………181
9.2.5　4 种主要技术制式的比较 ………………………185
9.3　第三代移动通信系统提供的业务 ……………………………………186
9.4　第三代移动通信系统的关键技术 ……………………………187
9.4.1　新型调制技术 …………187
9.4.2　智能天线技术 …………189
9.4.3　多用户检测技术 ………190
9.4.4　多径分集接收技术 ……191
9.4.5　多层网络结构 …………192
9.4.6　功率控制技术 …………192
9.4.7　软件无线电技术 ………194
小结 ……………………………………195
习题 ……………………………………195

第 10 章　第四代移动通信系统 ……197

10.1　LTE ………………………………………197
10.1.1　LTE 的问世 ……………197
10.1.2　LTE 的主要特点 ………198
10.1.3　LTE 网络架构 …………199
10.1.4　LTE 的关键技术 ………201
10.1.5　LTE 物理层的技术演进 ……………………………203
10.1.6　LTE 链路层的技术演进 ……………………………205
10.2　4G 通信系统 …………………………206
10.2.1　4G 移动通信系统功能特点 …………………206
10.2.2　4G 移动通信系统体系结构 …………………209
10.2.3　4G 移动通信系统标准体系 …………………209
10.2.4　4G 移动通信系统关键技术 …………………211
10.2.5　全 IP 网络 ………………217
10.2.6　多模终端的应用 ………218
10.2.7　4G 的未来 ………………218
小结 ……………………………………218
习题 ……………………………………219

第 11 章　基站（BS）设备与管理 …220

11.1　基站的组成 …………………………220
11.1.1　射频部分 ………………221

11.1.2 控制部分……224
11.2 选址与安装……226
11.2.1 机房选址……226
11.2.2 天线馈线系统安装…227
11.2.3 基站整体安装……234
11.2.4 防雷与接地……235
11.2.5 供电系统……236
11.2.6 空调系统……239
11.3 日常维护……239
小结……241
习题……241
第12章 终端设备……242
12.1 GSM手机……242
12.1.1 射频部分……243
12.1.2 逻辑/音频部分……249
12.1.3 电源部分……252
12.1.4 其他电路……253
12.2 CDMA手机……254
12.2.1 概述……254
12.2.2 收发部分……257
12.2.3 逻辑/音频部分……262
12.2.4 电源部分……265
小结……267
习题……267
参考文献……268

第1章 移动通信的基本概念

【本章内容简介】本章主要介绍了移动通信的基本原理及其应用方面的基本概念，对移动通信的特点、分类、工作方式和网络的频率配置等进行了详尽说明，概述了移动通信的发展历程，同时展望了未来的发展趋势。

【学习重点与要求】重点掌握移动通信的定义、特点、分类和工作方式，了解无线频谱的规划及移动通信的工作频段。

1.1 移动通信的定义

在人类社会的发展进程中，通信始终与人类社会的各种活动密切相关。无论是古代的“烽火台”，还是现代的移动电话，都属于通信的范畴。

现代通信系统是信息时代的生命线，以信息为主导的信息化社会又促进通信新技术的大力发展，传统的通信网已不能满足现代通信的要求，移动通信已成为现代通信中发展最为迅速的一种通信手段。随着人类社会对信息需求的不断提高，通信技术正在逐步走向智能化和网络化。人们对通信的理想要求是：任何人（Whoever）在任何时候（Whenever）无论在任何地方（Wherever）能够同任何人（Whoever）进行任何方式（Whatever）的交流。很明显，如果没有移动通信，上述愿望将永远无法实现。

移动通信在现代通信领域中占有十分重要的地位。所谓移动通信，就是指进行信息交换的双方至少有一方处于运动状态中。例如，运动着的车辆、船舶、飞机或行走着的人与固定点之间进行信息交换，或者移动物体之间的通信都属于移动通信。这里所说的信息交换不仅指双方的通话，同时也包括数据、传真、图像等多媒体业务。

移动通信是一门复杂的高新技术，尤其是蜂窝移动通信。要使通信的一方或双方在移动中实现通信，就必须采用无线通信方式。移动通信技术不仅集中了无线通信和有线通信的最新技术成就，而且集中了网络技术和计算机技术的许多成果。目前，蜂窝移动通信已从模拟通信阶段发展到了数字通信阶段，并且正朝着第三代移动通信这一更高阶段发展。

移动通信与其他通信方式相比主要具有以下特点。

1. 无线电波传播环境复杂

在移动通信中，基站至用户间靠无线电波来传送信息。当前，移动通信的频率范围在甚高频（VHF，30～300 MHz）和特高频（UHF，300～3 000 MHz）内。这个频段的特点是：传播距离在视距范围内，通常为几十千米；天线短，抗干扰能力强；以地表面波、电离层反射波、直射波和散射波等方式传播，受地形地物影响很大，如移动通信系统多建于市区内，城市中的高楼林立、高低不平、疏密不同、形状各异，这些都使移动通信传播路径进一步复杂化，并导致其传输特性变化十分剧烈，如图 1-1 所示。由于以上原因，移动台接收到的电波一般是直射波和随时变化的绕射波、反射波、散射波的叠加，这样就造成所接收信号的电场强度起伏不定，最大可相差 20～30 dB，这种现象称为衰落。在衰落现象中，既有长期（慢）衰落，也有十分严重和频繁的短期（快）衰落。

慢衰落是由于电波传播路径上遇到建筑物、树林等障碍物阻挡，在阻挡物的后面形成了电波阴影区。阴影区的信号电场强度较弱，当移动台在穿过阴影区时，就会造成接收信号电场强度中值的缓慢变化，发生阴影效应。阴影效应引起的衰落一般服从正态分布，这种衰落有时又称为正态（高斯）衰落。陆地移动信道的主要特征是多径传播。传播过程中会遇到很多建筑物、树木及起伏的地形，引起能量的吸收和穿透，以及电波的反射、散射及绕射等，这样就使移动传播环境中充满了反射波。

在移动传播环境中，到达移动台天线的信号不是来自于单一路径的，而是来自于许多路径的众多反射波的合成。由于电波通过各个路径的距离不同，因而来自于各个路径的反射波到达的时间不同，相位也就不同。不同相位的多个信号在接收端叠加，有时同相叠加而加强；有时反相叠加而减弱。这样，接收信号的幅度会产生急剧变化，即产生了衰落。这种衰落是由多径引起的，所以称为多径衰落。多径衰落信号的振幅服从瑞利分布，所以多径衰落又称为瑞利衰落。多径衰落使信号电平起伏不定，严重时将影响通话质量。

衰落的现象很容易理解，但由于移动用户的移动具有随机性，所以要解决这种现象是非常复杂的，这就要求在设计移动通信系统时，必须使其具有抗衰落性能和一定的储备。

2．多普勒频移产生调制噪声

移动台经常处在运动之中（如超音速飞机），当达到一定速度时，固定点接收到的载波频率将随运动速度 v 的不同，产生不同的频移，即产生多普勒效应，使接收点的信号场强振幅、相位随时间、地点的变化而不断地变化，如图 1-2 所示。

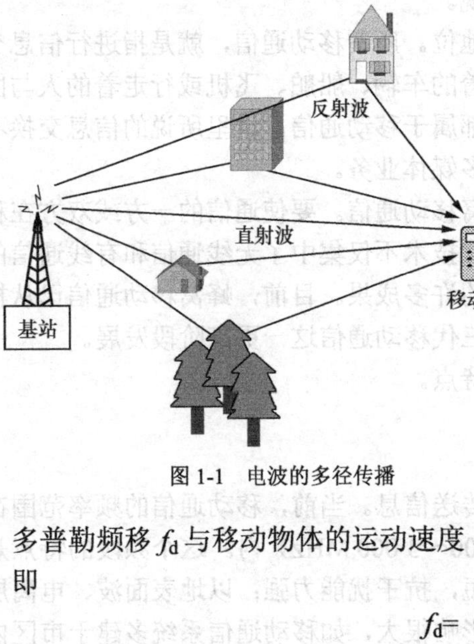

图 1-1　电波的多径传播

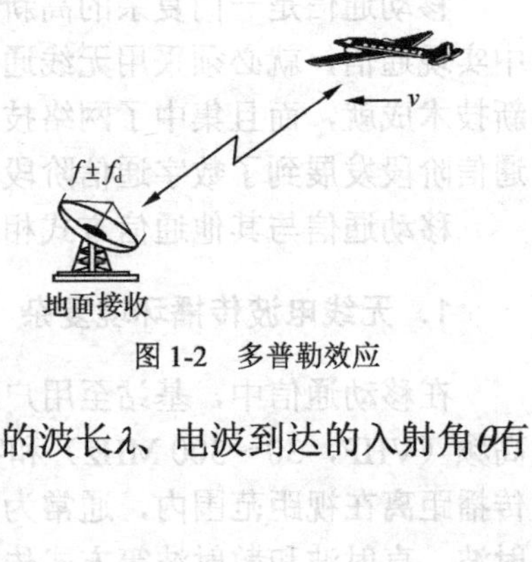

图 1-2　多普勒效应

多普勒频移 f_d 与移动物体的运动速度 v、接收信号载波的波长 λ、电波到达的入射角 θ 有关，即

$$f_d=(v/\lambda)\cos\theta$$

运动方向面向地面接收站，f_d 为正值；反之，f_d 为负值。并且，工作频率越高，频移越大，对信号传输的影响越大。在高速移动电话系统中，多普勒频移可对语音有 300 Hz 左右的影响，产生地面接收附加调频噪声，出现失真。为防止多普勒效应对通信系统的影响，通常地面设备的接收机需要采用锁相技术，加入自动频率跟踪系统，即接收机在捕捉到高速移动物体发来的载频信号之后，当发来的载频信号随速度 v 变化时，地面接收机本振信号频率随之变化，这样就可以不使信号丢失；另外，还可以利用其窄带性能，把淹没在噪声中的微弱信号提取出来，这也是一般接收机做不到的。因此移动通信设备都毫无例外地采用锁相技术。

3．移动台工作时经常受到各种干扰

移动台所受到的噪声影响主要来自于城市噪声、各种车辆发动机点火噪声、微波炉干扰噪声等。对于自然界中如风、雨、雪等的自然噪声，由于频率较低，可忽略其影响。

移动通信网是多频道、多电台同时工作的通信系统。当移动台工作时，往往受到来自其他电台的干扰，主要的干扰有互调干扰、邻道干扰及同频干扰等。因此，无论在系统设计中，还是在组网时，都必须对各种干扰问题予以充分考虑。

（1）互调干扰

互调干扰是指两个或多个信号作用在通信设备的"非线性器件"上，产生同有用信号频率相近的组合频率，从而对通信系统构成干扰的现象。互调干扰是由于在接收机中使用"非线性器件"而引起的。如接收机的混频，当输入回路的选择性不好时，就会使不少干扰信号随着有用信号一起进入混频级，最终形成对有用信号的干扰。

（2）邻道干扰

邻道干扰是指相邻或邻近的信道（或频道）之间的干扰，是由于一个强信号串扰弱信号而造成的干扰。如当两个用户距离基站位置差异较大，且这两个用户所占用的信道为相邻或邻近信道时，距离基站近的用户信号较强，而远的用户信号较弱，因此，距离基站近的用户有可能对距离基站远的用户造成干扰。为解决这个问题，在移动通信设备中，采用了自动功率控制电路，以调节发射功率。

（3）同频干扰

同频干扰是指相同载频电台之间的干扰。由于蜂窝式移动通信采用同频复用来规划小区，这就使系统中相同频率电台之间的同频干扰成为其特有的干扰。这种干扰主要与组网方式有关，在设计和规划移动通信网时必须予以充分重视。

4．对移动台的要求高

移动台长期处于不固定位置状态，外界的影响很难预料，如尘土、振动、碰撞、日晒、雨淋等，这就要求移动台具有很强的适应能力；此外，还要求性能稳定可靠，携带方便，小巧，低功耗，以及能耐高、低温等；同时，要尽量使用户操作方便，适应新业务、新技术的发展，以满足不同人群的使用。这就给移动台的设计和制造带来了很大困难。

5．通道容量有限

频率是一种有限的资源。由于适于移动通信的频段仅限于 UHF 和 VHF，所以可用的通道容量也是极其有限的。为满足用户需求量的增加，只能在有限的已有频段中采取有效利用频率的措施，如采取窄带化、缩小频带间隔、频道重复利用等方法来解决。目前常使用频道

重复利用的方法来扩容，增加用户容量。但除此之外，每个城市在通信建设中要做出长期增容的规划，以利于今后发展需要。

6. 通信系统复杂

由于移动台在通信区域内随时运动，需要随机选用无线信道进行频率和功率控制，以及选用地址登记、越区切换及漫游存取等跟踪技术，这就使其信令种类比固定网要复杂得多。此外，在入网和计费方式上也有特殊的要求，所以移动通信系统是比较复杂的。

1.2 移动通信的发展概况

移动通信产生的历史较早，可以追溯到 20 世纪初，自 1896 年 G.马可尼成功地发明了无线电报后，莫尔斯电报就用于船舶通信。随着电子管、晶体管的发明和应用，实现了把微弱的电信号进行放大，把电报、电话传送到更为遥远的地方。1921 年，美国底特律和密执安警察厅开始使用工作在 2 MHz 频段的采用调幅方式的车载无线电。从 20 世纪 40 年代中期到 60 年代中期，美国、加拿大、荷兰、联邦德国、法国等国家陆续开设了公用汽车电话业务。但是，此时的通话接续主要是通过话务员人工完成的，采用大区制，可用频道很少，设备使用电子管，较为笨重，使用不方便，不保密，发展缓慢，用户总数也只有几百人。

现代移动通信技术始于 20 世纪 20 年代，发展到现在大约经历了 6 个发展阶段。

第一阶段的标志是早期专用移动通信系统的应用，20 世纪 20 年代至 40 年代是移动通信的早期发展阶段。

从 20 世纪 40 年代中期到 60 年代初期，早期的公用移动通信系统开始应用，这是现代移动通信技术的第二阶段。这个阶段移动通信技术逐渐应用到大众通信中，系统采用人工接续方式，网络容量较小。

第三阶段从 20 世纪 60 年代中期到 70 年代中期。在此期间，美国推出了改进型移动电话系统（IMTS），德国推出了 B 网。这个阶段的系统采用大区制，容量有了较大提高。由于出现了自动交换式的三级结构及频率合成技术，可用频道数目增加，又使用了大、中区制，使频谱利用率有了较大增加，用户使用更加方便，保密性也有所增强，因此，用户日益增多。但由于这种系统的频谱利用率仍不高，许多用户的装机申请难以得到满足。

第四阶段从 20 世纪 70 年代中期到 80 年代中期。这个阶段小区制的蜂窝移动通信系统得到了大规模应用，采用的是模拟技术，其代表技术是美国的 AMPS 系统和欧洲的 TACS 系统。

第五阶段从 20 世纪 80 年代中期到 21 世纪初。这个阶段的特点是数字移动通信系统得到了大规模应用，其代表技术是欧洲的 GSM 和美国的 CDMA，也就是通常所说的第二代移动通信技术（2G）。数字蜂窝网络相对于模拟蜂窝网，其频谱利用率和系统容量得到了很大提高。这个阶段的移动通信系统已经可以提供数据业务，业务类型大大丰富。

第六个阶段从 20 世纪 90 年代末开始，其标志是第三代移动通信系统技术的发展和应用。1999 年 11 月 5 日在芬兰赫尔辛基召开的 ITUTG8/1 第 18 次会议上，最终确定了 3 类（TDMA、CDMA-FDD、CDMA-TDD）共 5 种技术作为第三代移动通信的基础，其中 WCDMA、cdma2000 和 TD-SCDMA 是 3G 的 3 个主流标准。这个阶段的特征是系统容量和载频利用率得到了较大提高。第三代移动通信系统可以提供高速数据业务，承载的业务类型得到了极大的丰富。

1.2.1　GSM 发展历程

自 20 世纪 70 年代中期开始到现在，人们主要研究解决在频道有限的情况下，如何进一步提高频谱利用率以增大系统容量。由此而提出了小区制大容量系统，这种系统是美国贝尔实验室最早提出来的。它是一种蜂窝状移动通信系统，是一种全新的更有效的信道频率复用系统。其结构特点是：减少基站的覆盖区，同时用大量的无线基站小区来覆盖原来一个基站所覆盖的区域。在蜂窝移动电话系统中，每一个无线基站小区称为小区。不同的小区使用不同的信道组。例如，A、B、C、D、E、F、G 7 个小区为一簇的频率复用结构，每一个这样的 7 个小区使用全部可用信道。这样，频率的复用与单基站系统相比，容量可以大大增加。频率复用是指在不同的地理区域上用相同的载波频率进行覆盖，是蜂窝移动通信系统的核心概念，可以极大地提高频谱效率。

从 20 世纪 70 年代后期第一代蜂窝网（1G）在美国、日本和欧洲国家为公众开放使用以来，其他工业化国家也相继开发出蜂窝状公用移动通信网。其中以美国开发的先进移动电话系统（AMPS）和英国开发的地址通信系统（TACS）两个系统为主要代表，这些系统都是属于模拟移动通信系统。

在 20 世纪 80 年代初期，针对当时欧洲模拟移动制式四分五裂的状态，欧洲邮电主管部门大会（CEPT）于 1982 年成立了一个被称为移动特别小组（Group Special Mobile，GSM）的专题小组，开始制定适用于欧洲各国的一种数字移动通信系统的技术规范。经过几年的研究、实验和比较，于 1988 年确定了包括 TDMA 技术在内的主要技术规范并制定了实施计划。1989 年，GSM 工作组被接纳为欧洲电信标准学会组织成员。在欧洲电信标准学会的领导下，GSM 改为用于指称全球移动通信系统（Global System for Mobile Communications），相应的工作小组也从 GSM 更名为 SMG（Special Mobile Group）。于 1990 年完成了 GSM900 的规范，并开始在欧洲投入试运行。1991 年，移动特别小组还制定了 1 800 MHz 频段的规范，命名为 DCS 1800 系统。该系统与 GSM900 具有同样的基本功能特性，因而该规范只占 GSM 建议的很小一部分，仅将 GSM900 和 DCS 1800 之间的差别加以描述，绝大部分二者是通用的，这两个系统都泛称为 GSM 系统。

我国的移动通信发展迅速。自 20 世纪 80 年代中期开始，随着国家对外开放、对内搞活的经济政策的实施，移动通信事业有了蓬勃发展。1987 年 11 月，广州开通了第一个模拟蜂窝移动通信系统，紧接着，深圳、珠海、上海、北京、沈阳、天津等地陆续建成了移动通信网。1994 年初，GSM 数字蜂窝移动通信系统在广州开通运营，随后深圳、上海、北京等大城市也相继开通了 GSM 数字移动通信系统。1995 年 9 月，邮电部决定在全国范围内迅速扩大 GSM 系统的建设。至此，我国的移动电话网已基本覆盖了全国。

在模拟移动通信方面，我国引进的是 900 MHz 频段的 TACS 制。当时共引进了两种 TACS 制式的移动电话系统：一种是美国的摩托罗拉公司生产的 TACS 制式的移动电话系统（称作 A 网），其交换机使用的是 EMX-250 交换机；另一种是爱立信公司生产的 TACS 制式的移动电话系统（称作 B 网），其交换机使用的是 AXE-10 数字程控交换机。1995 年元旦实现了 A 网和 B 网两系统内的分别联网自动漫游。1996 年 1 月 1 日又实现了 A 网、B 网两系统的互联自动漫游，从而真正实现了“一机在手，信步神州”。随着数字移动通信系统的发展与普及，模拟蜂窝移动通信系统于 2000 年起开始封网，并逐步退出中国电信发展的历史舞台，将频段让给数字蜂窝移动通信系统。目前，我国移动用户数总规模已接近 13 亿，成为世界第一手机大国。

1.2.2 CDMA 的发展

CDMA（Code Division Multiple Access）是码分多址的英文缩写，它是在扩频通信技术的基础上发展起来的一种崭新而成熟的无线通信技术。所谓扩频，就是把需要传送的具有一定信号带宽的信息数据，用一个带宽远大于信号带宽的高速伪随机码进行调制，使原数据信号的带宽被扩展，再经载波调制并发送出去。接收端也使用完全相同的伪随机码，与接收的带宽信号做相关处理，把宽带信号转换成原信息数据的窄带信号，即解扩，以实现信息通信。

CDMA 技术的出现源于人们对更高质量无线通信的需求。“第二次世界大战”期间，因战争的需要而研究开发出 CDMA 技术，在战争时期广泛用于军事抗干扰通信。1989 年 11 月，美国 Qualcomm（高通）公司在美国的现场试验证明 CDMA 用于蜂窝移动通信的容量大。CDMA 技术理论上的许多优势在实践中得到了证实，从而在北美、南美和亚洲等地得到了迅速推广和应用。1995 年，中国香港和美国的 CDMA 公用网开始投入商用。1996 年，韩国从美国购买了 Q-CDMA 生产许可证，开始生产 CDMA 系统设备，组建商用网络。1998 年，全球 CDMA 用户已达 500 多万，CDMA 的研究和商用进入高潮，有人说 1997 年是 CDMA 年。1999 年，CDMA 在日本和美国形成增长的高峰期，全球的增长率高达 250%，用户已达 2 000 万。在美国，有 70%的移动通信营运公司选用 CDMA；在韩国，有 60%的人口成为 CDMA 用户。2003 年年底，中国大陆的 CDMA 用户数量已经超过 5 000 万。CDMA 技术已成为第三代蜂窝移动通信标准的无线接入技术。

在我国，CDMA 技术也有长期军用研究的经验积累。1993 年，国家 863 计划已经开展商业领域 CDMA 蜂窝技术研究。1994 年，美国高通公司首先在天津建立技术试验网。1998 年，具有 14 万户容量的 800 MHz 长城 CDMA 商用试验网在北京、广州、上海、西安建成，并开始商用。1999 年 4 月，国务院批准中国联通统一负责中国 CDMA 网络的建设、经营和管理。2001 年年底，CDMA 网络一期工程容量达 1 515 万用户，覆盖面包括西藏在内的全国 31 个省、自治区、直辖市的 300 个以上地级市。2002 年，中国联通“新时空”CDMA 网络正式开通。

1.3 移动通信的分类

移动通信按用途、制式、频段及入网方式等的不同，可以有不同的分类方法。常见的一些分类方法如下：

① 按使用环境可分为陆地通信、海上通信和空中通信；

② 按使用对象可分为民用设备和军用设备；

③ 按多址方式可分为频分多址（FDMA）、时分多址（TDMA）和码分多址（CDMA）等；

④ 按接入方式可分为频分双工（FDD）和时分双工（TDD）；

⑤ 按覆盖范围可分为宽域网和局域网；

⑥ 按业务类型可分为电话网、数据网和综合业务网；

⑦ 按工作方式可分为同频单工、异频单工、异频双工和半双工；

⑧ 按服务范围可分为专用网和公用网；

⑨ 按信号形式可分为模拟网和数字网。

随着移动通信应用范围的扩大，移动通信系统的类型也越来越多。常用的移动通信系统有蜂窝移动通信系统、无线寻呼系统、无绳电话系统、集群移动通信系统和卫星通信系统等。下面对这几种典型的移动通信系统进行简要介绍。

1．蜂窝移动通信

这是与公用市话网相连的公众移动电话网。大中城市一般为蜂窝小区制，村镇或业务量不大的小城市常采用大区制。用户有车台和手持台（手机）两类。

2．集群移动通信系统

集群移动通信系统又称集群调度系统。它实际上是把若干个原各自用单独频率的单工工作调度系统集合到一个基台工作，这样，原来一个系统单独用的频率现在可以为几个系统共用，故称集群系统。它是专用调度无线通信系统的一种新体制，是专用移动通信系统的高级发展阶段。

3．无绳电话系统

这是一种接入市话网的无线话机。它将普通话机的机座与手持收发话器之间的连接导线取消，而代之以用电磁波的无线信道在两者之间进行连接，故称之为无绳电话。为了控制无线电频率的相互干扰，它对无线电信道的发射功率做出了限制，通常可在 50～200 m 的范围内接收或拨打电话。

4．无线寻呼系统

寻呼系统是一种单信道的单向无线通信，主要起寻人呼叫的作用。当有人寻找配有寻呼机的个人时，可用一般电话拨通寻呼中心，中心的操作员将被寻呼人的寻呼机号码由中心台的无线寻呼发射机发出，只要被寻呼人在该中心台的覆盖范围之内，其所配的寻呼机（俗称 BP 机）收到信号立即发出 Bi-Bi 响声。由于蜂窝移动通信的快速发展，该系统现已停用。

5．汽车调度通信

出租汽车公司或大型车队建有汽车调度台，车上有汽车电台，可以随时使调度员与司机之间保持通信联系。

6．卫星移动通信

这是把卫星作为中心转发台，各移动台通过卫星转发通信。它特别适合于海上移动的船舶通信和地形复杂而人口稀疏的地区通信，也适合航空通信。

7．个人通信

个人在任何时候、任何地点与其他人通信，只要有一个个人号码，不管其身在何处，都可以通过这个个人号码与其通信。

1.4 移动通信的工作方式

将移动通信按照用户的通话状态和频率使用的方法来分，有 3 种工作方式：单工制、半双工制和双工制。

1.4.1 单工通信

单工制分单频（同频）单工和双频（异频）单工两种，如图 1-3 所示。

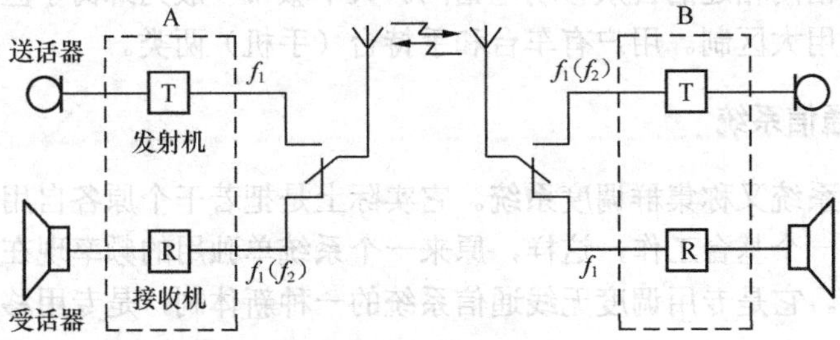

图 1-3 单工通信方式

1. 同频单工

同频是指通信的双方使用相同工作频率（f_1），单工是指通信双方的操作采用“按-讲”（Push To Talk，PTT）方式。平时，双方的接收机均处于守听状态。如果 A 方需要发话，可按下 PTT 开关，发射机工作，并使 A 方接收机关闭，这时，由于 B 方接收机处于守听状态，即可实现由 A 至 B 的通话；同理，也可实现 B 至 A 的通话。在该方式中，电台的收发信机是交替工作的，故收发信机不需要使用天线共用器，而是使用同一副天线。

同频单工的优点是：

① 设备简单；

② 移动台之间可直接通话，不需基站转接；

③ 不按键时，发射机不工作，因此功耗小。

它的缺点是：

① 只适用于组建简单和甚小容量的通信网；

② 当有两个以上移动台同时发射时，就会出现同频干扰；

③ 当附近有邻近频率的电台发射时，容易造成强干扰，为了避免干扰，要求相邻频率的间隔大于 4 MHz，因而频谱利用率低；

④ 按键发话、松键受话，使用者不太习惯。

2. 异频单工

异频单工是指通信的双方使用两个不同频率（f_1 和 f_2），而操作仍采用“按-讲”方式。由于收发使用不同的频率，同一部电台的收发信机可以交替工作，也可以收常开，只控制发，即按下 PTT 发射。其优缺点与同频单工基本相同。在无中心台转发的情况下，电台需配对使用，否则通信双方无法通话，故这种方式主要用于有中心台转发（单工转发或双工转发）的情况。所谓单工转发，即中心转信台使用一组频率（如收用 f_1，发用 f_2），一旦接收有载波信号即转去发送。所谓双工转发，即中心转信台使用组频率（一组收用 f_1，发用 f_2；另一组收用 f_3，发用 f_4），任一路一旦接收有载波信号即转去发送。

由于使用收发频率有一定保护间隔的异频工作，提高了抗干扰能力，从而可用于组建有几个频道同时工作的通信网。

1.4.2　半双工通信

半双工制是指在通信的双方当中，有一方（如 A 方）使用双工方式，即收发信机同时工作且使用两个不同的频率，另一方（如 B 方）则采用双频单工方式，即收发信机交替工作，如图 1-4 所示。半双工制主要用于有中心转信台的无线调度系统。

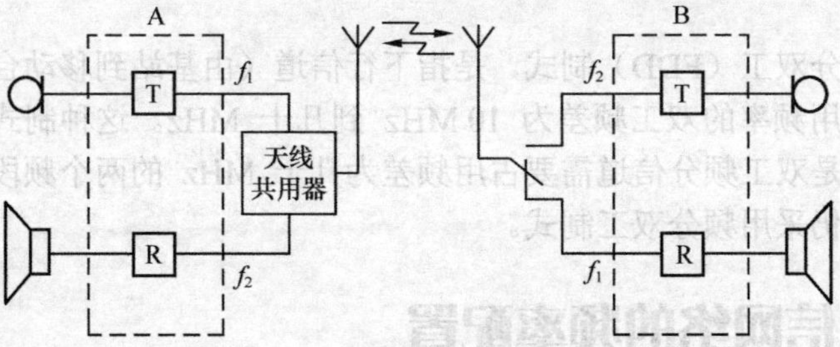

图 1-4　半双工通信

半双工制的优点是：

① 移动台设备简单、价格低、耗电少；

② 收发采用不同频率，提高了频谱利用率；

③ 移动台受邻近电台干扰小。

它的缺点是移动台仍需按键发话，松键受话，使用不方便。

由于收发使用不同的频率，同一部电台的收发信机可以交替工作，也可以收常开，只控制发，即按下 PTT 发射。在中心台转发的系统中，移动台必须使用该方式。

1.4.3　全双工通信

双工制的形式如图 1-5 所示，是指通信的双方收发信机均同时工作，即任意一方在发话的同时也能收听到对方的话音，无需按 PTT 开关，类似于平时打市话，使用自然，操作方便。双工制也可分为异频双工和同频双工两种。

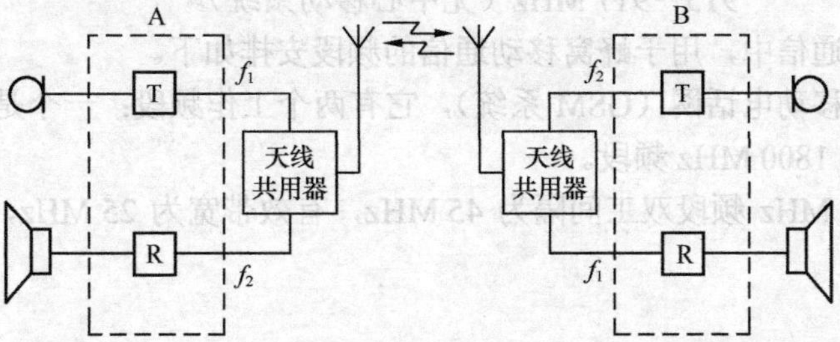

图 1-5　双工通信方式

异频双工制的优点是：

① 收发频率分开可大大减小干扰；

② 用户使用方便。

它的缺点是：

① 移动台在通话过程中总是处于发射状态，因而功耗大；

② 移动台之间通话需占用两个频道；

③ 设备较复杂，价格较贵。

在没有中心台转发的情况下，异频双工电台需配对使用，否则通信双方无法通话。

同频双工采用时分双工（TDD）技术，是近年来发展起来的新技术。

所谓时分双工（TDD）制式，是指上、下行信道使用相同的频率，但工作在不同的时隙内。其优点是通信系统无需占用两段频带，且使用灵活方便，但是通信系统必须是时分多址接入系统。

还有一种是频分双工（FDD）制式，是指下行信道（由基站到移动台）和上行信道（由移动台到基站）所用频率的双工频差为 10 MHz 到几十 MHz。这种制式可以避免收发信机自身的干扰，缺点是双工频分信道需要占用频差为几十 MHz 的两个频段才能工作。当今的蜂窝移动通信系统仍采用频分双工制式。

1.5 移动通信网络的频率配置

无线电频谱是有限的非常宝贵的自然资源，为使有限的资源得到充分利用，国际上及各个国家都设有权威的机构来加强对无线电频谱资源的管理，按无线电业务进行频率的划分和配置。

把某一频段供某一种或多种地面或空间业务在规定的条件下使用的规定，称为“频率配置”。ITU 及各个国家无线电主管部门为移动业务划分和分配了多个频段。考虑到无线电波传播的特点，移动业务使用的频段基本都在 3 GHz 以下。

（1）150 MHz 频段：138～149.9 MHz，150.05～167 MHz（无线寻呼业务）。

（2）450 MHz 频段：403～420 MHz，450～470 MHz（移动业务）。

（3）800 MHz 频段：806～821 MHz，851～866 MHz（集群移动通信）；
821～825 MHz，866～870 MHz（移动数据业务）；
825～835 MHz，870～880 MHz（蜂窝移动业务）；
840～843 MHz（无绳电话）。

（4）900 MHz 频段：890～915 MHz，935～960 MHz（蜂窝移动业务）；
915～917 MHz（无中心移动系统）。

我国民用移动通信中，用于蜂窝移动通信的频段安排如下。

对于公用数字移动电话网（GSM 系统），它有两个工作频段：一个是 GSM 900 MHz 频段，另一个是 DCS 1800 MHz 频段。

（1）GSM 900 MHz 频段双工间隔为 45 MHz，有效带宽为 25 MHz，124 个载频，每个载频 8 个信道。

① 中国移动：

- 上行频段（MS 发～BS 收）：890～909 MHz；

- 发射频段（BS 发～MS 收）：935～954 MHz。

② 中国联通：

- 上行频段（MS 发～BS 收）：909～915 MHz；
- 下行频段（BS 发～MS 收）：954～960 MHz。

（2）DCS 1 800 MHz 频段双工间隔为 95 MHz，有效带宽为 75 MHz，374 个载频，每个载频 8 个信道。

① 中国移动：

- 上行频段（MS 发～BS 收）：1 710～1 720 MHz；
- 下行频段（BS 发～MS 收）：1 805～1 815 MHz。

② 中国联通：

- 上行频段（MS 发～BS 收）：1 805～1 880 MHz；
- 下行频段（BS 发～MS 收）：1 710～1 785 MHz。

CDMA 系统在我国发展也非常迅速，中国联通 CDMA 网使用频段为 800 MHz。频段安排如下。

- MS 发～BS 收：825～835 MHz（上行）。
- BS 发～MS 收：870～880 MHz（下行）。

1992 年 ITU 在 WARC-92 大会上为第三代（3G）移动通信业务划分出 230 MHz 带宽，1 885～2 025 MHz 为上行频段，2 110～2 200 MHz 为下行频段。其中 1 980～2 010 MHz 和 2 170～2 200 MHz 分别作为移动卫星业务的上下行频段。

2002 年我国对 3G 系统使用的频谱做出了如下规划。

（1）第三代公众蜂窝移动通信系统的主要工作频段。

① 频分双工（FDD）方式：

- 1 920～1 980 MHz（上行）；
- 2 110～2 170 MHz（下行）。

② 时分双工（TDD）方式：

- 1 880～1 920 MHz（上行）；
- 2 010～2 025 MHz（下行）。

（2）第三代公众蜂窝移动通信系统的补充工作频段。

① 频分双工（FDD）方式：

- 1 755～1 785 MHz（上行）；
- 1 850～1 880 MHz（下行）。

② 时分双工（TDD）方式：

2 300～2 400 MHz，与无线电定位业务共用，均为主要业务，共用标准另定。

（3）IMT-2000 的卫星移动通信系统工作频段。

- 1 980～2 010 MHz（上行）；
- 2 170～2 200 MHz（下行）。

（4）目前已规划给公众蜂窝移动通信系统的 825～835 MHz/870～880 MHz、885～915 MHz/930～960 MHz 和 1 710～1 755 MHz/1 805～1 850 MHz 频段，同时规划作为第三代公众移动通信系统 FDD 方式的扩展频段。

1.6 移动通信技术的发展趋势

移动通信的快速发展出现在 20 世纪 80 年代，到目前为止，总体发展过程可以分为 4 代。第一代（1G）移动通信系统是模拟制式，从 1980 年开始经历了大约 10 年时间，是无绳电话和汽车电话独立问世及独立发展的时期。1979 年 12 月，汽车电话在日本东京开始运营，使用频段为 800 MHz。1980 年采用 FDMA（频分多址）方式的无绳电话也开始在日本运营。汽车电话系统在世界上有 6 种以上。由于各国的规格不同，因此，系统比较混乱，不同系统之间不能互相连接，典型的系统有 TACS、AMPS。无绳电话的运行方式只能在同一厂家的产品间进行通信，即所谓独立操作型，主要用于家庭或办公室，最远通信距离为 200 m。然而，这种开始在公众通信中使用的移动通信方式，终究脱离了只在限定范围内通信的约束。显然，采用无线自由移动方式给通信提供了很大方便。

第二代（2G）移动通信系统是 1990～2000 年的 10 年间，这时期引入了数字通信系统并实现了地区标准化。汽车电话是在很宽范围内的一种移动通信，没有统一的规格是很不方便的。特别是欧洲各国相邻接壤，使得统一规格尤其重要。欧洲统一的系统是 GSM。1989 年美国提出采用 TDMA 技术标准，其后修订发布并制定了模拟/数字兼容的数字蜂窝标准。

2G 是以数字窄带系统为主的，主要制式为 GSM 和 IS-95A（CDMA）。

目前，移动通信正处于过渡时期，出现三代同堂局面。被称为 2.5G 时代（主要制式有 GPRS 和 IS-95B）或 2.75G（主要制式有 EDGE 和 cdma2000 1x）时代。

第三代（3G）是 21 世纪的移动通信方式，主要是向个人通信方向发展。个人通信网是一个要求能在任何时间、任何地点与任何人进行各种业务通信的通信网。这里指的个人通信网是既能提供终端移动性，又能提供个人移动性的通信方式。终端移动性是指用户携带终端连续移动时也能进行通信。个人移动性是指用户能在网中任何地理位置上，根据其通信要求选择或配置任一移动的或固定的终端进行通信。个人通信具有以下特点：可以利用个人通信号码 UPT 在任何时间、任何地方建立至另一地方、任何人的呼叫连接；个人通信网是由采用各种技术手段的多个网综合而成的一个无缝的网，不管用户在哪里都能找到；用户可以在任何地方用有线方式或无线方式进网，获得双向通信；向用户提供的业务仅受接入网或终端网及用户终端能力的限制；网络能够按照个人的意愿和要求来提供必要的服务功能。

第三代移动通信系统的大致目标是：全球化、综合化和个人化。全球化就是提供全球海陆空三维的无缝隙覆盖，支持全球漫游业务；综合化就是提供多种话音和非话音业务，特别是多媒体业务；个人化就是有足够的系统容量、强大的多种用户管理能力、高保密性能和服务质量。

为了实现上述目标，对其无线传输技术提出了以下要求。

（1）高速传输，以支持多媒体业务。

（2）室内环境：至少 2 Mbit/s。

（3）室内、室外步行环境：至少 384 kbit/s。

（4）室外车辆运行中：至少 144 kbit/s。

（5）卫星移动环境：至少 9.6 kbit/s。

（6）满足高质量业务的需求。

（7）传输速率能够按需分配。

（8）上下行链路能适应不对称需求。

（9）进一步改善安全性和易操作性。

我国于 1997 年成立了 IMT-2000 无线传输技术（RTT）评估协调组（CHEG），并在国际电联注册。该评估协调组提出的 TD-SCDMA（时分-同步码分多址）作为 IMT-2000 无线传输候选技术之一，在 1999 年 3 月 ITU-TG8/1 第 16 次巴西会议上获得通过。

TD-SCDMA 方案是在无线本地环路基础上提出，基于 TDD 模式，以智能天线技术为核心的系统。系统中包含的关键技术有同步 CDMA、智能天线和无线电技术。

第四代移动通信技术（4G）是集 3G 与 WLAN 于一体，并能够传输高质量视频图像，它的图像传输质量与高清晰度电视不相上下。

4G 系统能够以 100 Mbit/s 的速度下载，比目前的拨号上网快 2000 倍，上传的速度也能达到 20 Mbit/s，并能够满足几乎所有用户对于无线服务的要求。而在用户最为关注的价格方面，4G 与固定宽带网络在价格方面不相上下，而且计费方式更加灵活机动，用户完全可以根据自身的需求确定所需的服务。此外，4G 可以在 DSL 和有线电视调制解调器没有覆盖的地方部署，然后再扩展到整个地区。

移动通信的演进过程见表 1-1。

表 1-1　　移动通信的演进过程一览表

系列	2G	2.5G	2.75G	3G	3.5G	3.75G	3.9G	4G
GSM	GSM	GPRS	EDGE	WCDMA-R99、R4	WCDMA-R5、R6	HSDPA	LTE	FDD-LTE
				TD-SCDMA				TD-LTE
CDMA	IS-95A	IS-95B	cdma2000 1x	cdma2000 1x	cdma2000 1x			
				EV-DO	EV-DV			
				cdma2000 3x				
WiMAX					OFDMA TDD WMAN（802.16e）			802.16m

目前，通信技术和计算机技术日趋融合，语音业务和数据业务日趋融合，无线互联网、移动多媒体已初露端倪。在我国，移动电话用户和 Internet 用户都在飞速增长，越来越多的移动电话用户得到了 Internet 及多媒体业务服务。

未来移动通信网络将向 IP 化的大方向演进。在此过程中，移动网络上的业务将逐步呈现分组化特征，而网络结构将逐步实现以 IP 方式为核心的模式。

1．移动业务走向数据化和分组化

在固定通信领域，语音业务正在受到数据业务的强有力挑战。据预计，在最近一两年中，全球数据通信量将超过语音通信量。与固定通信相比，移动通信目前的语音通信显然占绝对优势。随着新技术的引入，移动数据业务已开始呈现蓬勃发展的景象，WAP 在现有窄带移动网络上的实现已经使移动通信能提供低速率的信息访问。目前，通过 GPRS 等技术对现有移动网络的改造可使它能提供更高带宽的数据业务，提供更快速地上网游览和开放其他信息服务。第三代移动通信系统更是以能够提供宽带的多媒体数据业务为一个主要出发点。

2．未来移动通信网络将是全 IP 网络

未来的移动通信网络将向 IP 化方向演进，未来的移动通信网络将是一个全 IP 的分组网

络。对此，两个主要的第三代移动通信标准化组织 3GPP 和 3GPP2 都将第三代移动通信发展的目标认定为全 IP 网。国际电联也认为，可以将 IMT-2000 重新定义为 IMT-Internet Mobile/Multimedia Telecommunications，即“互联网移动/多媒体通信”。可以想象，未来的移动通信核心网络将采用宽带 IP 网络，在此 IP 网上，承载从实时语音、视频到 Web 游览、电子商务等多种业务，它将是一个电信级的多业务统一网络，在无线部分使用宽带无线接入技术。未来的移动通信网络将真正实现移动和 IP 的融合。

值得注意的是，尽管未来的移动通信网将使用移动 IP 技术支持未来的移动数据业务，但是，这并不意味着都将 IP 化。这是因为，语音业务和数据业务的服务质量要求是不一样的，因此可以使用不同的技术手段保障用户满意的服务质量要求。

3．三大主体结构为未来移动通信系统提供良好的发展空间

未来的移动通信系统的三大主体结构是：

① 设备制造商负责制造向用户提供服务的移动通信系统设备和终端；

② 服务运营商负责向用户提供移动通信业务服务；

③ 业务设计商负责向运营商提供用户喜闻乐见的业务形式和业务内容。

这种分为三大主体结构的移动通信系统体系，是为了适应移动通信的业务内容在未来将从单纯提供语音业务向提供包括语音在内的多媒体业务发展的这样一个趋势。在移动通信系统需要提供多媒体业务的条件下，很多业务是不可能在设备制造阶段预见到的。因此，设备的制造就应该尽可能与业务的设置相独立。

从这个意义上讲，未来移动通信的发展不仅将为设备制造商和业务运营商提供更大的市场空间，也将造就一个庞大的业务服务群体，并为其提供良好的市场空间。

4．4G 新时代

就在 3G 通信技术正处于酝酿之中时，更高的技术应用已经在实验室进行研发。因此在人们期待第三代移动通信系统所带来的优质服务的同时，第四代移动通信系统的最新技术也在实验室悄然进行当中。那么到底什么是 4G 通信呢？

人们对 4G 通信期望较高，众说纷纭，有人说 4G 通信的概念来自其他无线服务的技术，从无线应用协定、全球袖珍型无线服务到 3G；有人说 4G 通信是一个研究主题，4G 通信是系统中的系统，可利用各种不同的无线技术。但不管人们对 4G 通信怎样进行定义，有一点人们能够肯定的是，4G 通信可能是一个比 3G 通信更完美的新无线世界，它可创造出许多消费者难以想象的应用。4G 最大的数据传输速率超过 100 Mbit/s，这个速率是移动电话数据传输速率的 1 万倍，也是 3G 移动电话速率的 50 倍。4G 手机可以提供高性能的汇流媒体内容，并通过 ID 应用程序成为个人身份鉴定设备。它也可以接受高分辨率的电影和电视节目，从而成为合并广播和通信的新基础设施中的一个纽带。此外，4G 的无线即时连接等某些服务费用会比 3G 便宜。还有，4G 有望集成不同模式的无线通信——从无线局域网和蓝牙等室内网络、蜂窝信号、广播电视到卫星通信，移动用户可以自由地从一个标准漫游到另一个标准。

2012 年 1 月 18 日，国际电信联盟在 2012 年无线电通信全会全体会议上，正式审议通过将 LTE-Advanced 和 WirelessMAN-Advanced（802.16m）技术规范确立为 IMT-Advanced（俗称“4G”）国际标准，中国主导制定的 TD-LTE-Advanced 和 FDD-LTE-Advance 同时并列成为 4G 国际标准。

4G 国际标准工作历时 3 年。2009 年 10 月，ITU 共计征集到了 6 个候选技术，分别来自北美标准化组织 IEEE 的 802.16m、日本（两项分别基于 LTE-A 和 802.16 m）、3GPP 的 LTE-A、韩国（基于 802.16 m）和中国（TD-LTE-Advanced）、欧洲标准化组织 3GPP（LTE-A）。这 6 个技术基本上可以分为两大类，一是基于 3GPP 的 LTE 的技术，中国提交的 TD-LTE-Advanced 是其中的 TDD 部分；另外一类是基于 IEEE 802.16 m 的技术。

ITU 在收到候选技术以后，组织世界各国和国际组织进行了技术评估。2010 年 10 月，在中国重庆，ITU-R 下属的 WP5D 工作组最终确定了 IMT-Advanced 的两大关键技术，即 LTE-Advanced 和 802.16 m。中国提交的候选技术作为 LTE-Advanced 的一个组成部分，也包含在其中。在确定了关键技术以后，WP5D 工作组继续完成了电联建议的编写工作，以及各个标准化组织的确认工作。此后，WP5D 将文件提交上一级机构审核，SG5 审核通过以后，再提交给全会讨论通过。

在此次会议上，TD-LTE 正式被确定为 4G 国际标准，也标志着中国在移动通信标准制定领域再次走到了世界前列，为 TD-LTE 产业的后续发展及国际化提供了重要基础。

4G 通信技术并没有脱离以前的通信技术，而是以传统通信技术为基础，并利用了一些新的通信技术，来不断提高无线通信的网络效率和功能的。如果说 3G 能为人们提供一个高速传输的无线通信环境的话，那么 4G 通信会是一种超高速无线网络，一种不需要电缆的信息超级高速公路，这种新网络可使电话用户以无线及三维空间虚拟实境连线。

与传统的通信技术相比，4G 通信技术最明显的优势在于通话质量及数据通信速度。然而，在通话品质方面，移动电话消费者还是能接受的。随着技术的发展与应用，现有移动电话网中手机的通话质量还在进一步提高。数据通信速度的高速化的确是一个很大优点，它的最大数据传输速率达到 100 Mbit/s，简直是不可思议的事情。另外，由于技术的先进性确保了成本投资的大大减少，未来的 4G 通信费用将越来越低。

4G 通信技术是继第三代以后的又一次无线通信技术演进，其开发更加具有明确的目标性：提高移动装置无线访问互联网的速度。据 3G 市场分 3 个阶段走的发展计划，3G 的多媒体服务在 10 年后进入第三个发展阶段，此时覆盖全球的 3G 网络已经基本建成，全球 25%以上人口使用第三代移动通信系统。在发达国家，3G 服务的普及率更超过 60%，那么这时就需要有更新一代的系统来进一步提升服务质量。

归纳起来，4G 是一个可称为宽带接入和分布式的网络，在车速环境下，其传输速率可大于 2 Mbit/s，在室内或静止状况下可提供 20 Mbit/s 的比特速率，下载速率可达 100～150 Mbit/s。在这样的传输速率下，4G 所能提供的业务包括了高质量的影像多媒体业务在内的各种数据业务、语音业务。4G 的网络结构将是一个采用全 IP 的网络结构。4G 网络要采用许多新的技术和新的方法来支撑，包括自适应调制和编码（AMC）技术、自适应混合（ARQ）技术、MIMO（多输入多输出）和正交频分复用（OFDM）技术、智能天线技术和软件无线电技术等。另外，为使 4G 与各种通信网融合，4G 网络必须支持多种协议。

通过不懈研究，人们已经对 4G 网络有了一个初步勾画。4G 网络结构的概念如图 1-6 所示。

（1）IP 核心网（Core Network，CN）：它不仅仅服务于移动通信，还作为一种统一的网络支持有线和无线接入。其主要功能是完成位置管理和控制、呼叫控制和业务控制。

（2）4G 无线接入网（4G RAN）：主要完成无线传输和无线资源控制，移动性管理则是通过 CN 和 RAN 共同完成的。

（3）移动网络（Movable Network，MN）：当一个处于移动的 LAN 需要接入 4G 网络时，就需要通过 MN 进行接入。因此，MN 就像一个为小型网络提供接入的网关。

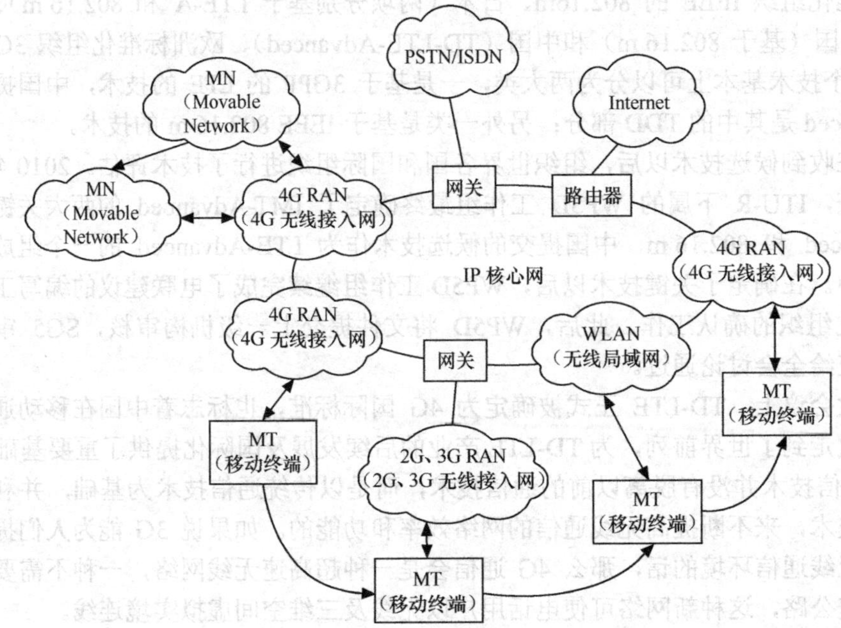

图 1-6　4G 网络结构

在 4G 系统中，网元间的协议是基于 IP 的，每一个 MT（移动终端）都有各自的 IP 地址。当 4G 网与其他网连接时，如 PSTN/ISDN 则需要网关进行连接。另外，与传统的 2G、3G 接入网连接时也需要相应的网关。

由上述结构可以看出，4G 网络是一个无缝连接（Seamless Connection）的网络，也就是说各种无线和有线网都能以 IP 协议为基础连接到 IP 核心网。当然，为了与传统的网络互联，则需要用网关建立网络的互联，所以 4G 网络是一个复杂的多协议的网络。

5．5G 初露端倪

目前全世界手机用户已过 45 亿，移动通信已经基本实现了人与人的互联，并正在实现人与互联网的互联。3G 技术的普及正使越来越多的人通过手机上网，4G 技术的推广将使手机上网用户数量产生飞跃。

在实现人与互联网的互联之后，人类将迎来人与物、物与物之间互联的物联网时代。据全球移动通信系统协会预测，15 年后将有 500 亿件物品被移动互联。届时，手机的用途将大大增加，“随时、随地、无所不在”将成为移动通信的基本特征。关于移动宽带的大会主论坛达成一致意见认为，手机的应用将取代手机的技术成为移动通信领域的主角，开发手机新用途将是未来竞争的焦点。宽带化、智能化、个性化、媒体化、多功能化、环保化是世界移动通信发展的新趋势。

随着物联网、智能家居等产业的发展，消费者对网络速率要求越来越高，而各种高清视频的需求也越来越大。据统计，目前网络内容 50%为视频，到 2015 年，视频将占 91%。并且随着 Wi-Fi 设备不断增加，消费者互通互联和用移动设备观看视频的需求不断增加，而 2.4 GHz 频段与家用电器频段冲突，带来了 Wi-Fi 在信号稳定性、抗干扰性、安全性等方面的挑战。

在物联网时代，医疗设备将被大量嵌入 SIM 卡，手机将能广泛地用于医疗保健领域。全球移动通信系统协会宣布将进军医疗保健领域，在该领域应用嵌入式移动通信技术，进行远程疾病诊断、健康监测和报警。据该协会预测，这一功能普及后，仅在经合组织和金砖四国范围内的慢性病防治领域就会每年节省 1 750 亿～2 000 亿美元。

“手机电子货币”将会越来越普及，它不仅可以使支付系统实现无纸化，而且还可以代替银行卡，迎来“无卡化”时代，不仅方便了用户，而且减少了交易系统的成本。人们通过移动通信和互联网进行电子货币交易，因此手机支付系统也将意味着巨大商机。

此外，手机用途还将涉及教育、新闻、娱乐、广告等领域。很多专家都认为手机已经不仅仅是一个通信工具，它已经深入到日常工作和生活中，并改变着人们的工作和生活方式。

当人们还在为 3G 喝彩时，中国移动第四代移动通信（4G）时代已悄然开启网络，5G 也呼之欲出。

为了满足日益增长的市场需求，博通推出了第一款 5G Wi-Fi 芯片，可以在不那么拥挤的 5 GHz 频段上运行。5G Wi-Fi 能大大改善家庭传输距离和覆盖范围，同时实现 3 倍于 802.11n 的传输速率，使高清视频播放变得快速轻松，还能实现设备间的同步和内容分享，最值得一提的是，其功耗仅为之前产品的 1/6，满足更可靠、更高性能的无线网络需求。

5G Wi-Fi 技术借助 802.11n 技术培育的市场和免费特性，将拥有较大的市场接受度，并且其分流特性将与 NFC 技术一起补充 4G 网络不足，其高速、高容量、高覆盖、低功耗的特性，在企业级市场将有很大的发挥空间，对家庭网络而言，其分享特性也将让更多设备观看高清视频成为可能。

无论从技术还是市场前景，5G Wi-Fi 都有引领无线网络新时代的优势。目前，博通的 5G Wi-Fi 技术已陆续与国内外的多家设备制造商展开了合作，例如，在路由器领域与巴法络、腾达等厂商合作，未来还将在计算机、手机、平板电脑等领域与相关厂商合作推出产品。

小结

本章首先对移动通信进行了定义，接着介绍了移动通信的发展历程，随后对移动通信系统的分类、特点、工作方式、频率配置及网络结构做了详细论述，最后对移动通信的发展趋势进行了展望。

习题

1-1 移动通信是怎样定义的？

1-2 “5W”指的是什么？

1-3 移动通信常有哪些分类？

1-4 什么是集群通信？

1-5 什么是单工通信、半双工通信和双工通信？

1-6 为什么要进行频率配置？GSM 900 MHz 和 DCS 1 800 MHz 频段的双工间隔、有效带宽和载频分别是多少？

1-7 移动通信的发展历程可分为哪几个阶段？

1-8 比较三代移动通信系统有何不同。

第 2 章 移动通信的编码与调制

【本章内容简介】本章着重介绍移动通信系统所涉及的主要技术，通过学习调制解调技术、编码技术、交织技术，了解这些技术的基本概念、主要特点、应用范围和方式，为掌握移动通信系统的工作原理和方法打下坚实的基础。

【学习重点与要求】重点掌握调制解调技术、编码技术的基本概念、主要特点和应用范围，了解 MSK 类调制的性能，掌握空时编码的基本特性。

移动通信是目前国内外发展最快的新技术之一，它的主要特点是高技术含量大、新技术层出不穷。下面介绍在当前移动通信中采用的一些典型的、具有代表性的通用技术。

2.1 数字调制技术

第一代蜂窝移动通信系统采用的是模拟调频（FM）技术，传输模拟语音，但其信令系统却是数字的，采用 2FSK 数字调制技术。第二代数字蜂窝移动通信系统，传送的语音都是经过数字语音编码和信道编码后的数字信号。GSM 系统采用 GMSK 调制，IS-54 系统和 PDC 系统采用π/4-DQPSK 调制，CDMA 系统（IS-95）的下行信道采用 QPSK 调制、上行信道采用 OQPSK 调制。第三代数字蜂窝系统将采用 MQAM 调制、平衡四相扩频调制（BQM）、复四相扩频调制（CQM）和双四相扩频调制（DQM）技术。

所谓调制，是对信号源的编码信息（信源）进行处理，使其变为适合于信道传输形式的过程。信号源的编码信息中含有直流分量和频率较低的分量，称为基带信号。基带信号一般不能直接作为传输信号，必须把它变换为一个相对基带频率而言频率非常高的带通信号，以适合于信道传输，这个带通信号叫作已调信号，基带信号则称为调制信号。调制是通过改变高频载波的幅度、相位或频率，使其随着基带信号的变化而变化；而解调则是将基带信号从载波中提取出来的逆变换过程。

现代移动通信系统都使用数字调制。为了使数字信号在有限带宽的信道中传输，必须用数字信号对载波进行调制。实际应用中，在发送端用基带数字控制高频载波，把基带数字信号变换为频带数字信号，即数字调制；在接收端通过解调器把频带数字信号还原成基带数字信号，即解调。通常，把数字调制与解调合起来称为数字调制，把包括调制和解调过程的传输系统称为数字信号的频带传输系统。

图 2-1 所示为频带传输系统图。由图 2-1 可见，原始数字序列经基带信号形成器后变成适合于信道传输的基带信号 $s(t)$，然后送到键控器来控制射频载波的振幅、频率或相位，形成数字调制信号，并送至信道。在信道中传输的还有噪声，接收滤波器把叠加在噪声中的有用信号提取出来，并经过相应的解调器恢复出数字基带信号 $s(t)$或数字序列。

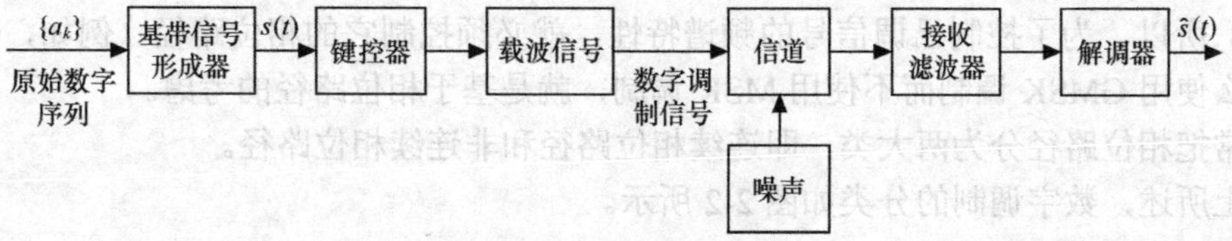

图 2-1　频带传输系统图

本节主要研究在实际中已经应用或将得到广泛应用的数字调制技术，即对二进制及多进制振幅键控、频移键控、相移键控数字调制技术的原理、频带特性及各种调制技术的性能比较进行全面论述。

2.1.1　数字调制技术的分类

一般而言，数字调制技术可分为两种类型：一是利用模拟方法实现数字调制，也就是把数字基带信号当作模拟信号的特殊情况来处理；二是利用数字信号的离散取值特点键控载波，从而实现数字调制。第二种技术通常称为键控法，例如，用基带数字信号对载波的振幅、频率及相位进行键控，便可获得振幅键控（ASK）、频移键控（FSK）及相移键控（PSK）调制方式。也有同时改变载波振幅和相位的调制技术，如正交调幅（QAM）。键控法一般由数字电路来实现，它具有调制变换速率快，调整测试方便，体积小，设备可靠性高等特点。

在数字调制中，所选择信号参量的可能变化状态数应与信息元数相对应。数字信息有二进制和多进制之分，因此，数字调制可分为二进制调制和多进制调制两种。在二进制调制中，信号参量只有两种可能取值；而在多进制调制中，信号参量可能有 $M(M>2)$种取值。一般而言，在码元速率一定的情况下，M 取值越大，则信息传输速率越高，但其抗干扰性能也越差。

在实际应用中，根据已调信号的结构形式又可分为线性调制和非线性调制两种。在线性调制中，已调信号表示为基带信号与载波信号的乘积，已调信号的频谱结构和基带信号的频谱结构相同，只不过搬移了一个频率位置。线性调制主要包括各种 PSK、QAM 等。这类调制技术不适宜于非线性移动无线信道，因为它们不能满足占用频带的要求；然而这些调制技术可用于线性移动无线信道。从基带频率变换到无线电载频以及放大到发射电平，都需要高度的线性，即低的失真，因此设计难度大，制造成本高。但随着放大器设计技术的新突破，实现了高效率且实用的线性放大器，使得移动通信无线系统中有效地使用线性调制方法成为可能。1987 年以后，QPSK 等线性调制技术开始得到广泛应用。

在非线性调制中，其射频已调信号具有恒定包络（连续相位）的特性，即恒定包络调制。已调信号的频谱结构和基带信号的乘积关系，使其频谱不是简单的频谱搬移。其优点是已调信号具有相对窄的功率谱和对放大设备没有线性的要求，可使用高效的 C 类功放，降低了功放成本。其中具有代表性的是最小移频键控（MSK）、高斯滤波最小移频键控（GMSK）、平滑调频（TFM）等。

在调制技术中，还要注意相位路径或相位轨迹。载波相位变化值是一个随时间变化的函数，记作$\Phi(t)$。$\Phi(t)$随时间 t 变化的轨迹称为相位路径或相位轨迹。一个已调信号频谱高频滚降特性与其相位路径有着紧密的关系，相位路径不同，对应的已调信号频谱高频滚降速度也不同。所以，为了控制已调信号的频谱特性，就必须控制它的相位路径。例如，GSM 系统为什么使用 GMSK 调制而不使用 MSK 调制，就是基于相位路径的考虑。

通常把相位路径分为两大类，即连续相位路径和非连续相位路径。

综上所述，数字调制的分类如图 2-2 所示。

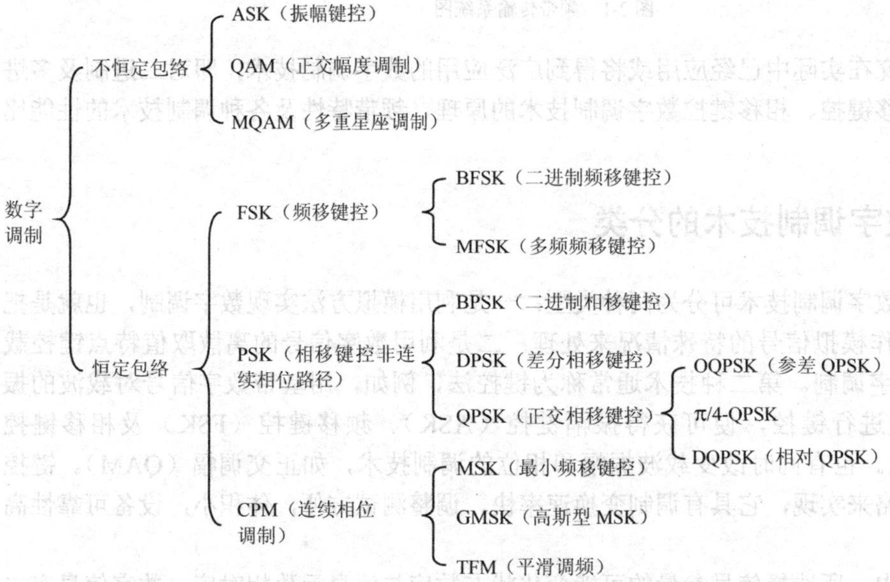

图 2-2　数字调制的分类

2.1.2　线性调制技术

线性调制主要有相移键控（PSK）调制、正交相移键控（QPSK）和π/4-DQPSK 调制。

1．相移键控（PSK）调制

以基带数据控制载波的相位称为数字相位调制，数字相位调制又叫相移键控（Phase Shift Keying，PSK）。二进制相移键控记作 2PSK 或 BPSK，多进制相移键控记作 MPSK，它们是利用载波相位的变化来传送数字信息的。通常，把它们分为绝对相移（PSK）和相对相移（DPSK）两种。

绝对码和相对码是相移键控的基础。绝对码是以基带信号码元的电平直接表示数字信息。如果用高电平代表“1”，低电平代表“0”，则如图 2-3 中 $\{a_n\}$ 所示。相对码（差分码）是用基带信号码元的电平相对前一码元的电平有无变化来表示数字信息的。假若相对电平有跳变表示“1”，无跳变表示“0”，由于初始参考电平有两种可能，因此相对码也有两种波形，如图 2-3 中$\{b_n\}_1$、$\{b_n\}_2$所示。显然$\{b_n\}_1$、$\{b_n\}_2$相位相反，当用二进制数码表示波形时，它们互为反码。

绝对相移是利用载波的相位偏移（指某一码元所对应的已调信号与参考载波的初相差）直接表示数据信号的相移方式。

设输入比特率为 $\{a_n\}$，$a_n=\pm1$，$n=-\infty\sim+\infty$，则 PSK 的信号形式为

$$s(t)=\begin{cases}A\cos(\omega_c t) & a_n=+1\\ -A\cos(\omega_c t) & a_n=-1\end{cases}\qquad nT_b\leqslant t<(n+1)T_b$$

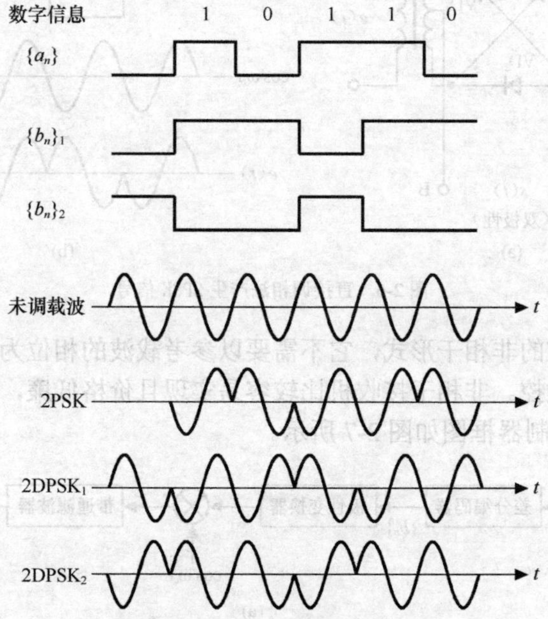

图 2-3 二相调相波形

即当输入为“+1”时，对应的信号 $s(t)$ 附加相位为“0”；当输入为“−1”时，对应的信号 $s(t)$ 附加相位为“π”。其信号波形如图 2-4 所示。

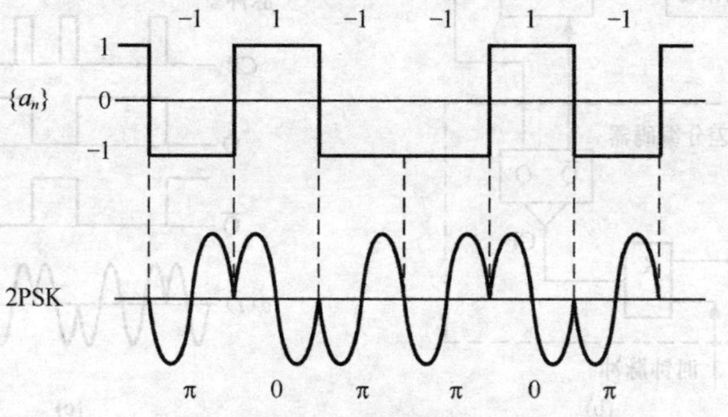

图 2-4 PSK 波形

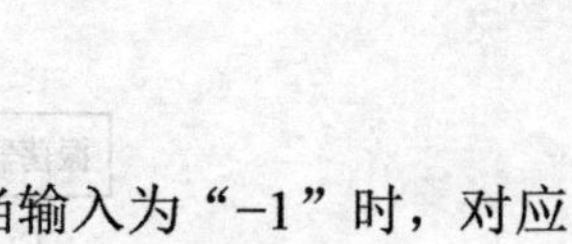

图 2-5 PSK 调制框图

图 2-5 所示为 PSK 调制框图。图中的乘法器完成基带信号到 2PSK 载波调制信号的变换过程，也就是用双极性数字基带信号 $s(t)$ 与载波直接相乘。这种产生 2PSK 的方法称为直接调相法，其原理图及波形图如图 2-6 所示。根据规定，必须使 $s(t)$ 为正电平时代表“0”，负电平时代表“1”。若原始数字信号是单极性码，则必须先进行极性变换再与载波相乘。图中 A 点电位高于 B 点电位时，$s(t)$ 代表“0”，二极管 VD_1、VD_3 导通，VD_2、VD_4 截止，载波经变压器正向输出 $e(t)=\cos\omega_c t$。A 点电位低于 B 点电位时，$s(t)$ 代表“1”，二极管 VD_2、VD_4 导通，VD_1、VD_3 截止，载波经变压

器反向输出，$e(t)=-\cos\omega_c t=\cos(\omega_c t-\pi)$，即绝对移相π。

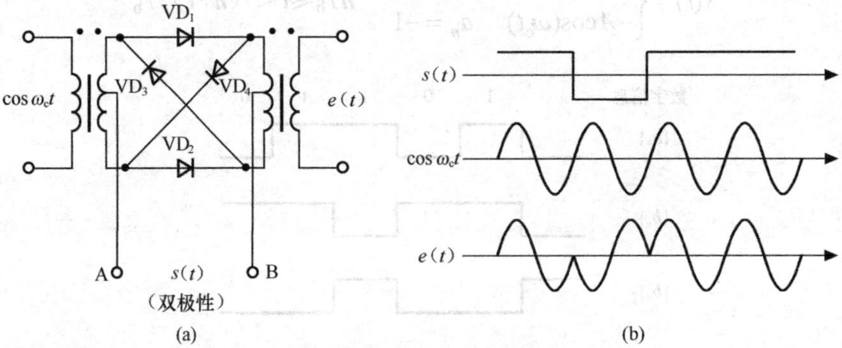

图 2-6　直接调相法产生 2PSK 信号

DPSK 是相移键控的非相干形式，它不需要以参考载波的相位为基准，所以称为差分相移键控，或相对相移键控。非相干接收机比较容易实现且价格低廉，因此，在无线通信中已被广泛使用。DPSK 调制器框图如图 2-7 所示。

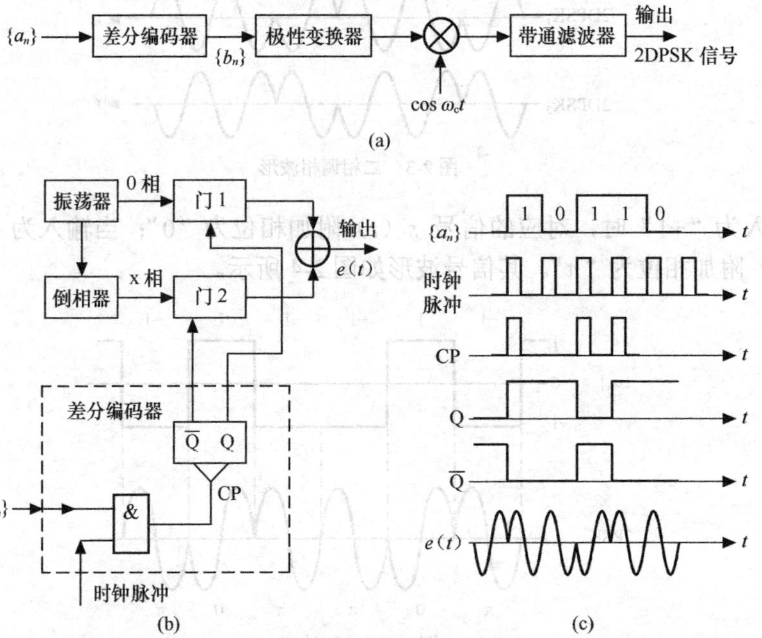

图 2-7　DPSK 调制器框图

如图 2-8 所示，PSK 可采用相干解调和差分相干解调。

2．正交相移键控（QPSK）调制和交错正交相移键控（OQPSK）调制

图 2-9 所示为典型正交相移键控调制（QPSK）原理框图。图 2-9（a）所示为正交相移键控（QPSK）调制原理框图，图 2-9（b）所示为交错正交相移键控（OQPSK）调制原理框图。

QPSK 又称四相键控，可记为 4PSK，它有 4 种相位状态，各自对应于四进制的 4 种数

据（码元），即 00、01、10、11。由于每一种载波相位代表两个比特信息，所以每个四进制码元又被称为双比特码元。从图 2-9（a）中可以看到，QPSK 调制信号可视为 2 路正交载波经 PSK 调制后的信号叠加，在这种叠加过程中所占用的带宽将保持不变。因此在一个调制符号中传输两个比特，正交相移键控（QPSK）比 PSK 的带宽效率高两倍。载波的相位为 4 个间隔相等的值±π/4，±3π/4，其相位的星座图如图 2-10（a）所示；也可以将相位的星座图旋转 45°，得到图 2-10（b），其相位值是 0，±π/2，π，为交错正交相移键控（OQPSK）调制相位的星座图。

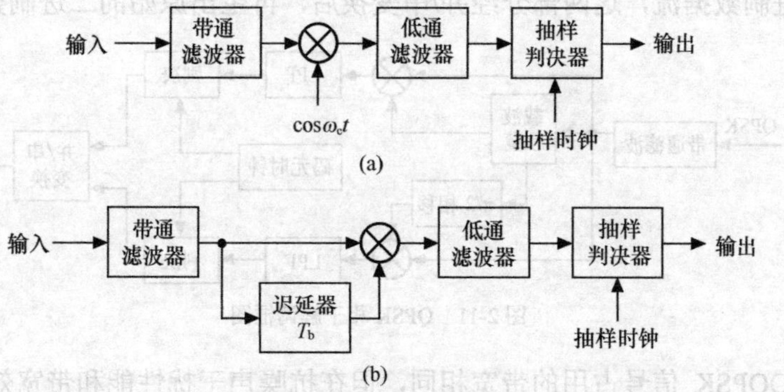

图 2-8　PSK 解调框图

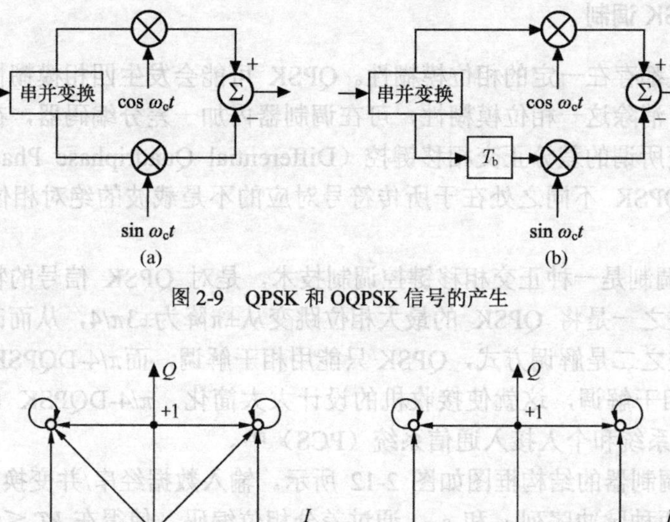

图 2-9　QPSK 和 OQPSK 信号的产生

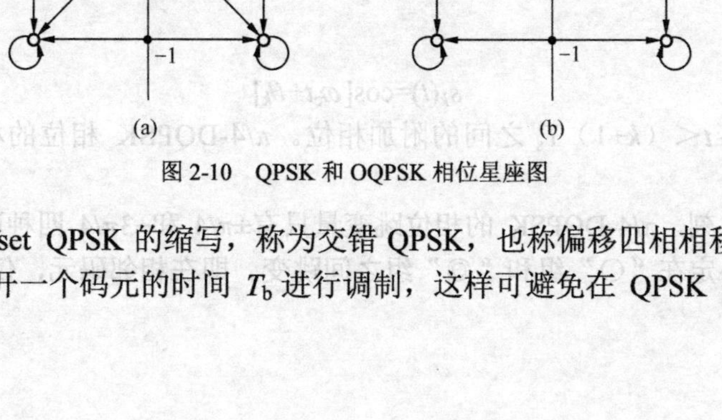

图 2-10　QPSK 和 OQPSK 相位星座图

OQPSK 是 Offset QPSK 的缩写，称为交错 QPSK，也称偏移四相相移键控。它的 I、Q 两支路在时间上错开一个码元的时间 T_b 进行调制，这样可避免在 QPSK 中，码元转换在两支路总是同时的，因而在转换时刻，载波可能会产生 180°的相位跳变，在 OQPSK 中，两支路码元不可能同时转换，因而它最多只能有±90°的相位跳变。相位跳变小，所以它的频谱特性要比 QPSK 的好，对出现边瓣和频带加宽等有害现象不敏感，可以得到高效率的放大，其他特性均与 QPSK 差不多，其相位的星座图如图 2-10（b）所示。

QPSK 和 OQPSK 信号的解调与 PSK 解调相同，都可以采用相干解调。QPSK 系统解调器原理框图如图 2-11 所示。图中对输入 QPSK 信号分别用同相和正交载波进行解调。解调用的相干载波用载波恢复电路从接收信号中恢复。解调器的输出提供一个判决电路，产生同相和正交的二进制数据流，这两部分经并/串变换后，再生出原始的二进制数据流。

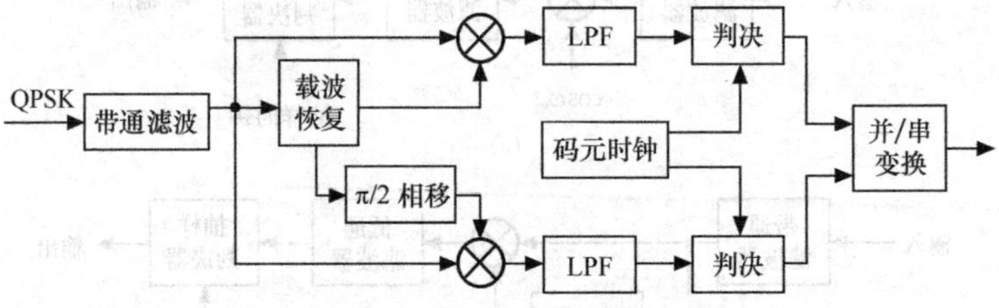

图 2-11　QPSK 相干解调框图

QPSK 和 OQPSK 信号占用的带宽相同，但在抗噪声干扰性能和带宽效率、带限性上，OQPSK 均优于 QPSK，所以 OQPSK 信号非常适合于移动通信系统。

3．π/4-DQPSK 调制

通常载波恢复都存在一定的相位模糊性。QPSK 可能会发生四相模糊性，从而引起相当大的误码率。为了消除这一相位模糊性，可在调制器内加一差分编码器，在解调器中加一差分译码器，这就是所谓的差分正交相移键控（Differential Quadriphase Phase Shift Keying，DQPSK），它与 QPSK 不同之处在于所传符号对应的不是载波的绝对相位，而是相位的改变，即相位差。

π/4-DQPSK 调制是一种正交相移键控调制技术，是对 QPSK 信号的特性进行改进的一种调制方式。改进之一是将 QPSK 的最大相位跳变从±π降为±3π/4，从而改善了π/4-DQPSK 的频谱特性。改进之二是解调方式，QPSK 只能用相干解调，而π/4-DQPSK 既可以用相干解调，也可以用非相干解调，这就使接收机的设计大大简化。π/4-DQPSK 已用于美国的 IS-136 数字蜂窝通信系统和个人接入通信系统（PCS）中。

π/4-DQPSK 调制器的结构框图如图 2-12 所示。输入数据经串/并变换后得到同相通道 I 和正交通道 Q 的两种脉冲序列 s_{I} 和 s_{Q}。通过差分相位编码，使得在 $kT_{\mathrm{s}} \leqslant t <$（$k$+1）$T_{\mathrm{s}}$ 时间内，I 通道的信号 U_K 和 Q 通道的信号 V_K 发生相应的变化，再分别进行正交调制后合成为π/4-DQPSK 信号。

设已调信号

$$s_k(t)=\cos[\omega_c t+\theta_k]$$

式中，θ_k 为 $kT_{\mathrm{s}} \leqslant t <$（$k$+1）$T_{\mathrm{s}}$ 之间的附加相位。π/4-DQPSK 相位的相位关系如图 2-13 所示。

在码元转换时刻，π/4-DQPSK 的相位跳变量只有±π/4 和±3π/4 四种取值。从图 2-13 中可看出相位跳变必定在“○”组和“◎”组之间跳变。即在相邻码元，仅会出现从“○”组到“◎”组相位点（或“◎”组到“○”组）的跳变，而不会在同组内跳变。π/4-DQPSK 调制是一种包络不恒定的线性调制。

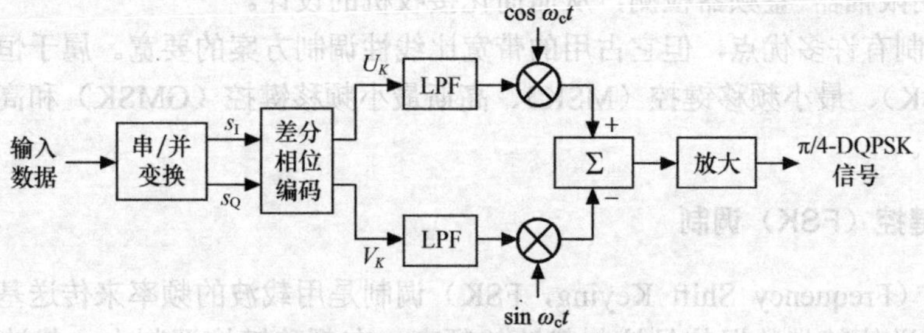

图 2-12　π/4-DQPSK 调制器结构框图

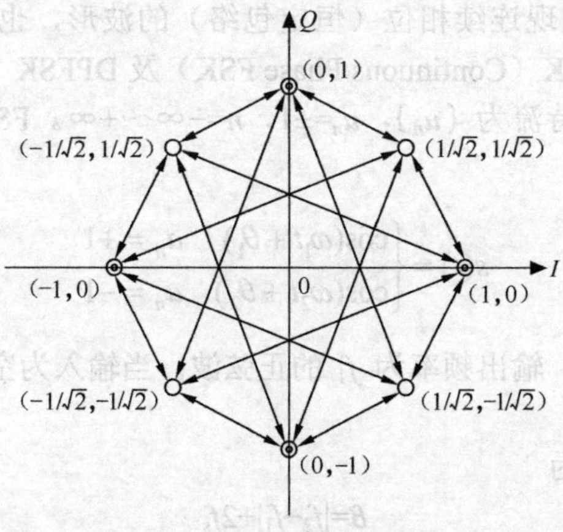

图 2-13　π/4-DQPSK 的相位关系

π/4-DQPSK 信号的解调可采用相干检测、差分检测或鉴频器检测。中频差分检测框图如图 2-14 所示。其优点是用两个鉴相器而不需要本地振荡器。接收到的π/4-DQPSK 信号先变频到中频（IF），然后经带通滤波器，由 X_K 和 Y_K 抽样、判决后获得的结果再经限幅器和并/串变换后，再生出原始的二进制数据流。

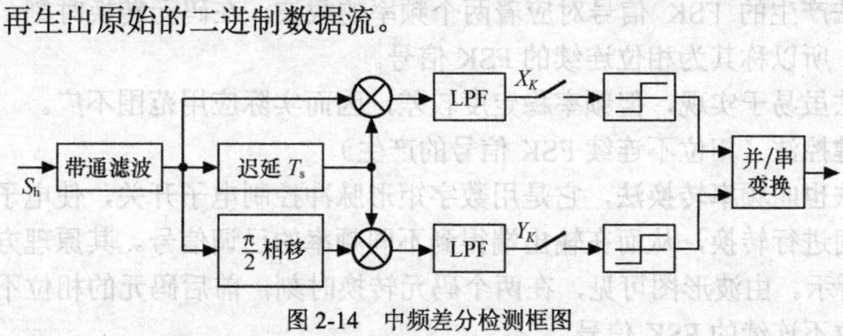

图 2-14　中频差分检测框图

2.1.3　恒包络调制技术

移动通信系统在许多实际应用时都采用非线性调制方法，所谓的恒包络调制（Constant Envelope Modulation）就是不管调制信号如何改变，都保持载波的幅度恒定。恒包络调制具有可以满足多种应用环境的优点：

① 可使用功率高的C类放大器，不致引起发射信号占用频谱增大；

② 带外辐射低，可达-60～-70 dB；

③ 可使用限幅器-鉴频器检测，从而简化接收机的设计。

恒包络调制有许多优点，但它占用的带宽比线性调制方案的要宽。属于恒包络调制的有频移键控（FSK）、最小频移键控（MSK）、高斯最小频移键控（GMSK）和高斯滤波的频移键控（GFSK）。

1．频移键控（FSK）调制

频移键控（Frequency Shift Keying，FSK）调制是用载波的频率来传送基带数据信号，也就是用所传送的基带数据信号控制载波的频率。在频移键控调制中，载波的幅度恒定不变，其载波信号的频率随着两种可能的状态（高频率和低频率即二进制的“1”和“0”）而切换。FSK 信号有可能呈现连续相位（恒定包络）的波形，也可能呈现不连续相位的波形，将它们分别记为CPFSK（Continuous Phase FSK）及DPFSK（Discrete Phase FSK）。

设输入到调制器的比特流为 $\{u_n\}$，$u_n=\pm1$，$n=-\infty\sim+\infty$。FSK 的输出信号形式（第 n 个比特区间）为

$$s(t)=\begin{cases}\cos(\omega_1 t+\theta_1) & a_n=+1\\ \cos(\omega_2 t+\theta_2) & a_n=-1\end{cases}$$

即当输入为传号“+1”时，输出频率为 f_1 的正弦波；当输入为空号“−1”时，输出频率为 f_2 的正弦波。

FSK 信号的带宽大约为

$$B=|f_2-f_1|+2f_s$$

FSK 的调制方法有模拟调制法和数字键控法，它们分别对应着相位连续的 FSK 和相位不连续的 FSK。

（1）直接调频法（相位连续 FSK 信号的产生）

直接调频法是用数字基带矩形脉冲直接改变振荡器的频率，使输出得到不同频率的已调信号。用此方法产生的 FSK 信号对应着两个频率的载波，在码元转换时刻，两个载波相位能够保持连续，所以称其为相位连续的 FSK 信号。

直接调频法虽易于实现，但频率稳定度较差，因而实际应用范围不广。

（2）频率键控法（相位不连续 FSK 信号的产生）

频率键控法也叫频率转换法，它是用数字矩形脉冲控制电子开关，使电子开关在两个独立的振荡器之间进行转换，从而在输出端得到不同频率的已调信号。其原理方框图及各点波形如图 2-15 所示。由波形图可见，在两个码元转换时刻，前后码元的相位不连续，这种类型的信号为相位不连续的 FSK 信号。

由图 2-15 可知，数字信号“1”时，正脉冲使门电路 1 接通，门 2 断开，输出频率为 f_1；数字信号为“0”时，门 1 断开，门 2 接通，输出频率为 f_2。如果产生 f_1 和 f_2 的两个振荡器是独立的，则输出的 FSK 信号的相位是不连续的。这种方法的特点是转换速度快、波形好、频率稳定度高、电路不很复杂，所以得到广泛应用。

数字调频信号的解调方法很多，可以分为线性鉴频法和分离滤波法两大类。线性鉴频法有模拟鉴频法、过零检测法、差分检测法等；分离滤波法又包括相干检测法、非相干检测

法、动态滤波法等。非相干检测的具体解调电路是包络检测法，相干检测的具体解调电路是同步检波法。下面对过零检测法、包络检测法及同步检波法加以介绍。

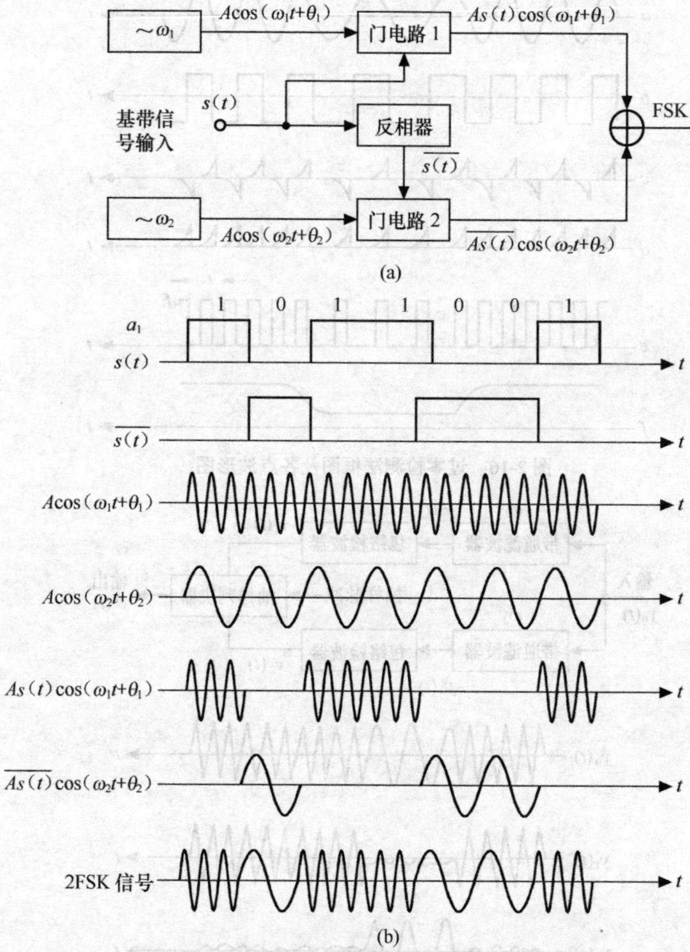

图 2-15　相位不连续 FSK 信号的产生和各点波形

① 过零检测法。过零检测法又称为零交点法、计数法，其原理框图及各点波形图如图 2-16 所示。单位时间内信号经过零点的次数多少可以用来衡量频率的高低。数字调频波的过零点数随不同载频而异，故检出过零点数可以得到关于频率的差异，这就是过零检测法的基本思想。

考虑一个相位连续的 FSK 信号 a，经放大限幅得到一个矩形方波 b，经微分电路得到双向微分脉冲 c，经全波整流得到单向尖脉冲 d，单向尖脉冲的密集程度反映了输入信号的频率高低，尖脉冲的个数就是信号过零点的数目。单向脉冲触发一脉冲发生器，产生一串幅度为 E、宽度为 t 的矩形归零脉冲 e。脉冲串 e 的直流分量代表着信号的频率，脉冲越密直流分量越大，反映着输入信号的频率越高。经低通滤波器就可得到脉冲串 e 的直流分量 f。这样，就完成了频率-幅度变换，从而再根据直流分量幅度上的区别还原出数字信号“1”和“0”。

② 非相干（包络）解调法。图 2-17 所示为非相干解调器框图及波形图。用两个窄带的分路滤波器分别滤出中心频率为 f_1 及 f_2 的高频脉冲，经包络检测后分别取出它们的包络。把两路输出同时送到抽样判决器进行比较，从而判决输出基带数字信号。

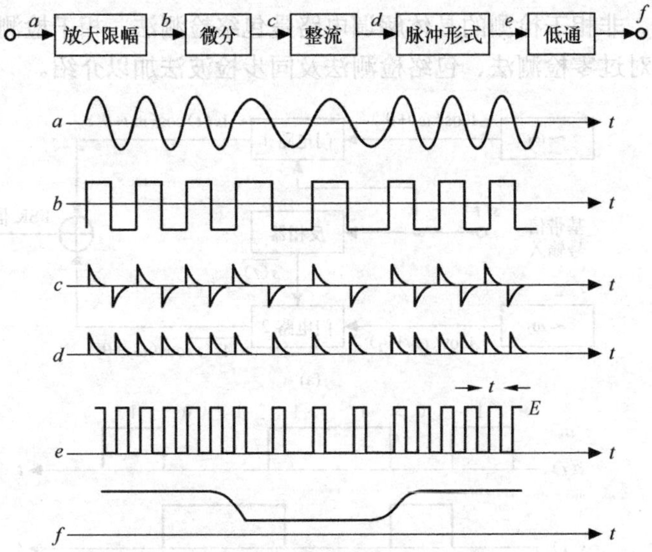

图 2-16　过零检测法框图及各点波形图

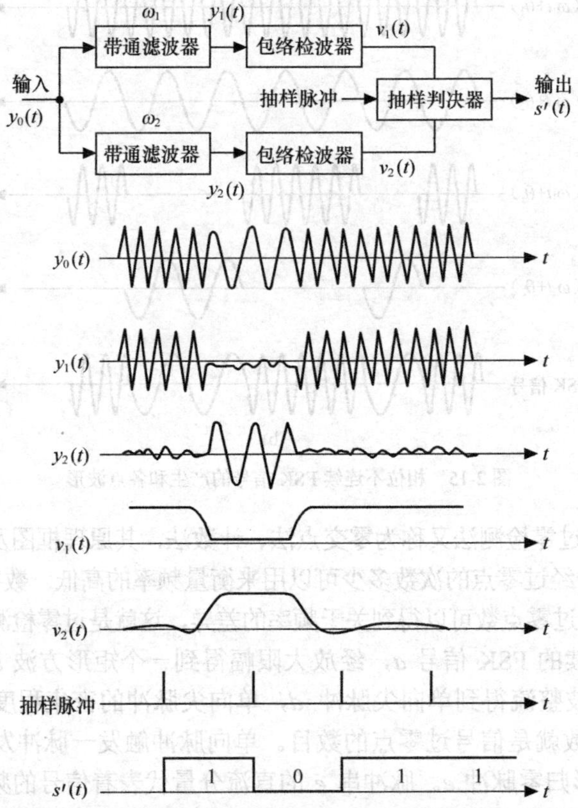

图 2-17　FSK 信号包络检波框图及波形图

设频率 f_1 代表数字信号“1”，f_2 代表数字信号“0”，则抽样判决器的判决准则应为

$$\begin{cases} v_1 > v_2 & \text{即} v_1 - v_2 > 0,\ \text{判为1} \\ v_1 < v_2 & \text{即} v_1 - v_2 < 0,\ \text{判为0} \end{cases}$$

式中，v_1、v_2 分别为抽样时刻两个包络检波器的输出值。这里，抽样判决器要比较 v_1、v_2 大小，或者说把差值（v_1–v_2）与零电平比较，因此，有时称这种比较判决器的判决门限为零电平。

③ 相干解调法。相干解调电路的原理框图如图 2-18 所示。图中两个带通滤波器起分路作用。它们的输出分别与相应的同步相干载波相乘，再分别经低通滤波器取出含基带数字信息的低频信号，滤掉二倍频信号，抽样判决器在抽样脉冲到来时对两个低频信号进行比较判决，即可还原出基带数字信号。

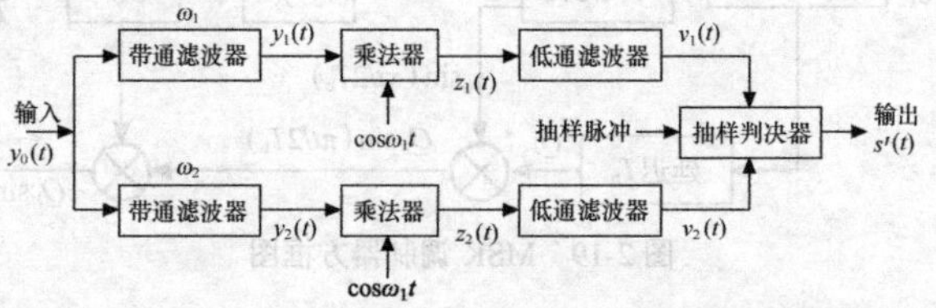

图 2-18　FSK 信号相干检测框图

相干解调能提供较好的接收性能，但是要求接收机提供具有准确频率和相应的相干参考电压，增加了设备的复杂性。

通过将相干解调与包络（非相干）解调系统进行比较，可以得出以下几点。

① 两种解调方法均可工作在最佳门限电平。

② 在输入信号信噪比 r 一定时，相干解调的误码率小于非相干解调的误码率；当系统的误码率一定时，相干解调比非相干解调对输入信号的信噪比要求低。所以相干解调 FSK 系统的抗噪声性能优于非相干的包络检测。但当输入信号的信噪比 r 很大时，两者的相对差别不明显。

③ 相干解调时，需要插入两个相干载波，因此电路较为复杂，但包络检测就无需相干载波，因而电路较为简单。一般而言，大信噪比时常用包络检测法，小信噪比时才用相干解调法。

2. 最小频移键控（MSK）调制

最小频移键控（MSK）又称快速频移键控（FFSK），是一种特殊的连续相位的频移键控（FSK）调制。所谓“快速”二字，是指这种调制方式对于给定的频带，它能比 2PSK 传输更高速的数据；而 “最小”二字指的是这种调制方式能以最小的调制指数（h=0.5）获得正交的调制信号。

MSK 是一种特殊形式的 FSK，其频差是满足两个频率相互正交（即相关函数等于 0）的最小频差，并要求 FSK 信号的相位连续，其频差$\Delta f=f_2-f_1=\dfrac{1}{2}T_b$，调制指数为

$$h=\frac{\Delta f}{1/T_b}=0.5$$

式中，T_b 为输入数据流的比特宽度。

MSK 的信号表达式为

$$s(t)=\cos\left[\omega_c t+\frac{\pi}{2T_b}a_k t+X_k\right]$$

式中，X_k 是保证 $t=kT_b$ 时相位连续而加入的相位常量。

MSK 信号调制器框图如图 2-19 所示。MSK 是一种高效的调制方法，特别适合在移动通信系统中使用。它有很好的特性，如恒包络、频谱利用率高、误码低和自同步性能。

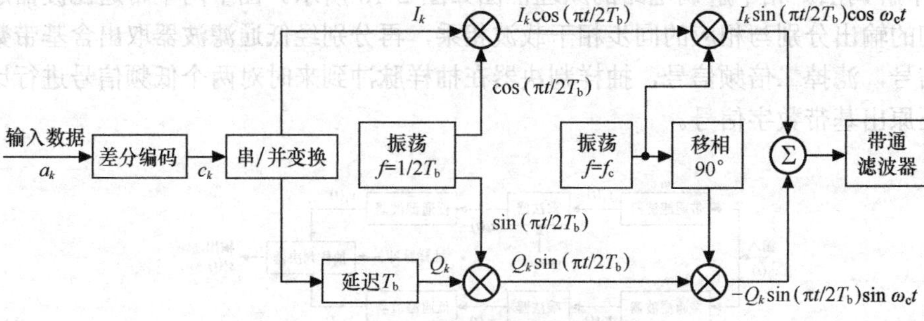

图 2-19　MSK 调制器方框图

产生 MSK 信号的步骤如下：

① 对输入数据序列进行差分编码；

② 把差分编码器的输出数据用串/并变换器分成两路，并相互交错一个比特宽度 T_b；

③ 用加权函数 $\cos(\pi t/2T_b)$和 $\sin(\pi t/2T_b)$分别对两路数据进行加权；

④ 用两路加权后的数据分别对正交载波 $\cos\omega_c t$ 和 $\sin\omega_c t$ 进行调制；

⑤ 把两路输出信号进行叠加。

综合以上分析可知，MSK 信号必须具有以下特性：

① 已调信号的振幅是恒定的；

② 信号的频率偏移严格地等于$\pm1/(4T_b)$，相应的调制指数 $h=\Delta fT_b=(f_2-f_1)T_b=1/2$；

③ 以载波相位为基准的信号相位在一个码元期间内准确地线性变化$\pm\pi/2$；

④ 在一个码元期间内，信号应包括 1/4 载波周期的整数倍；

⑤ 在码元转换时刻，信号的相位是连续的，或者说信号的波形没有突跳。

MSK 信号可以采用鉴频器解调，也可以采用相干解调。相干解调的框图如图 2-20 所示，图中采用平方环来提取相干载波。

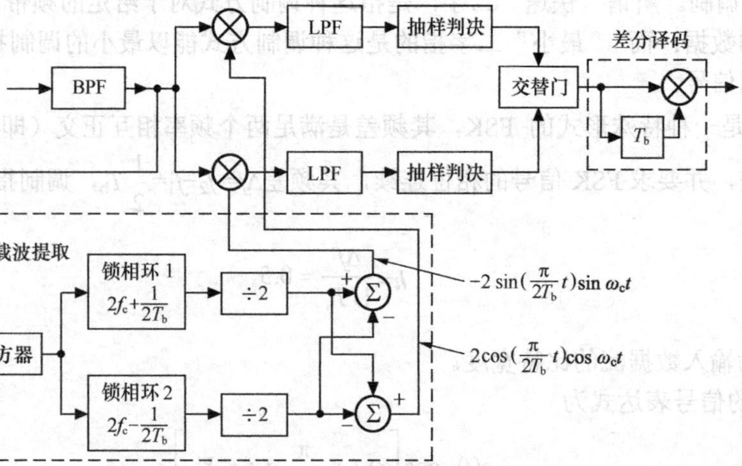

图 2-20　MSK 相干解调框图

MSK 与 FSK 性能相比，由于各支路的实际码元宽度为 $2T_b$，其对应的低通滤波器带宽减少为原带宽的 1/2，从而使 MSK 的输出信噪比为原来的两倍。

3．高斯型最小频移键控（GMSK）调制

GMSK 调制方式能满足移动通信环境下对邻道干扰的严格要求，通常将输入端接有高斯低通滤波器的 MSK 调制器称为高斯最小频移键控（GMSK）。GMSK 是由 MSK 演变来的一种简单的二进制调制方法，是连续相位的恒包络调制。

MSK 信号可由 FM 调制器产生，由于输入二进制不归零脉冲序列具有较宽的频谱，从而导致已调信号的带外衰减较慢。如果将输入信号经过滤波以后再送入 FM 调制，必然会改善已调信号的带外特性。所以最简单的产生 GMSK 信号的方法就是通过在 FM 调制器前加入一个基带信号预处理滤波器，即高斯低通滤波器，如图 2-21 所示。

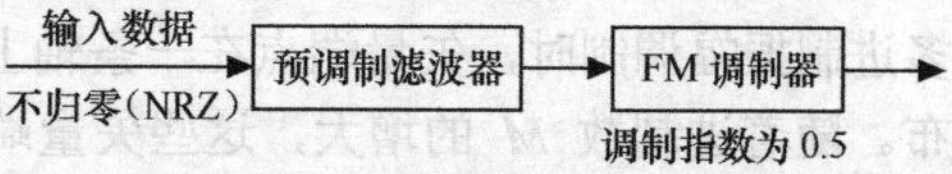

图 2-21　GMSK 信号产生的原理图

这种 GMSK 调制技术能将基带信号变换成高斯脉冲信号，其包络无陡峭沿，亦无拐点，因此相位路径得以进一步平滑，如图 2-22 所示，GMSK 早已被确定为欧洲新一代移动通信的标准调制方式，应用在 GSM 等系统中。

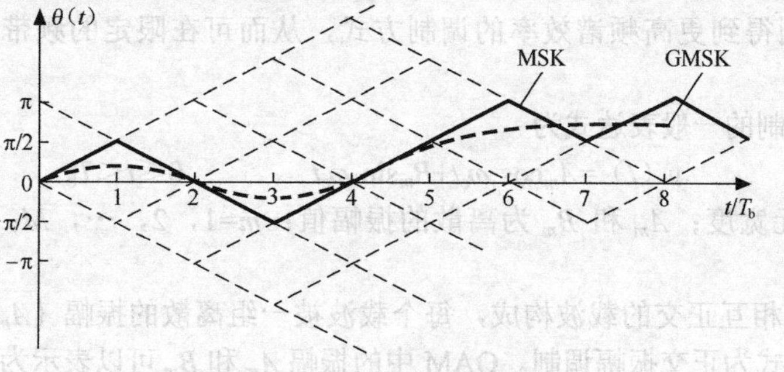

图 2-22　GMSK 信号的相位轨迹

GMSK 信号的解调可以用同 MSK 一样的正交相干解调。在相干解调中最为重要的是相干载波的提取，这在移动通信的环境中是比较困难的，因而移动通信系统通常采用差分解调和鉴频器解调等非相干解调的方法。图 2-23 所示为 1 bit 延迟差分检测解调器的原理框图。

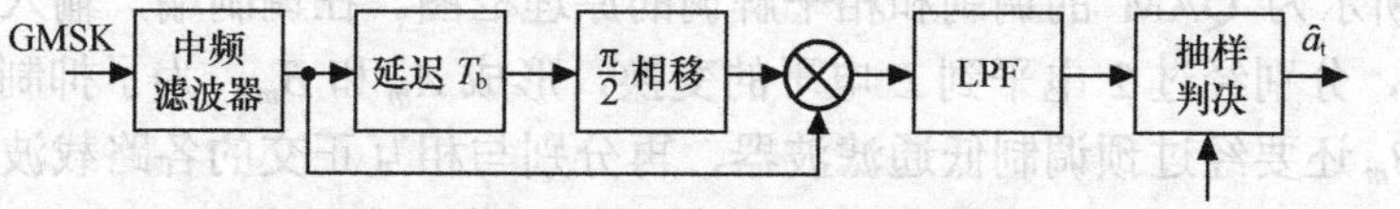

图 2-23　1 bit 延迟差分检测解调器的框图

4．高斯滤波的频移键控（GFSK）

高斯滤波的频移键控（GFSK）的原理框图如图 2-24 所示。

GFSK 与 GMSK 类似，从图 2-24 可以看出，它是连续相位的恒包络调制。GFSK 汲取了 GMSK 的优点，但放松了对调制指数的要求，没有 MSK 和 GMSK 那样严格（MSK 和 GMSK 要求调制指数 h=0.5），通常调制指数 h=0.4～0.7 即可。GFSK 调制方式主要应用于

数字无绳电话系统 CT-2 中。

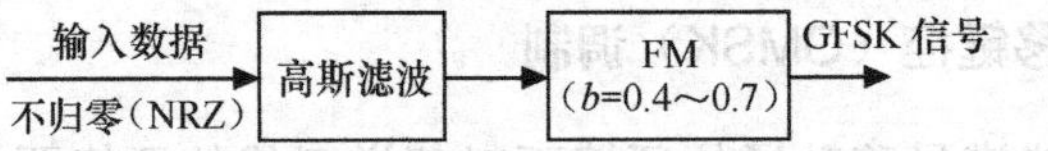

图 2-24　GFSK 调制的原理框图

2.1.4　正交振幅调制技术

通过前面的学习可知，单独使用振幅或相位携带信息时，不能最充分地利用信号平面。多进制振幅调制时，矢量端点在一条轴上分布；多进制相位调制时，矢量端点在一个圆上分布。随着进制数 M 的增大，这些矢量端点之间的最小距离也随之减小，但如果我们充分地利用整个平面，将矢量端点重新合理地分布，则有可能在不减小最小距离的情况下，增加信号矢量的端点数目。从上述概念出发，引出振幅与相位相结合的调制方式，这种方式通常称为数字复合调制方式。一般的复合调制称为幅相键控（APK），两个正交载波幅相键控称为正交振幅调制（QAM）。

正交振幅调制是二进制的 PSK、四进制的 QPSK 调制的进一步推广，是通过相位和振幅的联合控制得到更高频谱效率的调制方式，从而可在限定的频带内传输更高速率的数据。

正交振幅调制的一般表达式为

$$y(t)=A_m\cos\omega_c t+B_m\sin\omega_c t \qquad 0\leqslant t<T_b$$

式中，T_b 为码元宽度；A_m 和 B_m 为离散的振幅值；m=1，2，…，M；M 为 A_m 和 B_m 的个数。

上式由两个相互正交的载波构成，每个载波被一组离散的振幅 $\{A_m\}$、$\{B_m\}$ 所调制，故称这种调制方式为正交振幅调制。QAM 中的振幅 A_m 和 B_m 可以表示为

$$\begin{cases}A_m=d_mA\\B_m=e_mA\end{cases}$$

式中，A 是固定的振幅，(d_m, e_m) 由输入数据确定。(d_m, e_m) 决定了已调 QAM 信号在信号空间中的坐标点。

图 2-25 所示为 QAM 的调制和相干解调的原理框图。在调制端，输入数据经过串并变换后分为两路，分别经过 2 电平到 L 电平的变换，形成 A_m 和 B_m。为了抑制已调信号的带外辐射，A_m 和 B_m 还要经过预调制低通滤波器，再分别与相互正交的各路载波相乘，形成两路 ASK 调制信号。最后将两路信号相加就可以得到已调输出信号 $y(t)$。

在接收端，输入信号与本地恢复的两个正交载波信号相乘以后，经过低通滤波器，多电平判决，L 电平到 2 电平转换，再经过并串变换就得到输出数据序列。

对 QAM 调制而言，常用的设计准则是在信号功率相同的条件下，选择信号空间中信号点之间距离最大的信号结构，当然还要考虑解调的复杂性。所以如何设计 QAM 信号的结构，不仅影响到已调信号的功率谱特性，而且影响已调信号的解调及其性能。

为便于分析，图 2-26 所示为四电平 QAM 的调制解调原理框图中各点的基本波形。

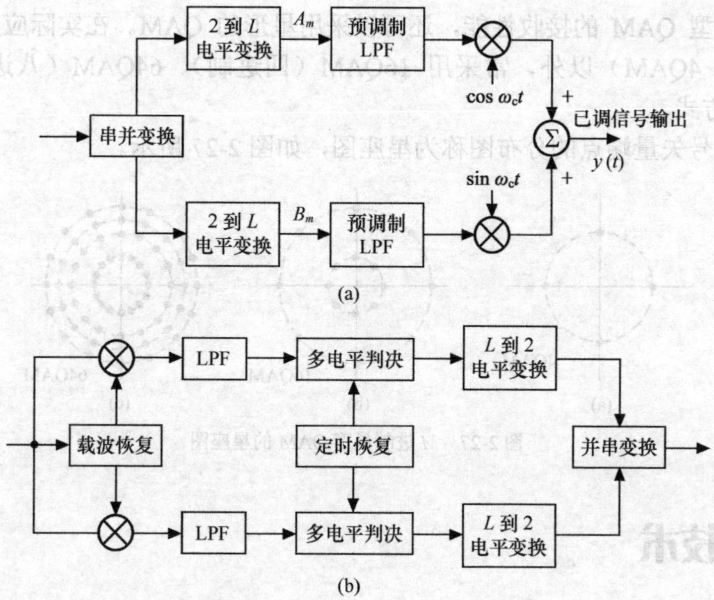

图 2-25　QAM 调制解调原理图

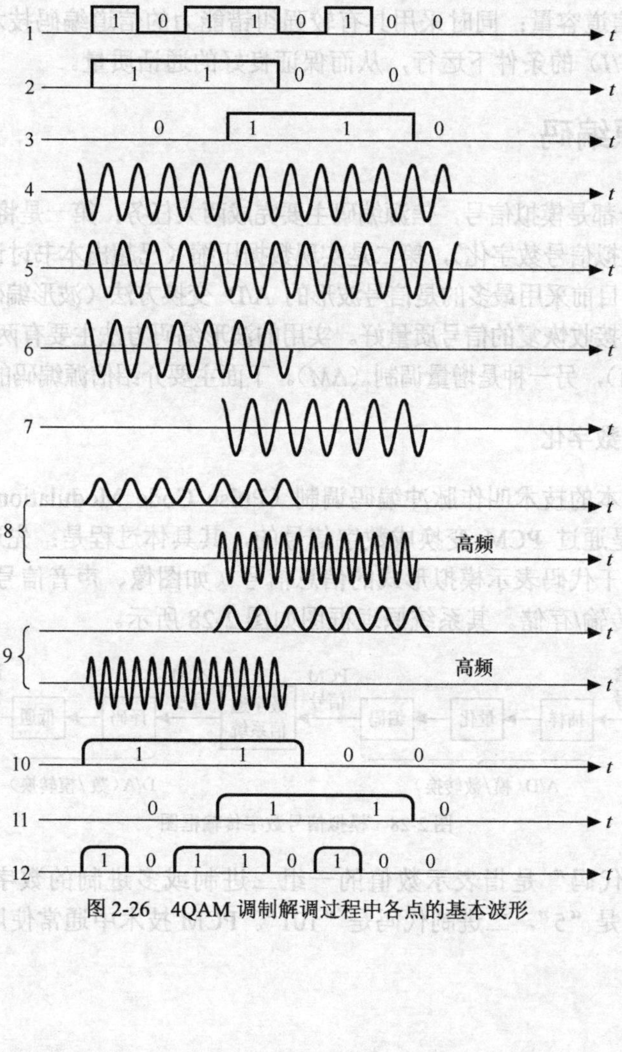

图 2-26　4QAM 调制解调过程中各点的基本波形

为了改善方型 QAM 的接收性能，还可以采用星形的 QAM。在实际应用中，除了二进制 QAM（简称 4QAM）以外，常采用 16QAM（四进制）、64QAM（八进制）、256QAM（十六进制）等方式。

通常，把信号矢量端点的分布图称为星座图，如图 2-27 所示。

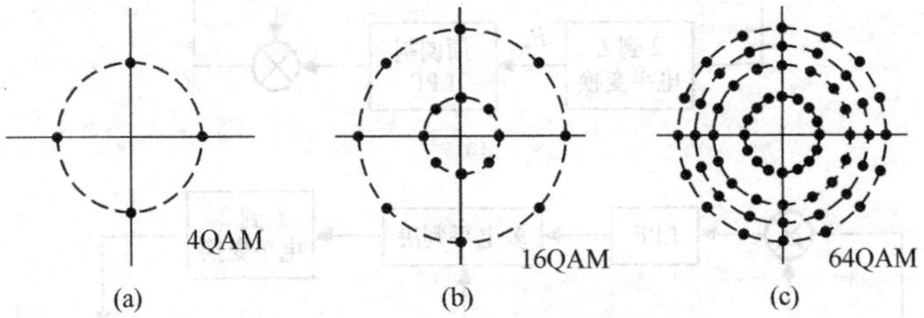

图 2-27　*M* 进制星形 QAM 的星座图

2.2　编码技术

信源编码和信道编码是通信数字化的两个重要技术领域。在移动通信数字化中，首先是模拟语音信号的数字化。对于语音信号进行数字化处理，采用低码率数字语音编码，可以提高频带的利用率和信道容量；同时采用具有较强纠错能力的信道编码技术，可使移动通信系统在较低载干比（*C/I*）的条件下运行，从而保证良好的通话质量。

2.2.1　信源编码

信源输出的信号都是模拟信号，信源编码主要完成两大任务：第一是将模拟信号转换成数字信号（也就是实现模拟信号数字化），第二是实现数据压缩（已超出本书讨论范围）。模拟信号数字化的方法有多种，目前采用最多的是信号波形的 A/D 变换方法（波形编码）。它直接把时域波形变换为数字序列，接收恢复的信号质量好。实用的波形编码方法主要有两种基本形式：一种是脉冲编码调制（PCM），另一种是增量调制（Δ*M*）。下面主要介绍信源编码的工作原理。

1．信源信号的数字化

“数字化”最基本的技术叫作脉冲编码调制（Pulse Code Modulation，PCM），简称脉码调制。模拟信号正是通过 PCM 变换成数字信号的，其具体过程是：先通过抽样、量化和编码 3 个步骤，用若干代码表示模拟形式的信息信号（如图像、声音信号），再用脉冲信号表示这些代码来进行传输/存储。其系统原理框图如图 2-28 所示。

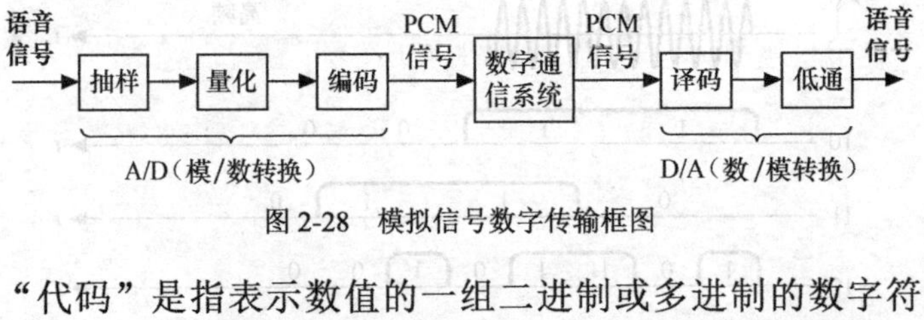

图 2-28　模拟信号数字传输框图

这里所说的“代码”是指表示数值的一组二进制或多进制的数字符号，如表示数值“五”的十进制代码是“5”，二进制代码是“101”。PCM 技术中通常使用二进制代码。

2．语音编码技术

在数字移动通信中，采用的语音编码技术有波形编码、参数编码和混合编码 3 种。

波形编码技术通过对语音波形进行采样、量化，然后用二进制码表现出来，并在解码端尽可能准确地恢复语音信号的原始波形。

参数编码技术以语音信号产生的数学模型为基础，根据输入语音信号分析出表征声门振动的激励参数和表征声道特性的声道参数，然后在解码端根据这些模型参数来恢复语音。这种编码算法并不忠实地反映输入语音的原始波形，而是着眼于人耳的听觉特性，确保解码语音的可懂度和清晰度。基于这种编码技术的编码系统一般称为声码器，主要用在窄带信道上提供 4.8 kbit/s 以下的低速率语音通信和一些对时延要求较宽的场合。当前参数编码技术的主要研究方向是线性预测声码器（Linear Predictive Coder，LPC）和余弦声码器。

混合编码是基于参量编码和波形编码发展而成的一类新的编码技术，广泛用在数字蜂窝移动系统中。由于采用的激励源不同，构成了不同的编码方案。泛欧数字蜂窝网（GSM）中的 RPE-LTP 编码方案采用规则脉冲作为激励源，而北美数字移动通信系统中的 VSELP 编码方案采用码本激励的方法。混合编码保持了波形编码的高质量和参量编码的低速率，在 4～16 kbit/s 的速率上能够得到高质量的合成语音。

多脉冲线性预测编码（MP-LPC）、规则脉冲线性预测编码（RPE-LPC）和码激励线性预测编码（CELP）都属于混合编码技术。GSM 系统采用的是规则脉冲线性预测编码（RPE-LPC）方案，IS-95（CDMA）系统采用的是 9.6 kbit/s 码激励线性预测编码（CELP）方案。

（1）线性预测编码的基本原理

线性预测分析简称为 LPC 分析，是进行语音信号分析最有效的分析方法之一。LPC 分析的重要性在于：它提供了一组简洁的语音信号模型参数，该参数较精确地表征了语音信号的频谱幅度。LPC 分析语音信号的运算量并不大。应用该模型参数可以降低编码语音信号的数码率，实现有效的语音通信与语音合成。

线性预测方法的特点在于分析和模拟人的发音器官，不是利用人发出声音的波形合成，而是从人的语音信号中提取与语音模型有关的特征参数。在语音合成过程中，通过相应的数学模型计算控制相应的参数来合成语音，这种方法对语音信息的压缩是很大的，用此方法压缩的语音数据所占用的存储空间只有波形编码的十分之一甚至几十分之一。

（2）GSM 系统中语音编码方式

在 GSM 系统中语音编码采用“规则脉冲激励长期预测编码（RPE-LTP）”方式，其中，语音比特为 13 kbit/s，差错保护比特为 9.8 kbit/s，二者总共为 22.8 kbit/s。纠错的办法是在 20 ms 的语音码帧中，把语音比特分为两类：一类是对差错敏感的（这类比特发生错误将明显影响语音质量）；二类是对差错不敏感的。一类比特 182 个，加上 3 个奇偶校验比特和 4 个尾比特，进行码率为 1/2 和约束长度为 5 的卷积编码，共得 378 比特。它和不加差错保护的 78 个二类比特合在一起共有 456 比特。因此，编码语音的速率为 456/20 kbit/s。图 2-29 所示为 GSM 通信系统的语音编码示意图。

为了抗突发性错误，编码的语音比特在传输前还要进行交织，即把 40 ms 中的语音比特（$2 \times 456=912$ bit）组成 8×114 的矩阵，按水平写入和垂直读出顺序，从而获得 8 个 114 比特的信息段。此信息段要占用一个时隙逐帧进行传输。

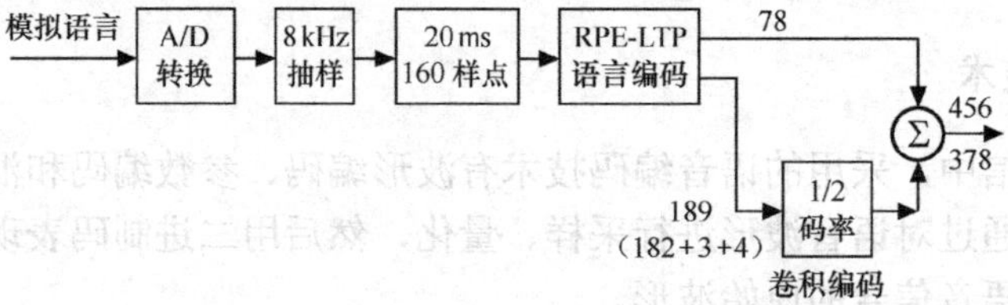

图 2-29　GSM 通信系统的语音编码示意图

（3）CDMA 系统中的语音编码技术

在数字移动通信系统中，语音编码速率与传输信号带宽成比例关系，即语音编码速率减半，传输信号所占用带宽也减半，而系统容量为原来的两倍。为此，必须积极开发低速率高质量的语音编码技术，即高效语音编码技术。其中，码激励线性预测编码（CELP）就是高质量语音编码的方案。

在移动无线传输中，突发脉冲序列常因衰落产生误码。为抑制误码对语音质量的影响，要研究抗误码能力的编码方式，即采取高效纠错/检测编码的措施。

高效语音编码方式为了抑制由于低速率引起语音质量的恶化，需要进行庞大的运算处理，这种运算处理甚至超过目前数字信号处理器（DSP）的能力，为此，就需要高性能数字信号处理器。

高效语音编码是一种注重研究声音自身的特性，减少其冗余度而进行的低速率的编码技术。作为抑制冗余度的典型技术有：

① 注重声音波形时间相关性（线性预测）；

② 注重声音功率谱的编码方法（子带/多带编码）；

③ 将多个采样值一起量化的方法（矢量量化法）；

④ 用合成语音分析原声音波形的频谱包络和声源模型（包括有声和无声等），提取其信息再进行编码的方法，即分析合成法。

CDMA 系统采用的 CELP 基本框图如图 2-30 所示。它将自适应残差与多个随机残差之和作为合成滤波器的输入信号，激励合成滤波器，求得候选编码的语音，再根据平方误差最小的基准选择最适宜的候选编码的语音。这种从多个进行编码语音中选择最适宜的候选语音的编码方法称为分析合成法。用此方法时，如果增加编码语音的候选数目，就可以提高语音质量。为了得到大量候选编码语音，需要的处理信息量就会增大，在缺少具有足够处理能力的组件时，很难获得高质量的编码语音，为此，实现低速率编码时，就要求有高速处理信号能力的组件。

为实现低速率编码，采用 DSP 技术就解决了高速处理信号的矛盾，于是在语音编码中广泛使用 DSP。对 DSP 有如下要求：

① 应具有乘法、加法功能和简化逻辑式的体系，流水线式控制等适合于进行数字信号处理的结构；

② 为了能用软件实现语音编码的计算，应具有开发周期短、修改容易等特点。

适合数字移动通信中用于语音编译码器的（几种 DSP 性能见表 2-1）特征如下：

① 指令周期为 50 ns 以下，运算速度快；

② 具有 16 bit 数据/40 bit 累加运算的精度；

③ 片内有存储器与 A/D 及 D/A 转换器；

④ 功耗低，体积小。

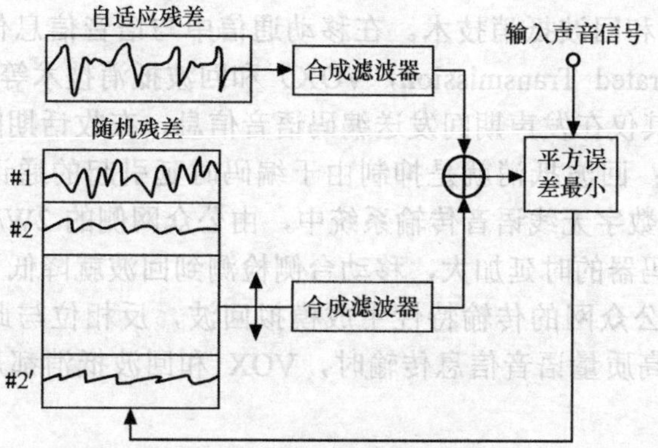

图 2-30　CELP 的基本构成框图

表 2-1　　用于语音编译码器的几种 DSP 性能

型　号	ADSP-21MSP50	DSP16C-11	DSP56156	TMS320C51
指令周期（最长）/ns	50	25	—	—
乘法器	16 × 16→40 bit	16 × 16→32 bit	16 × 16→40 bit	16 × 16→32 bit
累加器/比特	16	36	40	32
A/D 转换器	—	内藏	—	无
D/A 转换器	—	内藏	—	无
串行口 I/O	2 通道	1 通道	2 通道	2 通道
片内数据 RAM/kbit	16	—	32	32
片内指令存储器/kbit	64	32RAM/192ROM	32RAM/192ROM	144ROM

（4）语音编译码器相关技术

① 误码保护技术。移动通信中传输信息的差错控制有各种方法，例如，检测/纠错、比特交错、译码波形插补、误码量化等，其中最重要的是检测/纠错。在检测/纠错时，为竭力减少纠错时的冗余比特，在要求低速率的无线传输中，从语音编码的比特中选择最重要的比特并进行纠错，这种保护方法（BS-FET）现已被广泛采用。图 2-31 所示为采用 BS-FET 的语音信息传输系统。

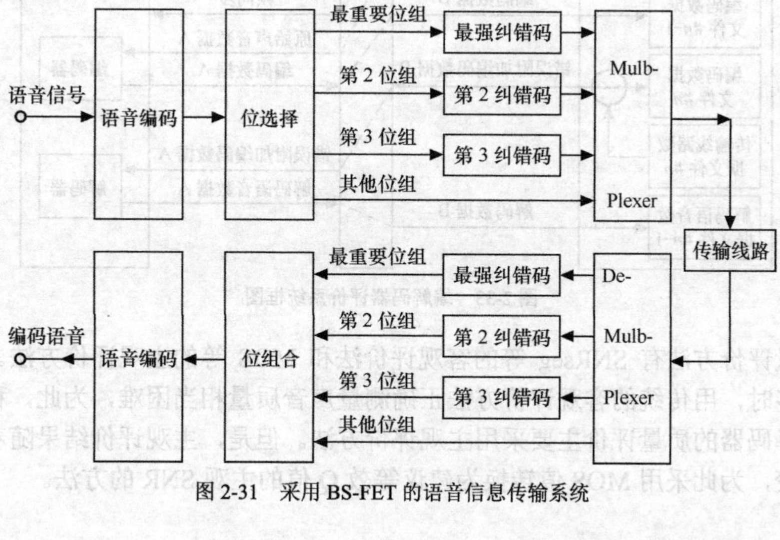

图 2-31　采用 BS-FET 的语音信息传输系统

② 语音控制发送和回波抵消技术。在移动通信中与语音信息传送的相关技术有语音控制发送（Voice Operated Transmission，VOX）和回波抵消技术等。所谓VOX就是为了减少移动台功耗，使其仅在发声期间发送编码语音信息，在收话期间停止进行无线发送，这是手机的重要功能；回波抵消就是抑制由于编码时延引起的通话质量恶化的回波的功能。在图2-32所示的数字无线语音传输系统中，由公众网侧的2W/4W切换用混接网络恢复回波。若语音编译码器的时延加大，移动台侧检测到回波就降低了通话质量。这里，回波抵消器根据推测的公众网的传输特性生成模拟回波，反相位与此相抵消，从而消除回波。综合来看，实现高质量语音信息传输时，VOX和回波抵消都是语音编译码器的相关技术。

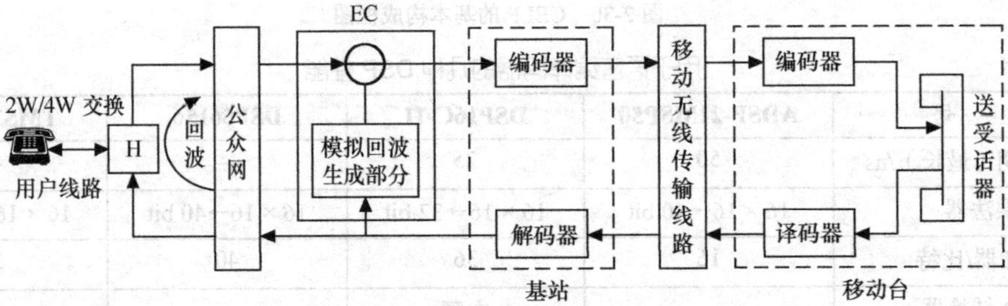

图2-32 数字移动通信中语音信息传输系统

③ 语音编译码器质量评价方法。对于移动通信中的语音编码方式要求标准化、快速性，并进行质量评价。由实时编译码器进行竞争评价，多采用选定第1位的方法。根据各种条件（发声音、背景噪声、传输线路种码等）公开评价多种候选的编译码器，需要取得编码语音数据及自动测量质量，为此开发各种系统，实现对编译码器的评价，图2-33所示的为其中之一。在图示系统中，为了提高测量效率，系统应具有获取双向数据、自行测试编译码器时延时间、传输线路误码生成、主观评价支持工具等功能。

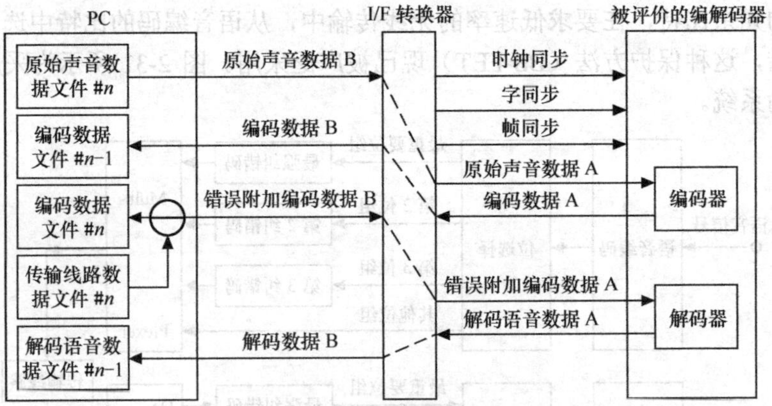

图2-33 编解码器评价系统框图

语音质量评价方法有SNRseg等的客观评价法和MOS等的主观评价方法。编码速率较低或误码较多时，用传统的客观评价方法正确测量声音质量相当困难，为此，移动通信无线传输语音编译码器的质量评价主要采用主观评价方法。但是，主观评价结果随着被试者与试验条件而改变，为此采用MOS值转换为建议等效Q值的主观SNR的方法。

2.2.2 信道编码

信源码解决了信息表示的效率问题。信源码的输出信息码是“1”和“0”组成的码元序列（或称位流），要使该位流在信道中可靠地传输，首先要使位流的频率特性与传输信道的频率特性相适应，否则位流传输时就会产生波形失真，误码就会增加，抗干扰性能就会降低，而且还会对邻近频道产生干扰。因此，在传输前必须对位流进行处理，将其码型变换成适合于信道传输的形式，这种变换就是信道编码。

信道码包括数字调制（简称调制）和纠错码。两者的作用均是为了克服数字信号在存储/传输通道中产生的失真（或错误），但侧重点不同，前者主要克服码间干扰产生的错误，后者主要克服外界干扰产生的突发性错误。在纠错码中对误码性能的改善是以降低有效信息传输速率为代价的，而对于多进制的调制系统，汉明意义上的纠错码不能使系统性能达到最佳。以往选用纠错码和调制时，是相互独立地进行的，解调器先对接收信号进行硬判决，然后再将硬判决的结果送纠错解码器进行解码。为了达到误码率指标，只能采取增加发射功率和带宽的办法。后来人们发现，在带限信号中不增加信道传输带宽的前提下，将纠错码与调制结合起来加以设计，有利于实现误码率最低化。

信道编码的方法有很多种，一般可按下列方式分类。

（1）按照信息码元和监督码元之间的约束方式不同，可分为分组码和卷积码。如果本码组的监督码元仅与本码组的信息码元有关，而与其他码组的信息码元无关，则称这类码为分组码。如果本码组的监督码元不仅和本码组的信息码元相关，而且还和与本码组相邻的前若干个码组的信息码元也有约束关系，则这类码称为卷积码。

（2）按照信息码元与监督码元之间的关系又可分为线性码和非线性码。若编码规则可以用线性方程组来表示，则称为线性码；反之，则称为非线性码。

（3）按照编码后每个码字的结构可分为系统码和非系统码。在系统码中，编码后的信息码元保持原样不变；而非系统码中的信息码元则改变了原有的信号形式。

（4）按照修正错误的类型不同可以分为纠正随机错误和纠正突发错误的码。前者主要用于发生零星独立错误的信道，后者则用于突发错误为主的信道。

（5）按照码字中每个码元的取值不同，还可分为二进制码和多进制码等。

1. 线性分组码

线性分组码是信道编码中最基本的一类码。在线性分组码中，监督码元仅与所在码组中的信息码元有关，且两者之间是通过预定的线性规则联系起来的。

线性分组码中的分组是指编译码过程是按分组进行的，编码的过程是先把要传送的信息每 k 位分为一组，每隔一单位时间给编码器送入一个信息组，编码器按照预定的线性规则，把信息码组变换成 n 重（$n>k$）码字。这种信息位长为 k、码长为 n 的线性分组码记为（n，k），用 $\eta=k/n$ 表示码字中信息位所占的比重，称为编码效率，简称码率。码率反映了该码的信道利用率。

通常定义码组中非零码元的数目为码的重量，简称码重。把两个码组中对应码位上具有不同二进制码元的位数定义为两码组的距离，称为汉明（Hamming）距离，简称码距。所有码字之间汉明距离的最小值称为最小码距，最小码距直接关系到该码的检错和纠错能力，是线性分组码的一个重要参数。例如，“11000”与“10011”之间的距离 D=3。码组集中任意两个码字之间距离的最小值称为码的最小距离，用 D_0 表示。最小码距是码的一个重要参数，它是衡量码检错、纠错能力的依据。

在（n，k）码中，对于 k 个信息元，有 2^k 种不同的信息组，则有 2^k 个码字分别与之一一对应，每个码字长 n。这些码组的集合构成代数中的群，因此又称为群码或块码。它具有以下性质：

① 任意两个码字之和（模 2 和）仍为一个码字，即具有封闭性；

② 码的最小距离等于非零码的最小重量。

2．循环码

循环码是线性分组码中最重要的一个子类，这类码可以用简单的反馈移位寄存器来实现，易于检错和纠错，是一种很有效的编译码方法。

循环码除了具有线性分组码所具有的特点之外，还具有自己独特的循环性，即循环码 C 中任意一个码字经过循环移位后仍然是 C 中的码字。例如，设（$c_{n-1}c_{n-2}\cdots c_0$）是（n，k）循环码 C 的一个码字，我们用码多项式 $C(x)$来表示循环码的码字为

$$C(x)=c_{n-1}x^{n-1}+c_{n-2}x^{n-2}+\cdots+c_0$$

该码字循环一次的码多项式是原码多项式 C（x）乘 x 除以 x^n+1 的余式，写为

$$C^1(x)=x\,C(x) \qquad (\text{模 } x^n+1)$$

推广下去，C（x）的 i 次循环移位 C^i（x）是 C（x）乘 x^i 除以 x^n+1 的余式，即

$$C^i(x)=x^i\,C(x) \qquad (\text{模 } x^n+1)$$

既然循环码也是一种线性分组码，它的构成可沿用上节中的方法。在（n，k）循环码的码字中，我们取前 k−1 位皆为零的码字 $g(x)$（其次数 r=n−k），根据循环码的循环特性，将 $g(x)$经 k−1 次循环移位，可得到 k 个码字 $g(x)$，$xg(x)$，…，$x^{k-1}g(x)$。

3．卷积码

如前所述，分组码是把 k 个信息比特的序列编成 n 个比特（在非二进制分组码中则为 n 个非二进制符号）的码组，每个码组的（n−k）个校验位仅与本码组的 k 个信息位有关，而与其他码组无关。为了达到一定的纠错能力和编码效率（R_c=k/n），分组码的码组长度通常都比较大。编译码时必须把整个信息码组存储起来，由此产生的延时随着 n 的增加而线性增加。

这里介绍的卷积码则是另一类编码，它也是把 k 个信息比特编成 n 个比特，但 k 和 n 通常很小，特别适宜于以串行形式传输信息，延时小。与分组码不同，卷积码中编码后的 n 个码元不但与当前段的 k 个信息有关，而且与前面（n−1）段的信息有关，编码过程中相互关联的码元为 n_n 个。卷积码的纠错能力随着 n 的增加而增加，而差错率随着 n 的增加而按指数下降。在编码器复杂性相同的情况下，卷积码的性能优于分组码。另一点不同的是：分组码有严格的代数结构，但卷积码至今尚未找到如此严密的数学手段把纠错性能与码的构成十分有规律地联系起来，目前大都采用计算机来搜索好码。

4．Turbo 编码技术

Turbo 码常适于高速率对译码时延要求不高的数据传输业务，并可降低对发射功率的要

求，增加系统容量。WCDMA、TD-SCDMA 和 cdma 2000 均用到了 Turbo 码，LTE 也将 Turbo 写入了标准。

无论是从信息论还是从编码理论看，要想尽量提高编码的性能，就必须加大编码中具有约束关系的序列长度。但是直接提高分组码编码长度或卷积码约束长度都使得系统的复杂性急剧上升。在这种情况下，Forney 提出了级联码的概念，即以多个短码来构造长码的方法，这样既可以减少译码的复杂性，同时又能够得到等效长码的性能。一种广泛应用的级联结构就是以 R-S 码作为外码，以卷积码作为内码的串联结构。

Turbo 码是一种基于广义级联码概念的新型编码方案，它代表着纠错控制编码研究领域内的重大进展。它在加性噪声（AWGN）信道下，进行信噪比为 0.7 dB、码率为 1/2 的常规信道编码时，可使比特误码率达 10^{-5}。Turbo 码是一种新的纠错编码，其 Turlbo 编码端由两个或更多卷积码并行级联构成，译码端采用基于软判决信息输入/输出的反馈迭代结构。在理论上，Turbo 码的性能已非常接近信道编码的极限（10^{-1}～10^{-3}）。

Turbo 码编码器结构如图 2-34 所示，其中 D 是寄存器。其基本编码过程是：未编码的数据信息即输入信息流 u=（u_1，…，u_N）直接进入编码器 1，同时，未编码信息流 u 经交织后进入编码器 2。此后的过程如图 2-35 所示。

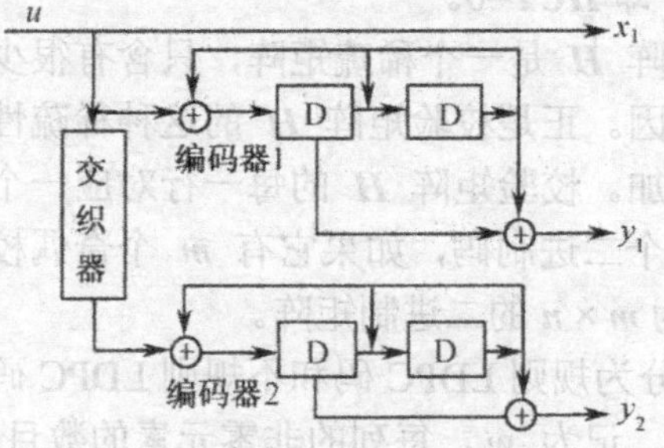

图 2-34　Turbo 码编码器结构

Turbo 码的译码采用的是具有反馈迭代结构的译码器，其典型结构如图 2-35 所示。

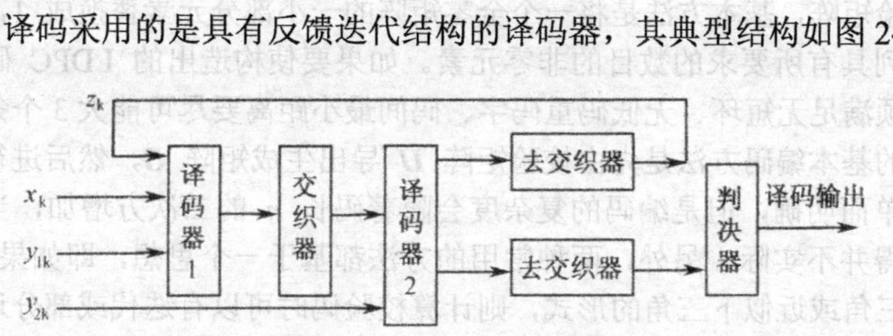

图 2-35　Turbo 码译码器结构

在图 2-35 中，x_k 为信息符号序列，z_k 为外信息，y_{1k} 和 y_{2k} 为校验序列。译码器 1 和译码器 2 都采用软输出译码算法，且译码器 2 的软输出信息经解交织后反馈至译码器 1，其目的是去掉已用过的本支路输出符号中本身的信息，实现判决译码的准确无误。

由于标准维特比译码算法无法给出已被译出比特的后验概率等软输出信息，因此对标准维特比译码算法进行如下修正：在每一次删除似然路径时保留必要的信息，把这一信息作为标准维特比译码的软输出，形成事实上的软输出维特比译码算法（SOVA）。此外，目前还有一种基于码元的最大后验概率译码算法，即 MAP 算法。MAP 算法是 Turbo 码的最早译码算法，它采用对数似然函数即后验概率比值的对数值作为其软判决输出。这种方法对于线性块编码和卷积码，能使比特错误率最小。SOVA 因具有计算简单、存储量小、易于硬件实现等优点，得到更为广泛的应用。

Turbo 码是近年来备受瞩目的一项新技术。虽然它的复杂性、译码时延对有些应用稍微有些不合适，但基本上可以认为它是目前已知的可实现的好码之一。

5．低密度奇偶校验码（LDPC）

低密度奇偶校验码早在 20 世纪 60 年代就已经提出，但由于码长太长，需要较大的存储空间，编码极其烦琐复杂，限于当时的技术条件，很长时间无人问津。直到 1993 年，Berrou 提出了 Turbo 码后，人们发现 Turbo 码其实就是一种 LDPC 码，LDPC 码再次引起了人们的研究兴趣。人们设计出了性能可以非常接近随机构造的 LDPC 码的准循环 LDPC 码。准循环 LDPC 码可以得到具有准循环性的生成矩阵，校验矩阵和生成矩阵的准循环性，使得编码和译码实现的复杂度都可以大大降低。

LDPC 码原本是一种线性分组码，它通过一个生成矩阵 $\boldsymbol{G}$ 将信息序列映射成发送序列，也就是码字序列。对于生成矩阵 $\boldsymbol{G}$，完全等效地存在一个奇偶校验矩阵 $\boldsymbol{H}$，所有的码字序列 $\boldsymbol{C}$ 构成了 $\boldsymbol{H}$ 的零空间，即 $\boldsymbol{HCT}$=0。

LDPC 码的奇偶校验矩阵 $\boldsymbol{H}$ 是一个稀疏矩阵，只含有很少量非零元素。这也是 LDPC 码之所以称为低密度码的原因。正是校验矩阵 $\boldsymbol{H}$ 的这种稀疏性，保证了译码复杂度和最小码距都只随码长呈现线性增加。校验矩阵 $\boldsymbol{H}$ 的每一行对应一个校验方程，每一列对应码字中的一比特。因此，对于一个二进制码，如果它有 m 个奇偶校验约束关系，码字的长度为 n，则校验矩阵是一个尺寸为 $m \times n$ 的二进制矩阵。

LDPC 码在结构上可以分为规则 LDPC 码和不规则 LDPC 码，规则 LDPC 码的校验矩阵每行的非零元素的数目相同，记为 w_r，每列的非零元素的数目也相同，记为 w_c；而不规则 LDPC 码则不受此规则限制。构造二进制 LDPC 码实际上就是要找到一个稀疏矩阵 $\boldsymbol{H}$ 作为 LDPC 码的校验矩阵，基本方法是将一个全零矩阵的一小部分元素替换成 1，使得替换后的矩阵各行和各列具有所要求的数目的非零元素。如果要使构造出的 LDPC 码具有良好的纠错性能，则必须满足无短环、无低码重码字、码间最小距离要尽可能大 3 个条件。

LDPC 码的基本编码方法是先由校验矩阵 $\boldsymbol{H}$ 导出生成矩阵 $\boldsymbol{G}$，然后进行编码。这种方法虽然思路简单而明确，但是编码的复杂度会随着码长 n 的二次方增加，当码长很长的时候，该方法显得并不实际。另外，两种常用的方法都基于一个思想，即如果 LDPC 码的校验矩阵具有下三角或近似下三角的形式，则计算校验码时可以有迭代或部分迭代算法。一种方法叫作 LU 分解法，先将校验矩阵 $\boldsymbol{H}$ 写成 $\boldsymbol{H}=[\boldsymbol{H}_1\boldsymbol{H}_2]$，其中 $\boldsymbol{H}_2$ 是尺寸为 $m \times m$ 的方阵，对 $\boldsymbol{H}_2$ 进行 LU 分解，得到下三角形式，再进行迭代编码运算；另一种方法叫作部分迭代算法，它将校验矩阵化为右上角或左上角具有下三角形式的矩阵，然后对校验矩阵和码字向量进行分块，可以部分进行迭代编码。

尽管有不少简化编码的技巧，但因为 LDPC 码的码长很长，并且校验矩阵随机性很强等原因，LDPC 码的编码在一般情况下是极其烦琐复杂的过程。如果在 LDPC 码的设计中有意引入某种方便编码的结构，如果这样的结构又不影响码的性能——无四环和无低码重码，那么这样的编码方法也是可行的。WiMAX 中的 IEEE 802.16e 标准和 DVB-S2 标准中的 LDPC 码的设计中就考虑到了上面所说的因素。

准循环低密度奇偶校验码（Quasi-Cyclic LDPC Codes）是另外一种具有线性编码复杂度的低密度奇偶校验码。通过利用分块矩阵的循环性，大大降低了编码器的存储复杂度，编码运算只需简单的移位寄存器即可实现。

LDPC 译码算法不同于传统纠错码所使用的 ML 译码算法，它运用了迭代算法。由于 LDPC 码较长，并通过其校验矩阵 $\boldsymbol{H}$ 的两部图而进行迭代译码，所以它的设计以校验矩阵 $\boldsymbol{H}$ 的特性为核心考虑之一。LDPC 采用了性能很好的次最优的译码算法-和积算法。和积算法不仅有优越的译码性能，而且算法非常适合进行硬件实现。和积算法可以看作是一种 Tanner 图上的置信传播算法，或者也称为消息传递方法，由于将复杂的寻找全局最优解的运算分解成各个节点之间并行的简单运算，通过对比特节点和校验节点迭代地交换置信度信息，使得译码算法收敛到正确码字，具有和码长成线性关系的复杂度。研究表明在消息传递算法下，LDPC 码在高斯信道下可达到信道容量。

和积算法每一次迭代分为水平步骤和垂直步骤，水平步骤中的信息从变量节点传递到校验节点，垂直步骤则相反。每做完一次迭代之后进行尝试译码，即检验是否满足校验矩阵，若满足则认为译码结束，将判决结果输出；否则进行下一次迭代。若迭代结果达到预先设定的一定次数后仍不能满足校验条件，则认为译码失败。

IEEE 802.16e 标准中的 LDPC 码与 DVB-S2 标准中的 LDPC 码均采用了快速编码算法，解决了 LDPC 码编码复杂度高的难题。

LDPC 码是信道编码中纠错能力最强的一种码，而且其译码器结构简单，可以用较少的资源消耗获得极高的吞吐量，因此应用前景相当广泛。

当前，LDPC 码技术上的优势已经逐渐转化为市场上的优势。LDPC 码已尝试应用于深空通信、光纤通信、卫星数字视频、第四代移动通信系统（4G）和音频广播等领域，基于 LDPC 码的编码方案被下一代卫星数字视频广播标准 DVB-S2 采纳，并且 WiMAX 中 IEEE 802.16e 标准 OFDMA 物理层也采用了 LDPC 码的编码技术。

2.2.3　纠错编码的基本原理

纠错编码也叫差错控制编码，属于信道编码的范畴。信道编码技术主要研究检错、纠错码概念及其基本实现方法。编码器是根据输入的信息码元产生相应的监督码元来实现对差错进行控制，译码器则主要是进行检错和纠错。

数字信号或信令在传输过程中由于受到噪声或干扰的影响，信号码元波形变坏，传输到接收端后可能发生错误判决，即把“0”误判为“1”，或把“1”误判成“0”。有时由于受到突发的脉冲干扰，错码会成串出现。为此，在传送数字信号时，往往要进行各种编码。

通常把在信息码元序列中加入监督码元的办法称为差错控制编码，也称为纠错编码。不同的编码方法有不同的检错或纠错能力，有的编码只能检错不能纠错。一般来说，监督位码元所占比例越大（位数越多），检（纠）错能力就越强。监督码元位数的多少通常用多余度来衡量。因此，纠错编码是以降低信息传输速率为代价来提高传输可靠性的。

下面以重复码为例，说明为什么纠错码能够检错或纠错。

如果分组码码字中的监督元在信息元之后，而且是信息元的简单重复，则称该分组码为重复码。它是一种简单实用的检错码，并有一定的纠错能力。例如，（2，1）重复码，两个许用码组是 00 与 11，D_0=2，收端译码，出现 01、10 禁用码组时可以发现传输中的一位错误。如果是（3，1）重复码，两个许用码组是 000 与 111，$D_0=3$；当收端出现 2 个或 3 个 1 时，判为 1，否则判为 0，此时，可以纠正单个错误，或者该码可以检出两个错误。

从上面的例子中可以看出，码的最小距离 D_0 直接关系着码的检错和纠错能力。任一（N，K）分组码若要在码字内：

① 检测 e 个随机错误，则要求码的最小距离 $d_0 \geqslant e+1$；

② 纠正 t 个随机错误，则要求码的最小距离 $d_0 \geqslant 2t+1$；

③ 纠正 t 个同时检测 e（$\geqslant t$）个随机错误，则要求码的最小距离 $d_0 \geqslant t+e+1$。

用差错控制编码提高通信系统的可靠性，是以降低有效性为代价换来的。定义编码效率 R 来衡量有效性，即

$$R = K/N$$

其中，K 是信息元的个数，N 为码长。

对纠错码的基本要求是：检错和纠错能力尽量强，编码效率尽量高，编码规律尽量简单。实际中要根据具体指标要求保证有一定纠、检错能力和编码效率，并且易于实现。

常用的差错控制方式有 3 种：检错重发（ARQ）、前向纠错（FEC）和混合纠错（HEC），它们的系统构成如图 2-36 所示。

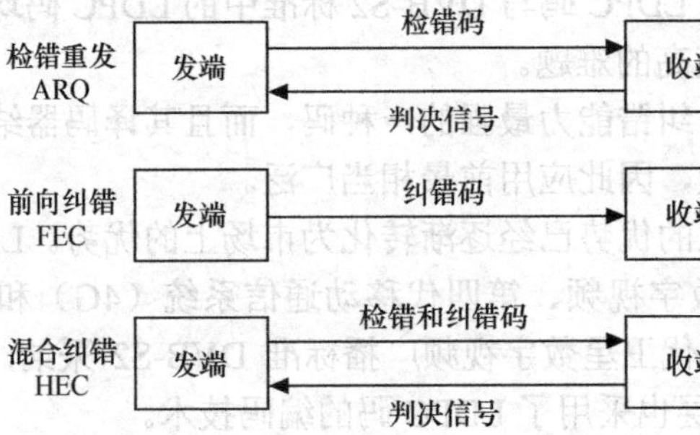

图 2-36　差错控制方式

1．检错重发方式

检错重发又称自动请求重传方式（Automatic Repeat Request，ARQ），由发端送出能够发现错误的码，由收端判决传输中有无错误产生。如果收端发现错误，则通过反向信道把这一判决结果反馈给发端，然后，发端把收端认为错误的信息再次重发，从而达到正确传输的目的。检错重发方式的特点是需要反馈信道，译码设备简单，对突发错误和信道干扰较严重时有效，但实时性差，主要在数据通信中得到应用。

2．前向纠错方式

前向纠错方式（Forword Error-Correction，FEC）由发端发送能够纠正错误的码，收端收到信码后自动地纠正传输中的错误。其特点是单向传输，实时性好，但译码设备较复杂。

3．混合纠错方式

混合纠错方式（Hybrid Error-Correction，HEC）是 FEC 和 ARQ 方式的结合。发端发送具有自动纠错同时又具有检错能力的码，收端收到后检查差错情况，如果错误在码的纠错能

力范围以内则自动纠错，如果超过了码的能力但能检测出来，则经过反馈信道请求发端重发。这种方式具有自动纠错和检错重发的优点，可达到较低的误码率，因此，近年来得到广泛的应用。

另外，按照噪声或干扰的变化规律，可把信道分为 3 类：随机信道、突发信道和混合信道。恒参高斯白噪声信道是典型的随机信道，其中差错的出现是随机的，而且错误之间是统计独立的。具有脉冲干扰的信道是典型的突发信道，错误是成串成群出现的，即在短时间内出现大量错误。短波信道和对流层散射信道是混合信道的典型例子，随机错误和成串错误都占有相当比例。对于不同类型的信道，应采用不同的差错控制方式。

2.2.4　交织技术

交织是用来抗瑞利衰落影响的。瑞利衰落是频率选择性衰落，它引起大块数据连续出错，使接收机上很难正确接收。交织扰乱信息的顺序使交织后的突发错误在接收端还原后成为随机错误，随机错误比较容易通过使用纠错编码技术进行纠正。

交织（Interleaving）技术在实际应用中经常与其他纠错码结合使用，交织技术主要是将突发错误转换为随机错误，以便充分发挥纠错码的作用。因为许多信道中的错误大都是突发性的，这时由于错误集中在一起，常常超出了纠错码的纠错能力。所以在发送端加上交织器，在接收端加上解交织器，使信道的突发分散开来，这样可以充分发挥纠错编码的作用。加上交织后，系统的纠错性能可以提高好几个数量级。对纠错来说，分散的错误比较容易得到纠正，而长串的连续错误就较麻烦。例如，我们读一段文字，若文中在个别地方出错，根据前后文就容易猜出错误字的原意；若连续出错，就很难判断原文的含义了。

将交织技术和纠错编码技术结合起来，可以把突发错误分散成随机的独立错误而得到纠正。这种用交织构造出来的编码方法称为交织编码。

交织编码实质上是一种时间扩散技术，它把信道错误的相关性减小。当交织度足够大时，把突发错误离散成随机错误，从而可以被分组码所纠正。

首先把信息编成纠错能力为 t（或纠突发错误的能力为 b）的（n，k）分组码，再将它们排列成如下所示的阵列：

$$
\begin{matrix}
C_{11} & C_{12} & \cdots & C_{1n} \\
C_{21} & C_{22} & \cdots & C_{2n} \\
\vdots & \vdots & & \vdots \\
C_{m1} & C_{m2} & \cdots & C_{mn}
\end{matrix}
$$

其中每行是（n，k）码的一个码字，设共有 m 行，这样构成的码阵就是（mn，mk）交织码的一个码字，每行称为它的一个行码，m 称为交织度。输出时，规定按列的顺序自左至右读出，这时的序列就变为

$$C_{11}C_{21}\cdots C_{m1}C_{12}C_{22}\cdots C_{m2}\cdots C_{1n}C_{2n}\cdots C_{mn}$$

在接收端，将上述过程逆向重复，即把收到的序列按列写入存储器，再按行读出，就恢复成原来的（n，k）分组码。

从上述交织的过程来看，（n，k）码经过交织后，每个码字相邻码元之间相隔了 $m-1$ 位，这样就把传输时的突发错误分散了。若行码能纠 t 个随机错误（或纠 b 个突发错误），

则（mn，mk）交织码能纠正所有长度不大于 mt 的单个突发错误（或长度不大于 mb 的单个突发错误），或者能纠正 t 个长度不大于 m 的突发错误。当然，m 越大，传输过程中产生的时延也越长，因此 m 的取值要受到允许的传输时延的限制。

交织技术除了与分组码结合应用外，与卷积码结合起来也可以有效地用于纠正移动信道中的突发错误，并已被成功地应用于扩频 CDMA 系统中。

2.2.5 网格编码调制

一般在数字通信系统中，信道编码与调制的设计是相互独立的，解调器先对接收信号进行硬判决，然后再将硬判决的结果送去解码。为了达到误码率指标，只能采取增加发射功率和信号带宽的办法。

1982 年，G. Ungerboeok 提出格形编码调制（Trellis Coded Modulation，TCM），其优点是不必付出额外的频带和功率即可获得编码增益。TCM 的基本思想是将卷积编码与调制作为一个整体进行综合设计，使用软判决进行维特比解码，在码字与传输的调制符号之间进行最佳映射，使编码器的以欧几里得距离度量的自由距离（欧氏自由距离）大于未经编码的调制器星座图的最小欧氏距离，使收端更容易对信号进行准确判决，从而获得编码增益。增加编码器欧氏距离的办法是使调制器的星座数量加倍，即扩展所传输的符号集。已经证明，符号集扩展到 2 倍时就可获得绝大部分的增益，因此 TCM 编码器的码率一般取为 R=m/m+1。其做法是对输入的 m 位中的 k 位进行卷积编码生成（k+1）位，用于选择 2^{k+1} 个子集中的一个子集；其余的（$m-k$）位不编码，用于在所选定的含有 2^{m-k} 个符号的子集中选择一个符号。TCM 实现对信号空间的最佳分割。图 2-37 所示为 TCM 编码调制器的系统框图。

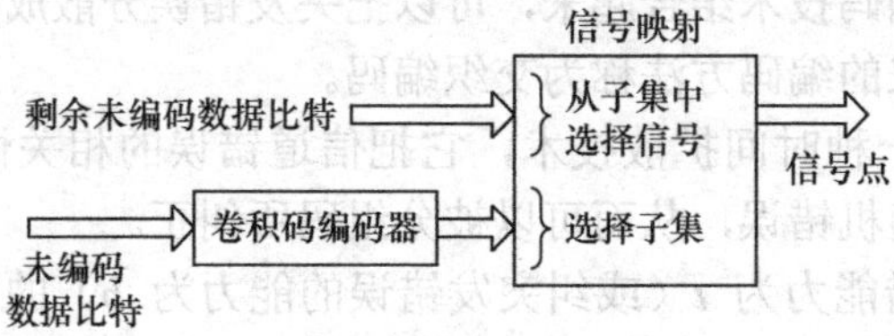

图 2-37 TCM 编码调制器框图

2.2.6 空时编码（STC）

在无线通信系统中提高信息传输可靠性的一种有效手段是采用分集技术，以多天线发送多天线接收（MIMO）为代表的空间分集技术已经成为无线通信的关键技术之一。MIMO 技术实质上是利用空间资源的信号处理技术，包括空间复用技术和发射分集技术。发射分集主要通过空时编码来实现。空时编码（Space-time Coding）技术是无线通信一种新的编码和信号处理技术。其主要思想是利用空间和时间上的编码，实现一定的空间分集和时间分集，从而降低信道误码率。

空时编码利用多天线组成的天线阵同时发送和接收。在发送端，将数据流分离成多个支流，对每个支流进行空时处理和信号设计（空时编码），然后通过不同天线同时发送；在接收端，利用天线阵接收，并经空时处理和空时码解码，还原成原发送数据流。在信道容量上，多天线系统比单天线系统有显著提高。增加的信道容量可用于提高信息传输速率，也可通过增加信息冗余度来提高通信系统性能，或在两者之间合理折中。

常见的空时码有空时分组码（STBC）、空时格状码（STTC）和分层空时码（LSTC），前两者重在提高传输可靠性，属于空时编码范围；后者重在提高频率利用率，属于空时复用技术的范围。其中 STBC 因相对简单的编译码过程和较好的性能已被 3GPP 正式列入 WCDMA 提案，因而获得了广泛的应用。

1．空时分组码（STBC）

802.16d 标准中采用两根发射天线的发射分集，以对抗阻挡视距和非直视距造成的深衰落，主要依据的就是 Alamouti 方案中的正交空时分组，该方案的关键之处是两根发射天线的两个序列之间的正交性。这种 STBC 编码的最大优势在于，采用简单的最大似然译码准则，可以获得完全的天线增益。而且译码时只需要对接收信号进行简单处理，大大简化了计算的复杂度。

Alamouti 是一种最简单的 STBC 编码方案，在这种编码方案中，每组 m 比特信息首先调制为 $M=2^m$ 进制符号，然后编码器选择连续的两个符号，根据下式所示变换将其映射为发送信号矩阵，即

$$\boldsymbol{X}=\begin{bmatrix} x_1 & -x_2^* \\ x_2 & x_1^* \end{bmatrix}$$

连续两个时刻，天线 1 发送信号矩阵的第一行，天线 2 发送信号矩阵的第二行。编码器结构如图 2-38 所示。

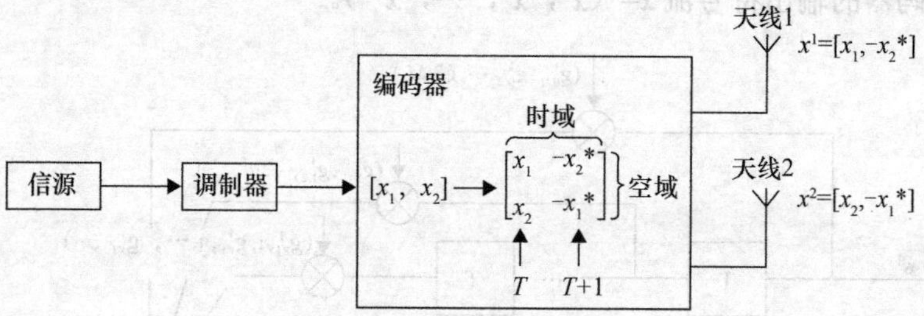

图 2-38　空时组码编码器结构

由图可知，Alamouti 空时编码是在空域和时域上进行编码的。编码和发送序列在一个给定的符号时间内，两个信号同时从两个天线发出，从天线 1 发出的为信号 x^1，从天线 2 发出的为信号 x^2；在下一个符号时间内，信号 $-x_2^*$ 从天线 1 发出，信号 x_1^* 从天线 2 发出。表示成矢量为

$$x^1=\left[x_1,-x_2^*\right] \qquad x^2=\left[x_2,x_1^*\right]$$

在采用 STBC 编码的多天线系统中，最大可获得的分集增益等于发射天线数和接收天线数的乘积，即 $x^1(x^2)^{\boldsymbol{H}}=0$。

假设信号星座图的大小为 2，发射天线数为 n，接收天线数为 m，希望达到的分集为 nm，分组空时编码器将输入的 nb 比特信息映射成星座图中的 n 个信号点为（$\boldsymbol{S}_1\,\boldsymbol{S}_2$，…，$\boldsymbol{S}_n$）。利用这 n 个信号点构造正交设计矩阵 $\boldsymbol{c}$。在矩阵 $\boldsymbol{c}$ 中，每一列元素经同一天线在 n 个时隙内

发射，其中第 i 列对应第 i 个发射天线；每一行在不同天线上同时发射，其中第 i 行在第 i 时隙发射，这就是空时分组码的基本原理。

STTC 的优点是码的性能较好，抗衰落能力较强；缺点是编码方案搜索好码比较困难，译码过程比较复杂，而且增加发送天线数或增加数据传输率都会使译码复杂度呈指数增长。STBC 构造容易，正交结构使译码简单，尤其是编译码算法可行，无论增加发送天线数还是增加数据传输率，对译码复杂度影响不大。但 STBC 性能一定（只与分集度有关），不能通过提高状态数来改善性能，抗衰落（尤其快衰落）性能比 STTC 略差，而且在接收端译码时，需要准确的信道衰落系数。

2. 空时格状码（STTC）

STTC 吸收了延时分集技术和 MTCM 技术的优点。STTC 融入了编码、调制联合优化的思想，既可以获得完全的分集增益，又能提供非常大的编码增益，同时还能提高系统的频谱效率，能够达到编译码复杂度、性能和频谱利用率之间的最佳折中。通过传输分集与信道编码相结合来提高系统的抗衰落性能，从而可利用多进制调制方式提高系统的传输速率。在给定分集好处的情况下，可以通过增加格状图状态的方法来提高编码增益，但同时状态数的增加必然会导致编解码复杂度的提高。因此，在实际应用中，要在编码和分集之间折中处理。

具有 M_t 个发射天线，采用 MPSK 调制的 STTC 编码器由移位寄存器、模 M 乘法器和加法器等运算单元构成，如图 2-39 所示。m 个二进制输入序列 s^1，s^2，…，s^m 送入编码器的一组 m 个移位寄存器中，然后与相应的编码器抽头系数相乘，所有乘法器对应的结果模 M 求和，得到编码器的输出符号流 $x=$（x^1，x^2，…，x^{mt}）。

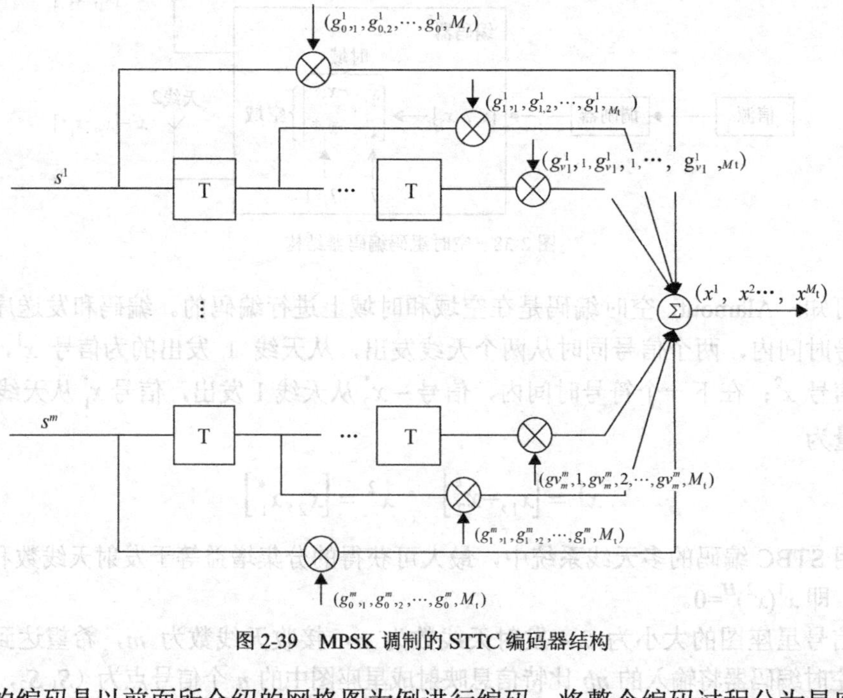

图 2-39 MPSK 调制的 STTC 编码器结构

这里的编码是以前面所介绍的网格图为例进行编码。将整个编码过程分为星座图映射和空时格码编码两部分。星座图映射一般采用 MPSK 或 MQAM 调制，下面以 8PSK 和 16QAM 调制方式为例进行说明。

对 8PSK 调制，空时编码器的输入比特每 3bit 被分成一组，每组被映射为一个 8 个星座点中的一点。在 MPSK 调制中，映射信号矢量的角度和传输数据有关，而其幅度都是一样的。对于 16QAM 调制，空时编码器的输入比特每 4 bit 被分成一组，每组被映射为 16 个星座点中的一点。在 MQAM 调制之中，映射信号矢量的角度和幅度都与传输数据有关。

采用多进制数字调制系统提高了数据的传输速率，但由于判决电平数的增加，当输入信噪比不变时，接收误码率就会增加，或者误码率不变时，输入信噪比必须增加。这就是说，传输速率的提高是以增加误码率或信号功率为代价的。

图 2-40 所示是传输速率为 2 bit/s/Hz 的 OPSK 编码过程。左边一列表示状态数，右边第 i 行第 j 列元素代表状态为 i 时输入为 j 的 2 天线的输出元素。

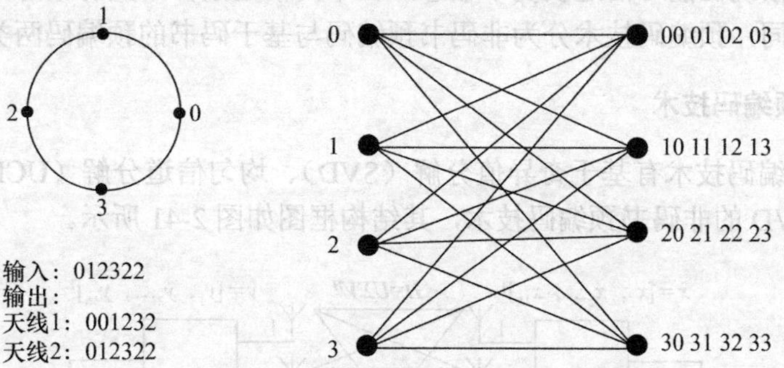

图 2-40　2 个发射天线的 QPSK4 状态 STTC 编码

假设编码器的初始状态为 0，要发送的信息序列为（0，1，2，3，2，2）。由于编码器初始状态为 0，发送的第一个符号为 0，从编码图上可以看出，这对应于图中从状态 0 出发的第一条线，编码器输出的是右边第一行的第一列元素即 00，也就是天线 1 发送 0，天线 2 发送 0，下一个时刻仍是状态 0；发送的第二个符号位 1，这对应于图中从状态 0 出发的第二条线，编码器输出右边第一行第二列元素即 01，也就是天线 1 发送 0，天线 2 发送 1，下一个时刻转移到状态 1。依此类推，可以得到以下内容。

状态变化为：（0 0 1 2 3 2 2）

天线 1 的发送符号为：（0 0 1 2 3 2）

天线 2 的发送符号为：（0 1 2 3 2 2）

从而完成了空时格码的编码过程。

3．分层空时码（LSTC）

分层空时编码的基本思想是基于空间复用的。分层空时编码技术是将高速数据业务分接为若干低速数据业务，通过普通并行信道编码器后，进行分层空时编码，调制后用多个天线发送，实现发送分集。在接收端，用多个天线分集接收，信道参数通过信道估计获得，由线性判决反馈均衡器实现分层判决反馈干扰抵消，然后进行分层空时译码，由单个信道译码器完成信道译码。从 m 个并行信道编码器送出的信号有 3 种分层空时编码方案：对角分层空时编码（DLST coding）、垂直分层空时编码（VLST coding）和水平分层空时编码（HIST coding）。在各发送信号之间，LSTC 系统并不是引入正交关系来实现不相关性，而是充分利用无线信道的多径传播特性来达到区分同波道信号的目的。无线信道的传播路径越多，检测时产生的误码越少，从而提高系统性能、频带利用率和传输速率。

2.2.7 预编码技术

预编码技术是一种闭环 MIMO 技术，即接收端通过信道估计方法获知信道信息，而后将全部或者部分信道信息反馈给发射端，发射端从反馈信道获取信道信息，对发送信号进行相应处理，构成收发闭环；或者系统从上行信道获取下行信道处理所需的信息，从而构成闭环。此外，若系统基于时分双工（TDD）方式，则可利用 TDD 上、下行的信道互惠特性，形成收发闭环。

MIMO 预编码技术通过收发联合处理，能获得可观的预编码增益，它能有效抑制子信道间的干扰，使系统性能对信道状况不敏感，在不同信道条件下具有很好的性能。按照预编码处理方式的不同，预编码技术分为非码书预编码与基于码书的预编码两类技术。

1. 非码书预编码技术

非码书的预编码技术有基于奇异值分解（SVD）、均匀信道分解（UCD）等。这里仅介绍其中的基于 SVD 的非码书预编码技术，其结构框图如图 2-41 所示。

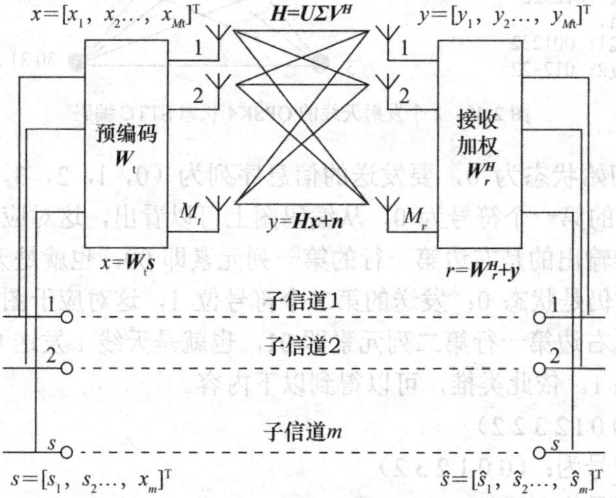

图 2-41 基于 SVD 的非码书预编码技术系统框图

图中，假设系统具有 M_t 个发射天线、M_r 个接收天线。信道矩阵 $\boldsymbol{H}$ 是维度为 $M_r \times M_t$ 的矩阵，其奇异值分解为

$$\boldsymbol{H}=\boldsymbol{U}\Sigma \boldsymbol{V}^{\boldsymbol{H}}$$

其中，$\boldsymbol{U}$ 是维度为 $M_r \times M_r$ 的酉矩阵，称为矩阵 $\boldsymbol{H}$ 的左奇异矩阵；$\boldsymbol{V}$ 是维度为 $M_r \times M_t$ 的酉矩阵，称为矩阵 $\boldsymbol{H}$ 的右奇异矩阵；Σ 是维度为 $M_r \times M_t$ 的对角矩阵，其对角元素 $\lambda_1 \geqslant \lambda_2 \geqslant \cdots \geqslant \lambda_s$ 为矩阵 $\boldsymbol{H}$ 由大到小排列的 S 个奇异值，S=min（M_t，M_r）。

设系统使用 m 个子空间信道，$m \leqslant S$，并使得 $\lambda_1 \geqslant \lambda_2 \geqslant \cdots \geqslant \lambda_m > 0$，则预编码矩阵 $\boldsymbol{W}_t$ 为右奇异矩阵 $\boldsymbol{V}$ 的前 m 列。相应地，接收加权矩阵 $\boldsymbol{W}_r$ 则为左奇异矩阵 U 的前 m 列。从而可获

得系统关系式为

$$r = W_{\mathrm{r}}^{H} H W_{\mathrm{t}} s + N = W_{\mathrm{r}}^{H} U \sum V^{H} W_{\mathrm{t}} s + N = \sum\nolimits_{\mathrm{m}} s + N$$

其中，$\sum_{\mathrm{m}} = \Lambda$（$\lambda_1$，$\lambda_2$，…，$\lambda_m$）为以 λ_1，λ_2，…，λ_m 为对角元素的对角矩阵；s 为发送数据向量；N 为元素均值为零，方差为 σ_2 的噪声向量。通过上式可以看出，预编码处理将系统分成了 m 个独立传输的并行空间子信道。

2．基于码书的预编码技术

基于码书的预编码技术中，接收端获得信道状态信息以后，在预设的预编码码书中选择最佳的预编码矩阵或向量，而后将选定的预编码矩阵或向量的序号反馈给发送端。发送端通过由反馈信道接收到的序号，根据预设的码书重建预编码矩阵或向量，从而实施预编码。基于码书预编码系统的处理流程如图 2-42 所示，图中，PMI（Precoding Matrix Index）为预编码矩阵或向量的序号。

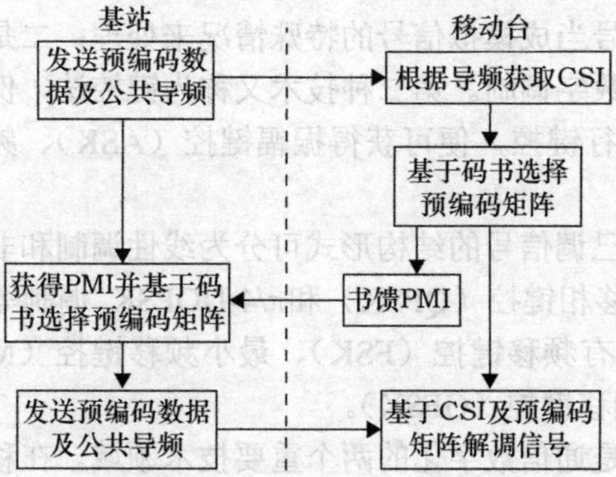

图 2-42　基于码书预编码系统处理流程图

基于码书的预编码系统中，所使用的预设码书在很大程度上影响着系统的性能。目前已有很多种码书设计准则及码书构建方法，如天线选择码书、基于 TxAA 模式的码书、基于 DFT 变换的码书、随机码书、基于 Householder 变换的码书、Grassmannian 码书等。其中，基于 DFT 变换的码书如下：假设发射天线个数为 M_t，DFT 矩阵 P 可表示为

$$P(m,n) = \frac{1}{\sqrt{M_t}} \exp\left(\mathrm{j}\frac{2\pi}{M_t} mn\right), m,n \in [0, M_{\mathrm{t}} - 1]$$

其中，P（m，n）表示矩阵 P 的第 m 行第 n 列元素，如

$$P = \frac{1}{\sqrt{2}}\begin{bmatrix} 1 & 1 \\ 1 & -1 \end{bmatrix} M_t = 2 \qquad P = \frac{1}{2}\begin{bmatrix} 1 & 1 & 1 & 1 \\ 1 & \mathrm{j} & -1 & -\mathrm{j} \\ 1 & -1 & 1 & -1 \\ 1 & -\mathrm{j} & 1 & \mathrm{j} \end{bmatrix} M_t = 4$$

基于上述矩阵 P，以及发射数据流的个数（预编码层数），便可得到相应的 DFT 码书。显然，当数据流个数等于发射天线数 M_{t} 时，预编码矩阵只有一个，为了扩大预编码矩阵个数，可采用旋转的 DFT 矩阵。

在以上提到的码本构建中，不同的码本有各自的优缺点和适用范围。天线选择码本只包含 0 和 1 元素，适用于天线选择传输技术；基于 TxAA 模式的码本调整多发送天线间的发送幅度和相位，是一种提高闭环分集增益的码本，目前 WCDMA 采用这种码本作为其闭环传输分集模式的码本；基于 DFT 变换的码本构造简单，各码本之间正交，适用于各种常见闭环场景，广泛用于理论研究和性能仿真中；随机码本、基于 Householder 变换的码本和 Grassmannian 码本相对于前面 3 种码本性能较好，但是码本生成比较复杂，需要通过离线的仿真或者搜索完成，当天线配置情况发生改变时，码本需同时改变，目前 LTE 在 4 根发送天线的配置下采用的是基于 Householder 变换的码本。

小结

现代移动通信系统都使用数字调制。为了使数字信号在有限带宽的信道中传输，必须用数字信号对载波进行调制。数字调制技术可分为两种类型：一是利用模拟方法实现数字调制，也就是把数字基带信号当成模拟信号的特殊情况来处理；二是利用数字信号的离散取值特点键控载波，从而实现数字调制。第二种技术又称为键控法，例如，用基带数字信号对载波的振幅、频率及相位进行键控，便可获得振幅键控（ASK）、频移键控（FSK）及相移键控（PSK）调制方式。

在实际应用中，根据已调信号的结构形式可分为线性调制和非线性调制两种。线性调制主要有 PSK 调制、正交移相键控（QPSK）和π/4-DQPSK 调制等；非线性调制又称恒包络调制，属于恒包络调制的有频移键控（FSK）、最小频移键控（MSK）、高斯最小频移键控（GMSK）和高斯滤波的频移键控（GFSK）。

信源编码和信道编码是通信数字化的两个重要技术领域。在移动通信数字化中，首先是模拟语音信号的数字化。对于语音信号进行数字化处理，采用低码率数字语音编码，可以提高频带的利用率和信道容量；同时采用较强纠错能力的信道编码技术，可使移动通信系统在较低载干比（*C*/*I*）的条件下运行，从而保证良好的通话质量。

交织是用来抗瑞利衰落影响的。交织技术在实际应用中经常与其他纠错码结合使用，交织技术主要是将突发错误转换为随机错误，以便充分发挥纠错码的作用。将交织技术和纠错编码技术结合起来，就可以把突发错误分散成随机的独立错误而得到纠正。这种用交织构造出来的编码方法称为交织编码。

多天线发送多天线接收（MIMO）为代表的空间分集技术已经成为无线通信的关键技术之一。MIMO 技术实质上是利用空间资源的信号处理技术，包括空间复用技术和发射分集技术。发射分集主要通过空时编码来实现。空时编码（Space-Time Coding）技术是无线通信一种新的编码和信号处理技术。其主要思想是利用空间和时间上的编码，实现一定的空间分集和时间分集，从而降低信道误码率。

分层空时编码有 3 种方案：对角分层空时编码（DLST coding）、垂直分层空时编码（VLST coding）和水平分层空时编码（HIST coding）。

预编码技术是一种闭环 MIMO 技术，MIMO 预编码技术通过收发联合处理，能获得可观的预编码增益，它能有效抑制子信道间的干扰，使系绕性能对信道状况不敏感，在不同信道条件下具有很好的性能。

预编码技术分为非码书预编码与基于码书的预编码两类技术。

习题

2-1　移动通信中采用调制解调技术的要求有哪些？

2-2　调制一般分为哪几类？各有什么特点？

2-3　MSK 调制和 FSK 调制有什么区别和联系？

2-4　线性调制有哪几种？QPSK 调制和π/4-DQPSK 调制是如何工作的？

2-5　恒包络调制有哪几种？GMSK 与 MSK 有什么不同？

2-6　方形 QAM 星座与星形 QAM 星座有何异同？

2-7　信源编码和信道编码有什么不同？纠错码为何能进行检错和纠错？

2-8　差错控制的工作方式有哪些？各有什么特点？

2-9　交织技术有什么作用？

第 3 章 移动通信的关键技术

【本章内容简介】本章着重介绍移动通信的关键技术，通过学习基带传输技术、多址技术、跳频扩频技术和分集接收技术，了解这些技术的基本概念、主要特点、应用范围和方式，为掌握移动通信系统的工作原理和方法打下坚实的基础。

【学习重点与要求】重点掌握多址技术、调跳频扩频技术、分集接收技术的基本概念、主要特点和应用范围，了解 OFDM 技术的基本原理。

移动通信是目前国内外发展最快的新技术之一，它的主要特点是高技术含量大、新技术层出不穷。下面介绍在当前移动通信中采用的一些典型的、具有代表性的关键性技术。

3.1 基带传输

利用 PCM 方式或ΔM 方式所得到的信号称为数字基带信号，它的特点是频谱基本上是从零开始一直扩展到很宽。将这种信号不经过频谱搬移，只经过简单的频谱变换进行传输，称为数字信号的基带传输。

3.1.1 数字基带信号的常用码型

数字基带信号是数字信息序列的一种电信号表示形式，它包括代表不同数字信息的码元格式（码型）及体现单个码元的电脉冲形状（波形）。它的主要特点是功率谱集中在零频率附近。

实际上并非所有的原始基带数字信号都能在信道中传输，基带传输系统首要考虑的问题是选择什么样的信号形式，包括确定码元脉冲的波形及码元序列的格式。为了在传输信道中获得优良的传输特性，一般要将信码信号变化为适合于信道传输特性的传输码（又叫线路码），即进行适当的码型变换。

数字基带信号的形式很多，较为典型的有如下几种。

（1）单极性非归零码：用一个脉冲宽度等于在码元间隔的两矩形脉冲的有无来表示码“1”或“0”，如图 3-1（a）所示，这种信号含有直流分量。

（2）双极性非归零码：用宽度等于码元间隔的两个幅度相同但极性相反的矩形脉冲来表示“1”或“0”（如用正极性脉冲表示“1”，用负极性脉冲表示“0”），如图 3-1（b）所示，由于实际数字消息序列中码元“1”和“0”出现的概率基本相等，所以这种形式的基带信号直流分量近似为零。

（3）单极性归零码：表示码元的方法与单极性非归零码同，但矩形脉冲的宽度 t 小于码

元间隔 T_B，亦即每个脉冲都在相应的码元间隔内回到零电位，所以称为单极性归零码，如图 3-1（c）所示。

（4）双极性归零码：与双极性非归零码类似，只是脉冲的带度小于码元间隔，如图 3-1（d）所示。

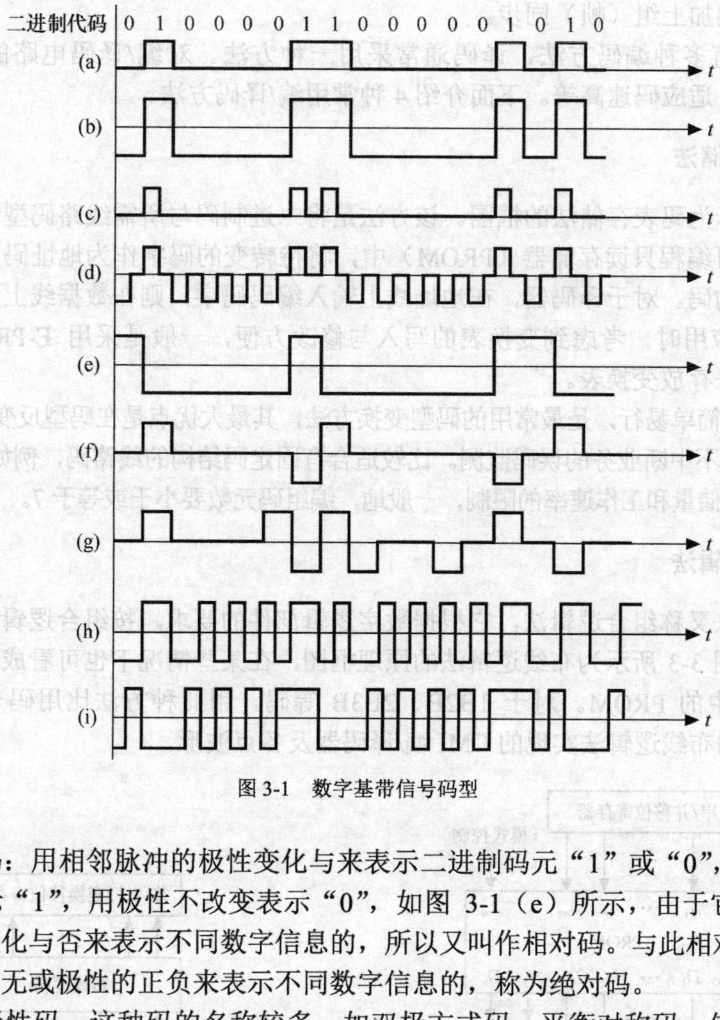

图 3-1　数字基带信号码型

（5）差分码：用相邻脉冲的极性变化与来表示二进制码元“1”或“0”，如用相邻脉冲极性的改变表示“1”，用极性不改变表示“0”，如图 3-1（e）所示，由于它是用相邻脉冲极性或电平的变化与否来表示不同数字信息的，所以又叫作相对码。与此相对应，前面所列举的用脉冲的有无或极性的正负来表示不同数字信息的，称为绝对码。

（6）交替极性码：这种码的名称较多，如双极方式码、平衡对称码、信号交替反转码等。它用无脉冲表示码元“0”，而码元“1”则交替地用正和负极性脉冲表示，如图 3-1（f）所示。

此外，还有多电平码、三阶高密度双极性码等。以上这些不同的码型之间，可以通过一定电路进行转换。实际系统中可根据不同码型的特点，选择最适用的一种。例如，单极性码含有直流分量，因此不宜在线路上传输，通常只用于设备内部；双极性码和交替极性码的直流分量基本上等于零，因此较适合于在线路中传输；多电平信号，由于它的传信率高及抗噪声性能较差，故较宜用于要求高传信率而信道噪声较小的场合。此外，构成数字基带信号的脉冲波形并非一定是矩形的，也可以是其他形状的，例如，余弦、三角形等，在这里不一一详述了。

3.1.2 码型变换的基本方法

码型变换的目的是要把简单的二进制代码变换成所需码型，接收端的译码实施码型变换反过程。根据不同的线路码，在编译码时既要考虑码型本身的变换，同时还必须考虑时钟频率的变换，还要加上组（帧）同步。

码型变换有多种编码方法，译码通常采用一种方法。对编/译码电路的要求是电路简单、工作可靠、适应码速高等。下面介绍 4 种常用编/译码方法。

1．码表存储法

图 3-2 所示为码表存储法的框图。该方法是将二进制码与所需线路码型的变换表（对应关系表）写入可编程只读存储器（PROM）中，将待转变的码字作为地址码，在数据线上即可得到变换后的码。对于译码器，在地址线上输入编码码字，则在数据线上为还原了的二进制原码。实际应用时，考虑到变换表的写入与修改方便，一般是采用 E-PROM（可改写的只读存储器）来存放变换表。

码表存储法简单易行，是最常用的码型变换方法，其最大优点是在码型反变换的同时用很少的器件就可实现不中断业务的误码监测。比较适合有固定码结构的线路码，例如，5B6B 码等。但受到存储器存储量和工作速率的限制，一般地，编组码元数要小于或等于 7。

2．布线逻辑法

布线逻辑法又称组合逻辑法，它根据数字逻辑部件的要求，按组合逻辑设计的方法来实现码型变换。图 3-3 所示为布线逻辑法的原理框图，在某些情况下也可看成是用组合逻辑代替码表存储法中的 PROM。对于 1B2B、2B3B 等码，用此种方法比用码表存储法简单。图 3-4 所示为用布线逻辑法实现的 CMI 编/译码器及各点波形。

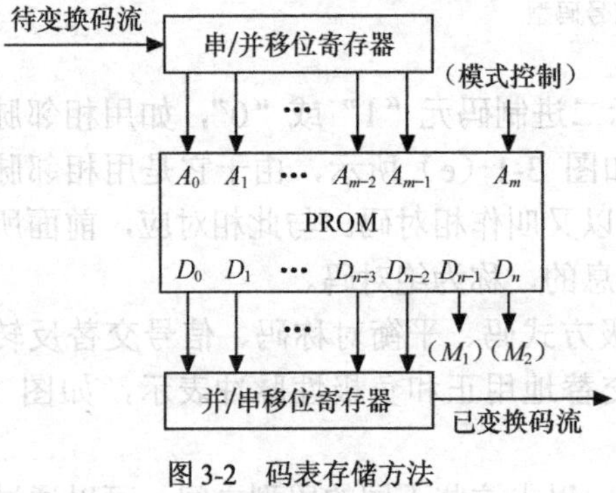

图 3-2 码表存储方法

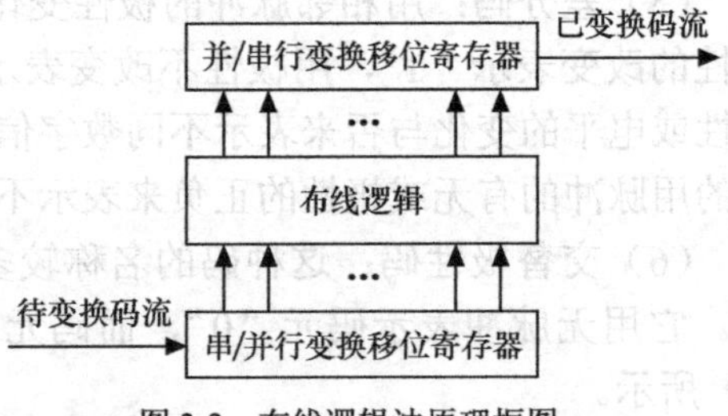

图 3-3 布线逻辑法原理框图

3．单片 HDB_3 编解码器

近年来出现的 HDB_3 编码器采用了 CMOS 型大规模集成电路 CD22103，该器件可同时实现 HDB_3 编解码，误码检测及 AIS 码检出等功能。主要特点有：

① 编、解码规则符合 CCITTG.703 建议，工作速率为 50 kbit/s～10 Mbit/s；

② 有 HDB_3 和 AMI 编、译码选择功能；

③ 接收部分具有误码检测和 AIS 信号检测功能；

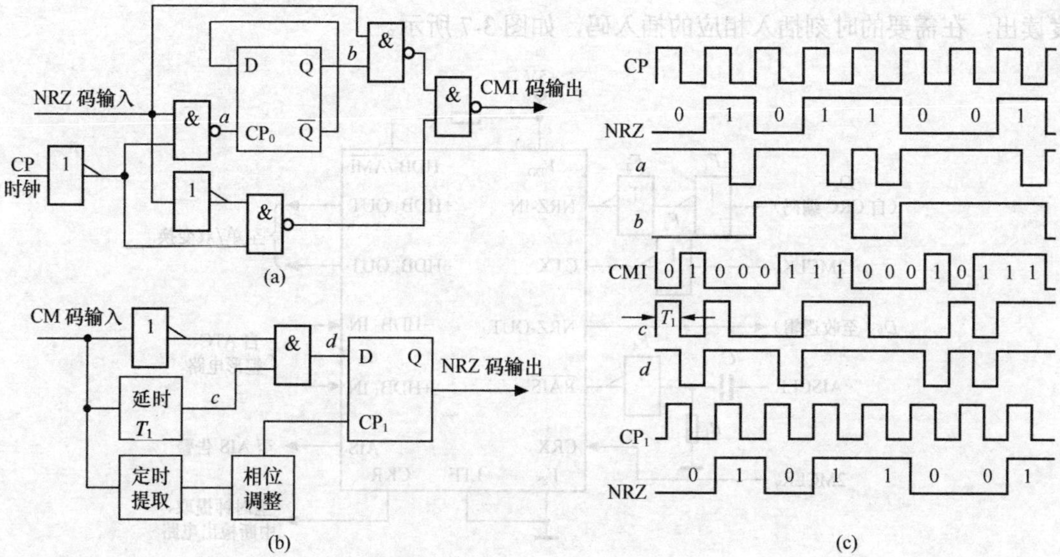

图 3-4　CMI 编/译码器及各点波形

④ 所有输入、输出接口都与 TTL 兼容；

⑤ 具有内部自环测试能力。

图 3-5 所示为 CD22103 的引脚及内部框图，各管脚作用可查手册得到，这里就不做详细介绍。图 3-6 所示为实用的 HDB_3 编解码电路。电路的发送部分在 2 MHz 时钟作用下，将 CRC 编码电路送入的 NRZ 码编成两列单极性$+HDB_3$ 和$-HDB_3$，经外部驱动门送往输出变压器汇总，输出变压器完成单一双变换后，形成双极性 HDB_3 码，送给传输线路。电路接收部分从传输线路收到双极性 HDB_3 码，先由输入变压器将其分离成两极性相反的 HDB_3 码；再经 ATC（自动门限控制）和整形电路形成两列$\pm HDB_3$ 单极性信号，在收端 2 MHz 主时钟的上升沿作用下，将$\pm HDB_3$ 码依次写入编码器，译码后输出 NRZ 码。

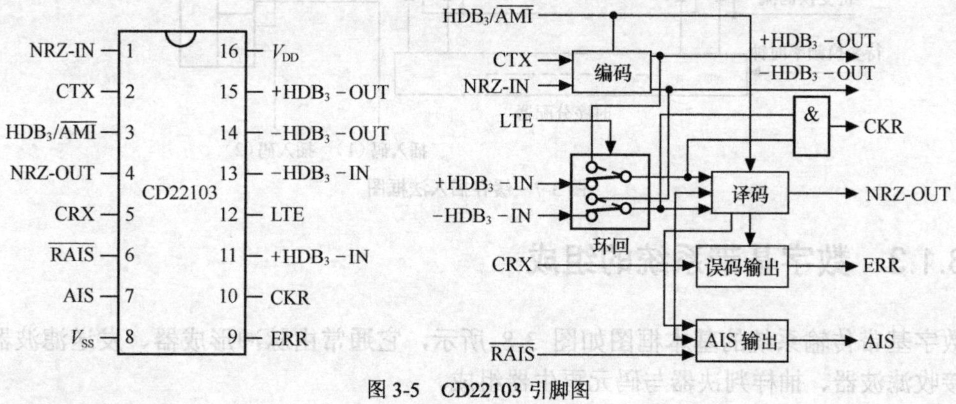

图 3-5　CD22103 引脚图

4．缓存插入法

这种方法主要用于 *m*B1P、*m*B1C 和 *m*B1H 等类型的码型变换（这 3 种码都是每发送 *m* 个二进制码加一个二进制码，此二进制码的加入不仅破坏连 0 或连 1 串，而且在码组中起不同作用）。码型变换器设置一个适当长度的缓存器，用输入码的速度写入，再以变换后的速度读出，在需要的时刻插入相应的插入码，如图3-7所示。

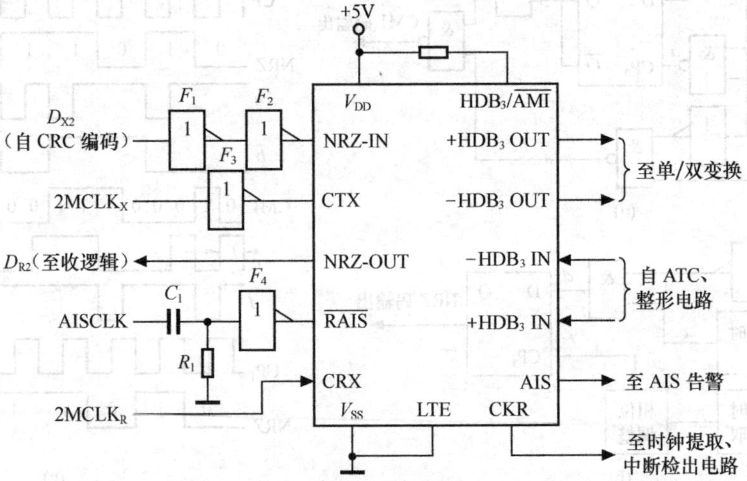

图3-6　实用的HDB_3编解码电路

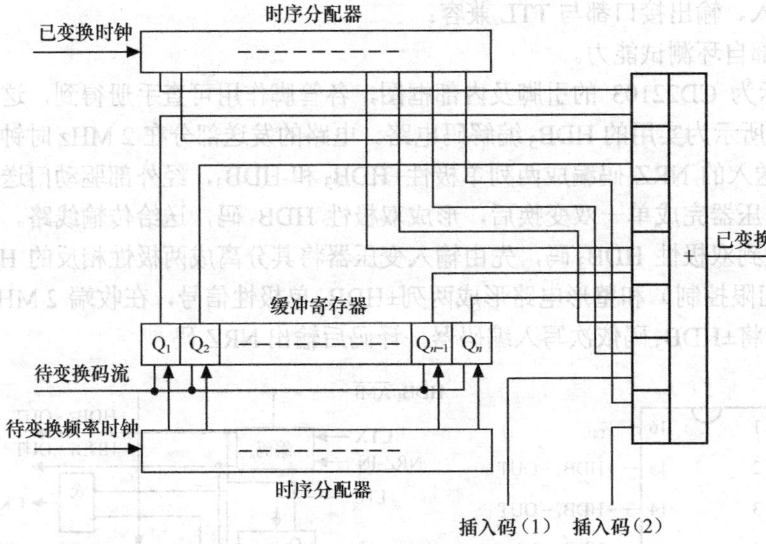

图3-7　缓存插入法框图

3.1.3　数字基带系统的组成

数字基带传输系统的基本框图如图3-8所示，它通常由脉冲形成器、发送滤波器、信道、接收滤波器、抽样判决器与码元再生器组成。

脉冲形成器输入的是由电传机、计算机等终端设备发送来的二进制数据序列或是经模/数转换后的二进制（也可是多进制）脉冲序列，用{d_k}表示，它们一般是脉冲宽度为T_b的单极性码，根据上节对单极性码讨论的结果可知，它并不适合信道传输，脉冲形成器的作用是将{d_k}变换成为比较适合信道传输的码型并提供同步定时信息，使信号适合信道传输，保证收发双方同步工作。发送滤波器（传递函数为$G_T(\omega)$）的作用是将输入的矩形脉冲变换成适合信道传输的波形。这是因为矩形波含有丰富的高频成分，若直接送入信道传输，容易产生失真。基带传输系统的信道（传递函数为 $C(\omega)$）通常采用电缆、架空明线等。信道既传送信号，同时又因存在噪声和频率特性不理想对数字信号造成损害，使波形产生畸变，严重时发生误码。接收滤波器（传递函数为 $G_R(\omega)$）是收端为了减小信道特性不理想和噪声对信号传输的影响而设置的。其主要作用是滤除带外噪声并对已接收的波形均衡，以便抽样判决器正确判决。抽样判决器的作用是对接收滤波器输出的信号，在规定的时刻（由定时脉冲控制）进行抽样，然后对抽样值判决，以确定各码元是“1”码还是“0”码。码元再生电路的作用是对判决器的输出“0”“1”进行原始码元再生，以获得与输入码型相应的原脉冲序列。同步提取电路的任务是提取收到信号中的定时信息。

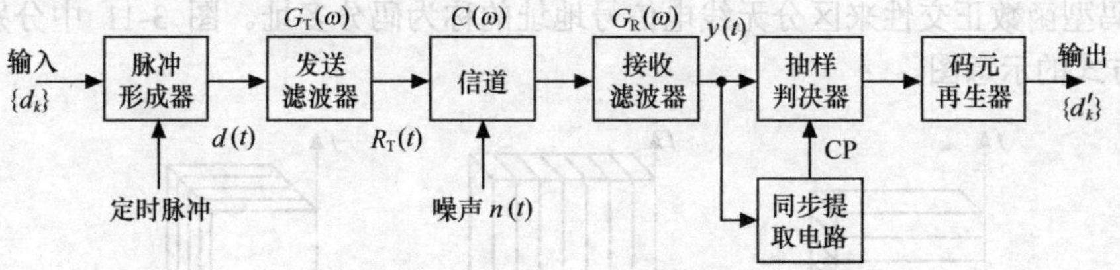

图 3-8　数字基带传输系统框图

基带传输系统各点的波形如图 3-9 所示。显然传输过程中第 4 个码元发生误码。前已指出，误码的原因是信道加性噪声和频率特性不理想引起的波形畸变，使码元之间相互干扰，如图 3-10 所示。此时实际抽样判决值是本码元的值与几个邻近脉冲拖尾及加性噪声的叠加。这种脉冲拖尾的重叠，并在接收端造成判决困难的现象叫作码间串扰（或码间干扰）。

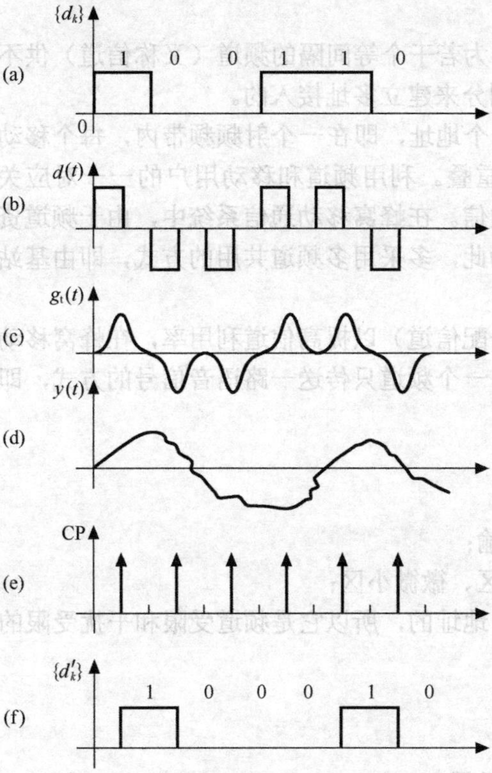

图 3-9　基带传输系统各点的波形

图 3-10　码间串扰示意图

3.2 多址技术

多址传输是指在一个信息传输网中不同地址的各用户之间通过一个共用的信道进行传输，其理论基础是信号分割理论。因此，多址传输方式也分为频分多址传输（FDMA）、时分多址传输（TDMA）、码分多址传输（CDMA）、空分多址传输（SDMA）等。多址传输又称多址连接或多址通信，目前在移动通信和卫星通信中得到了广泛的应用。

多址的原理是利用信号参量的正交性来区分无线电信号地址，依据频率参量正交性来区分无线电信号的称为频分多址；依据时间参量正交性来区分无线电信号地址的称为时分多址；依据码型函数正交性来区分无线电信号地址的称为码分多址。图 3-11 中分别给出了这 3 种多址方式的示意图。

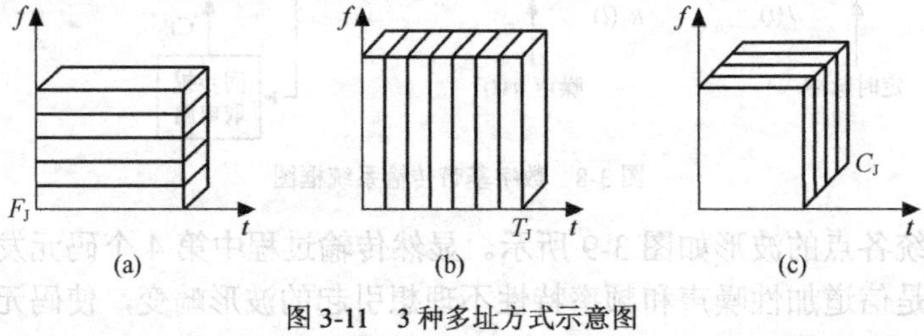

图 3-11　3 种多址方式示意图

3.2.1　频分多址

频分多址（FDMA）是将给定的频谱资源划分为若干个等间隔的频道（又称信道）供不同的用户使用，按照传输信号的载波频率的不同划分来建立多址接入的。

在 FDMA 系统中，每一个移动用户分配有一个地址，即在一个射频频带内，每个移动用户分配有一个频道，且这些频道在频域上互不重叠。利用频道和移动用户的一一对应关系，只要知道用户地址（频道号）即可实现选址通信。在蜂窝移动通信系统中，由于频道资源有限，不可能每个用户独占一个固定的频道，为此，多采用多频道共用的方式，即由基站通过信令信道给移动用户临时指配通信频道。

为了便于移动用户实现多信道共用（即动态分配信道）以提高信道利用率，在蜂窝移动通信系统中，其信道的频率划分与频道构成是采用一个频道只传送一路语音信号的方式，即属于频分多址中单路单载波的工作方式。

FDMA 蜂窝通信系统具有以下特点：

① 是以频率复用为基础的蜂窝结构；

② 是以每一频道为一个话路的模拟或数字传输；

③ 以频带或频道的划分来构成宏小区、微小区、微微小区；

④ 由于 FDMA 蜂窝系统是以频道来分离用户地址的，所以它是频道受限和干扰受限的系统；

⑤ FDMA 系统需要周密的频率计划；

⑥ 对发射信号功率控制的要求不严格；

⑦ 基站的硬件设备取决于频率计划和频道的设置；

⑧ 基站是多部不同载波频率发射机同时工作的。

3.2.2 时分多址

TDMA 类似于频分制，利用时间分割原理既可进行时分多路传输（TDM），也可进行时分多址传输（TDMA）。它们之间的区别仅在于：TDM 是利用时分原理在两个通信站间利用一个高频信道传输多个信息信号；而 TDMA 是利用射频信道的时间分割，实现一个通信网内的多个台站之间的通信，而每个台站本身往往又包含了多路传输的内容。

在 TDMA 系统中，每个移动用户分配有一个地址，即在一个时间段（时帧）内每个移动用户分配有一个时隙，如图 3-12 所示，MS_1 占用时隙 1，MS_2 占用时隙 2，MS_k 占用时隙 k，且这些时隙在时域上互不重叠。基站向移动台（前向）传输过程是依时间周期性地顺序发送“突发”（子帧）给移动台 MS_1，MS_2，…，MS_k；移动台向基站（反向）传输过程是每个移动台依所分配的时隙周期性地发送“突发”（子帧）给基站。

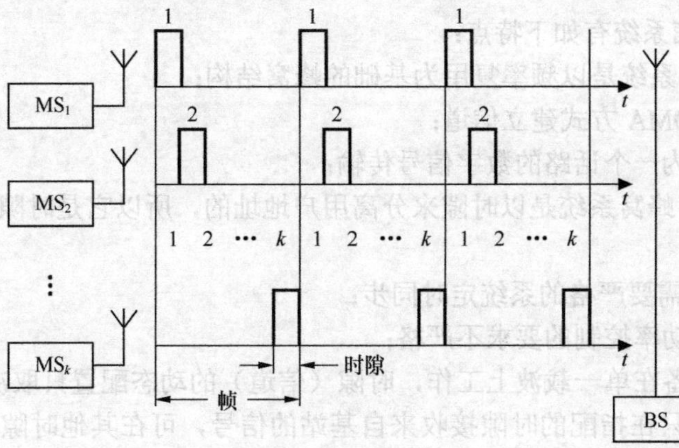

图 3-12 TDMA 示意图

前向传输和反向传输可以采用频分的方法，也可以采用时分的方法。前者，前向信道与反向信道的载波频率不同，叫作频分双工通信。频分双工 TDMA 系统的帧结构如图 3-13 所示。后者，前向信道与反向信道的载波频率相同，叫作时分双工通信。时分双工 TDMA 系统的帧结构如图 3-14 所示。

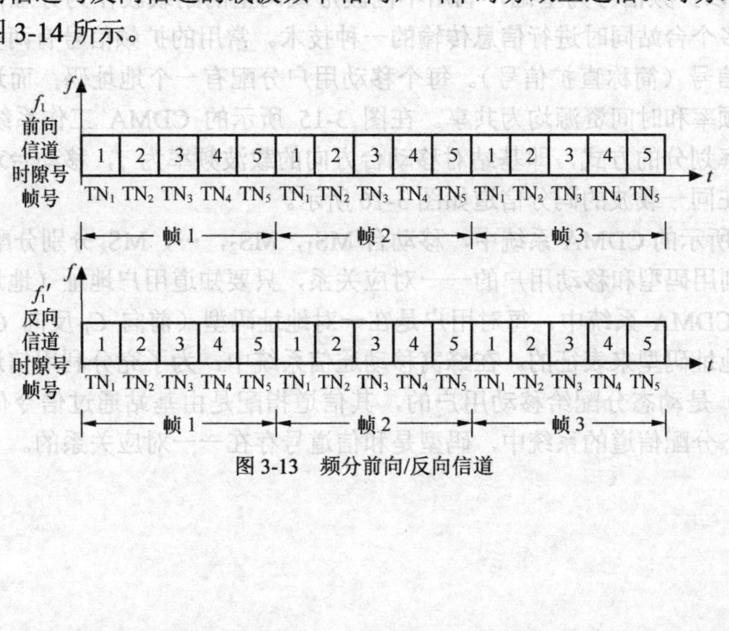

图 3-13 频分前向/反向信道

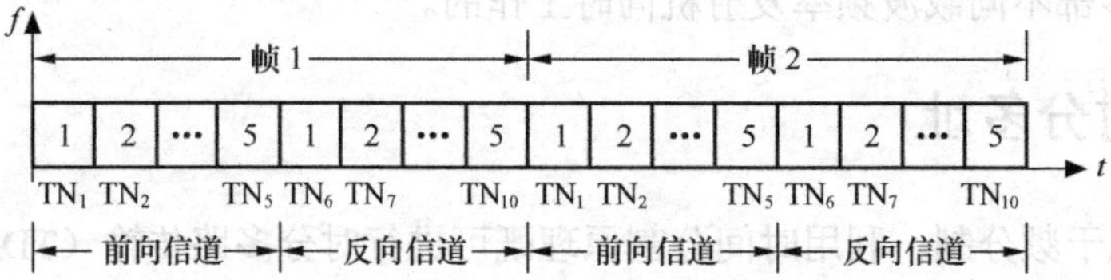

图 3-14　时分前向/反向信道

利用时隙和移动用户的一一对应关系，只要知道用户地址（帧号和时隙号），就可以实现选址通信。在频分双工 TDMA 系统中，每对用户在一组频道一对时隙（f-TN 和 f'-TN）中通信；在时分双工系统中，每对用户是在一对时隙（前向 TN 和反向 TN）中通信。同时，TDMA 系统中的信道是不以时隙来表征的，这种用时隙方式建立信道的通信系统则称为时分多址（TDMA）系统。在蜂窝移动通信系统中，为了充分利用信道资源，这些时隙是由基站通过信令信道给移动用户临时指配这些时隙（信道）的，因为在信道指配信令中包含有帧号和时隙号信息。

TDMA 蜂窝通信系统有如下特点：

① 窄带 TDMA 系统是以频率复用为基础的蜂窝结构；

② 小区内以 TDMA 方式建立信道；

③ 以每一时隙为一个话路的数字信号传输；

④ 由于 TDMA 蜂窝系统是以时隙来分离用户地址的，所以它是时隙受限和干扰受限的系统；

⑤ TDMA 系统需要严格的系统定时同步；

⑥ 对发射信号功率控制的要求不严格；

⑦ 基站发送设备在单一载波上工作，时隙（信道）的动态配置只取决于系统软件；

⑧ 由于移动台只在指配的时隙接收来自基站的信号，可在其他时隙中接收网络信息或接收来自相邻基站的信号，有利于网络管理和越区切换。

3.2.3　码分多址

CDMA 是以扩频信号为基础，利用不同波形或码型的副载波作为分址信号，以便在同一通信网中使多个台站同时进行信息传输的一种技术。常用的扩频信号有两类：跳频信号与直接序列扩频信号（简称直扩信号）。每个移动用户分配有一个地址码，而这些码型互不重叠，其特点是频率和时间资源均为共享。在图 3-15 所示的 CDMA 工作系统中，前向/反向信道是采用频率划分的方式，即基站对移动台方向的载波频率为 f，移动台对基站方向的载波频率为 f'。在同一载波的码分信道如图 3-16 所示。

在图 3-15 所示的 CDMA 系统中，移动台 MS_1，MS_2，…，MS_k 分别分配有地址码 C_1，C_2，…，C_k。利用码型和移动用户的一一对应关系，只要知道用户地址（地址码）便可实现选址通信。在 CDMA 系统中，每对用户是在一对地址码型（前向 C_i-反向 C_i'）中通信，所以其信道是以地址码型来表征的。在蜂窝移动通信系统中，为了充分利用信道资源，这些信道（地址码型）是动态分配给移动用户的，其信道指配是由基站通过信令信道进行的。因此，在这种动态分配信道的系统中，码型是和信道号存在一一对应关系的。

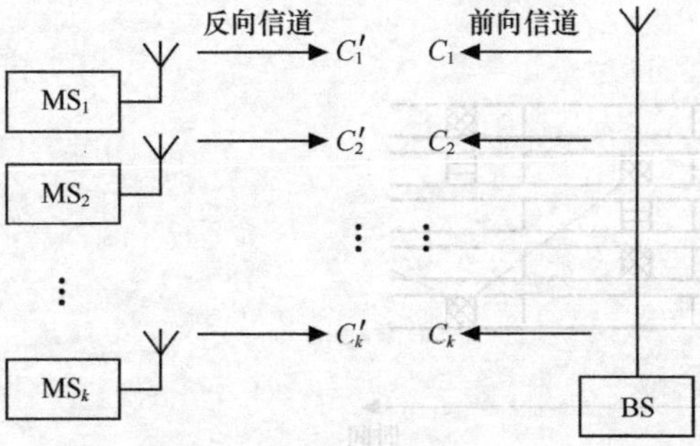

图 3-15　CDMA 示意图

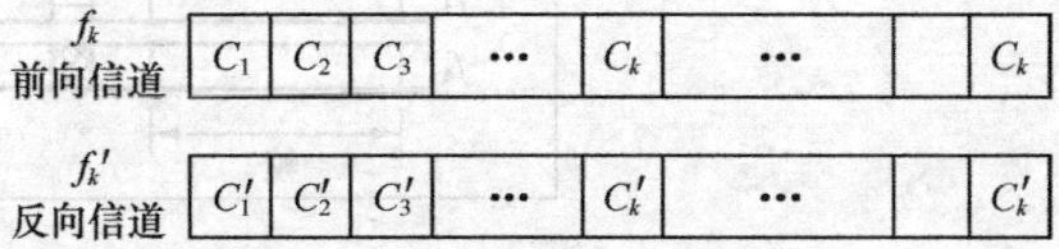

图 3-16　CDMA 码分信道

3.2.4　空分多址

空分多址（SDMA）是通过控制用户的空间辐射能量来提供多址接入能力的。扇形天线可被看成是 SDMA 的一个基本方式。将来有可能使用自适应天线，它迅速地引导能量沿用户方向发送，这种天线最适合于 TDMA 和 CDMA 系统。

通常，在蜂窝系统中，反向链路的性能是影响系统性能的主要因素，原因有以下两个方面：①用户位置的随机性和移动性，这使得从每一用户单元出来的发射功率必须动态控制，以防止任何用户功率太高而干扰其他用户，而功率控制很难做到完善；②用户的发射功率受到电池能量的限制，这就限制了反向链路功率控制的动态范围。通过空间过滤用户信号的方法，可以从每个用户接收到更多能量，并减小对其他用户的干扰，这样，会使用户反向链路的性能得到改善。

如果不考虑无穷小波束宽度和无穷大快速搜索能力的限制，自适应式天线可以提供最理想的 SDMA，即能够为本小区内的每一个用户形成一个波束，而且，当用户移动时，基站会跟踪它。此外，一个完善的自适应式天线系统应能够为每一用户搜索其多个多径分量，并以最理想的方式进行合并。由于实现上述功能，系统需要无穷大的天线，所以理想自适应式天线是不可行的。

在无线通信系统中，SDMA 可以提高系统容量。注意，此处没考虑多径影响。散射和多径对 SDMA 性能的影响是目前研究的一个课题，它们必将会影响 SDMA 技术的性能和实现策略。

3.3　跳频扩频技术

目前，最基本的展宽频谱的方法有两种：①直接序列调制，简称直接扩频（DS）；②频率跳变调制，简称跳频（FH）。

跳频通信是指用一定码序列进行选择的多频率频移键控，其载波频率受一组快速变化的伪随机码控制而随机地进行跳变。这种载波的变化规律常被叫作跳频图案（序列）。图 3-17 所示为 GSM 系统的跳频示意图。跳频实际上是一种复杂的频移键控，是一种用伪随机码进行多频频移键控的通信方式。

跳频系统的抗干扰原理与直接序列扩频系统是不同的。直扩是靠频谱的扩展和解扩处理来提高抗干扰能力的，而跳频是靠躲避干扰来获得抗干扰能力的。

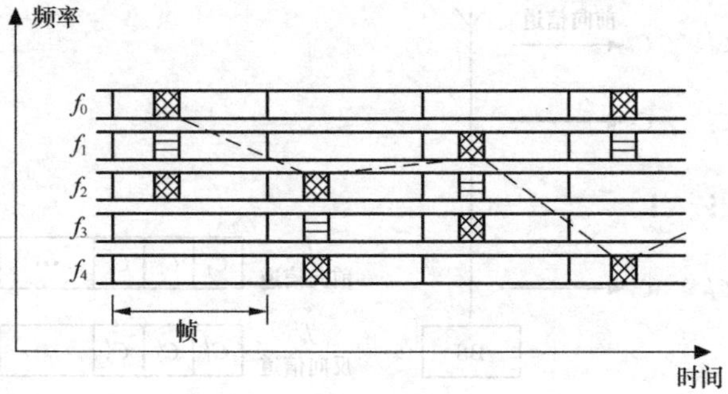

图 3-17　GSM 系统的跳频示意图

扩展频谱通信简称扩频通信。扩频是一种信息传输方式，就是在发端采用扩频码调制，使信号所占的频带宽度远大于所传信息的带宽。在收端采用相同的扩频码进行相关解调来解扩以恢复所传信息数据。扩频技术用于通信系统，具有抗干扰、抗多径、隐蔽、保密和多址能力。

码分多址是以扩频技术为基础的。适用于码分多址蜂窝通信系统的扩频技术是直接序列扩频（DS），简称直扩。

3.3.1　伪随机序列

在扩频通信中，扩频码常采用伪随机序列。

伪随机序列又称为伪噪声（PN）码或伪随机码。可以预先确定并且可以重复实现的序列称为确定序列。既不能预先确定又不能重复实现的序列称为随机序列。具有随机特性，貌似随机序列的确定序列称为伪随机序列。通常采用的伪随机码有 *m* 序列、Gold 序列等多种伪随机序列。

1. *m* 序列

m 序列是由带线性反馈的多级移位寄存器产生的周期最长的一种二进制序列。在二进制移位寄存器发生器中，若 *n* 为级数，则所能产生的最大长度的码序列为 2^n-1 位。图 3-18（a）所示为简单的三级移位寄存器构成的 *m* 序列发生器，其中，D_1、D_2、D_3 为三级移位寄存器，⊕为模二加法器。移位寄存器的作用是：在钟脉冲驱动下，将所暂存的 1 或 0 逐级向右移。模二加法器的作用是进行如图 3-18（b）所示的运算，即 0+0=0，0+1=1，1+1=0。图 3-18（a）中 D_2、D_3 输出的模二和为 D_1 的反馈输入。图 3-18（c）中，在钟形脉冲驱动下，三级移位寄存器的暂存数据按列改变，则 D_3 的变化即为输出序列。如移位寄存器各级的初始状态为 111 时，输出序列为 1110010。在输出周期为 $2^3-1=7$ 的码序列后，D_1、D_2、D_3 又回到 111 状态。在钟脉冲的驱动下，输出序列做周期性的重复。7 位所能产生的最长的码序列为 1110010，称为 *m* 序列。此例说明：*m* 序列的最大长度取决于移位寄存器的级数，而码的结构取决于反馈抽头的位置和数量。不同的抽头组合可以产生不同长度和不同结构的码序列，有的抽头组合并不能产生最长周期的序列。对于何种抽头能产生何种长度和结构的码序列，已经进行了大量的研究工作，现已得到 3～100 级 *m* 序列发生器的连接图和所产生的 *m* 序列的结构。例如，4 级移位寄存器产生的 15 位的 *m* 序列之一为 111101011001000。

m 序列是一种典型的伪随机序列，具有伪随机序列的 3 个特性。

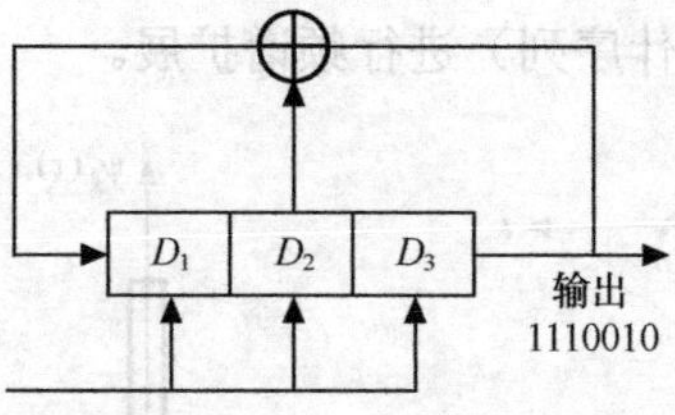

(a)

输入		输出
0	0	0
1	0	1
0	1	1
1	1	0

(b)

D_1	D_2	D_3
1	1	1
0	1	1
0	0	1
1	0	0
0	1	0
1	0	1
1	0	1

(c)

图 3-18　3 级 *m* 序列发生器

（1）对于任何周期的 *m* 序列，一个周期内所含的 1 与 0 位数的比例是一定的，若采用的移位寄存器为 *n* 级，1 的位数为 2^{n-1}，0 的位数为（2^{n-1}）−1，1 和 0 位数仅相差 1 位，即可粗略地认为 1 与 0 的位数接近相等。

（2）把序列中取值（0 或 1）相同的一段称为一个游程，各游程中的位数称为游程长度。取值为 0（两端外接 1）的叫作 0 游程，取值为 1（两端外接 0）的叫作 1 游程。例如，有 4 个连 1（连 0）元素称其游程长度为 4，有 3 个连 1（或连 0）的元素，则游程长度为 3……如此类推。伪噪声码有如下游程特性：长度为 1 的游程占游程总数的 1/2，长度为 2 的游程占 1/4，长度为 3 的游程占 1/8……如此递减。

（3）序列的自相关函数为二值函数。

m 序列的自相关函数由下式计算：

$$R(\tau)=(A-D)/(A+D)$$

式中，A 为 0 的位数；D 为 1 的位数。

下面讨论一下 *m* 序列的相关特性。图 3-19（a）所示为任一随机噪声的时间波形及其延迟一段τ后的波形，图 3-19（b）所示为其自相关函数。当τ=0 时，两个波形完全相同、重叠，平均积分为一常数。如果延迟τ时间，对于完全相同的随机信号，相乘以后正负抵消，积分为 0。图 3-19（c）所示为二元码序列 1110100（码长为 7 位）的 PN 码的波形，如果用 +1、−1 脉冲分别表示 1 和 0，则其波形和它相对延迟τ 个时间的波形如图 3-19（c）所示。这两个脉冲序列波形的自相关特性如图 3-19（d）所示。码位数越长，越接近随机噪声的自相关特性，如图 3-19（b）所示。但是两个相同长度的 *m* 序列的互相关特性并不都很好。图 3-20 所示为由两个不同抽头组成的移位寄存器产生的 31 位 *m* 序列的自相关函数（虚线）和互相关函数（实线）的比较。互相关函数并不等于很小的常数，而形成不规则的旁瓣。在实际应用中，总是选择那些互相关旁瓣小的 *m* 序列。

伪随机序列是按照确定的规律产生的，因而通信对方能按照此规律产生本地的序列，把传送的信息检测出来。但是，伪随机序列具有和随机序列相类似的随机性，使不知此伪随机序列的无关接收者难以把信息检测出来。为了减小检测过程中出现的差错概率，伪随机序列必须具有优良的相关特性（包括自相关特性和互相关特性）。在 CDMA 蜂窝系统中，也用到特定的正交序列（如后面要提到的沃尔什序列）进行频谱扩展。

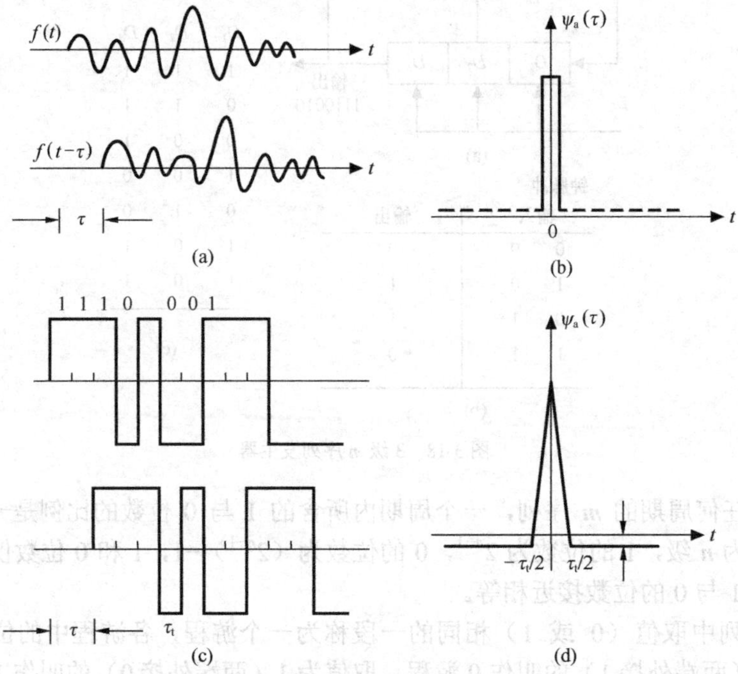

图 3-19 随机信号自相关性

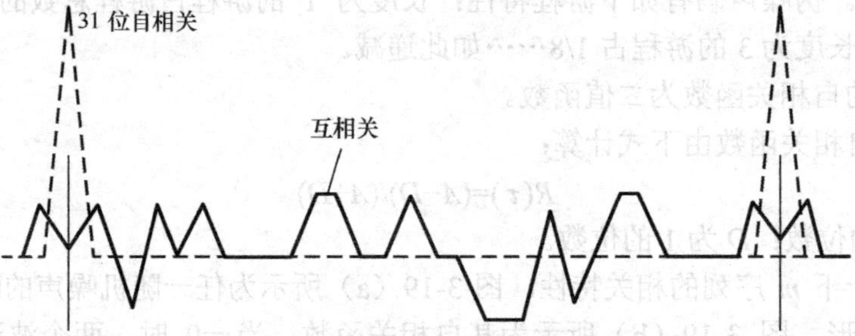

图 3-20 自相关函数与互相关函数的比较

当若干个伪随机序列不同的扩频信号进入同一接收机时，只有伪随机序列与接收机本地产生的伪随机序列相同而且同步的信号才能被接收机检测出来，其他的信号类似于接收机的背景干扰（多址干扰），只会对接收机输出信号的误码率有一定影响。即使有多个伪随机序列完全一样的信号先后进入接收机，只要它们的相对时延差大于一个子码宽度 $1/R_p$，接收机也能把其中最早到达并获得同步的信号检测出来（除非后到的信号过强）。这一点不难从伪随机序列的自相关函数看出来，参见图 3-21 中 m 序列的自相关函数曲线。图中，k 是 m 序列的周期长度（位数）。当接收机用相关器捕获到一个信号时，跟着进来的其他信号即使所用的 m 序列相同，只要时延差大于一个子码宽度，自相关函数的数值迅速由 k 下降到−1，因而一般也不会改变这种捕获状态。这种现象称为“捕获效应”。在接收端和发送端满足序列同步和位同步的前提下，同一个伪随机序列只要其相位被错动（偏置）不同数目的子码宽度，也可以用作多个用户的扩频序列而不会相互混淆。

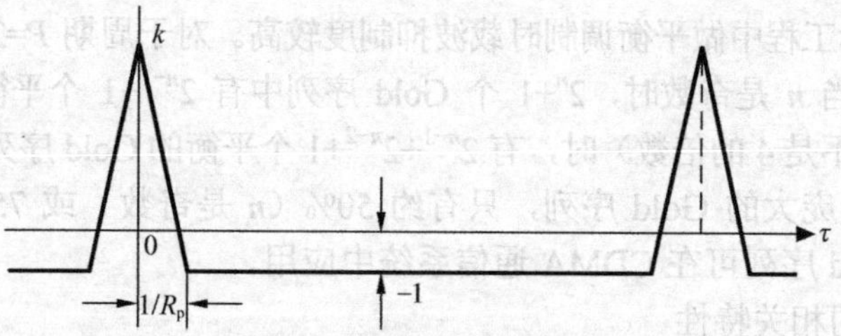

图 3-21　*m* 序列的自相关函数

2．Gold 序列

m 序列，尤其是 *m* 序列优选对，特性很好，但数目很少，不便于在 CDMA 系统中应用。为了解决地址码的数量问题，R.Gold 提出了一种基于 *m* 序列优选对的码序列，称为 Gold 序列。Gold 序列是 *m* 序列的复合码，它是由两个码长相等、码片时钟速率相同的 *m* 序列优选对移位模 2 加构成，当改变其中一个 *m* 序列的相位时，可得到一个新的 Gold 序列。

令 m_1、m_2 为同长度的两个不同的 *m* 序列，如果 m_1、m_2 的周期性互相关函数为理想三值函数，即只取值：

$$R_c(\tau)=\begin{cases}2[(n+2)/2]-1\\-1\\-2[(n+2)/2]-1\end{cases}$$

式中［］表示取实数的整数部分，那么则称 m_1 和 m_2 为一个优选对。

Gold 码=m_1⊕m−2（循环移位）

一对周期 $P=2^n-1$ 的 *m* 序列优选对｛a_i｝和｛b_i｝，｛a_i｝与后移 τ 位的序列｛$b_i+\tau$｝（τ=0，1，…，$P-1$）逐位模 2 加所得的序列｛$a_i+b_i+\tau$｝都是不同的 Gold 序列。Gold 序列虽然是由 *m* 序列模 2 加得到的，但它已不再是 *m* 序列，不过它具有与 *m* 序列优选对类似的自相关和互相关特性。

Gold 序列的生成原理如图 3-22 所示。

m 序列发生器 1、2 产生一对 *m* 序列优选对。*m* 序列发生器 1 的初始状态固定不变，调整 *m* 序列发生器 2 的初始状态，在同一时钟脉冲的控制下，经过模 2 加后得到 Gold 序列。改变 *m* 序列发生器 2 的初始状态，可得到不同的 Gold 序列。

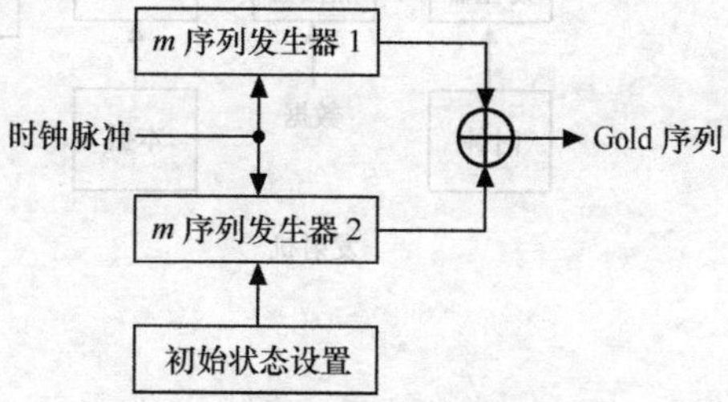

图 3-22　Gold 序列生成原理示意图

Gold 序列具有与 *m* 序列优选对类似的相关性，而且构造简单、数量大，在码分多址系统中获得广泛应用。在实际应用中，人们关心的 Gold 序列的特性主要有以下 3 点。

（1）Gold 序列的数量

周期 $P=2^n-1$ 的 *m* 序列优选对产生的 Gold 序列，由于其中一个 *m* 序列的不同移位都产生新的 Gold 序列，有 $P=2^n-1$ 个不同的相对移位，加上原来两个 *m* 序列本身，共有 2^n+1 个 Gold 序列。随着 *n* 的增加，Gold 序列以 2 的 *n* 次幂增长。因此，Gold 序列数比 *m* 序列数多得多，并且具有优良的相关性。

（2）平衡的 Gold 序列

当 Gold 序列的一个周期内“1”的码元数比“0”仅多一个时，称该 Gold 序列为平衡的

Gold 序列。其在实际工程中做平衡调制时载波抑制度较高。对于周期 $P=2^n-1$ 的 m 序列优选对生成的 Gold 序列，当 n 是奇数时，2^n+1 个 Gold 序列中有 $2^{n-1}+1$ 个平衡的 Gold 序列，约占 50%；当 n 是偶数（不是 4 的倍数）时，有 $2^{n-1}+2^{n-2}+1$ 个平衡的 Gold 序列，约占 75%。

也就是说，数量庞大的 Gold 序列，只有约 50%（n 是奇数）或 75%（n 是不等于 4 的偶数）的平衡的 Gold 序列可在 CDMA 通信系统中应用。

（3）Gold 序列的相关特性

周期 $P=2^n-1$ 的 m 序列优选对产生的 Gold 序列具有与 m 序列优选对类同的相关性。自相关函数 $R(\tau)$在 $\tau=0$ 时与 m 序列相同，具有尖锐的自相关峰；当 $1\leqslant\tau\leqslant P-1$ 时，相关函数值与 m 序列有所差别，相关函数值不再是 $-1/P$，而是取上式中的三值，其最大旁瓣值不超过 $t(n)/P$。

同一对 m 序列优选对产生的 Gold 序列连同这两个 m 序列中，任意两个序列的互相关特性都和 m 序列优选对一样，其互相关值只取 $R_c(\tau)$中的一个。

3.3.2 直接序列扩频

直接序列扩频（DS-SS）通信系统是以直接扩频方式构成的扩展频谱通信系统，通常简称直扩（DS）统，又称伪噪声扩频系统。它是直接用高速率的扩频码序列（伪随机码）在发射端去扩展信号的频谱；在接收端，用完全相同的扩频码序列（伪随机码）进行解扩，把展宽的扩频信号还原成原始信息。这里的“完全相同”是指接收端产生的伪随机码不但在码型结构上与发端的相同，而且在相位上也要一致（完全同步）。图 3-23 所示就是直扩通信系统原理的框图和扩频信号传输图。

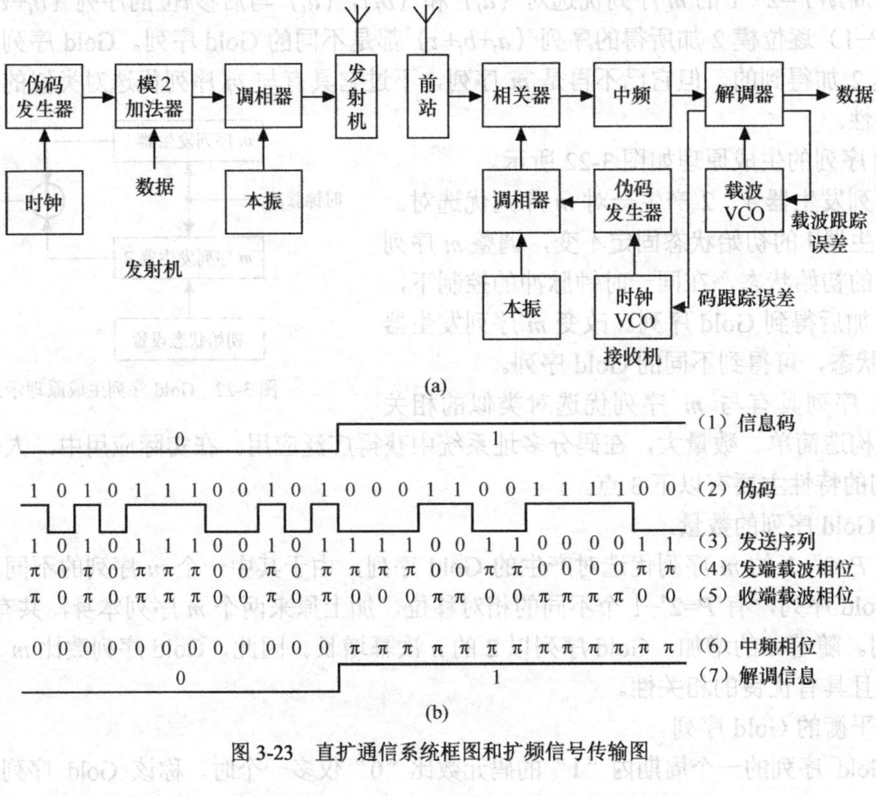

图 3-23　直扩通信系统框图和扩频信号传输图

在图中，信息码与伪码模 2 加后产生发送序列，进行 2PSK 调制后输出。在接收端，用一个和发射端同步的伪随机码所调制的本地信号，与接收到的信号进行相关处理，相关器输出中频信号经中频电路和解调器，恢复原信息。

由此可见，扩频信号的产生包括调制和扩频两个步骤。例如，先用要传送的信息比特对载波进行调制，再用伪随机序列（PN 序列）扩展信号的频谱；也可以先用伪随机序列与信息比特相乘（把信息的频谱扩展），再对载波进行调制。二者是等效的。

设信息速率为 R_b（bit/s），伪随机序列的速率为 R_p（子码/s），定义扩频因子为

$$L=R_p/R_b$$

通常 $L\gg1$，且为整数，它是信号频谱的扩展倍数，也等于扩频系统抑制噪声的处理增益。

接收端要从收到的扩频信号中恢复出它携带的信息，必须经过解扩和解调两个步骤。所谓解扩是接收机以相同的伪随机序列与接收的扩频信号相乘，也称为相关接收。解扩后的信号再经过常规的解调，即可恢复出其中传送的信息。

扩频方式的最大优点就是抗干扰性强，实现频谱扩展方便，用于码分多址通信。为了把干扰降低到最小限度，码分多址必须与扩频技术结合起来使用。在民用移动通信中，码分多址主要与直接序列扩频技术相结合，构成码分多址直接序列扩频通信系统。

3.3.3　跳变频率扩频

跳频（FH-SS）也是一种扩频技术，跳频系统的载波频率在很宽频率范围内按预定的图案（序列）进行跳变。跳频系统的组成框图如图 3-24 所示。

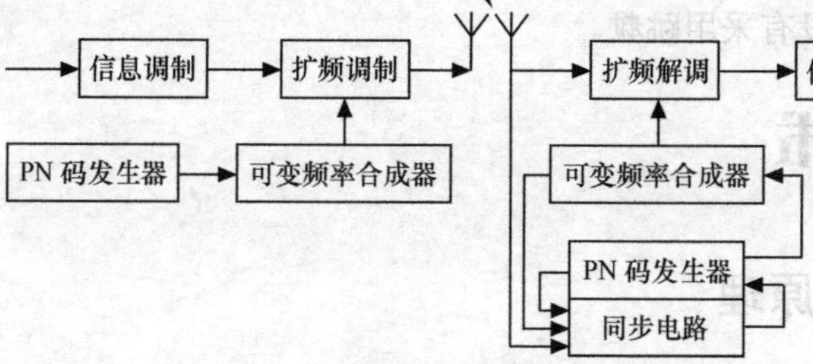

图 3-24　跳频系统组成框图

在发送端，信息数据 d 经信息调制变成带宽为 B 的基带信号后，进入载波调制。产生载波频率的频率合成器在伪随机码发生器的控制下，产生的载波频率在带宽为 $W(W\gg B)$的频带内随机跳变，从而实现基带信号带宽 B 扩展到发射信号使用的带宽 W 的频谱扩展。在接收端，为了解出跳频信号，需要有一个与发送端完全相同的伪随机码去控制本地频率合成器，使本地频率合成器输出一个始终与接收到的载波频率相差一个固定中频的本地跳频信号，然后与接收到的跳频信号进行混频，得到一个不跳变的固定中频信号（IF），经过信息解调电路，解调出发端所发送的信息数据。

跳频分慢跳频和快跳频。慢跳频是指跳频速率低于信息比特速率，快跳频是指跳频速率高于信息比特速率。也有人把每秒几十跳的跳频称为慢速跳频，每秒几百跳的跳频称为中速跳频，每秒几千跳的跳频称为快速跳频。

与直接序列扩频系统一样，跳频系统也有较强的抗干扰能力。对于单频干扰和宽带干扰，跳频系统虽然不能像直扩系统那样把单频干扰和窄带干扰信号的频谱扩展，并抑制通带外的频谱分量，但跳频系统减少了单频干扰和窄带干扰进入接收机的概率。此外，在跳频过程中，即使某一频道中出现一个较强的干扰，也只能在某个特定的时刻与所需信号发生频率的碰撞。因此，跳频系统对于强干扰产生的阻塞现象和近电台产生的远近效应，有较强的抵抗能力。跳频可以降低多种类型的干扰，如同信道干扰、邻信道干扰和互调干扰等。

跳频是载波频率在一定范围内不断跳变意义上的扩频，而不是对被传送信息进行扩展频谱。跳频的优点是抗干扰，定频干扰只会干扰部分频点。跳频是靠躲避干扰来达到抗干扰能力的。抗干扰性能力用处理增益 G_P 表征，G_P 的表达式为

$$G_p = 10\lg\frac{B_W}{B_C}$$

式中，B_W 为跳频系统的跳变频率范围；B_C 为跳频系统的最小跳变的频率间隔（GSM 的 B_C=200 kHz）。

以 GSM 蜂窝通信系统为例，若 B_W=15 MHz，B_C=200 kHz，则 G_P=18 dB。跳频的高低直接反映跳频系统的性能，跳频越高，抗干扰的性能越好。GSM 移动通信系统的跳频为 217 跳/s。出于成本的考虑，商用跳频系统跳速都较慢，一般在 50 跳/s 以下。由于慢跳跳频系统实现简单，因此低速无线局域网产品也常常采用这种技术。

跳频技术改善了无线信号的传输质量，可以明显地降低同频道干扰和频率选择性衰落。为了避免在同一小区或邻近小区中，在同一个突发脉冲序列期间产生频率击中现象（即跳变到相同频率），必须注意两个问题：一是，同一个小区或邻近小区不同的载频应采用相互正交的伪随机序列；二是，跳频的设置需根据统一的超帧序列号以提供频率跳变顺序和起始时间。BCCH 和 CCCH 信道没有采用跳频。

3.4 分集接收技术

3.4.1 分集接收原理

影响通信质量的主要因素是衰落，为提高系统抗多径的性能，最有效的方法是对信号采用分集接收。分集接收是指接收端对它收到的多个衰落特性互相独立（携带同一信息）的信号进行特定的处理，以降低信号电平起伏的方法。其基本思想是：将接收到的多径信号分离成独立的多路信号，然后将这些多路分离信号的能量按一定规则合并起来，使接收的有用信号能量最大，使接收的数字信号误码率最小。为说明这个问题，用图 3-25 来对分集接收技术进行简单介绍。

图 3-25 中，A 和 B 代表两个同一来源的独立衰落信号。如果在任一瞬间接收机选择其中幅度大的一个信号，则可得到合成信号 C。

分集接收技术包括以下两方面内容：

① 分散传输，使接收到的多径信号分离成独立的、携带同一信息的多路信号；

② 集中处理，将接收到的这些多路分离信号的能量按一定规则合并起来（包括选择与

组合），使接收的有用信号能量最大，以降低衰落的影响。

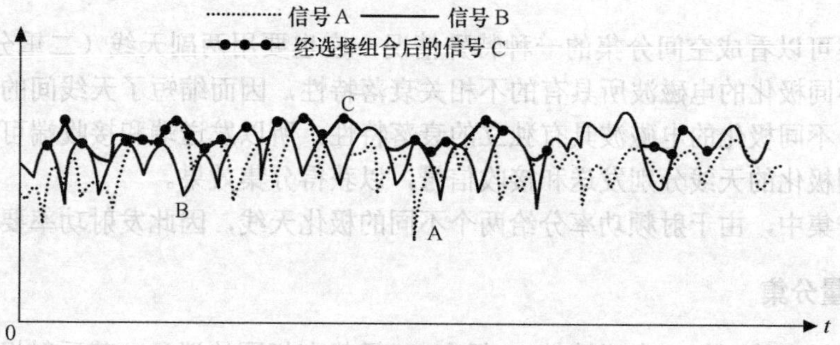

图 3-25　选择式分集合并示意图

3.4.2　分集接收方式

分集方式在移动通信系统中一般分两类：一类称为"宏分集"；另一类称为"微分集"。

"宏分集"主要用于蜂窝通信系统中，也称为"多基站"分集。这是一种减小衰落影响的分集技术，其做法是把多个基站设置在不同的地理位置上（如蜂窝小区的对角上）和不同的方向上，同时和小区内的一个移动台进行通信（可以选用其中信号最好的一个基站进行通信）。显然，只要在各个方向上的信号传播不是同时受到阴影效应或地形的影响而出现严重的衰落（基站天线的架设可以防止这种情况发生），这种办法就能保持通信不会中断。

"微分集"也是一种减小衰落影响的分集技术，在各种无线通信系统中都经常使用。理论和实践都表明，在空间、频率、极化、场分量、角度及时间等方面分离的无线信号，都呈现互相独立的衰落特性。

微分集可分为空间分集、频率分集、极化分集、场分量分集、角度分集和时间分集 6 种。

1．空间分集

空间分集的依据在于衰落的空间独立性，即在任意两个不同的位置上接收同一个信号，只要两个位置的距离大到一定程度，则两处所收信号的衰落是不相关的（独立的）。为此，空间分集的接收机至少需要两副间隔距离为 d 的天线，间隔距离 d 与工作波长、地物及天线高度有关，在移动通信中通常取

市区：$d=0.5\lambda$

郊区：$d=0.8\lambda$

在满足上式的条件下，两信号的衰落相关性已很弱，d 越大，相关性就越弱。

2．频率分集

由于频率间隔大于相关带宽的两个信号所遭受的衰落可以认为是不相关（独立）的，因此，可以用两个以上不同的频率传输同一信息，以实现频率分集。这样频率分集需要用两部以上的发射机（频率相隔 53 kHz 以上）同时发送同一信号，并用两部以上的独立接收机来接收信号，不仅使设备复杂，而且在频谱利用方面也很不经济。

3．极化分集

极化分集可以看成空间分集的一种特殊情况，它也要用两副天线（二重分集情况），但仅仅是利用不同极化的电磁波所具有的不相关衰落特性，因而缩短了天线间的距离。

由于两个不同极化的电磁波具有独立的衰落特性，所以发送端和接收端可以用两个位置很近但为不同极化的天线分别发送和接收信号，以获得分集效果。

在极化分集中，由于射频功率分给两个不同的极化天线，因此发射功率要损失 3 dB。

4．场分量分集

根据电磁场理论可知，电磁波的 E 场和 H 场载有相同的消息，其反射机理是不同的。例如，一个散射体反射 E 波和 H 波的驻波图形相位差 90°，即当 E 波为最大时，H 波为最小。在移动信道中，多个 E 波和 H 波叠加，结果表明 E_Z、H_X和 H_Y的分量是互不相关的，因此，通过接收 3 个场分量，也可以获得分集的效果。场分量分集不要求天线间有实体上的间隔，因此适用于较低工作频段（如低于 100 MHz）。当工作频率较高时（800～900 MHz），空间分集在结构上容易实现。

场分量分集的优点是不像极化分集那样要损失 3 dB 的辐射功率。

5．角度分集

角度分集的做法是使电波通过几个不同路径，并以不同角度到达接收端，而接收端利用多个方向性尖锐的接收天线能分离出不同方向来的信号分量；由于这些分量具有互相独立的衰落特性，因而可以实现角度分集并获得抗衰落的效果。显然，角度分集在较高频率时容易实现。

6．时间分集

同一信号在不同的时间区间多次重发，只要各次发送的时间间隔足够大，那么各次发送信号所出现的衰落将是彼此独立的，接收机将重复收到的同一信号进行合并，就能减小衰落的影响。时间分集主要用于在衰落信道中传输数字信号。此外，时间分集也有利于克服移动信道中由多普勒效应引起的信号衰落现象。

3.4.3 Rake 接收

在 CDMA 系统中，信道带宽远大于信道的平坦衰落带宽。采用传统的调制技术需要用均衡器来消除符号间的干扰，而在采用 CDMA 技术的系统中，在无线信道传输中出现的时延扩展可以被认为是信号的再次传输，如果这些多径信号相互间的延时超过了一个码片的宽度，那么，它们将被 CDMA 接收机看成是非相关的噪声，而不再需要均衡了。

1．Rake 接收的概念

由于在多径信号中含有可以利用的信息，所以，CDMA 接收机可以通过合并多径信号来改善接收信号的信噪比。Rake 接收机就是通过多个相关检测器接收多径信号中各路信号，并把它们合并在一起。

Rake 接收机利用相关器检测出多径信号中最强的 M 个支路信号，然后对每个 Rake 支路的输出进行加权、合并，以提供优于单路信号的接收信噪比，然后再在此基础上进行判决。

在室外环境中，多径信号间的延迟通常较大，如果扩频码速率选择得合适，那么，CDMA 扩频码的良好自相关特性可以确保多径信号相互间有较好的非相关性。

假定 Rake 接收机有 M 个支路，其输出分别为 Z_1，Z_2，…，Z_M，对应的加权因子分别为α_1，α_2，…，α_M，加权因子可以根据各支路的输出功率或信噪比决定。各支路加权后信号的合并可以根据实际情况采用如下的方法。

在接收端将 M 条相互独立的支路信号进行合并后，可以得到分集增益。根据在接收端使用合并技术的位置不同，可以分为检测前合并技术和检测后合并技术，如图 3-26 所示。这两种技术都得到了广泛应用。

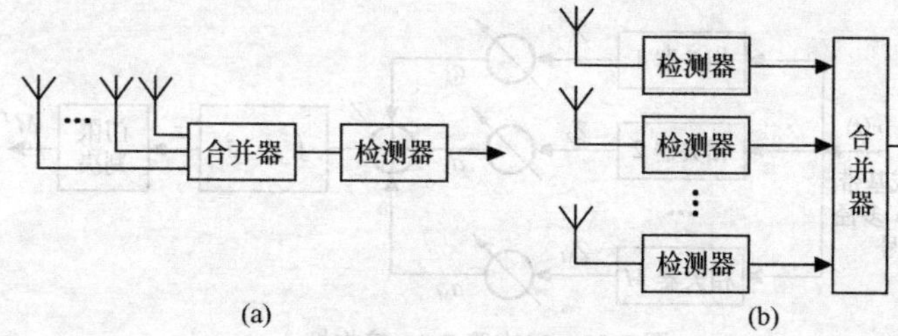

图 3-26　分集示意图

对于具体的合并技术来说，通常有 3 类，即选择式合并（Selection Diversity）、最大比合并（Maximal Ratio Combining）和等增益合并（Equal Gain Combining）。

（1）选择式合并

所有的接收信号送入选择逻辑，选择逻辑从所有接收信号中选择具有最高基带信噪比的基带信号作为输出。选择性合并原理框图如图 3-27 所示。

（2）最大比合并

最大比合并的原理框图如图 3-28 所示。这种方法是对 M 路信号进行加权，再进行同相合并。最大比合并的输出信噪比等于各路信噪比之和。所以，即使各路信号都很差以至于没有一路信号可以被单独解调时，最大比合并方法仍能合成出一个达到解调所需信噪比要求的信号。在所有已知的线性分集合并方法中，这种方法的抗衰落特性是最佳的。

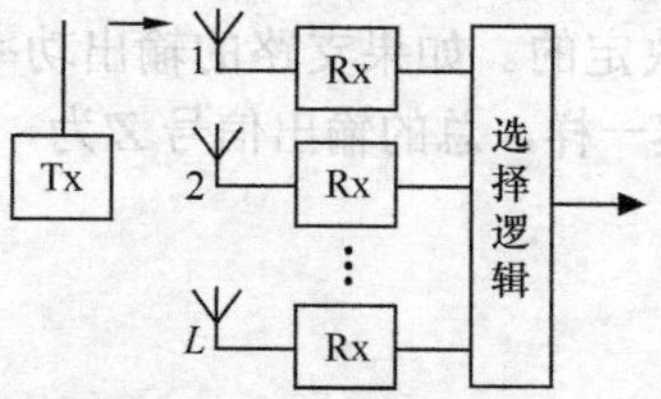

图 3-27　选择式合并

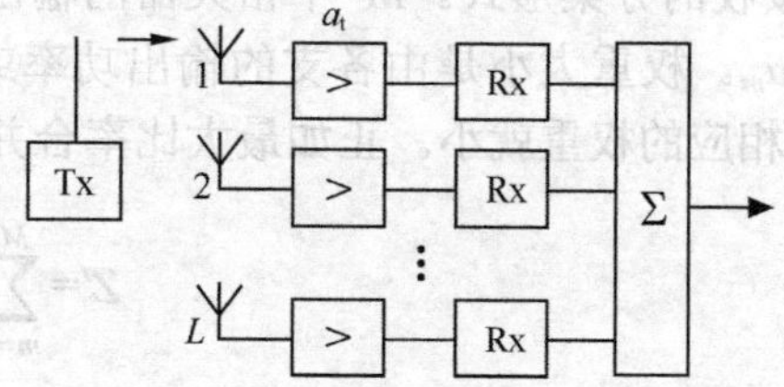

图 3-28　最大比合并

（3）等增益合并

在某些情况下，按最大比合并的需要产生可变的加权因子并不方便，因而出现了等增益合并方法。这种方法也是把各支路信号进行同相后再相加，只不过加权时各路的加权因子相等。这样，接收仍然可以利用同时接收到的各路信号，并且，接收机从大量不能够正确解调的信号中合成一个可以正确解调信号的概率仍很大，其性能只比合并略差，但比选择性分集好不少。

2. Rake 接收机

Rake 接收机的作用是：通过多个相关检测器接收多径信号中的各路信号，并把它们合并在一起。它是专为 CDMA 系统设计的分集接收器，理论基础是：当传播时延超过一个码片周期时，多径信号实际上可被看成是互不相关的。

如图 3-29 所示，Rake 接收机利用多个相关器分别检测多径信号中最强的 M 个支路信号，然后对每个相关器的输出进行加权，以提供优于单路相关器的信号检测，然后再在此基础上进行解调和判决。

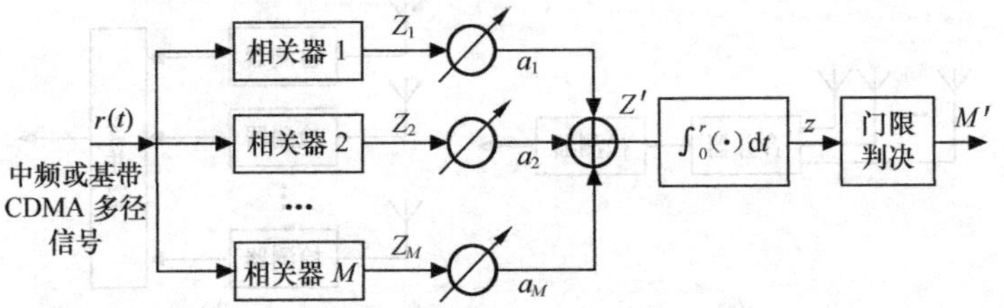

图 3-29　M 支路 Rake 接收机

Rake 接收机的基本概念是由 PRICE 和 GREEN（PRI58）提出的。在室外环境中，多径信号间的延迟通常较大，如果码片速率选择得当，CDMA 扩频码的良好自相关特性可以确保多径信号相互间表现出较好的非相关性。假定 CDMA 接收机有 M 个相关检测器，这些检测器的输出经过线性叠加即加权后，被用来作信号判决。假设相关器 1 与信号中的最强支路 M_1 相互同步，而另一相关器 2 与另一支路 M_2 相互同步，且 M_2 比 M_1 落后 C_1，这里，相关器 2 与支路 M_2 的相关性很强，而与 M_1 的相关性很弱。注意，如果接收机中只有一个相关器，那么当其输出被衰落扰乱时，接收机无法做出纠正，从而使判决器做出大量误判。而在 Rake 接收机中，如果一个相关器的输出被扰乱了，还可以用其他支路做出补救，并且通过改变被扰乱支路的权重，还可以消除此路信号的负面影响。

由于 Rake 接收机提供了对 M 路信号的良好统计判决，因而它是一种克服衰落、改进 CDMA 接收的分集形式。M 个相关器的输出分别为 Z_1，Z_2，…，Z_m，其权重分别为 a_1，a_2，…，a_m。权重大小是由各支的输出功率或 SNR 决定的。如果支路的输出功率或 SNR 小，那么相应的权重就小。正如最大比率合并分集方案一样，总的输出信号 Z' 为

$$Z'=\sum_{m=1}^{M} a_m Z_m$$

权重 a_m 可用相关器的输出信号总功率归一化，其总和为 1，即

$$a_m=\frac{Z_m^2}{\sum_{m=1}^{M} Z_m^2}$$

在研究自适应均衡和分集合并时，曾有多种权重的生成方法。但是，因为多址接入中存在多址干扰，使得多径信号中的某一支路即使收到了强信号，也不一定会在相关检测后得到相应的强输出。所以，如果权重能由相关器实际输出信号的强弱来决定，则将会给 Rake 接收机带来更好的性能。

3.5 OFDM 技术

正交频分复用（Orthogonal Frequency Division Multiplexing，OFDM）是多载波数字传输技术，它由多载波调制（MCM）技术发展而来，所以也可看成是一种数字调制技术。它将数据进行编码后调制为射频信号。不像常规的单载波技术，如 AM/FM（调幅/调频）在某一时刻只用单一频率发送单一信号，OFDM 在经过特别计算的正交频率上同时发送多路高速信号。这一结果就如同在噪声和其他干扰中突发通信一样有效利用带宽。

在实际的移动通信中，多径干扰根据其产生的条件大致可分为以下 3 类：第一类多径干扰是由于快速移动的用户附近物体的反射形成的干扰信号，其特点是在信号的频域上产生多普勒扩散而引起的时间选择性衰落；第二类多径干扰是由于远处山丘与高大建筑物反射形成的干扰信号，其特点是信号在时域和空间角度上发生了扩散，从而引起相对应的频率选择性衰落和空间选择性衰落；第三类多径干扰是由基站附近的建筑物和其他物体的反射而形成干扰信号，其特点是严重影响到达天线的信号入射角分布，从而引起空间选择性衰落。

为了对付这 3 类多径干扰而引起的 3 种不同的选择性衰落，人们想尽了一切办法予以克服。分集接收技术专门克服角度扩散而引起的空间选择性衰落；信道交织编码技术专门克服多普勒频率扩散而引起的时间选择性衰落；以及专门为了克服多径传播的时延功率谱的扩散而引起频率选择性衰落的 Rake 接收技术。

3.5.1 OFDM 的传输原理

在传统的多载波通信系统中，整个系统频带被划分为若干个互相分离的子信道（子载波）。子信道之间有一定的保护间隔，接收端通过滤波器把各个子信道分离之后分别接收所需信息。这样虽然可以避免不同信道的互相干扰，但却以牺牲频率利用率为代价。而且当子信道数量很大时，滤波器的设置就成了几乎不可能的事情。20 世纪中期，人们提出了混叠频带的多载波通信方案，选择相互之间正交的载波频率作为子载波，也就是我们所说的 OFDM。按照这种设想，OFDM 可以充分利用信道带宽，节省将近 50%的带宽，如图 3-30 所示。除此之外，OFDM 还可以使单个用户的信息流被串/并变换为多个低速率码流，每个码流用一个子载波发送。

OFDM 系统是将串行高速（宽带）数据分成若干组并行的低速数据流，用多个载波（又称子载波）并行传输，使每路信号的频带都小于信道的相关带宽，这样对每一个子载波来说，信道都是频率平坦的，因此可以有效降低频率选择性衰落对系统性能的影响，从而实现频率分集。由于使用无干扰正交载波技术，单个载波间无需保护频带，且频谱可相互重叠，这样使得可用频谱的使用效率更高。另外，OFDM 技术可动态分配在子信道上的数据，为获得最大的数据吞吐量，多载波调制器可以智能地分配更多的数据到噪声小的子信道上。

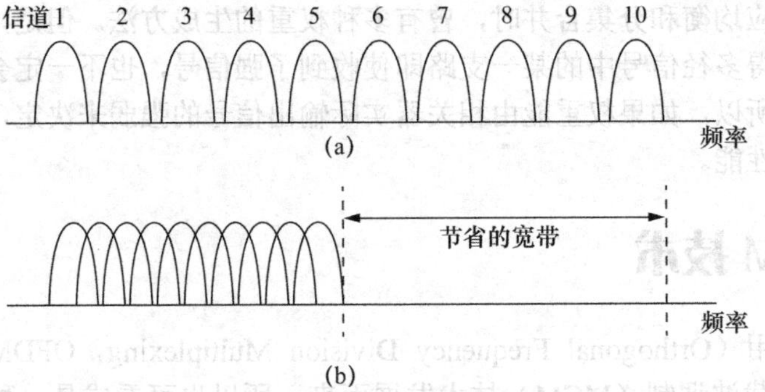

图 3-30　带宽节省示意

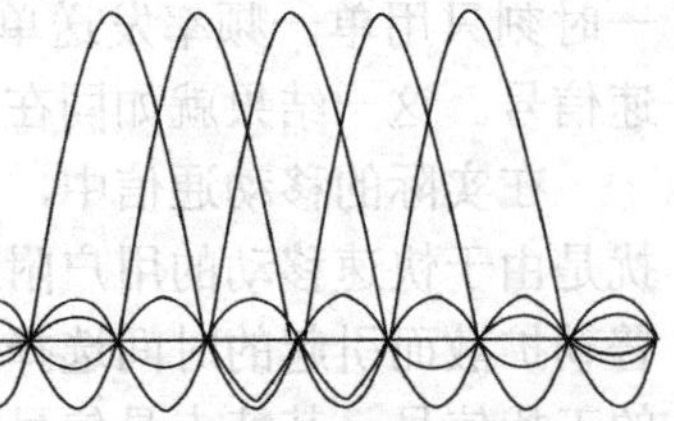

图 3-31　频域中载波正交关系

在频域中，OFDM 的各个子载波的关系如图 3-31 所示，可以看出，在每一子载波频率的最大值处，所有其他子信道的频谱值恰好为零。由于在解调过程中，需要计算这些点所对应的每一子载波频率的最大值，因此，可以从多个相互重叠的子信道符号频谱中提取出每个子信道符号，而不会受到其他子信道的干扰。

OFDM 信号的频谱不是严格限带，多径传输引起线形失真，使得每个子信道的能量扩散到相邻信道，从而产生符号间的干扰。防止这种符号间干扰的方法是周期性的加入保护间隔，在每个 OFDM 符号前面加入信号本身周期性的扩展。符号总的持续时间 $T_{total}=T+\varDelta$，$\varDelta$是保护间隔，T 是有用信号的持续时间。当保护间隔大于信道脉冲响应或多径延迟时，就可以消除符号间干扰。由于加入保护间隔会导致数据流量增加，因此通常$\varDelta$小于 $T/4$。带有保护间隔的 OFDM 的时频表示，信号频域重叠，在时域通过保护间隔分开，这种结构符合电视广播信道的特性，如图 3-32 所示。在每一个子载波频率的最大值处，所有其他子信道的频谱恰好为零。在解调的时候，可以首先计算每个子载波上取最大值的位置所对应的信号值，从而可以从多个相互重叠的子信道符号频谱中提取出每个子信道符号，而不会受到其他子信道的干扰。

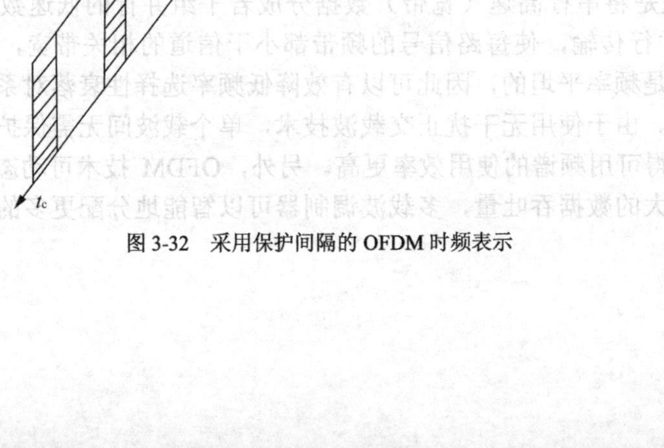

图 3-32　采用保护间隔的 OFDM 时频表示

OFDM 处理的物理意义是把通常由一个载波传输的串行高速数据流用多个载波并行处理，从而降低了对每一载波通道的要求，其过程复杂，但在抗多路反向方面的性能很优良。只要延迟信号比直接信号滞后的时间不大于 1.2 倍保护间隔时间（约 300 μs，对应于传播距离 90 km），各个低速 OFDM 载波就不会混叠。OFDM 所能容许的 300 μs 延迟时间大大超出了单反射机多路反射造成的延迟，提供了开发单反射机多路反射造成的延迟，也提供了开发单频网的可能性。在单频网中，发射同样节目的多台发射机可工作在同一频率上，只要各发射信号是同步的，而且它们的传播距离相差不超过 90 km，那么在接收机上多路信号的总效果就是增加而不是降低信号的质量。

因此，OFDM 的基本特征是将串行传输的数据流分成若干组（段），每组或每段待传输的数据再分成 N 个符号，对每个符号分配一个彼此正交的载波，调制后一并发送出去。通过这种形式的调制，传输时可使每个载波的符号（比特）持续时间或周期延长 N 倍。

3.5.2 OFDM 的调制与解调

OFDM 调制通常需要几百或上千个载频，这给实际应用带来极大困难，Weinstein 提出了一种利用离散傅里叶变换（DFT）来实现 OFDM，使多载波概念变成单载波概念来处理，大大简化了处理电路。

OFDM 系统可以这样来实现：在发端，先由 $\{C_k\}$ 的 IDFT（离散傅里叶反变换）求得 $\{s_n\}$，再经过一低通滤波器即得所需的 OFDM 信号 $s(t)$；在收端，先对 $s(t)$抽样得到 $\{s_n\}$，再对 $\{s_n\}$ 求 DFT（离散傅里叶变换）即得 $\{C_k\}$。当 $N=2^m$（m 为正整数）时，可用快速算法，实现极其简单。这样，把多载波概念转换成基带数字信号处理，实际调制时只采用单载波，如图 3-33 所示。

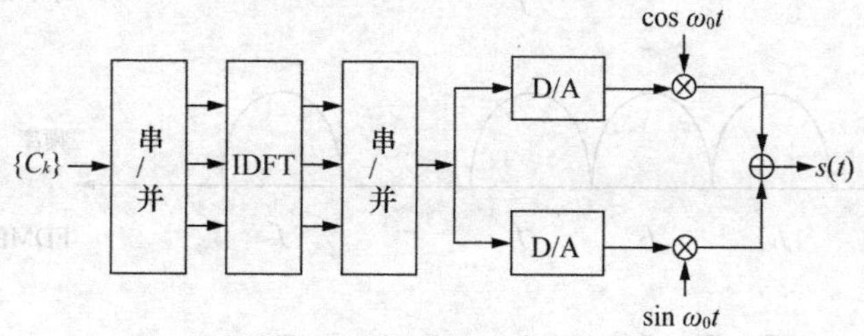

(a) OFDM数字调制

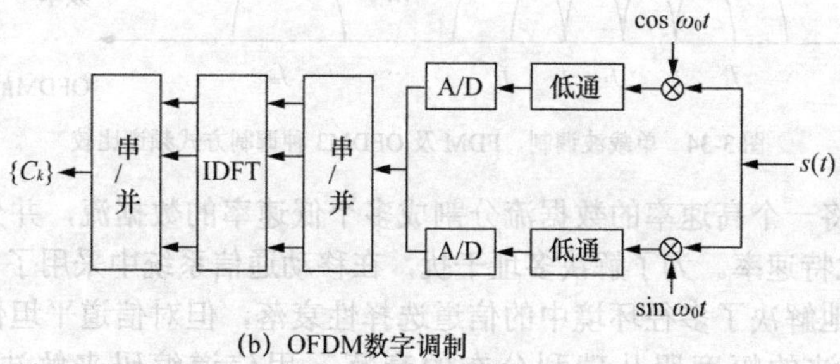

(b) OFDM数字调制

图 3-33　OFDM 数字调制、解调示意图

OFDM 每个子载波所用的调制方法不必相同。各个子载波能够根据信道状况的不同选择不同的调制方式，如 BPSK、QPSK、8PSK、16QAM、64QAM 等，以频谱利用率和误码

率之间的最佳平衡为原则。我们通过选择满足一定误码率的最佳调制方式就可以获得最大频谱效率。无线多径信道的频率选择性衰落会导致接收信号功率大幅下降，下降幅度经常会达到 30 dB 之多，信噪比也随之下降。为了提高频谱利用率，应该采用与信噪比相匹配的调制方式。可靠性是通信系统正常运行的基本考核指标。出于保证系统可靠性的考虑，很多通信系统倾向于选择靠干扰能力强的 BPSK 或 OPSK 调制方式，以确保在信道最坏条件下的信噪比要求，但是这两种调制方式的频谱效率很低。而 OFDM 技术采用自适应调制，根据信道条件的好坏来选择采用不同的调制方式。如在终端靠近基站时，信道条件一般会比较好，调制方式就可以由 BPSK（频谱效率 1 bit/s/Hz）转化成 16～64QAM（频谱效率 4～6 bit/s/Hz），整个系统的频谱利用率就会得到大幅度改善。自适应调制能够扩大系统容量，但信号必须包含一定的开销比特，以告知接收端信号所采用的调制方式。

自适应调制要求系统必须对信道的性能有及时和精确了解，如果在差的信道上采用较强的调制方式，那么就会产生很高的误码率，影响系统的可用性。OFDM 系统可以用导频信号或参考码字来测试信道的好坏。发送一个已知数据的码字，测出每条信道的信噪比，根据这个信噪比来确定最适合的调制方式。

正交频分复用作为一种多载波传输技术，主要应用于数字视频广播系统多信道多点分布服务（Multichannel Multipoint Distribution Service，MMDS）和 WLAN 服务，以及下一代陆地移动通信系统（B3G/4G）。

图 3-34 所示为单载波调制、FDM 及 OFDM 3 种方式的频谱图。

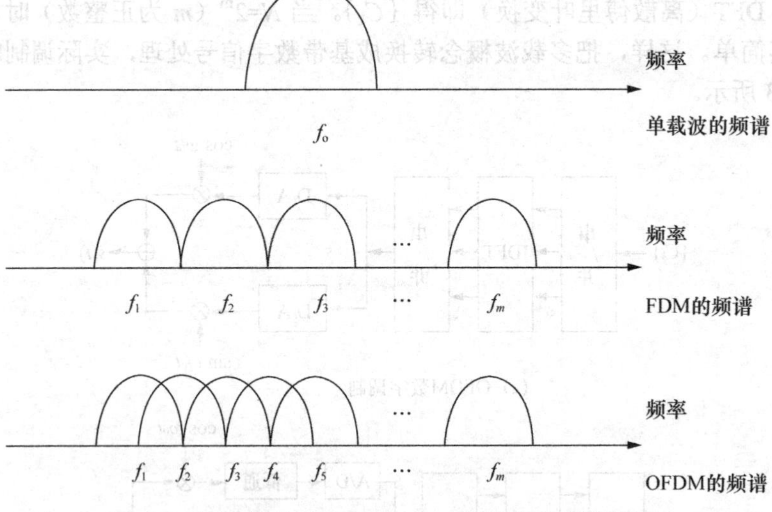

图 3-34　单载波调制、FDM 及 OFDM3 种调制方式频谱比较

OFDM 通过将一个高速率的数据流分割成多个低速率的数据流，并分别发送每个数据流，从而降低了比特速率。为了解决多址干扰，在移动通信系统中采用了 OFDM 技术。

OFDM 良好地解决了多径环境中的信道选择性衰落，但对信道平坦性衰落尚未得到较好克服，即各载波的幅度服从瑞利分布的衰落。用信道编码来解决这一问题的即是 COFDM。

COFDM 在多径衰落下具有较好的性能且可组成单频网，特别适合地面广播信道的要求。COFDM 系统用加保护间隔来克服地面广播信道的多径干扰，发生在保护间隔内的任何回波均不会产生码间干扰，但由于多径传输的影响使得接收的 COFDM 信号的不同载波有着不同的幅度衰落和相位旋转，因此 COFDM 的不同载波有着不同的信噪比（SNR）。处于信道频率响应凹槽处的载波具有很低的 SNR，处于信道频响峰值处的载波具有较高的 SNR。调制在高 SNR 载波上的数据将比调制在低 SNR 载波上的数据具有更高的可靠性。

小结

数字基带信号是数字信息序列的一种电信号表示形式，它包括代表不同数字信息的码元格式（码型）及体现单个码元的电脉冲形状（波形）。它的主要特点是功率谱集中在零频率附近。将这种信号不经过频谱搬移，只经过简单的频谱变换进行传输，称为数字信号的基带传输。数字基带传输系统通常由脉冲形成器、发送滤波器、信道、接收滤波器、抽样判决器和码元再生器组成。

多址传输是指在一个信息传输网中，不同地址的各用户之间通过一个共用的信道进行传输，其理论基础仍然是信号分割理论。因此，多址传输方式也分为频分多址传输（FDMA）、时分多址传输（TDMA）、码分多址传输（CDMA）和空分多址传输（SDMA）。多址传输又称多址连接或多址通信，目前在移动通信和卫星通信中得到了广泛的应用。

展宽频谱的方法有两种：①直接序列调制，简称直接扩频（DS）；②频率跳变调制，简称跳频（FH）。扩频是一种信息传输方式，就是在发端采用扩频码调制，使信号所占的频带宽度远大于所传信息的带宽。在收端采用相同的扩频码进行相关解调来解扩以恢复所传信息数据。扩频技术用于通信系统，具有抗干扰、抗多径、隐蔽、保密和多址能力。跳频通信是指用一定码序列进行选择的多频率频移键控，其载波频率受一组快速变化的伪随机码控制而随机地进行跳变。

衰落是影响通信质量的主要因素，为提高系统抗多径的性能，最有效的方法是对信号采用分集接收。分集接收是指接收端对它收到的多个衰落特性互相独立（携带同一信息）的信号进行特定处理，以降低信号电平起伏的办法。

正交频分复用是多载波数字传输技术，它由多载波调制（MCM）技术发展而来，所以也可看成是一种数字调制技术。它将数据进行编码后调制为射频信号，在经过特别计算的正交频率上同时发送多路高速信号。这一结果就如同在噪声和其他干扰中突发通信一样有效利用带宽。OFDM 系统可以用导频信号或参考码字来测试信道的好坏。发送一个已知数据的码字，测出每条信道的信噪比，根据这个信噪比来确定最适合的调制方式。

习题

3-1　数字基带信号有哪些常用码型？

3-2　码型变换的基本方法有哪些？

3-3　FDMA 方式和 TDMA 方式有什么不同？各有哪些特点？

3-4　什么是扩频技术？它有什么优点？

3-5　什么是跳频技术？它有哪些特点？

3-6　为什么要采用分集接收技术？如何对其进行分类？

3-7　Turbo 码与传统级联码有何区别？

3-8　LDPC 码应具有哪些条件才能实现良好的纠错性能？

3-9　简述 OFDM 系统是怎样实现的。

第 4 章 移动通信的网络结构

【本章内容简介】本章详细介绍了移动通信网的网络结构、区域覆盖方式和服务区的形状，对信令的类型和数字信令及信令的应用做了仔细说明，同时还介绍了越区切换和位置管理等实际应用的情况。

【学习重点与要求】本章重点掌握移动通信网的网络结构和频率复用的概念，了解越区切换、位置管理及漫游的接续过程。

4.1 网络结构

移动通信的最大特点就是移动台（MS）在服务区内任意地点移动时都能进行收发信。为了实现移动用户和移动用户之间或移动用户和市话用户之间的通信，移动通信网必须具有交换控制功能。通信网络结构不同，所需的交换控制功能及交换控制区域组成也不一样。在大区制中，移动用户只要在服务区内，无论移动到何处，信息的交换和控制都是通过一个基站进行的，所以比较简单。而在小区制中，基站很多，移动台又没有固定的位置，为了便于控制和交换，通常采用如图 4-1 所示的移动通信网结构。

4.1.1 基本结构

移动通信电话网通常是先由若干邻接的无线小区组成一个无线区群，再由若干无线区群构成整个服务区，如图 4-1 所示。从地理位置范围来看，GSM 系统分为 GSM 服务区、公用陆地移动网（PLMN）业务区、移动交换控制（MSC）业务区、位置区（LA）、基站区和小区。

1. GSM 服务区

GSM 服务区由连网的 GSM 全部成员国组成，移动用户只要在服务区内，就能得到系统的各种服务，包括完成国际漫游。

2. PLMN 业务区

PLMN 业务区是由一个或若干个移动通信网（PLMN）组成的。图 4-1 所示为业务区由一个 PLMN 组成。一个业务区可以是一个国家，或是一个国家的一部分，也可以是若干个国家。

PLMN 业务区可以与公共交换电话网（PSTN）、综合业务数字网（ISDN）和公用数据网（PDN）互联，在该区域内，有共同的编号方法及路由规划。一个 PLMN 业务区包括多个MSC业务区，甚至可扩展至全国。

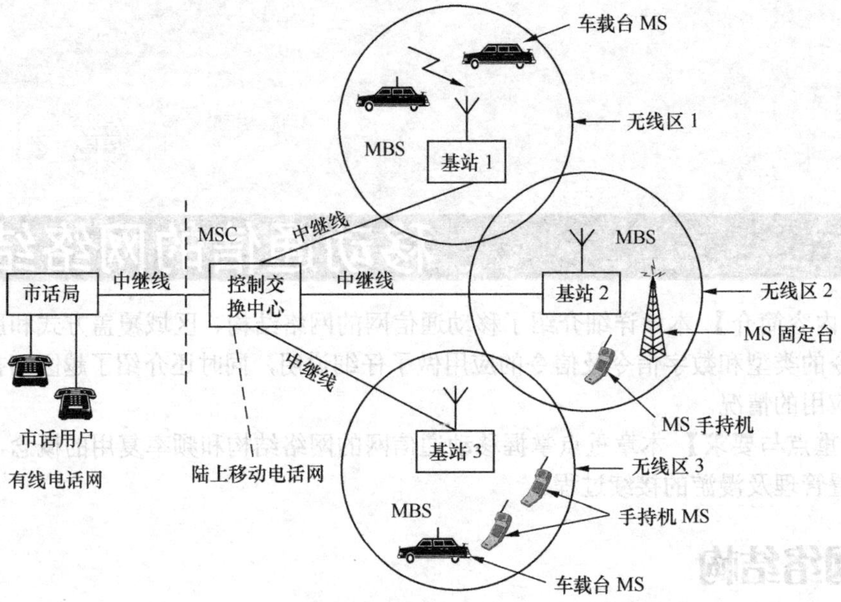

图4-1　移动通信网的结构

3. MSC业务区

由一个移动交换中心控制的区域称为MSC业务区。一个移动通信网可以由一个或若干个移动业务交换中心（MSC）组成。MSC构成无线系统与市话网（PSTN）之间的接口，完成所有必须的信号功能，以建立与移动台的往来呼叫。一个MSC区可以由一个或多个位置区组成。在该区域内，有共同的编号方法及路由规划。

4. 位置区

一个移动业务交换中心可以由一个或若干个位置区（LA）组成。位置区就是移动台位置登记区，它是为了解决在呼叫移动台的同时，可以知道被呼叫移动台当时所在位置而设置的。位置区由若干基站区组成，它与一个或若干个基站控制器（BSC）有关。手机在位置区内移动时，不需要做位置更新。当寻呼移动用户时，位置区内全部基站可以同时发寻呼信号。系统中位置区域的区分采用位置区识别码（LAI）。

5. 基站区

一个基站（BS）可以由一个或若干个无线小区组成。基站提供无线信道，以建立在基站覆盖范围内与移动台（MS）的无线通信。

一个基站控制器所控制的若干个小区的区域称为基站区。

6. 小区

小区也叫蜂窝区，理想形状是正六边形。一个小区包含一个基站，每个基站包含若干套收、发信机，其有效覆盖范围取决于发射功率、天线高度等因素，一般为几千米。基站可位于正六边形中心，采用全向天线，称为中心激励；也可位于正六边形顶点（相隔设置），采用 120° 或 60° 定向天线，称为顶点激励。

由于顶点激励方式采用定向天线，对来自 120° 主瓣之外的同频干扰信号，天线方向性能提供一定的隔离度，从而降低了干扰。所以允许以较小的同频复用距离工作，构成单位无线区群的无线小区个数也可以降低。

若小区内业务激增时，小区可以缩小（一分为四），称为小区分裂。

在组网布局时，出于对经费及地形、地物等方面的考虑，会出现覆盖不到的区域，通常称为盲区或死角。为了让盲区或死角变活，通常在适当的地方建立直放站，以沟通盲区移动台与基站的通信。直放站实际上就是一个同频放大的中继站，通过它把基站部分信号引过来，以实现接收和转发来自基站和移动台的信号。由于直放站具有简单、可靠、易于安装等特点，所以目前已得到广泛应用。

4.1.2　区域覆盖方式

在移动通信系统中，用户终端（移动电话）是移动的。移动通信的最大特点就是，移动台（MS）在服务区内任意位置都能进行收发信。为了使服务区达到无缝覆盖，提高系统的容量和通信质量，就需要采用多个基站来覆盖给定的服务区。基站的最简单形式是具有一个发射机和一个接收机，移动通信就是在移动台和基站之间进行的。

基站发射电波的覆盖范围称为无线小区，按照服务区域覆盖方式的不同，可以将移动通信网划分为大区制和小区制。

大区制采用单无线小区结构，即采用一个基站覆盖某一范围的用户服务区，由它负责区内移动通信的联络和控制，像无线出租车、无线呼叫、MCA（Multi Channel Access）等方式都属于大区结构。这种方式的结构简单、投资少，它由移动台、基站的收发信设备、基站与业务处或电话交换机的联络线路组成。因此，为了确保有较宽范围的服务区，基站及移动台需要较大的输出功率，通常在 25～200 W 覆盖区域半径一般为 25～50 km，用户容量为几十到几百个。若服务区间没有足够距离，就不能重复使用同一频率，因而大区制难以满足大容量通信要求，适宜在用户密度不大或业务量较小的区域使用。

小区制采用多无线小区结构，它是将整个服务区划分为若干个无线小区，每个小区分别设置一个基站，由它负责区内移动通信的联络和控制。其基本思路是用多个小的功率发射机来代替单个大功率发射机，因而每个基站的发射机功率都很小，一般 3～10 W，覆盖半径 5～10 km。每个小区原则上可以分配不同的频率，但这样做需要大量的频率资源，且频谱的利用率低。为了提高频谱利用率、减少对频率资源的需求，在用户服务区内需将相同的频率在相隔一定的小区中重复使用，只要使用相同频率的小区（同频小区）之间干扰足够小即可。因此，小区制的频率利用率高。

上述这种重复利用相同频率的技术称为同频复用，它是移动通信系统解决用户增多而被有限频谱制约的有效手段。它可以在有限的频谱上提供非常大的容量，而不需要在技术上做重大修改。一般来说，在频率组不变的情况下，无线小区越小，频率利用率就越高，单位面积上可容纳的用户数也就越多。

为确保传呼率与通话的连续性，必须根据接收多个基站间的信息进行状态监视与连续控制，因而小区结构的设备构成比较复杂。

4.1.3 服务区形状

每个移动通信网都有一定的服务区域，无线电波辐射必须覆盖整个区域。如果网的服务范围很大，或者地形复杂，则需要几个小区才能覆盖整个服务区。按服务区形状来划分，可分为线状服务区和面状服务区。对于沿着海岸线或距离海岸数十千米的海面，以及连接大城市主要道路干线的服务区都是线状服务区。在这种情况下，往往采用并排多个小区，而且每几个小区重复使用同一频率，这种小区的结构简单。例如，内河船舶电话、铁路干线火车电话或飞机电话等都采用 3 个小区重复使用同一频率的结构，如图 4-2 所示，图中 F_1、F_2 为载波群。

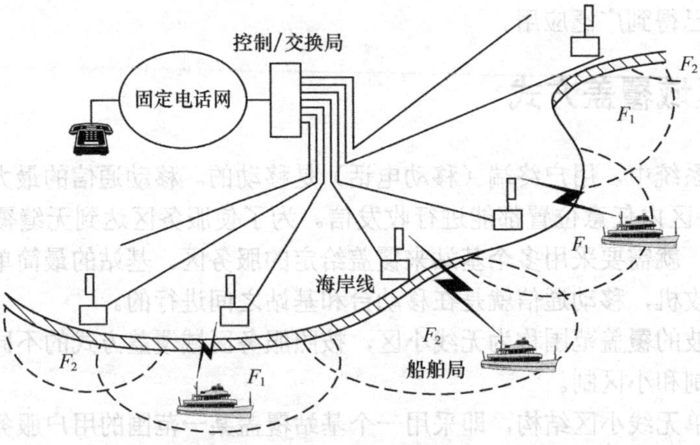

图 4-2 带状网

面状服务区适用于服务区较宽的区域，例如，汽车电话系统，它是多个小区平面分布，并以一定的重复图案无间隙地覆盖着整个服务区，构成比较复杂，以下主要介绍这种方式。移动通信的电波传播受到地形、地物等影响，小区形状比较复杂。因此，为研究方便采用模型化，即服务区的地形、地物相同，而且基站也是规则配置。

基站采用的是全向天线，它的覆盖区大体上是一个圆，即无线区是圆形的。为了不留空隙地覆盖整个平面的服务区，一个个圆形辐射区之间一定会有很多的交叠。在考虑交叠之后，实际上每个辐射区的有效覆盖区是一个多边形。根据交叠情况不同，若在周围相间 120° 设置 3 个邻区，则有效覆盖区为正三角形；若相间 90° 设置 4 个邻区，则有效覆盖区为正方形；若相间 60° 设置 6 个邻区，则有效覆盖区为正六边形。小区形状如图 4-3 所示。

完全可以证明，要用正多边形无空隙、无重叠地覆盖一个平面区域，可取的形状只有这 3 种。在辐射半径相同的条件下，3 种形状小区的相邻间隔、小区面积、交叠区宽度和交叠区面积见表 4-1。

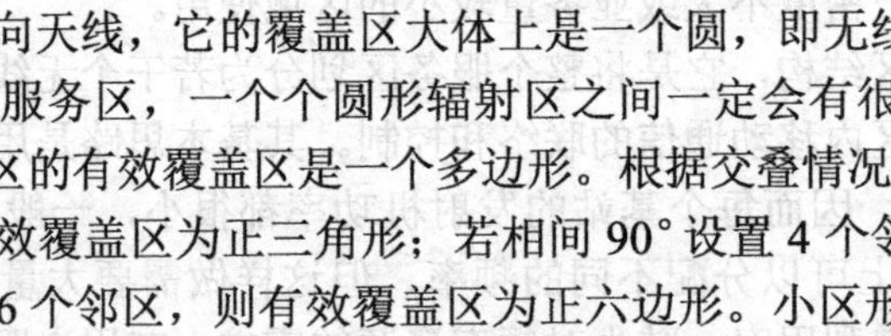

图 4-3 小区形状

表 4-1　　3 种形状小区的比较

小区形状	正三角形	正方形	正六边形
邻区距离	R	R	R
小区面积	$1.3r^2$	$2r^2$	$2.6r^2$
交叠区宽度	R	$0.59r$	$0.27r$
交叠区面积	$1.2\pi r^2$	$0.73\pi r^2$	$0.35\pi r^2$

由表 4-1 可知，在服务区面积一定的情况下，正六边形小区所需的基站数最少，也就最经济。正六边形的网络形同蜂窝，因此，把小区形状为六边形的小区制移动通信网称为蜂窝网。

4.2　信令

在移动通信网中，除了传输用户信息（如语音信息）之外，为使全网有秩序地工作，还必须在正常通话的前后和过程中传输很多其他的控制信号，诸如一般电话网中必不可少的摘机、挂机、空闲音、忙音、拨号、振铃、回铃及无线通信网中所需的频道分配、用户登记与管理、呼叫与应答、过区切换和发射机功率控制等信号。这些与通信有关的一系列控制信号统称为信令。

信令不同于用户信息，用户信息是直接通过通信网络由发信者传输到收信者，而信令通常需要在通信网络的不同环节（基站、移动台和移动控制交换中心等）之间传输，各环节进行分析处理并通过交互作用而形成一系列的操作和控制，其作用是保证用户信息有效且可靠地传输。因此，信令可看成是整个通信网络的神经中枢，其性能在很大程度上决定了一个通信网络为用户提供服务的能力和质量。

严格地讲，信令是这样一个系统，它允许程控交换、网络数据库、网络中其他“智能”节点交换下列有关信息，即呼叫建立、监控、拆除、分布式应用进程所需的信息（进程之间的询问/响应或用户到用户的数据）、网络管理信息。

4.2.1　信令的类型

信令分为两种：一种是用户到网络节点间的信令，称为接入信令；另一种是网络节点之间的信令，称为网络信令。在 ISDN 网中，接入信令称为 1 号数字用户信令系统（DSS1）。在蜂窝移动通信中，接入信令是指移动台到基站之间的信令。网络信令称为 7 号信令系统（SS7）。

对一个公用移动电话网来说，从移动业务交换中心到市话局的局间信令，以及从基站到移动业务交换中心之间的信令都是有线信号，很多与市话局信令一致。这里主要讨论基站与移动台之间的无线信令。

按照信号形式的不同，信令可分为音频信令和数字信令两大类。由于数字信令具有速度快、容量大、可靠性高等一系列明显优点，目前移动通信设备多采用数字信令，接下来主要介绍数字信令。

4.2.2 数字信令

1. 数字信令的构成与特点

在传送数字信令时，为了便于接收端解码，要求数字信令必须按一定的格式编排。信令格式是多种多样的，不同通信系统的信令格式也各不相同。常用的信令格式如图4-4所示，包括前置码（P）、字同步码（SW）、地址或数据码（A或D）及纠错码（SP）4部分。

P	SW	A或D	SP

图4-4 典型的数字信令格式

前置码（P）：又称位同步码或比特同步码，其作用是提供位同步信息。它把收发两端时钟对准，使码位对齐，以给出每个码元的判决时刻。前置码通常采用二进制不归零间隔码10100……并以0作为码组的结束码元。

字同步码（SW）：又称帧同步码，用于确定信息（报文）的开始位，作为信息起始的时间标准，以便使接收端实现正确的分路、分句或分字。字同步码通常采用二进制不归零码（NRZ）。目前最常用的码组是著名的巴克码。

地址或数据码（A或D）：也叫信息码，它是真正的信息内容，通常包括控制、寻呼、拨号等信令，各种系统都有独特的规定。

纠错码（SP）：也叫监督码，它的作用是检测和纠正传送过程中产生的差错，主要是指检测和纠正信息码的差错。不同的纠错编码有不同的检错和纠错能力。一般来说，监督位码元所占的比例越大，检（纠）错的能力就越强，但编码效率就越低。可见，纠错编码是以降低信息传输速率为代价来提高传输的可靠性的。移动通信中常用的纠错编码是奇偶校验码、汉明码、BCH码和卷积码等。

2. 数字信令的传输

基带数字信令通常以二进制0、1表示。为了能在移动台（MS）与基站（BS）之间的无线信道中传输，必须对载波进行调制。对二进制数据流，在发射机中可以采用频移键控（FSK）方式或最小频移键控（MSK）方式进行调制，即对数字信号“1”以高于发射机载频的固定频率发送；而“0”则以低于载频的固定频率发射。不同制式、不同设备在调制方式、传输速率上存在着差异。数据流可以在控制信道上传送，也可以在语音信道上传送，它只在调谐到控制信道的任一移动台产生数据报文时才发送信息。

无线通道上语音信道也可以传输数据。但语音信道主要用于通话，只有在某些特殊情况下才发送数据信息。

4.2.3 信令的应用

电话交换网络由3个交换机（端局交换机、汇接局交换机和移动交换机）、两个终端（电话终端、移动台）以及中继线（交换机之间的链路）、ISDN线路（固定电话机与端局交换机之间的链路）和无线接入链路（MSC至移动台之间的等效链路）组成。固定电话机到端局交换机采用接入信令，移动链路也是采用接入信令，交换机之间采用网络信令（7号信令），如图4-5所示。

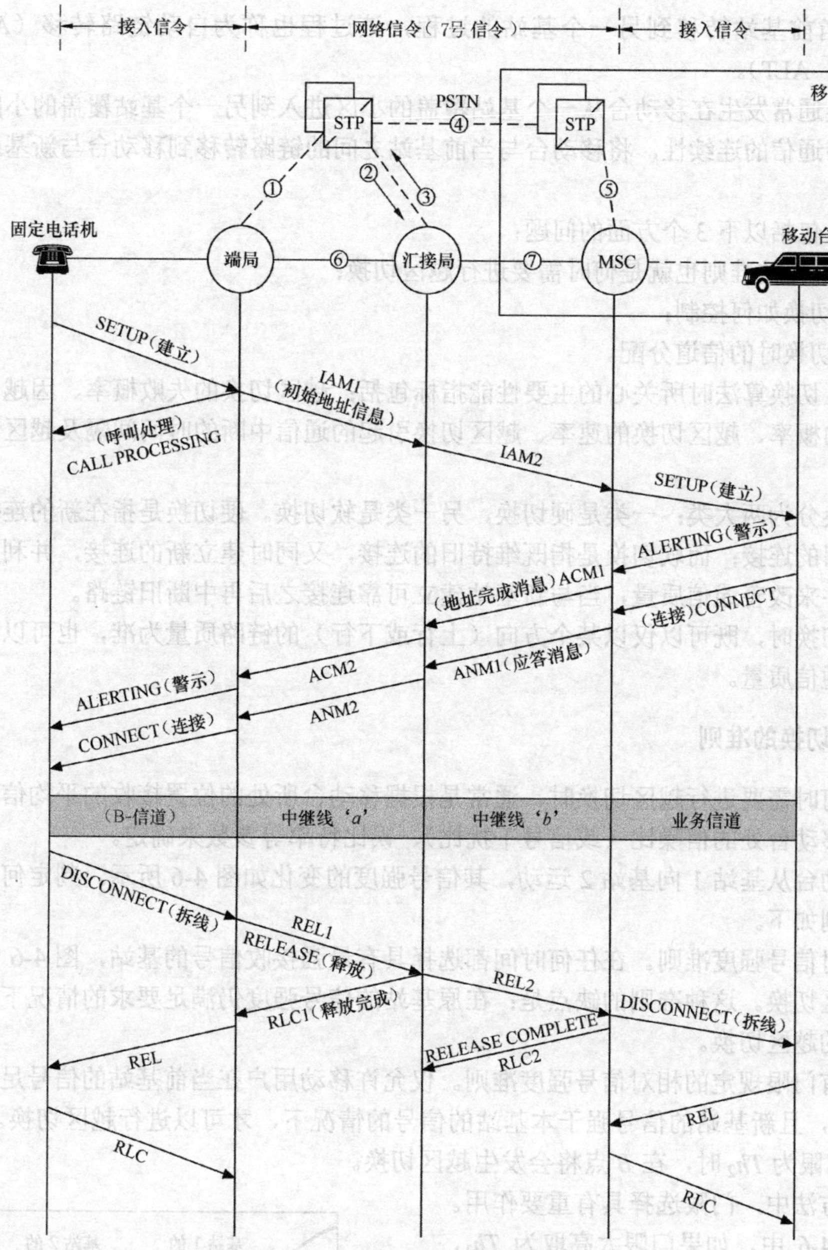

图 4-5　信令应用举例

在移动通信网络中，还有其他类型的信令交换过程，在这里就不一一介绍了。

4.3　越区切换与位置管理

4.3.1　越区切换

越区（过区）切换（Handover 或 Handoff）是指将当前正在进行的移动台与基站之间的

通信链路从当前基站转移到另一个基站的过程，该过程也称为自动链路转移（Automatic Link Transfer，ALT）。

越区切换通常发生在移动台从一个基站覆盖的小区进入到另一个基站覆盖的小区的情况下，为了保持通信的连续性，将移动台与当前基站之间的链路转移到移动台与新基站之间的链路。

越区切换包括以下3个方面的问题：

① 越区切换的准则也就是何时需要进行越区切换；

② 越区切换如何控制；

③ 越区切换时的信道分配。

研究越区切换算法时所关心的主要性能指标包括：越区切换的失败概率、因越区失败而使通信中断的概率、越区切换的速率、越区切换引起的通信中断的时间间隔及越区切换发生的时延等。

越区切换分为两大类：一类是硬切换，另一类是软切换。硬切换是指在新的连接建立以前，先中断旧的连接；而软切换是指既维持旧的连接，又同时建立新的连接，并利用新旧链路的分集合并来改善通信质量，当与新基站建立可靠连接之后再中断旧链路。

在越区切换时，既可以仅以某个方向（上行或下行）的链路质量为准，也可以同时考虑双向链路的通信质量。

1．越区切换的准则

在决定何时需要进行越区切换时，通常是根据移动台所处的位置接收的平均信号强度，也可以根据移动台处的信噪比（或信号干扰比）、误比特率等参数来确定。

假定移动台从基站1向基站2运动，其信号强度的变化如图4-6所示。判定何时需要越区切换的准则如下。

（1）相对信号强度准则。在任何时间都选择具有最强接收信号的基站，图4-6中的*A*处将要发生越区切换。这种准则的缺点是：在原基站的信号强度仍满足要求的情况下，会引发太多不必要的越区切换。

（2）具有门限规定的相对信号强度准则。仅允许移动用户在当前基站的信号足够弱（低于某一门限），且新基站的信号强于本基站的信号的情况下，才可以进行越区切换。如图4-6所示，当门限为Th_2时，在*B*点将会发生越区切换。

在这种方法中，门限选择具有重要作用。例如，在图4-6中，如果门限太高取为Th_1，则该准则与准则1相同。如果门限太低取为Th_3，则会引起较大的越区时延，此时，可能会因链路质量较差而导致通信中断，另外，它会引起对同道用户的额外干扰。

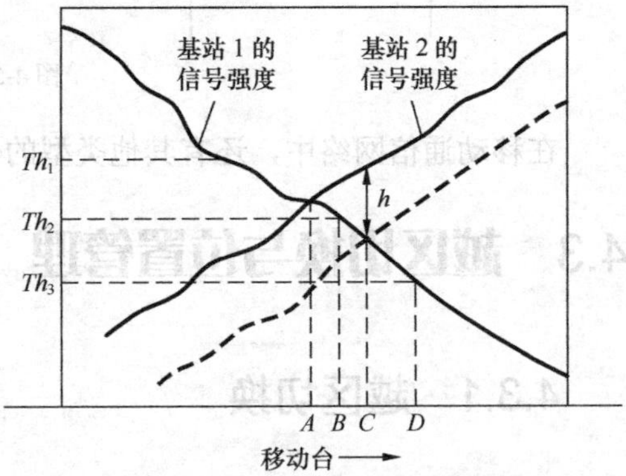

图4-6　越区切换示意图

（3）具有滞后余量的相对信号强度准则。仅允许移动用户在新基站的信号强度比原基站信号强度强很多（即大于滞后余量）的情况下进行越区切换，例如，图4-6中的*C*点。该技术可以防止由于信号波动引起的移动台在两个基站之间的来回重复切换，即“乒乓效应”。

（4）具有滞后余量和门限规定的相对信号强度准则。仅允许移动用户在当前基站的信号电平低于规定门限并且新基站的信号强度高于当前基站一个给定滞后余量时进行越区切换。

2. 越区切换的控制策略

越区切换控制包括两个方面：一方面是越区切换的参数控制；另一方面是越区切换的过程控制。参数控制已经提到，这里主要讨论过程控制。

在蜂窝移动通信系统中，过程控制的方式主要有以下 3 种。

（1）移动台控制的越区切换。在该方式中，移动台连续监测当前基站和几个越区时的候选基站的信号强度和质量。当满足某种越区切换准则后，移动台选择具有可用业务信道的最佳候选基站，并发送越区切换请求。

（2）网络控制的越区切换。在该方式中，基站监测来自移动台的信号强度和质量，当信号低于某个门限后，网络开始安排向另一个基站的越区切换。网络要求移动台周围的所有基站都监测该移动台的信号，并把测量结果报告给网络。网络从这些基站中选择一个基站作为越区切换的新基站，把结果通过旧基站通知移动台并通知新基站。

（3）移动台辅助的越区切换。在该方式中，网络要求移动台测量其周围基站的信号质量，并把结果报告给旧基站，网络根据测试结果决定何时进行越区切换及切换到哪一个基站。

3. 越区切换时的信道分配

越区切换时的信道分配是解决当呼叫要转换到新小区时，新小区如何分配信道使得越区失败的概率尽量小。常用的做法是在每个小区预留部分信道专门用于越区切换。这种做法的特点是：由于新呼叫使得可用信道数减少，可能会增加呼损率，但减少了通话被中断的概率，从而符合人们的使用习惯。

4.3.2 位置管理

在蜂窝移动通信系统中，用户可在系统覆盖范围内任意移动。为了能把一个呼叫传送到随机移动的用户，必须有一个高效的位置管理系统来跟踪用户的位置变化。

在现有的第二代数字蜂窝移动通信系统中，位置管理采用两层数据库，即归属位置寄存器（HLR）和访问位置寄存器（VLR）。通常一个 PLMN 网络由一个 HLR（存储其网络内注册的所有用户的信息，包括用户预定的业务、记账信息、位置信息等）和若干个 VLR（管理该网络中若干位置区内的移动用户）组成。

位置管理包括两个主要的任务：位置登记（Location Registration）和呼叫传递（Call Delivery）。位置登记的步骤是在移动台的实时位置信息已知的情况下，更新位置数据库（HLR 和 VLR）和认证移动台。呼叫传递的步骤是在有呼叫给移动台的情况下，根据移动用户存储原登记注册的用户信息（用户的预定业务、记账信息和位置信息等）和移动用户登记注册的位置区中可用的位置信息来定位移动台。

与上述两个问题紧密相关的另外两个问题是：位置更新（Location Update）和寻呼（Paging）。位置更新解决的问题是移动台如何发现位置变化及何时报告它的当前位置。寻呼解决的问题是如何有效地确定移动台当前处于哪一个小区。

位置管理涉及网络处理能力和网络通信能力。网络处理能力涉及数据库的大小、查询的频度和响应速度等；网络通信能力涉及传输位置更新和查询信息所增加的业务量和时延等。位置管理所追求的目标就是：以尽可能小的处理能力和附加的业务量来最快地确定用户位置，以求容纳尽可能多的用户。

1. 位置登记和呼叫传递

在现有的移动通信系统中，将覆盖区域分为若干个登记区（Registration Area，RA）。在GSM 中，登记区称为位置区（Location Area，LA）。当一个移动终端（MT）进入一个新的RA，位置登记过程分为3个步骤：

① 在管理新RA的新VLR中登记MT（T_1）；

② 修改HLR中记录服务该MT的新VLR的ID（T_2）；

③ 在旧VLR和MSC中注销该MT（T_3、T_4）。

具体过程如图4-7所示。

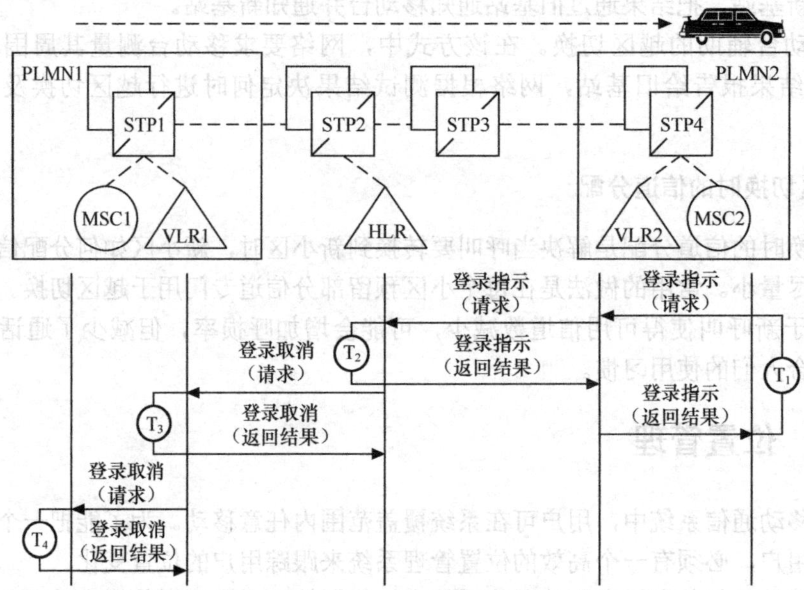

图4-7　移动台位置登记过程

呼叫传递过程主要分两步进行：确定为被呼MT服务的VLR，以及确定被呼移动台正在访问哪个小区，如图4-8所示。

确定被呼VLR的过程和数据库查询过程如下。

（1）主叫MT通过基站向其MSC发出呼叫初始化信号。

（2）MSC通过地址翻译过程确定被呼MT的HLR地址，并向该HLR发送位置请求消息。

（3）HLR确定出为被叫MT服务的VLR，并向该VLR发送路由请求消息。该VLR将该消息中转给为被叫MT服务的MSC。

（4）被叫MSC给被叫的MT分配一个称为临时本地号码（Temporary Local Directory Number，TLDN）的临时标识，并向HLR发送一个含有TLDN的应答消息。

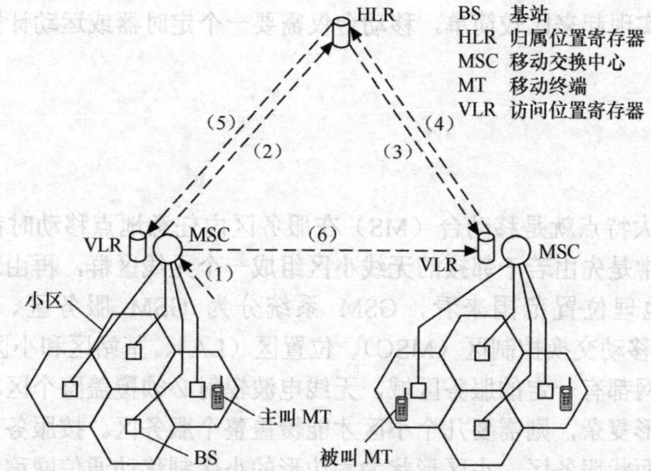

图 4-8　呼叫传递过程

（5）HLR 将上述消息中转给为主呼 MT 服务的 MSC。

（6）主叫 MSC 根据上述信息便可通过 SS7 网络向被叫 MSC 请求呼叫建立。

以上步骤允许网络建立从主叫 MSC 到被叫 MSC 的连接。但由于每个 MSC 与一个 RA 相联系，而每个 RA 又有多个蜂窝小区，这就需要通过寻呼的方法，确定出被叫 MT 在哪一个蜂窝小区中。

2. 位置更新和寻呼

前面已经说过，在蜂窝移动通信系统中，是将系统覆盖范围分为若干个 RA。当用户进入一个新的 RA，它将进行位置更新。当有呼叫要到达该用户时，将在该 RA 内进行寻呼，以确定出移动用户在哪一个小区范围内。位置更新和寻呼信息都是在无线接口中的控制信道上传输的，因此必须尽量减少这方面的开销。在实际系统中，位置登记区越大，位置更新的频率越低，但每次呼叫寻呼的基站数目就越多。在极限情况下，如果移动台每进入一个小区就发送一次位置更新信息，则这时用户位置更新的开销非常大，但寻呼的开销很小；反之，如果移动台从不进行位置更新，这时如果有呼叫到达，就需要在全网络范围内进行寻呼，用于寻呼的开销非常大。

由于移动台的移动性和呼叫到达情况是千差万别的，一个 RA 很难对所有用户都是最佳的。理想的位置更新和寻呼机制应能够基于每一个用户的情况进行调整。

通常有以下 3 种动态位置的更新策略。

（1）基于时间的位置更新策略。每个用户每隔ΔT秒周期性地更新其位置。ΔT的确定可由系统根据呼叫到达间隔的概率分布动态确定。

（2）基于运动的位置更新策略。当移动台跨越一定数量的小区边界（运动门限）以后，移动台就进行一次位置更新。

（3）基于距离的位置更新策略。当移动台离开上次位置更新时所在小区的距离超过一定的值（距离门限）时，移动台进行一次位置更新。最佳距离门限的确定取决于各个移动台的运动方式和呼叫到达参数。

基于距离的位置更新策略具有最好的性能，但实现它的开销最大。它要求移动台能有不同小区之间的距离信息，网络必须能够以高效的方式提供这样的信息。而对于基于时间和运动的位置更新策略实现起来比较简单，移动台仅需要一个定时器或运动计数器就可以跟踪时间和运动的情况。

小结

移动通信的最大特点就是移动台（MS）在服务区内任意地点移动时都能进行收发信。移动通信电话网通常是先由若干邻接的无线小区组成一个无线区群，再由若干无线区群构成整个服务区。从地理位置范围来看，GSM 系统分为 GSM 服务区、公用陆地移动网（PLMN）业务区、移动交换控制区（MSC）、位置区（LA）、基站区和小区。

每个移动通信网都有一定的服务区域，无线电波辐射必须覆盖整个区域。如果网的服务范围很大，或者地形复杂，则需要几个小区才能覆盖整个服务区。按服务区形状来划分，可分为线状服务区和面状服务区。小区形状为六边形的小区制移动通信网称为蜂窝网。

与通信有关的一系列控制信号统称为信令。如一般电话网中必不可少的摘机、挂机、空闲音、忙音、拨号、振铃、回铃及无线通信网中所需的频道分配、用户登记与管理、呼叫与应答、过区切换和发射机功率控制等信号。

信令分为两种：一种是用户到网络节点间的信令，称为接入信令；另一种是网络节点之间的信令，称为网络信令。在蜂窝移动通信中，接入信令是指移动台到基站之间的信令，网络信令称为 7 号信令系统（SS7）。移动通信设备多采用数字信令。

越区（过区）切换是指将当前正在进行的移动台与基站之间的通信链路从当前基站转移到另一个基站的过程。为方便用户在蜂窝移动通信系统覆盖范围内任意移动，必须有一个高效的位置管理系统来跟踪用户的位置变化。

习题

4-1　移动通信网覆盖方式有哪两种？

4-2　服务区的形状有哪两种？

4-3　为什么说最佳的小区形状是正六边形？

4-4　什么是中心激励？什么叫顶点激励？采用顶点激励有什么好处？

4-5　什么是信令？它的功能是什么？

4-6　数字信令的基本格式是怎样的？

4-7　什么叫越区切换？越区切换包括哪些主要问题？

4-8　什么叫位置区？移动台位置登记过程有哪几步？

4-9　试述漫游的接续过程。

第 5 章 移动通信的电波传播与干扰

【本章内容简介】本章首先介绍了无线电波的基本概念及其传播特性、信道的结构组成及信道的类型，然后详细阐述了噪声的产生原因和干扰的形成及解决办法。通过对信道及噪声与干扰的基本概念的了解，为学习后续课程做好准备。

【学习重点与要求】本章重点掌握无线电波的传播特性，包括移动通信中的快衰落和慢衰落，了解无线电波的传播方式，了解信道的组成及抗干扰的措施。

5.1 无线电波的传播

5.1.1 无线电波

研究任何无线通信系统必须弄清电波传播的特性，下面先介绍电波的基本概念。

在中学阶段学习物理时我们就已经知道，通有交流电流的导体的周围会产生变化的磁场，变化的磁场又引起变化的电场，变化的电场又在它周围更远的地方引起变化的磁场。磁场、电场不断地互相交替产生，向四周空间传播的电磁场叫电磁波。无线电波是电磁波的一种。

人耳能听到的声音频率在 20 Hz～20 kHz，称为音频。声音的传播速度为 340 m/s，受环境影响较大，衰减很快，所以不能传送到很远的地方。

电磁波频率高，传播速度与光速一样，可达 3×10^8 m/s，具有较强的辐射力和较长的传播距离，但人耳却听不到。

如果将声音通过话筒转换成电信号，装载到具有强辐射力、波长短、频率很高的电磁振荡波上，然后借助天线发射出去，经这样装载的声音就可以传播得很远。

一般把音频信号叫作调制信号。将发射机中的振荡电路产生的频率很高的电磁振荡称为载波。音频信号加到“载波”的过程叫作调制，经过调制后的高频振荡信号叫已调信号。已调信号是装载有信息的无线电波，通过天线辐射出去，这种传播信息的方式称为无线电通信。无线电通信就是不用导线的通信。

电磁波是无线通信的载体。

5.1.2 无线电波的波段划分

无线电波的频率从几十 kHz 到几万 MHz。为了便于应用，习惯上将无线电频率范围划分为若干区域，叫作频段或波段。

不同频段的无线电波，其传播方式、主要用途和特点也不相同。

表5-1列出了按波长划分的波段名称、相应波长范围和它们的主要用途。

表5-1　　无线电频段划分

波段名称	波长范围	频率范围	频段名称	传播媒质	用途
长波	10^3～10^4 m	30～300 kHz	LF低频	地面波	电报、导航、长距离通信
中波	2×10^2～10^3 m	300～1 500 kHz	MF中频	天波、地面波	无线电波广播、导航、海上移动通信、地对空通信
中短波	50～2×10^2 m	1.6～6 MHz	IF	天波为主	广播中长距离通信
短波	10～50 m	6～30 MHz	HF高频	电离层反射波	无线电广播通信、中长距离通信
超短波	1～10 m	30～300 MHz	VHF甚高频	天波	雷达、电视、短距离通信
分米波	1～10 dm	300～3 000 MHz	UHF超高频	天波、空间波	短距离通信、电视通信
厘米波	1～10 cm	3～30 GHz	SHF特高频	天波、外球层传播	中继通信、无线电通信
毫米波	1～10 mm	30～300 GHz	EHF极高频		雷达通信
亚毫米波	1 mm以下	300 GHz以上	超极高频	光纤	光通信

5.1.3　无线电波的传播方式

无线通信是利用电磁波的辐射和传播经过空间传送信息的。电磁波在传播过程中，电场矢量和磁场矢量的振幅总维持特定方向，这种现象称为极化。

无线电广播采用垂直极化波（电场方向垂直地面）；电视采用水平极化波（电场方向与地面平行）；卫星通信采用平面圆极化波（电场振幅不随时间变化，方向以等角速度旋转）。在移动通信中，发射天线采用的是垂直极化。

无线电波传播的机理是多种多样的，发射机天线发出的无线电波通过不同的路径到达接收机。由于电波通过各个途径的距离不同，因而到达的时间不同，相位也不同，总体上可以归结为反射、绕射和散射3种。当频率f>30 MHz时，典型的传播通路如图5-1所示。沿路径①从发射天线直接到达接收天线的电波称为直射波，它是VHF和UHF频段的主要传播方式；沿路径②的电波经过地面反射到达接收机的电波称为地面反射波；沿路径③的电波沿地球表面传播的电波称为地表面波，由于地表面波的损耗随频率升高而急剧增大，传播距离迅速减小，因此，在VHF和UHF频段的地表面波的传播可以忽略不计。

在蜂窝移动通信系统中，电波遇到各种障碍物时会产生反射和散射现象，它对直射波会引起干涉，即产生多径衰落现象。影响电波传播的3种基本传播机制是反射波、绕射波和散射波。

1. 反射波

当电波传播遇到比波长大得多的物体时发生反射，反射发生于地球表面、建筑物和墙壁表面等，如图 5-2 所示。

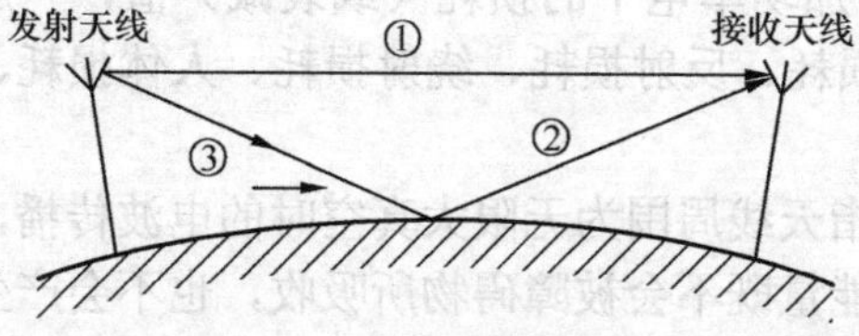

图 5-1　传播路径

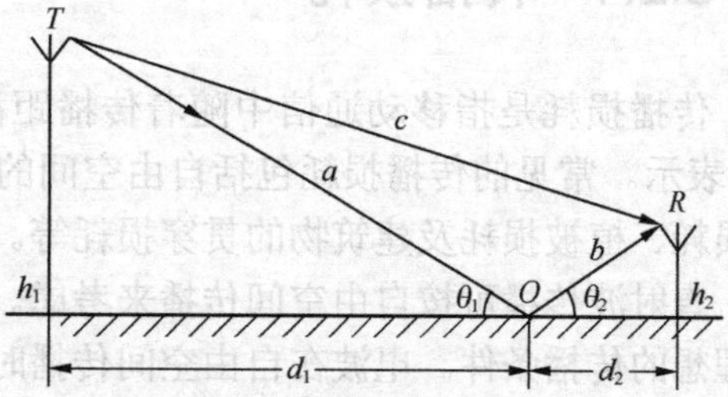

图 5-2　反射波与直射波

2．绕射波

当接收机和发射机之间的无线路径被尖利的边缘阻挡时发生绕射。由阻挡表面产生的二次波散布于空间，甚至存在于阻挡体的背面。绕射使得无线电信号绕地球曲线表面传播，能够传播到阻挡物后面。

3．散射波

当电波穿行的介质中存在小于波长的物体，并且单位体积内阻挡体的个数非常巨大时，发生散射波。散射波产生于粗糙表面、小物体或其他不规则物体。在实际移动通信环境中，接收信号比单独绕射和反射的信号要强。这是因为当电波遇到粗糙表面时，反射能量由于散布于所有方向，就给接收机提供了额外的能量。

5.2　移动通信中电波传播特性

无线电波的传播特性与电波传播环境密切相关，这些环境包括地形地貌、人工建筑、气象条件、电磁干扰等情况，以及移动台的移动速度与使用的频段。在蜂窝移动通信系统中，接收机的接收功率随距离而减小的现象被认为是路径损耗。多数移动通信系统工作在城区，发射机和接收机之间无直接视距路径，而且高层建筑产生了强烈的绕射损耗。此外，由于不同物体的多路径反射，经过不同长度路径的电波相互作用引起多径损耗。同时，随着发射机和接收机之间距离的不断增加，引起电波强度衰减。如果接收天线在大于几十米或几百米的距离上移动的话，接收信号中的尺度变化被称为阴影效应。

由于移动通信环境具有复杂性与多样性，电波在传播时将产生 3 种不同类型的效应。

（1）阴影效应。它是由地形结构引起的传播损耗，表现为慢衰落，或称为长期衰落。

（2）多径效应。它是由于移动体周围的局部散射体引起的多径传播，使到达接收机输入端的信号相互叠加，其合成的信号幅度表现为快速起伏变化，即快衰落，或称为短期衰落。

（3）多普勒效应。它是由于移动体的运动速度和方向会使接收的信号产生多普勒频移，在多径条件下，便形成多普勒频谱扩展，对信号形成随机调频的多普勒效应。

下面对移动通信的传播损耗与信号衰落情况进行说明。

5.2.1 传播损耗

传播损耗是指移动通信中随着传播距离的增加功率电平的损耗（或衰减）值，一般用 dB 表示。常见的传播损耗包括自由空间的传播损耗、反射损耗、绕射损耗、人体损耗、车内损耗、植被损耗及建筑物的贯穿损耗等。

直射波传播可按自由空间传播来考虑。它是指天线周围为无限大真空时的电波传播，是最理想的传播条件。电波在自由空间传播时，其能量既不会被障碍物所吸收，也不会产生反射或散射。实际情况下，传播路径上没有障碍物阻挡，到达接收天线的地面反射信号场强也可以忽略不计，在这样的情况下，电波可以视为在自由空间传播。对于移动通信系统而言，自由空间传播损耗 L 与传播距离 d 和工作频率 f 有关，可定义为

$$L=32.45+20\lg d+20\lg f$$

式中，L 表示自由空间传播损耗，单位为 dB；d 表示距离，单位为 km；f 表示频率，单位为 MHz。

由上式可得出，传播距离 d 越远，自由空间传播损耗 L 越大，当传播距离 d 加大一倍，自由空间传播损耗 L 就增加 6 dB；工作频率 f 越高，自由空间传播损耗 L 越大，当工作频率 f 提高一倍，自由空间传播损耗 L 就增加 6 dB。

在这种理想的自由空间中，不存在电波的吸收、反射、折射和绕射等现象，只存在因电磁波能量扩散而引起的传播损耗。实际上，电波传播总要受到实际介质或障碍物不同程度的影响。在研究电波传播问题时，通常是以自由空间为基础作为参考的标准，这样可以简化场强和传输损耗的计算。

在移动通信中，当距离很小且有直射波时，如在微小区中或收、发在同一室内时，其传播损耗非常接近于自由空间情况。它约和距离 d 的平方成正比。

在 VHF、UHF 频段的移动信道中，电波传播除了直射波和地面反射波之外，还需要考虑传播路径中各种障碍物所引起的散射波。如图 5-3 所示，h_b 为基站天线高度（一般为 30 m），h_m 为移动台天线高度。直射波的传播距离为 d，地面反射波的传播距离为 d_1，散射波的传播距离为 d_2。移动台接收信号的场强由上述 3 种电波的矢量合成。

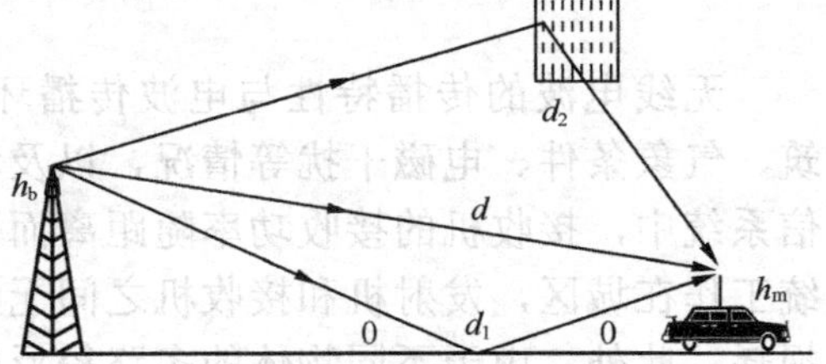

图 5-3 移动信道的传播路径

5.2.2 信号衰落

在蜂窝移动通信过程中，由于散射体很多，所以接收点所接收到的信号场强是随机起伏变化的，这种随机起伏变化称为衰落。对于这种随机量的研究通常是采用统计分析法。典型信号衰落特性如图 5-4 所示。

在图 5-4 中，横坐标是时间或距离（$d=vt$，v 为移动速度），纵坐标是相对信号电平（单位：dB），变化范围为 30～40 dB。图中虚线表示的是信号局部中值，其含义是在局部时间中，信号电平大于或小于该中值的时间各为 50%。由于移动台的不断运动，电波传播路径

上的地形、地物是不断变化的，因而局部中值也是变化的，这种变化造成了信号衰落。

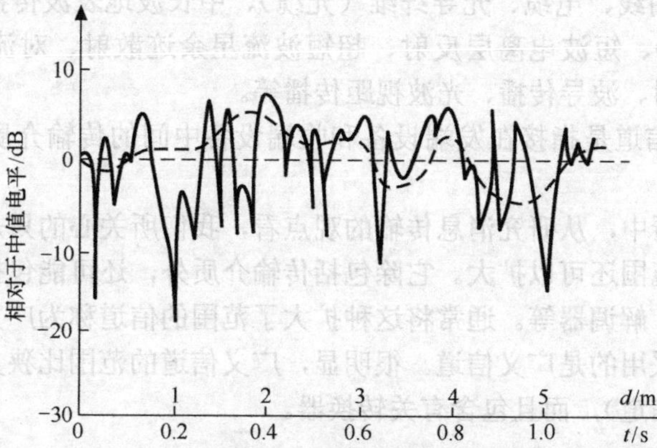

图 5-4　典型信号衰落特性

根据场强特性曲线的起伏变化情况，信号衰落又有快慢之分。场强特性曲线的瞬时值呈快速或起伏变化的称快衰落；场强特性曲线的中值呈慢速起伏变化的称慢衰落。两种衰落都与接收机天线的位移有关。

快衰落是因移动台运动和地点的变化而产生的。主要是因为移动台附近的散射体（地形、地物和移动体等）所引起的多径传播信号在接收点相叠加，造成接收信号快速起伏，每秒钟可达几十次，除与地形、地物有关外，还与移动台的速度和信号的波长有关，并且幅度可达几十分贝，信号的变化呈瑞利分布，因此也叫瑞利衰落。

短期快衰落严重影响信号的传输质量，并且是不可避免的，只能采用抗衰落技术来减少其影响。

与多径传播引起的快衰落不同，电波传播慢衰落主要由阴影效应和大气折射所引起。由于电波在传播路径上遇到起伏的地形、建筑物、树林等障碍物阻挡，在障碍物后面会形成电波的阴影区。阴影区的信号较弱，当移动台在运动中穿过阴影区时，就会造成接收信号场强中值的缓慢衰落，这种现象就是阴影效应。慢衰落的衰落速率与频率无关，主要取决于传播环境。接收信号场强中值电平变化的幅度（衰落的深度）取决于信号频率与障碍物的状况。频率较高的信号比频率较低的信号容易穿透建筑物，而频率较低的信号比频率较高的信号具有更好的绕射能力。

长期慢衰落主要影响无线区域的覆盖，其平均信号衰落和关于平均衰落的变化具有对数正态分布的特征。

5.3　信道的结构

5.3.1　信道的定义

信道，通俗地说，就是指以传输介质为基础的信号通路。具体地说，信道是指由有线或无线电线路提供的信号通路。抽象地说，信道是指定的一段频带，它让信号通过，同时又给信号以限制和损耗。信道的作用是传输信号。

信道通常又有狭义和广义之分，我们将仅指信号传输介质的信道称为狭义信道。目前采用的传输介质有架空明线、电缆、光导纤维（光缆）、中长波地表波传播、超短波及微波视距传播（含卫星中继）、短波电离层反射、超短波流星余迹散射、对流层散射、电离层散射、超短波超视距绕射、波导传播、光波视距传播等。

可以看出，狭义信道是指接在发端设备和收端设备中间的传输介质。狭义信道定义直观，易理解。

在通信理论的分析中，从研究消息传输的观点看，我们所关心的只是通信系统中的基本问题，因而，信道的范围还可以扩大。它除包括传输介质外，还可能包括有关的转换器，如馈线、天线、调制器、解调器等。通常将这种扩大了范围的信道称为广义信道。在讨论通信的一般原理时，通常采用的是广义信道。很明显，广义信道的范围比狭义信道广泛，它不仅包含传输介质（狭义信道），而且包含有关转换器。

5.3.2 信道的类型

由上述对信道的定义可以看出，信道被分成两类：狭义信道和广义信道。

狭义信道通常按具体介质的不同类型又可分为有线信道和无线信道。所谓有线信道是指传输介质为明线、对称电缆、同轴电缆、光缆及波导等一类能够看得见的介质。有线信道是现代通信网中最常用的信道之一。如对称电缆（又称电话电缆）广泛应用于市内近程传输。无线信道的传输介质比较多，它包括短波电离层、对流层散射等。可以这样认为，凡不属有线信道的介质均为无线信道的介质。在移动通信设备中，无线信道通常有语音信道（VC）和控制信道（CC）两种类型。无线信道的传输特性没有有线信道的传输特性稳定和可靠，但无线信道具有方便、灵活、通信者可移动等优点。

广义信道通常也可分成两种，即调制信道和编码信道。调制信道是从研究调制与解调的基本问题出发而构成的，它的范围是从调制器输出端到解调器输入端。因为，从调制和解调的角度来看，由调制器输出端到解调器输入端的所有转换器及传输介质，不管其中间过程如何，它们不过是把已调信号进行了某种变换而已。我们只需关心变换的最终结果，而无需关心形成这个最终结果的详细过程。因此，研究调制与解调问题时，定义一个调制信道是方便和恰当的。

调制信道常常用在模拟通信中。它具有如下主要特性：

① 有一对（或多对）输入端，则必然有一对（或多对）输出端；

② 绝大部分信道是线性的，即满足叠加原理；

③ 信号通过信道需要一定的延迟时间；

④ 信道对信号有损耗（固定损耗或时变损耗）；

⑤ 即使没有信号输入，在信道的输出端仍可能有一定的功率输出（噪声）。

信道对信号的影响可归纳为两点：一是乘性干扰的影响，它主要依赖于网络特性；二是加性干扰（噪声）的影响。在分析研究乘性干扰时，从相对意义上讲可把调制信道分为两大类：一类称为恒参信道，另一类称为随参信道（变参信道）。一般情况下，人们认为有线信道绝大部分为恒参信道，而无线信道大部分为随参信道。

在数字移动通信系统中，如果仅着眼于编码和译码问题，则可得到另一种广义信道——编码信道。编码信道是包括调制信道及调制器、解调器在内的信道。这是因为，从编码和译码的角度看，编码器的输出仍是某一数字序列，而译码器输入同样也是一数字序列，它们在一般情况下是相同的数字序列。因此，从编码器输出端到译码器输入端的所有转换器及传输介质可用一个完成数字序列变换的方框加以概括，此方框称为编码信道。调制信道和编码信道的示意图如图 5-5 所示。另外，根据研究对象和关心问题的不同，也可以定义其他形式的广义信道。

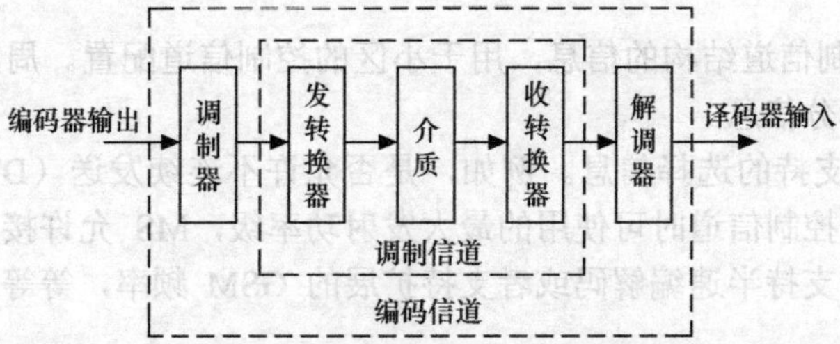

图 5-5　调制信道与编码信道示意图

编码信道可进一步细分为无记忆编码信道和有记忆编码信道。有记忆编码信道是指信道中码元发生差错的事件不是独立的，即码元发生错误前后是有联系的。

至此，对信道已经有了一个比较全面的认识，为了方便理解和掌握，现将信道归类如下：

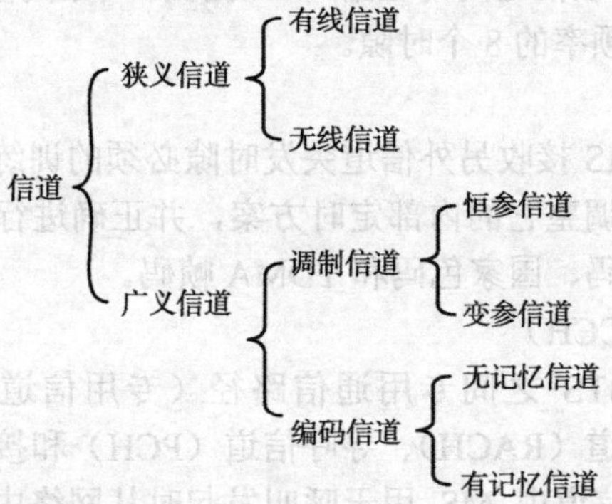

5.3.3　信道的结构组成

在移动台（MS）和基站（BS）之间进行交换的信息有用户信息、信令信息、信道配置信息和接入信息等。为了对这些不同的信息进行管理，GSM 把它们定义成不同的逻辑信息。所有特殊处理的一项功能被分为一个逻辑信息并送到有关的逻辑信道。GSM 定义了 10 个具有不同功能的逻辑信道。

1. 控制信道

控制信道（CCH）携带系统正常运行所必须的信息。MS 和 BS 使用这些信道保证用户信息正确传送相互通报事件，建立起呼叫，对移动性和接入进行管理等。此外，控制信道也可用于携带分组交换数据，包括有关短消息业务。下面对不同的控制信道进行讨论。

（1）广播控制信道（BCCH）

BS 在它的小区利用该信道进行广播，它是一个单向下行信道，用以传送 MS 在它的小区所要使用的信息。例如，网络同步信息就是建立在该信道上的信息，MS 能够决定其是否通过和如何通过现行小区接入系统，该信道的信息还可以使 MS 识别网络、接入网络等。

广播信息可分成下面 4 组。

① 给出网络和相邻小区的唯一识别信息，小区识别移动网编码（形成 IMSI 的部分），位置地区识别（LAI）和相邻小区广播控制信道的频率信息，等等。它们组成这一部分识别信息。

② 描述当前控制信道结构的信息，用于小区的控制信道配置。周期位置更新计时器和其类似信息组成这部分信息。

③ 定义小区所支持的选择信息。例如，是否允许不连续发送（DTX），小区重新选择的滞后，MS 在接入控制信道时可使用的最大发射功率级，MS 允许接入系统所需要的最小接收信号级别，是否支持半速编解码或者支持扩展的 GSM 频率，等等。它们组成了这部分信息。

④ 控制接入的信息。最多的试呼次数，试呼的平均隔小区是否禁止接入，小区是否允许重建，是否允许紧急呼叫等，组成了这部分接入控制信息部分。

（2）频率校正信道（FCCH）

FCCH 提供 MS 系统的参考频率。MS 使用 FCCH 来纠正它内部的时钟基准，使其容易获得另外信道的突发时隙，该信道同时也给 MS 提供一个指示的同步信道（SCH）。因为一个 SCH 总跟着 FCCH 同样频率的 8 个时隙。

（3）同步信道（SCH）

该信道提供 MS 有关 MS 接收另外信道突发时隙必须的训练序列。因为训练序列 MS 和 BS 预先都知道。MS 可以调整它的内部定时方案，并正确进行解码。此外，该信道提供有关 BS 使用训练序列的信息码、国家色码和 TDMA 帧码。

（4）公共控制信道（CCCH）

该信道支持 MS 和 BTS 之间专用通信路径（专用信道）的建立。有 3 种类型的 CCCH，它们是随机接入信道（RACH）、寻呼信道（PCH）和接入许可信道（AGCH）。

① 随机接入信道。该信道由 MS 用于呼叫发起时从网络中申请一个专用信道。它是一个被所有试图接入网络工作的 MS 所共享的单向上行信道。因 RACH 只存在信道请求信息，它有 8 bit 长。它有一个建立的起因和一个随机参数。建立的起因给试图接入网络的原因提供一个指示，使它允许网络合理分配资源。有些呼叫包括紧急呼叫、对寻呼的应答、位置更新、发起语音呼叫和发起数据呼叫等，它们对资源的要求不尽相同。随机参考是一个由 MS 随机选择的数，用来与来自 BS 请求下的响应相关。

② 寻呼信道。该信道由 BS 用来寻呼小区中的 MS，它是单向下行信道，由小区中所有 MS 所共享。GSM 允许至多 4 个 MS 在一次寻呼信息中被呼叫。可以用 MS 的临时移动用户识别码（TMSI）或国际移动用户识别码（IMSI）来寻呼它们。为了延长电池寿命，GSM 还支持有关不连续接收（DRX），使 MS 在空闲状态（即等待寻呼信号状态）解码所需的信息量最小。一种最小化的方法是 MS 只监视 PCH 中寻呼的部分，而不是整个 PCH，GSM 通过允许寻呼子信道来支持这一点。对一个特殊 MS 的寻呼只在它的寻呼子信道中进行，这使得 MS 只对它子信道的寻呼进行解码而不是整个 PCH，这样可以节省功耗。MS 通过用户 IMSI 的最后 3 位来预先确定呼叫子信道。

③ 接入许可信道。对 MS 在 PACH 信道请求的响应在 AGCH 送出，这是一个小区中的

所有 MS 共享的单向下行信道。成功的响应包括有关指示专用信道数的信息，为保证信息不在 BS 溢出的 MS 需要的定时信息，以及在其信道请求信息中 MS 发送的随机参考数。

（5）专用控制信道

这些信道传送网络和 MS 之间的非用户信息，如信道管理移动收费管理和无线资源管理。典型的发送信息包括：如 MS 请求由网络分配的附加专用信道，加密的开始和结束，MS 信息请求及切换信息等。有 3 种专用控制信道：独立的专用控制信道（SDCCH）、慢相关控制信道（SACCH）和快相关控制信道（FACCH）。

① 独立专用控制信道。SDCCH 用来在 MS 和 BTS 之间传送信令信息，它是双向的专用信道。比较典型地用在位置更新及语音和数据呼叫中，在使用业务信道前使用。

② 慢相关控制信道。SACCH 结合业务信道（TCH）或 SDCCH 进行分配。它是双向的专用信道，用以携带控制和测量参数，以及用于保持 MS 和 BS 之间无线链路必要的路由数据。现主要用于短信、传送手机测量下行信道的测量参数和功率控制信息等。

③ 快相关控制信道。FACCH 是一个需要时才出现的信道。该信道所能携带的信息与 SDCCH 一样，它与 SDCCH 不同的是被分配和固定了时间间隙，但直到网络或用户需要时才释放它。另外，一个 FACCH 通过从 TCH 获得时隙使用 TCH，当 MS 和网络需要交换关键定时信息时才采用。FACCH 主要用于切换、短信及通知手机测试哪些邻区等场合。

2．业务信道

业务信道（TCH）是传输用户信息如语音或数据的信道。它们是单个 MS 和 BS 之间的双向专用信道。它主要有两种形式：业务信道/全速（TCH/F）和业务信道/半速（TCH/H）。全速对应于全速语音编解码器，半速对应于半速语音编解码器；TCH/F 的信息速率是 13 kbit/s，TCH/H 的信息速率为 6.5 kbit/s。

5.4　信道内的噪声与干扰

信号在信道内传输的过程中，除了损耗和误落之外，还会受到噪声和干扰的影响。其中噪声又可分为内部噪声和外部噪声，外部噪声包括自然噪声和人为噪声。干扰是指无线电台之间的相互干扰，包括电台本身产生的干扰，如邻道干扰、同频道干扰、互调干扰及因远近效应引起的近端对远端信号的干扰等。

5.4.1　噪声

蜂窝移动通信中噪声的来源是多方面的。这里，把噪声看成是通信系统中对信号有影响的所有干扰的集合，根据它们的来源不同，可以粗略地分为以下 4 类。

（1）无线电噪声。它来源于各种用途的无线电发射机。这类噪声的频率范围很宽广，从甚低频到特高频都可能有无线电干扰存在，并且干扰的强度有时很大。但它有个特点，就是干扰频率是固定的，因此可以预先设法防止。特别是在加强了无线电频率的管理工作后，无论在频率的稳定性、准确性及谐波辐射等方面都有严格的规定，使得信道内信号受它的影响可降低到最小程度。

（2）工业噪声。它来源于各种电气设备，如电力线、点火系统、电车、电源开关、电力铁道、高频电炉等。这类干扰来源分布很广泛，无论是城市还是农村，内地还是边疆，各地都有工业干扰存在。尤其是在现代化社会里，各种电气设备越来越多，因此这类干扰的强度也越来越大。但它也有个特点就是干扰频谱集中于较低的频率范围，例如，几十兆赫兹以内。因此，选择高于这个频段工作的信道就可防止受到其干扰。另外，也可以在干扰源方面设法消除或减小干扰的产生，例如，加强屏蔽和滤波措施，防止接触不良和消除波形失真。

（3）天电噪声。它来源于雷电、磁暴、太阳黑子及宇宙射线等，可以说整个宇宙空间都是产生这类噪声的根源，因此它的存在是客观的。由于这类自然现象和发生的时间、季节、地区等有很大关系，因此受天电干扰的影响也是大小不同的。例如，夏季比冬季严重，赤道比两极严重，在太阳黑子发生变动的年份天电干扰更为加剧。这类干扰所占的频谱范围很宽，并且不像无线电干扰那样频率是固定的，因此对它的干扰影响就很难防止。

（4）内部噪声。它来源于信道本身所包含的各种电子器件、转换器，以及天线或传输线等。例如，电阻及各种导体都会在分子热运动的影响下产生热噪声，电子管或晶体管等电子器件会由于电子发射不均匀等产生器件噪声。这类干扰的特点是由无数个自由电子做不规则运动所形成的，因此它的波形也是不规则变化的，在示波器上观察就像一堆杂乱无章的茅草一样，通常称之为起伏噪声。由于在数学上可以用随机过程来描述这类干扰，因此又可称为随机噪声，或者简称为噪声。

以上是从噪声的来源进行分类的，所以比较直观。

5.4.2 信道内的干扰

在蜂窝移动通信系统中，应考虑的几种主要干扰有同道干扰、邻道干扰及互调干扰等，这些都是在组网过程中产生的干扰。此外，还有发射机寄生辐射，接收机寄生灵敏度，接收机阻塞，收、发信设备内部变频，倍频器产生的组合频率干扰等，这些都是电台本身产生的干扰。

1. 同信道干扰

同信道干扰即同道干扰，亦称同频干扰，是指相同载频电台之间的干扰。在电台密集的地方，若频率管理或系统设计不当，就会造成同频干扰。

在蜂窝移动通信系统中，为了提高频率利用率，在相隔一定距离以外，可以使用相同的频率，这称为同信道复用。也就是说，可以将相同的频率（或频率组）分配给彼此相隔一定距离的两个或多个无线小区使用。显然，在同频环境中，当有两条或多条同频波道在同时进行通信时，带来的问题就是同道干扰。复用距离越远，同道干扰就越小，但频率复用次数也随之降低，即频率利用率降低。因此，在进行无线区群的频率分配时，两者要兼顾考虑。

为了避免同频干扰和保证接收质量，必须选择适当的复用信道的无线区之间的最小距离为同频道再用的最小安全距离，简称同频道再用距离或共道再用距离。所谓“安全”，是指接收机输入端的信号电平与同频干扰电平之比大于等于射频防护比。

射频防护比是指达到主观上限定的接收质量所需的射频信号与干扰信号的比值。当然，射频防护比不仅取决于通信距离，而且和调制方式、电波传播特性、通信可靠度、无线小区半径 r、选用的工作方式等因素有关。

图 5-6 给出了同频道再用距离的示意图。假设基站 A 和基站 B 使用相同的频道，移动

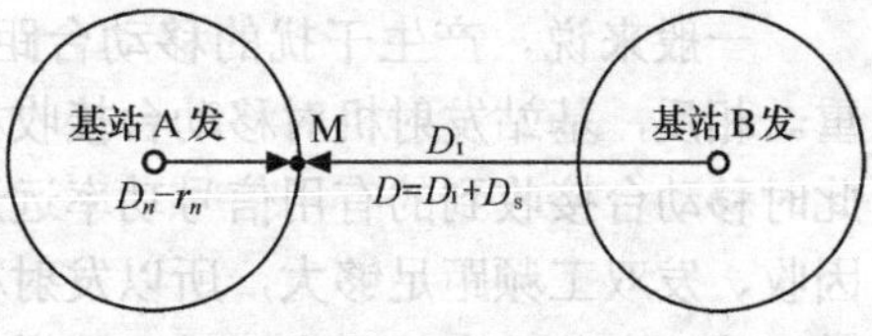

图 5-6　同频道再用距离

台 M 正在接收基站 A 发射的信号，由于基站天线高度大于移动台天线高度，因此当移动台 M 处于小区的边缘时，最易受到基站 B 发射的同频道干扰。

若输入到移动台接收机的有用信号与同频道干扰之比等于射频防护比，则 A、B 两基站之间的距离即为同频道再用距离，记成 D。被干扰接收机至干扰发射机的距离为 D_I；发射台的有用信号的传播距离为 D_S，即为小区半径 r_0。它们之间的关系为

$$D=D_S+D_I=r_0+D_I$$

因此，同频道复用系数为

$$\alpha=\frac{D}{r_0}=1+\frac{D_I}{r_0}$$

应该指出，以上的估算是在仅考虑一个同频干扰源情况下进行的。当同频干扰源不只一个时（在小区制移动通信中是存在的），干扰信号电平应以功率叠加方式获得。

采用别的办法也可以避免产生同频干扰，如使用定向天线、降低天线高度、斜置天线波束、选择适当的天线场址等，都可以降低同频干扰。

2．相邻信道干扰

邻道干扰是指相邻的或邻近频道之间的干扰。因此，移动通信系统的信道必须有一定宽度的频率间隔。目前，移动通信系统广泛使用的 VHF、UHF 电台，频道间隔是 25 kHz。由于调频信号的频谱很宽，理论上有无穷边频分量，因此，当其中某些边频分量落入邻道接收机的通带内时，就会造成邻道干扰。

在多信道工作的移动通信系统中，如果用户 A 占用了 K 信道，用户 B 占用了（K+1）或（K−1）信道，那么就称这两个用户在相邻信道上工作。理论上说，它们之间不存在干扰问题，但是，当一个距基站较近（如用户 B）而另一个距基站较远（如用户 A）时，就会使基站收到 K 信道接收到的有用信号较弱，与它相隔 25 kHz 的（K+1）信道接收机收到的信号却很强。这是由于移动台 B 距基站近的缘故。因此，当移动台 B 的发射机存在调制边带扩展和边带噪声辐射时，就会有部分（K+1）信道的成分落入 K 信道，并且与有用信号强度相差不多，这时就会对 K 信道接收机形成干扰，把这种现象称为相邻信道干扰。

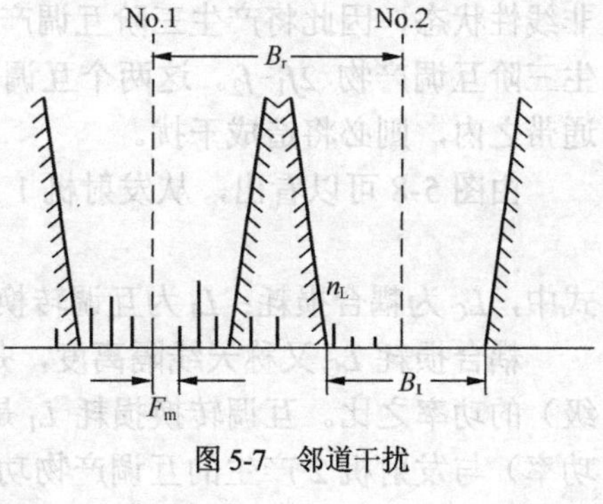

图 5-7　邻道干扰

图 5-7 给出了第一频道（No.1）发送的调频信号落入邻道（No.2）的示意图。其中，n_L 为落入邻近频道的最低边频次数，F_m 为调制信号的最高频率，B_r 为频道间隔，B_I 表示接收机的中频带宽。再考虑到收发信机由于频率不稳定而造成的频率偏差为 Δf_{TR}，在最坏情况下，落入邻道接收机通带内的最低边频次数为

$$n=\frac{B_r-0.5B_I-\Delta f_{TR}}{F_m}$$

一般来说，产生干扰的移动台距基站越近，路径传播损耗越小，则邻道干扰也就越严重。相反，基站发射机对移动台接收机的邻道干扰却不大，这是因为有信道滤波器，所以，此时移动台接收到的有用信号功率远远大于邻道干扰功率。至于在基站的收、发信机之间，因收、发双工频距足够大，所以发射机的调制边带扩展和边带噪声辐射不致对接收机产生严重干扰。在移动台相互靠近时，同样由于收、发双工频距很大，不会产生严重干扰。

为了减小邻道干扰，必须提高接收机的频率稳定度和准确度，同时还要求发射机的瞬时频偏不超过最大允许值（如5 kHz）。为了保证调制后的信号频偏不超过该值，必须对调制信号的幅度加以限制。

3. 互调干扰

在蜂窝移动通信系统中存在着各种各样的干扰，其中最主要的就是互调干扰。

互调干扰是由传输信道中的非线性电路产生的。它指两个或多个信号作用在通信设备的非线性器件上，产生同有用信号频率相近的组合频率，从而对通信系统构成干扰的现象。

在移动通信中，产生的互调干扰主要有3种：发射机互调、接收机互调及外部效应引起的互调。最后一种是由于发信机高频滤波器及天线馈线等接插件的接触不良，或发信机拉杆天线及天线螺栓等金属构件的锈蚀产生的非线性作用，而出现的互调现象。这种现象只要保证插接部位接触良好，并用良好的涂料防止金属构件锈蚀，便可以避免。

（1）发射机互调干扰

通常为了提高发射机效率，其末级多工作于非线性状态。当有两个或两个以上的信号作用于发射机的末级时，将产生很多的组合频率成分（即互调产物）。当它们通过天线辐射出去后，如果有些互调产物落入接收机信道之内，就会对接收的正常信号产生干扰。这种因发射机非线性而构成的对接收机的干扰，称为发射机互调干扰。

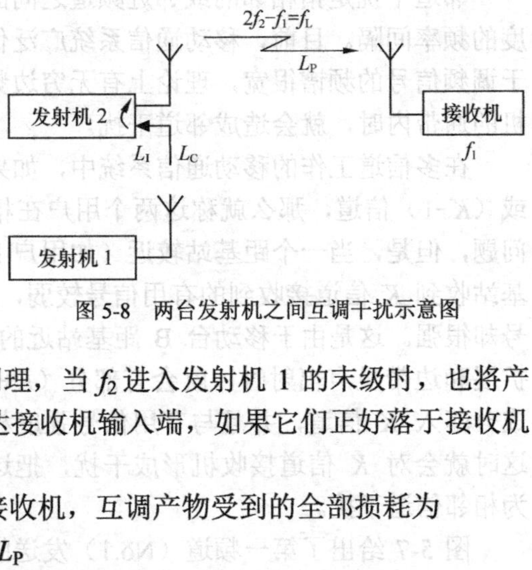

图 5-8　两台发射机之间互调干扰示意图

图 5-8 给出了两台发射机产生互调干扰的示意图。发射机 1 的频率 f_1 通过空间耦合将会进入发射机 2，由于发射机 2 的末级工作于非线性状态，因此将产生三阶互调产物 $2f_2-f_1$。同理，当 f_2 进入发射机 1 的末级时，也将产生三阶互调产物 $2f_1-f_2$。这两个互调产物都将到达接收机输入端，如果它们正好落于接收机通带之内，则必将造成干扰。

由图 5-8 可以看出，从发射机 1 到被干扰的接收机，互调产物受到的全部损耗为

$$L=L_C+L_I+L_P$$

式中，L_C 为耦合损耗；L_I 为互调转换损耗；L_P 为传输损耗。

耦合损耗 L_C 又称天线隔离度，是指发射机 1 的输出功率与它进入发射机 2 输出端（末级）的功率之比。互调转换损耗 L_I 是指发射机 2 输出端上，来自发射机 1 的功率（即干扰功率）与发射机 2 产生的互调产物功率之比。L_I 取决于发射机 2 末级的非线性特性和输出回路的选择性。对于一般晶体管丙类放大器来说，其三阶互调转换损耗为 5～20 dB（典型值），端到被干扰的接收机输入端之间，存在互调干扰信号的传输损耗。

发射机互调干扰的大小，如用相对电平表示，则主要取决于前两个损耗 L_C 和 L_I 的大

小。这是因为有用信号也具有传输损耗 L_P，所以计算互调大小时，相对于有用信号电平来说，与 L_P 无关。又因为 L_I 局限在 5～20 dB 之内，所以欲防止产生三阶互调干扰，只有增大耦合损耗 L_C 了。

多台发射机同时工作时，三阶互调产物的数量将增多。

减小发射机互调的措施包括以下内容。

① 加大发射机天线之间的间距。半波偶极天线的耦合损耗（隔离度）L_C 与天线间距的关系如图 5-9 所示。例如，在 150 MHz 频段，为了满足 L_C=50 dB 的指标，垂直放置的天线间隔需要 6 m，如图 5-9（a）所示；水平放置的天线间隔需要 80 m，如图 5-9（b）所示。

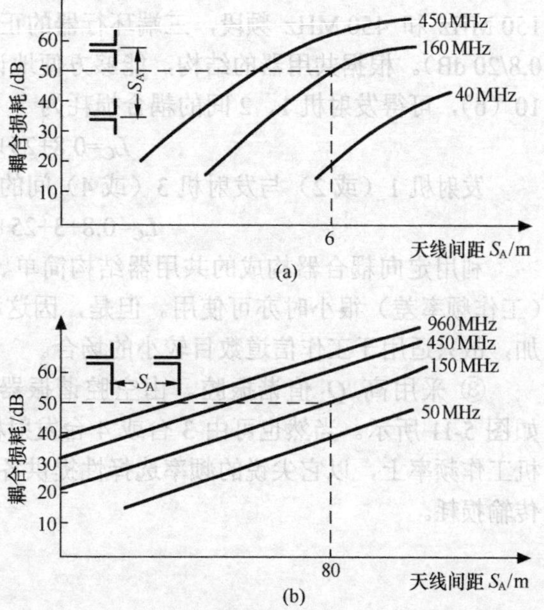

图 5-9　天线间的耦合损耗与天线间距的关系

② 采用单向隔离器件。考虑到经济上、技术上或场地上的问题，在移动通信中广泛使用天线共用器，即几台发射机或收、发信机共用一副天线。这种情况下，为了减小各发射机之间的互调干扰，在各发射机之间多采用单向隔离器件，如单向环行器、3 dB 定向耦合器等，如图 5-10 所示。

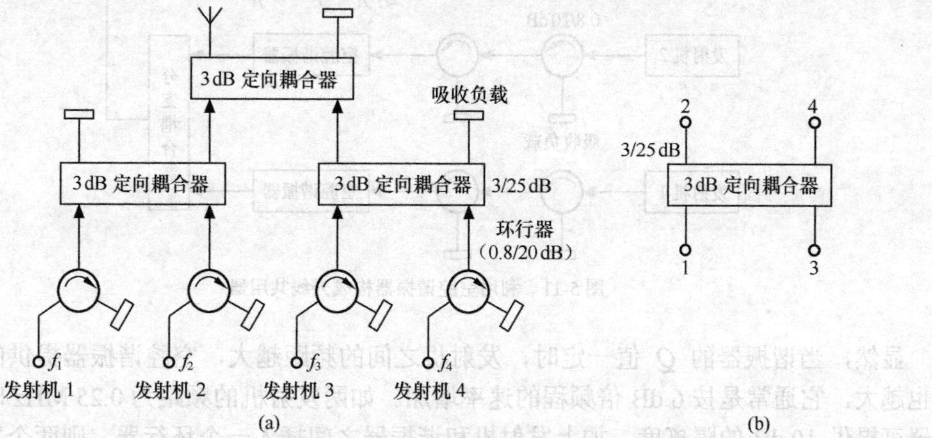

图 5-10　利用 3 dB 定向耦合器构成的天线共用器

3 dB 定向耦合器是一种四端口器件，如图 5-10（b）所示。其基本特性是：若从 1 端输入射频功率，则 2、4 端各输出功率的一半，而 3 端无输出；若从 3 端输入射频功率，则 2、4 端也各输出功率的一半，而 1 端无输出。因此，可以利用 1、3 端的隔离特性，分别在 1、3 端各连接一台发射机，2、4 端分别接至天线和一个匹配负载。每台发射机都是一半功率馈给天线，另一半功率被匹配负载吸收。理论上 1、3 端是没有相互耦合的，但实际上它们之间的隔离度只能达到 25 dB 左右。

图 5-10（a）所示是 4 台发射机采用 3 dB 定向耦合器构成的天线共用器。可见，每经过

一次合并，功率将损失 3 dB，两次为 6 dB，依此类推。另外，使用这种天线共用器时，为了增加各发射机间的耦合损耗，通常在各发射机输出和定向耦合器之间插入一个环行器。在 150 MHz 和 450 MHz 频段，三端环行器的正向损耗小于 0.8 dB，反向损耗大于 20 dB（即 0.8/20 dB）。根据共用器的结构，能够方便地计算出各发射机间的耦合损耗。例如，按图 5-10（b），可得发射机 1、2 间的耦合损耗为

$$L_C=0.8+25+20\approx46\ \text{dB}$$

发射机 1（或 2）与发射机 3（或 4）间的耦合损耗为

$$L_C=0.8+3+25+3+20\approx52\ \text{dB}$$

利用定向耦合器构成的共用器结构简单、体积小、工作稳定，而且当发射机间的频距（工作频率差）很小时亦可使用。但是，因这种共同器的传输损耗随发射机数目的增多而增加，故只适用于工作信道数目较小的场合。

③ 采用高 Q 值谐振腔。由空腔谐振器、环行器和分支耦合回路构成的天线共用器如图 5-11 所示。当然也可由 3 台或 4 台发射机组成。高 Q 值空腔谐振器调谐于相应的发射机工作频率上，以它尖锐的频率选择性提供各发射机之间必要的隔离度，并减小有用信号的传输损耗。

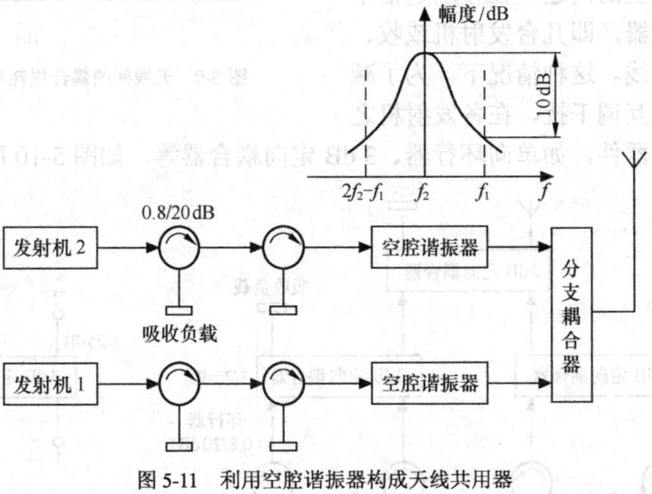

图 5-11　利用空腔谐振器构成天线共用器

显然，当谐振器的 Q 值一定时，发射机之间的频距越大，空腔谐振器提供的频率隔离度也越大，它通常是按 6 dB 倍频程的速率增加。如两发射机的频距为 0.25 MHz 时，空腔谐振器可提供 10 dB 的隔离度，加上发射机和谐振器之间插入一个环行器，则两个发射机之间的耦合损耗可达 30 dB 以上。如频距增大一倍，则耦合损耗可达 36 dB 以上，若需更大的耦合损耗，还可以在发射机和谐振器之间插入两个串联的环行器。

由发射机 1 进入发射机 2 的耦合损耗为

$$L_C=0.8\times2+10+20+20\approx52\ \text{dB},\ L_I=15\ \text{dB}$$

考虑到 $2f_2-f_1$ 再次经过空腔谐振器产生的损耗 10 dB，则总计互调产物的损耗可达 77 dB。

由于空腔谐振器的正向传输损耗很小，可达到 0.2 dB，所以这种共用器的优点是有用信号的传输损耗小，而且和参与共用器的发射机数量关系不大，传输损耗一般可按 4 dB 估

算。其主要缺点是结构复杂、体积大、加工困难、稳定性不够好，而且只适用于发射机之间频距较大的场合（如按等频距分配法分配信道），这种共用器多在 900 MHz 频段的大容量系统中应用。

（2）接收机互调干扰

一般接收机前端射频通带较宽。如有两个或多个干扰信号同时进入高放或混频级，通过它们自身的非线性作用，各干扰信号就会彼此作用产生互调产物。如果互调产物落入接收机频带内，就会形成接收机的互调干扰。

由于基站通常是多部发射机同时工作，所以当移动台靠近基站时，就会有几个较高电平的信号同时作用在移动台接收机的前端，进而由于接收机前端电路的非线性而形成互调。当移动台互调指标太低时，就会发生严重干扰。当有用信号与互调产物的强度比大于或等于射频防卫比 S/I（单位：dB）时，则不致造成干扰，即

$$E_S - E_{\Sigma I} \geqslant \frac{S}{I}$$

式中，E_S 为接收机有用信号电平，单位为 dB；$E_{\Sigma I}$ 为总互调产物干扰电平，单位为 dB。

总的互调干扰电平的大小既取决于干扰信号的强度和数量，也取决于接收机的互调抗拒比。如果互调产物不是一个，则需将各互调产物按功率叠加。

当基站附近有两个或多个移动台发射机同时工作时，将在基站接收机中产生互调干扰。互调干扰的大小除了和基站接收机的互调指标及干扰信号强度有关之外，还和移动台在基站附近同时发起呼叫的概率有关。当同时发起呼叫概率不大时，这类干扰往往是不严重的。需要指出的是，当基站接收机使用共用天线时，在天线共用器中，公共放大器产生的互调产物将严重影响接收机系统的互调指标。为减小这种影响，通常要求公共放大器的互调指标高于接收机的互调指标。

当两个移动台接近基站且同时发起呼叫时，在两个强信号作用下，由于基站接收机前端电路的非线性，将产生互调干扰。如果移动台输出功率为 10 W，移动台传播到基站端的损耗为 80 dB，则到达基站接收机输入端的电平为−70 dBW。为了保证互调干扰电平在环境噪声电平（−140 dBW）以下，要求互调指标至少达到 70 dB，所以一般接收机互调指标在−70～−80 dB 范围。

为了减少接收机互调干扰，可以采取以下措施。

① 采用提高输入回路选择性或者高放、混频电路采用平方律特性的器件的方法，来提高接收机的射频互调抗拒比，一般要求高于 70 dB。

② 移动台发射机采用自动功率控制系统；减小无线小区半径，降低最大接收电平。

③ 在系统设计时，选用无三阶互调信道组。但在多信道共用系统中，这一点难以实现。

小结

无线电波是电磁波的一种。无线电通信就是利用无线电波而不用导线的通信。无线通信是利用电磁波的辐射和传播，经过空间传送信息的。

在蜂窝移动通信系统中，电波遇到各种障碍物时会产生反射和散射现象，它对直射波会引起干涉，即产生多径衰落现象。影响电波传播的 3 种基本传播机制是反射波、绕射波和散射波。电波在传播时会产生阴影效应、多径效应和多普勒效应。

信道是指以传输介质为基础的信号通路。信道分为狭义信道和广义信道两类。狭义信道按具体介质的不同类型可分为有线信道和无线信道。广义信道也可分成两种，即调制信道和编码信道。GSM 定义了 10 个具有不同功能的逻辑信道。

信号在信道内传输的过程中，除了发生损耗和误落之外，另一个重要影响因素就是噪声和干扰。噪声可分为内部噪声和外部噪声。干扰是指无线电台之间的相互干扰，包括电台本身产生的干扰，如邻道干扰、同频道干扰、互调干扰及因远近效应引起的近端对远端信号的干扰等。

习题

5-1　无线电波的波段是如何划分的？简要说明各波段的用途。

5-2　什么是反射波、绕射波和散射波？

5-3　电波传播时将产生哪些效应？

5-4　信号的衰落是怎样产生的？快衰落和慢衰落有什么不同？

5-5　信道有哪些类型？各有何特点？

5-6　哪类噪声对移动通信的影响最大？

5-7　移动通信中的干扰有哪些？

5-8　什么是同道干扰？产生的原因是什么？

5-9　什么是邻道干扰？如何减小或避免？

5-10　互调干扰是怎样产生的？用什么方法可以减小？

第 6 章

GSM 移动通信系统

【本章内容简介】GSM 移动通信系统当前应用最为广泛。本章对 GSM 系统的特点、系统的结构组成、GSM 移动通信网的网络结构和网络接口进行了全面介绍，同时介绍了 GSM 网络的编号和业务应用，对 GSM 网络的信道配置、接续流程和移动性管理做了详细说明。

【学习重点与要求】本章重点掌握 GSM 系统的总体结构和各个子系统的基本功能，熟悉 GSM 的帧结构、物理信道、逻辑信道和突发脉冲等内容，了解业务应用和接续流程。

6.1 GSM 移动通信系统综述

GSM 蜂窝移动通信网是世界上最早推出的数字蜂窝通信系统，GSM 标准对该系统的结构、信令和接口等进行了详细描述，而且符合公用陆地移动通信网（PLMN）的一般要求，能适应与其他发展中的数字通信网的互联。GSM 具有以下 5 大特点。

1．GSM 的移动台具有漫游功能

GSM 通过移动台识别码、位置登记和呼叫接续为用户提供漫游功能。

（1）移动台识别码

GSM 为用户定义了 3 个识别码，即 DN 码、MSRN 码和 IMSI 码。DN 码是公用电话号码簿上可以查到的统一电话号码；MSRN 码是移动台漫游号码，它是在呼叫漫游用户时使用的号码，由 VLR 临时指定，并根据此号码将呼叫接至漫游移动台；国际移动台识别码（IMSI）在无线信道上使用，用来寻呼和识别移动台。上述 3 个识别码存在着对应关系，利用它们可以准确无误地识别某个移动台。

（2）位置登记

移动台从一个小区进入另一个小区，必须经过位置登记后才能使用。如 A 区移动台进入 B 区后，它会自动搜索该区基站的广播公共信道，获得位置信息。当发现接收到的区域识别码与自己的不同时，漫游移动台会向当地基站发出位置更新请求；B 区的被访局收到此信号后，通知本局的 VLR，VLR 即为漫游用户指定一个临时号码 MSRN，并将此号码通过 7 号信令通知移动台所在业务区备案。这样，一个漫游用户位置登记就完成了。

（3）呼叫接续

当公用有线电话用户要呼叫某漫游移动台时，用有线电话机拨移动台 DN 码，DN 码首先经由公用交换网接至最靠近的本地 GSM 移动业务交换中心（GSMC）；GSMC 利用 DN 码访问总局位置登记器，从中取得漫游台的 MSRN 码，并根据此码将呼叫接至被访问的移动业务交换中心（VMSC）；VMSC 接到 MSRN 号码后，进一步访问来访者登记器，证实漫

游台是否仍在本区工作，经确认后，VMSC把MSRN码转换成IMSI，通过当地基站在无线信道上向漫游移动台发出寻呼，从而建立通话。

2. GSM提供多种业务

GSM除可以开放基本的话音业务外，还可提供各种承载业务、补充业务，以及与ISDN相关的各种业务，包括传输速率为300～9 600 bit/s的双工异步数据，1 200～9 600 bit/s的双工同步数据；异步300～9 600 bit/s的PAD接入电路、分组数据和话音数字信号、可视图文等方面。

3. GSM具有较好的保密功能

GSM向用户提供的保密功能有以下3种。

（1）通过“用户鉴别”实现保密。其鉴别方式是一个“询问-响应”过程。为了鉴别用户，在通信过程开始时，首先由网络向移动台发出一个信号；移动台收到这个号码后，连同内部的“电子密锁”共同启动“用户鉴别”单元，随之输出鉴别结果，返回网络的固定方。网络固定方在发出号码的同时，也启动自己的“用户鉴别”单元，产生相应的结果，与移动台返回的结果进行比较，若结果相同则确认为合法用户，否则确认为非法用户，从而确保了用户的使用权。

（2）对移动台识别码加密，使窃听者无法确定用户的移动台电话号码，起到对用户位置保密的作用。

（3）将用户的话音、信令数据和识别码加密，使非法窃听者无法收到通信的具体内容。

4. 越区切换功能

在微蜂窝区移动通信网中，越区切换十分频繁。GSM采取主动参与越区切换的策略。移动台在通话期间，不断向所在工作区基站报告本区和相邻区无线环境的详细数据。当需要越区切换时，移动台主动向本区基站发出越区切换请求，固定方（MSC和BS）根据来自移动台的数据查找是否存在替补信道，以接收越区切换。如果不存在，则选择第二替补信道，直至选中一个空闲信道，使移动台切换到该信道上继续通信。

5. 容量大、音质好

GSM系统容量大，通话音质好，便于数字传输，可与今后的综合业务数字网（ISDN）兼容，还具有电子信箱、短消息业务等功能。

6.2 GSM的系统结构

移动通信网主要由交换传输部分和无线部分组成，交换传输部分与PSTN很类似，而无线网络是特有的。无线比有线存在更多不确定因素，而移动无线电与固定无线通信相比，由于其移动性和传播条件的恶劣就更为复杂。无线网络的优劣常常成为决定移动通信网络好坏的决定因素之一，因而也是网络优化的重点。

完整的蜂窝移动通信系统主要由交换网络子系统（SS）、无线基站子系统（BSS）、移动台（MS）及操作维护子系统（OMC）4大子系统设备组成。

GSM 系统如图 6-1 所示，SS 包括移动业务交换中心（MSC）、访问位置寄存器（VLR）、归属位置寄存器（HLR）、鉴权中心（AUC）和移动设备识别寄存器（EIR）；BSS 包括基站控制器（BSC）和基站收发信台（BTS）；MS 由收发信机和 SIM 卡组成；OMC 主要是对整个 GSM 网络进行管理和监控。依据厂家的实现方式不同可分为 OMC-R（无线子系统的操作维护）和 OMC-S（交换子系统的操作维护）。通过 OMC 实现对 GSM 网内各种部件功能的监视，系统的自检，报警与备用设备的激活，系统的故障诊断与处理，话务量的统计和计费数据的记录与传递，以及各种资料的收集、分析与显示等功能。

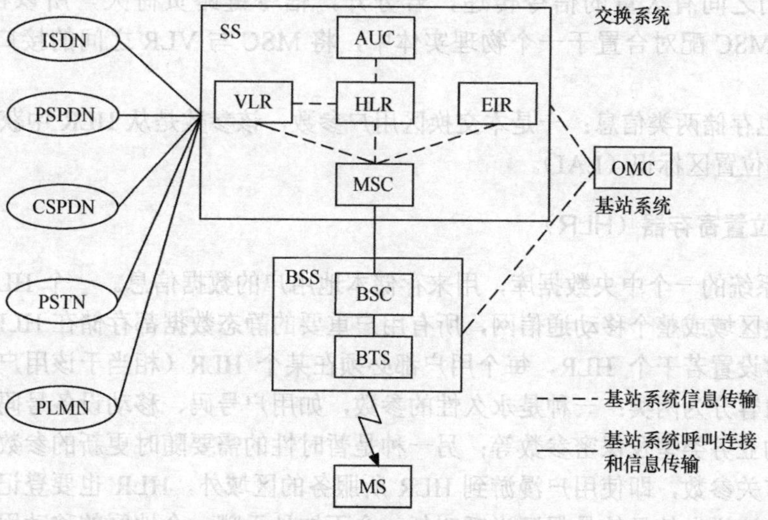

图 6-1　GSM 系统结构

6.2.1　交换网络子系统

交换网络子系统（SS）主要完成交换功能和用户数据与移动性管理、安全性管理所需的数据库功能。SS 由下列功能实体构成。

1．移动业务交换中心（MSC）

MSC 是 GSM 网络系统的核心部分，是对位于它所覆盖区域中的移动台进行控制和完成话路交换的功能实体，也是移动通信系统与其他公用通信网之间的接口。MSC 提供交换功能，完成移动用户寻呼接入、信道分配、呼叫接续、话务量控制、计费、基站管理等功能，还可完成 BSS、MSC 之间的切换和辅助性的无线资源管理、移动性管理等，并提供面向系统其他功能实体和面向固定网（PSTN、ISDN 等）的接口功能。作为网络的核心，MSC 与网络其他部件协同工作，完成移动用户位置登记、越区切换和自动漫游、合法性检验及频道转接等功能。

MSC 处理用户呼叫所需的数据与 HLR、VLR 和 AUC 3 个数据库有关，MSC 根据用户当前位置和状态信息更新数据库。

2．访问位置寄存器（VLR）

VLR 是用于存储所有来访用户位置信息的数据库，为已经登记的移动用户提供建立呼叫接续的必要条件。一个VLR通常为一个MSC控制区服务，也可为几个相邻的MSC控制区服务。当移动用户漫游到新的MSC控制区时，它必须向该地区的VLR申请登记。VLR要从该用户的HLR查询有关参数，给该用户分配一个新的MSRN，并通知其HLR修改该用户的位置信息，准备为其他用户呼叫此移动用户提供路由信息。如果移动用户由一个VLR服务区移动到另一个VLR服务区，HLR在修改该用户的位置信息后，还要通知原来的VLR删除此移动用户的位置信息。因此，VLR可被看成一个动态的数据库。

VLR用于寄存所有进入本交换机服务区域用户的信息。VLR看成是分布的HLR，由于每次呼叫它们之间有大量的信令传递，若分开，信令链路负荷大，所以在爱立信系统中，VLR和MSC配对合置于一个物理实体中，将MSC与VLR之间的接口作成AXE的内部接口。

VLR中也存储两类信息：一是本交换区用户参数，该参数是从HLR中获得的；二是本交换区MS的位置区标识（LAI）。

3．归属位置寄存器（HLR）

HLR是系统的一个中央数据库，用来存储本地用户的数据信息。一个HLR能够控制若干个移动交换区域或整个移动通信网，所有用户重要的静态数据都存储在HLR中。在GSM通信网中通常设置若干个HLR，每个用户都必须在某个HLR（相当于该用户的原籍）中登记。登记的内容分为两类：一种是永久性的参数，如用户号码、移动设备号码、接入的优先等级、预定的业务类型及保密参数等；另一种是暂时性的需要随时更新的参数，即用户当前所处位置的有关参数，即使用户漫游到HLR所服务的区域外，HLR也要登记由该区传送来的位置信息。这样做的目的是保证当呼叫任一个不知处于哪一个地区的移动用户时，均可由该移动用户的原地位置寄存器获知它当时处于哪一个地区，进而建立起通信链路。

HLR存储两类数据：一是用户的参数，包括MSISDN、IMSI、用户类别、Ki及补充业务等参数；二是用户的位置信息，即该MS目前处于哪个MSC/VLR中的MSC/VLR地址。

4．鉴权中心（AUC）

AUC存储用户的加密信息，属于HLR的一个功能单元部分，是一个受到严密保护的数据库，专用于GSM系统的安全性管理。它是产生为确定移动用户的身份和对呼叫保密所需鉴权、加密的3个参数——随机号码（RAND）、符合响应（SRES）和密钥（Kc）的功能实体，用户的鉴权和加密都需通过系统提供的用户三参数组参与来完成。

AUC存储着鉴权信息与加密密钥，用来进行用户鉴权及对无线接口上的语音、数据、信令信号进行加密，防止无权用户接入和保证移动用户的通信安全。

5．设备识别寄存器（EIR）

EIR也是一个数据库，存储与移动台有关的设备参数。主要完成对移动设备的识别、监视、闭锁等功能，以防止非法移动台的使用。

EIR存储着移动设备的国际移动设备识别号（IMEI），通过核查白色清单、黑色清单、灰色清单这3种表格，分别列出准许使用、出现故障需监视、失窃不准使用的IMEI。运营部门可据此确定被盗移动台的位置并将其阻断，对故障移动台能采取及时的防范措施。

在我国，基本上没有采用EIR进行设备识别。

6.2.2　无线基站子系统

无线基站子系统（BSS）是在一定的无线覆盖区中由 MSC 控制、与 MS 进行通信的系统设备，它主要负责完成无线发送接收和无线资源管理等功能。功能实体可分为基站控制器（BSC）和基站收发信台（BTS）。

BSS 在 GSM 网络的固定部分和无线部分之间提供中继，一方面 BSS 通过无线接口直接与移动台实现通信连接，另一方面 BSS 又连接到网络端的移动交换机。

1．基站控制器

基站控制器（BSC）是基站收发台和移动交换中心之间的连接点，也为基站收发台和操作维护中心之间交换信息提供接口。一个基站控制器通常控制多个基站收发台，其主要功能是进行无线信道管理，实施呼叫和通信链路的建立和拆除，并为本控制区内移动台的过区切换进行控制，控制完成移动台的定位、切换及寻呼等，是个很强的业务控制点。

2．基站收发信台

基站收发信台（BTS）包括无线传输所需要的各种硬件和软件，如发射机、接收机、支持各种小区结构（如全向、扇形、星状和链状）所需要的天线，连接基站控制器的接口电路，以及收发信台本身所需要的检测和控制装置等。BTS 完全由 BSC 控制，主要负责无线传输，完成无线与有线的转换、无线分集、无线信道加密、跳频等功能。

BTS 包括无线收发信机和天线，此外还有与无线接口相关的信号处理电路。信号处理电路将实现多址复用所需的帧和时隙的形成和管理，以及为改善无线传输所需的信道编解码和加密、解密，速率适配等功能。

6.2.3　移动台

移动台（MS）就是常说的“手机”，可分为车载型、便携型和手持型 3 种。它是 GSM 系统中直接由移动用户使用的终端设备，由移动设备（ME）和用户识别卡（SIM 卡）两部分组成。用户的所有信息都存储在 SIM 卡上，系统中的任何一台移动设备都可以利用 SIM 卡来识别移动用户。MS 可完成话音编码、信道编码、信息加密、信息的调制和解调、信息的发射和接收。

SIM 卡是用户识别模块，对一个用户来说是唯一的，它类似于现在所用的 IC 卡。SIM 卡存有认证用户身份所需的所有信息，并能执行一些与安全保密有关的重要信息，以防止非法用户进入网络。SIM 卡还存储与网络和用户有关的管理数据，只有插入 SIM 卡后，移动终端才能接入网络进行正常通信。

6.3　GSM 的网络结构

前面从系统构成的角度介绍了 GSM 的各个组成部分。由于移动通信是依靠其实际的物理网络来实现的，所以这里对实际的网络结构进行说明。GSM 网络在建网时选用了独立建网、采用专用网号（网与网之间互通时所需要拨的网号）的方式。例如，“139”为中国移动 GSM 网络专用网号，“130”为中国联通 GSM 网络专用网号。

移动通信网的网络结构可归结为：一个系统区由若干个服务区组成；一个服务区由若干个公共陆地移动网（PLMN）组成；一个 PLMN 由一个或若干个 MSC 组成；一个 MSC 由若干个位置区组成；一个位置区由若干个 BS 组成，如图 6-2 所示。

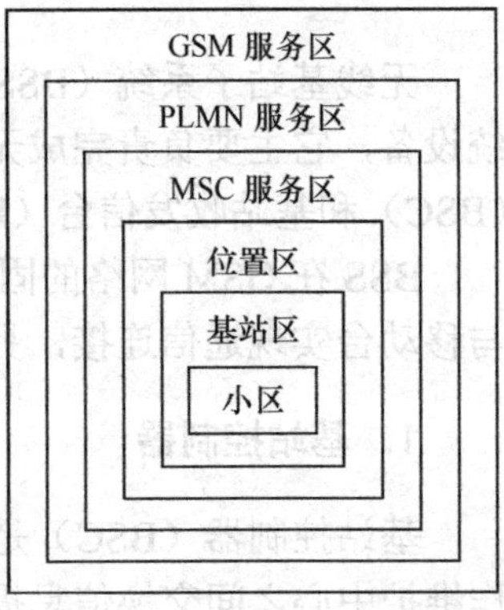

图 6-2　移动通信网的网络结构

GSM 系统区：同一制式的移动通信覆盖区，在此区域中无线接口技术完全相同。

PLMN 服务区：由若干个相互联网的 PLMN 覆盖区组成，此区内可以漫游。

MSC 服务区：一个移动交换中心管辖，一个公共移动网含多个业务区。

位置区：可由若干个基站组成，在同一位置区移动不必进行登记。

基站区：一个基站管辖的区域，如使用全向天线，一个基站只含一个小区；如使用扇形天线，一个基站可含数个小区。

小区：一个 BTS 的无线覆盖区域，半径为一至几十千米，每个小区分配一组信道。

移动网与其他网络之间应设置接口局，接口局的数量不宜太多，接口局可以独立设置，也可以兼设。为便于理顺网络结构，移动局与其他网络之间应逐步采用来去话汇接方式。互连双方的接口局作为网间结算的计费点对来去话进行计费。

我国 GSM 数字移动通信网是与 PSTN、ISDN、PSPDN 并行设置的一个通信业务网，与这些固定网一样，它在网络结构上分为 3 级。

6.3.1　移动业务本地网的网络结构

我国地域辽阔，因此将全国划分为若干个移动业务本地网，建网的原则是长途区号为 2 位或 3 位的地区可建移动业务本地网。每个移动业务本地网中应设立一个 HLR，必要时可以增设 HLR，用于存储归属移动业务本地网的所有用户有关数据。还可以几个移动业务本地网共用一个 MSC，每个移动业务本地网中可设立一个或多个 MSC。

在移动业务本地网中，每个 MSC 与局所在本地的长途局相连，并与局所在地的市话汇接局相连。在长途局为多局制地区，MSC 应与该地区的高一级长途局相连。如没有市话汇接局，可与本地市话端局相连，如图 6-3 所示。

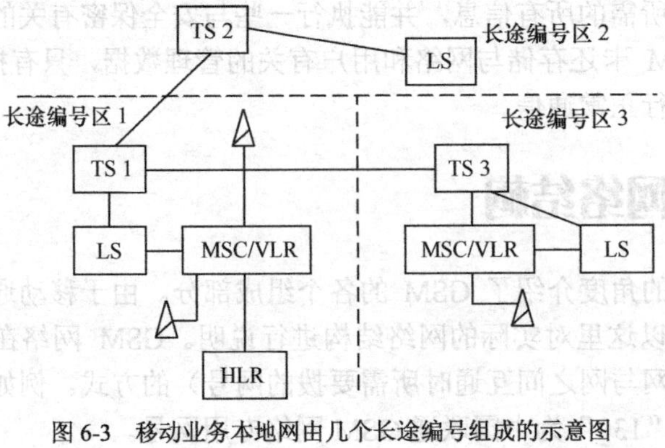

图 6-3　移动业务本地网由几个长途编号组成的示意图

在图 6-3 中，TS 为长途局，LS 为本地局。在 MSC 数量较少时，MSC 间为网状网相连，并与所属的移动汇接局（TMSC）相连。

6.3.2　省内移动通信网的网络结构

省内 GSM 移动通信网由省内的各移动业务本地网构成。省内设立若干个移动业务汇接中心，二级汇接中心可以只作汇接中心（即不带用户），也可以兼作移动端局（与基站相连，可带用户）。省内 GSM 蜂窝移动通信网中的每一个移动端局至少应与省内两个二级汇接中心相连，二级汇接中心之间为网状网结构，如图 6-4 所示。

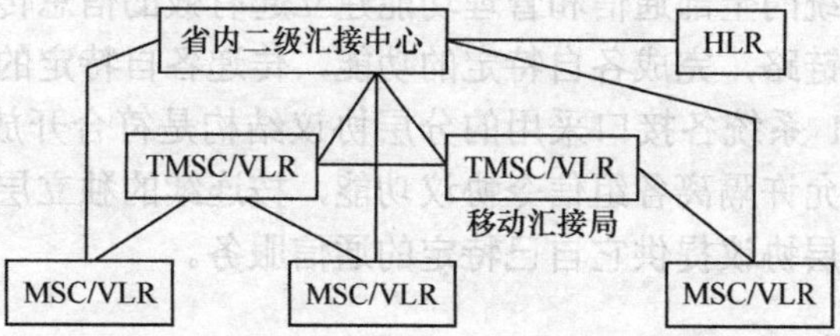

图 6-4　省内数字公用蜂窝移动通信的网络结构

对于业务量很少的省，省内不独立设置一级汇接中心，应共用所属大区其他省的一级汇接中心，二级汇接中心可以独立设置，也可以与端局合并。

6.3.3　全国移动通信网的网络结构

全国 GSM 移动电话网按大区设立一级汇接中心，省内设立二级汇接中心，移动业务本地网设立端局组成三级网络结构。一级汇接中心之间为网状网。它与公共电话交换网（PSTN）的关系如图 6-5 所示。

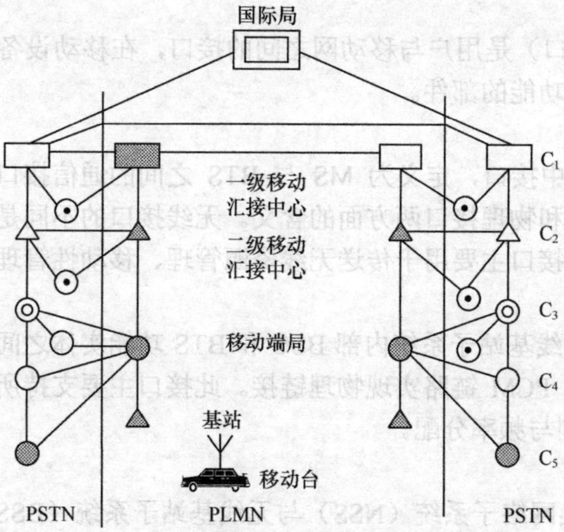

图 6-5　全国 GSM 移动通信网的网络结构

一般每省设 2～4 个省汇接，全国有 60～120 个汇接，各省有 10～30 个 MSC，当用户达到一定数量时，建MSC网专线。

6.3.4 GSM的网络接口

为了保证不同厂商生产的GSM系统基础设备互通、组网，GSM系统技术规范对其分系统之间及各功能实体之间的接口和协议做了较具体的定义。GSM系统遵循ITU-T建议的公共陆地移动网（PLMN）接口标准，采用7号信令支持PLMN接口进行所需的数据传输。

GSM系统各功能实体之间的接口定义明确，同样GSM规范对各接口所使用的分层协议也做了详细定义。协议是各功能实体之间共同的“语言”，通过各个接口互相传递有关的消息，为完成GSM系统的全部通信和管理功能建立起有效的信息传送通道。不同的接口可能采用不同形式的物理链路，完成各自特定的功能，传递各自特定的消息，这些都由相应的信令协议来实现。GSM系统各接口采用的分层协议结构是符合开放系统互连（OSI）参考模型的。分层的目的是允许隔离各组信令协议功能，按连续的独立层描述协议，每层协议在明确的服务接入点对上层协议提供它自己特定的通信服务。

1．移动通信网接口

移动通信网接口如图6-6所示，各接口的功能如下。

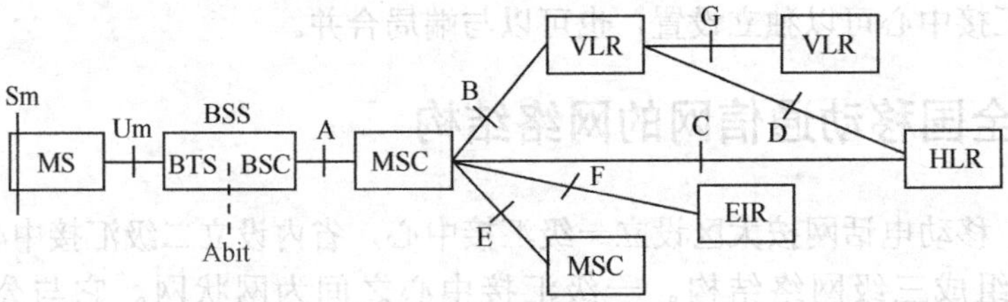

图6-6 移动通信网接口

（1）Sm接口

Sm接口（人机接口）是用户与移动网之间的接口，在移动设备中包括键盘、液晶显示及实现用户身份卡识别功能的部件。

（2）Um接口

Um接口又称为空中接口，定义为MS与BTS之间的通信接口，是移动通信网的主要接口。它包含信令接口和物理接口两方面的含义。无线接口的不同是数字移动网与模拟移动网的主要区别之一。此接口主要用于传送无线资源管理、移动性管理和接续管理等信息。

（3）Abit接口

Abit接口定义为无线基站子系统内部BSC和BTS功能实体之间的通信接口，通过标准的2 Mbit/s或64 kbit/s PCM链路实现物理链接。此接口主要支持所有向用户提供的服务和对BTS无线设备的控制与频率分配。

（4）A接口

A接口定义为交换网络子系统（NSS）与无线基站子系统（BSS）之间的通信接口，它通过2 Mbit/s PCM数字链路实现MSC与BSC之间的接口。此接口主要用于传递移动台管理、基站管理、移动性管理和接续管理等信息。

（5）B 接口

B 接口定义为 MSC 与 VLR 之间的接口，VLR 是移动台在相应 MSC 控制区域内进行漫游时的定位和管理数据库。主要用于传递 MSC 向 VLR 询问有关 MS 的当前位置信息及位置更新等消息。当 MS 启动与某个 MSC 有关的位置更新程序时，MSC 就会通知存储着有关信息的 VLR。同样，当用户使用特殊的附加业务或改变相关的业务信息时，MSC 也通知 VLR。需要时，相应的 HLR 也要更新。

（6）C 接口

C 接口定义为 MSC 与 HLR 之间的接口。当建立呼叫时，MSC 通过此接口从 HLR 处选择路由的信息，呼叫结束时 MSC 向 HLR 送计费信息，此接口主要用于传递路由信息和管理信息。当固定网不能查询 HLR 以获得所需要的位置信息来建立至某个移动用户的呼叫时，有关的 GMSC 就应查询此用户归属的 HLR，以获得被呼移动台漫游号码，并传递给固定网。

（7）D 接口

D 接口定义为 HLR 与 VLR 之间的接口。此接口主要用于交换有关移动台位置和用户管理信息，保证移动台在整个服务区内能建立和接收呼叫。为支持移动用户在整个服务区内发起或接收呼叫，两个位置寄存器间必须交换数据。VLR 通知 HLR 某个归属它的移动台的当前位置，并提供该移动台的漫游号码；HLR 向 VLR 发送支持对该移动台服务所需要的所有数据。当移动台漫游到另一个 VLR 服务区时，HLR 应通知原先为此移动台服务的 VLR 消除有关信息。当移动台使用附加业务，或者用户要求改变某些参数时，也要用 D 接口交换信息。

（8）E 接口

E 接口定义为 MSC 之间的接口。此接口主要用于切换过程中交换有关切换信息的启动和完成切换功能。当移动台在通话过程中从一个 MSC 服务区移动至另一个 MSC 服务区时，为维持连续通话，就要进行越区切换。此时，在相应 MSC 之间通过 E 接口交换在切换过程中所需的信息。

（9）F 接口

F 接口定义为 MSC 与 EIR 之间的接口。此接口主要用于交换有关的国际移动台设备识别码管理信息。EIR 存储国内和国际移动台设备识别码，MSC 通过 F 接口查询，以校对移动台设备的识别码。

（10）G 接口

G 接口定义为 VLR 之间的接口。此接口主要用于向分配临时移动用户识别码（TMSI）的 VLR 询问此移动用户的国际移动台识别码（IMSI）的信息。

GSM 系统的主要接口是开放型的，其中 B、C、D、E、F 及 G 为交换网络子系统的内部接口。

2．GSM 系统与其他公用电信网的接口

GSM 系统通过 MSC 与 ISDN、PSTN、PDN 互连，物理链接方式为 2 Mbit/s PCM 数字传输，实现其接口必须满足 ITU-T 的有关接口和信令标准及各国邮电运营部门制定的与这些电信网有关的接口和信令标准。我国 GSM 系统与 PSTN 和 ISDN 网的互连方式采用 7 号信令系统接口。

6.4 GSM 网络的编号与业务

GSM 系统是一个十分复杂的通信系统，它包括众多的功能实体和繁杂的实体间、子系统间及网络间的接口。为了将一个呼叫接续至某个用户，系统需要调用相应的实体，因此要实现正确的寻址，编号计划就显得尤为重要。由于 GSM 系统的业务类似于 ISDN 网的延伸，因此 GSM 系统采用了 ITU-T 建议中的“网号”编号方案，即将 GSM 系统作为一个电话网的独立编号方案，此时的 PLMN 相对于 PSTN 完全独立，其各种号码也就完全独立于 PSTN。

GSM 网络是十分复杂的，它包括交换系统、基站子系统和移动台。移动用户可以与市话网用户、综合业务数字网用户和其他移动用户进行接续呼叫，因此必须具有多种识别号码。移动网的号码或标识码较为复杂，一个移动用户可能同时拥有多个号码，有的号码是固定的，有的是临时的，下面对移动用户的号码进行介绍。

6.4.1 编号

1. 移动台的国际身份号码（MSISDN）

MSISDN 是在公用交换电话网编号计划中唯一地识别移动电话的鉴约号码，ITU-T 建议结构为：

MSISDN=CC+NDC+SN

CC：国家码，即在国际长途电话通信网中的号码，中国为 86。

NDC：移动服务访问码，中国移动为 135～139，中国联通为 130～134。

SN：用户号码，其中 $H_1H_2H_3$ 是 HLR 标识码，表明用户所属的 HLR。

MSISDN 的前面部分 CC+NDC+$H_0H_1H_2H_3$ 其实就是用户所属 HLR 的 GT 地址，这样在入口移动交换中心（GMSC）查询 HLR 时可直接利用 MSISDN 进行信令连接与控制部分（SCCP）的寻址。

例如，一个 GSM 移动手机号码为 8613981080001，86 是国家码 CC；139 则是 NDC，用于识别网号；81080001 是用户号码 SN，8108 用于识别归属区。

2. 国际移动用户识别码（IMSI）

IMSI 唯一地标识了一个 GSM 移动网的用户，并且能指出用户所属的国家号、PLMN 网号和 HLR 号码。

IMSI 分别储存在用户的身份识别卡 SIM 卡上和 HLR 内，以及用户目前访问的 VLR 内。在无线接口及移动应用部分（MAP）接口上传送。

IMSI 在所有的用户漫游位置都有效，移动网用它来识别用户和对用户进行安全鉴别，以判定其是否有权建立呼叫或做位置更新。

IMSI 也是 15 位长，它的组成如下：

IMSI=MCC+MNC+MSIN

MCC：移动用户的国家号，中国是 460。

MNC：移动用户的所属 PLMN 网号，中国移动为 00，中国联通为 01。

MSIN：移动用户标识，在某一 PLMN 内 MS 唯一的识别码编码格式为 $H_1H_2H_3SXXXXX$。

3．移动台漫游号码（MSRN）

移动用户的特性决定它的位置是不断变动的，仅靠 MSISDN 还不足以在 PLMN 内把一个呼叫送达目标用户，它只指出了用户所属的 HLR。

MSRN 是由移动用户现访的 VLR 分配给它的一个临时 ISDN 号码，通过 HLR 查询送给 GMSC，使得 GMSC 可建立起一条至目标用户现访 VLR 的通路，从而把呼叫送达。因此，MSRN 必须是和 MSISDN 一样符合国家通信网统一编号方式，并且带有 VLR 地址信息。MSRN 的组成如下：

$$MSRN=CC+NDC+SN$$

CC：国家号，中国为 86。

NDC：移动服务访问码，中国移动为 135～139，中国联通为 130～134。

SN：用户号，对应于用户的 IMSI 号码。

MSRN 分配过程如下：市话用户通过公用交换电信网发 MSISDN 号至 GSMC、HLR；HLR 请求被访 MSC/VLR 分配一个临时性漫游号码，分配后将该号码送至 HLR；HLR 一方面向 MSC 发送该移动台有关参数，如 IMSI，另一方面 HLR 向 GMSC 告知该 MSRN，GMSC 即可选择路由，完成市话用户→GMSC→MSC→移动台接续任务。

MSRN 在每次开始呼叫时分配给目标用户，用于一次呼叫的路由选择，呼叫完成后即释放，由别的用户使用。

4．切换号码（HONR）

HONR 是用来建立切换所涉及的两 MSC 之间的话路连接的，它是由切换目的 MSC 收到切换源 MSC 的切换请求后分配给这次切换的，它可看为 MSRN 的一部分，组成和 MSRN 相同。

5．临时移动用户识别码（TMSI）

TMSI 是为了对用户的身份保密，而在无线通道上替代 IMSI 使用的临时移动用户标识，这样可以保护用户在空中的话务及信令通道的隐私，它的 IMSI 不会暴露给无权者。它是由 VLR 分配给在其覆盖区内漫游的移动用户的标识码，和用户的 IMSI 相对应，只在本地 VLR 内有效，TMSI 可用作位置更新、切换、呼叫、寻呼等操作时的用户识别码，并且可在每次鉴权成功之后被重新分配。该号只在本 MSC 区域有效，其结构可由运营商自行选择，长度不超过 4 字节。

6．国际移动台设备识别码（IMEI）

GSM 的每个用户终端都有一个唯一的标识码 IMEI。IMEI 是和移动台设备相对应的号码，与哪个用户在使用该设备无关。移动网可在任何时候请求工作着的移动台的 IMEI，以检查该设备是否属于被窃，或它的型号是否被允许使用，若结果否定，呼叫会被拒绝。在用户不用 SIM 卡作紧急呼叫的情况下，IMEI 可被用作用户标识号码，这也是唯一的 IMEI 用于呼叫的情况。IMEI 是唯一用来识别移动台终端设备的号码，称为系列号。

IMEI为15位长，它的组成如下：

IMEI=TAC+FAC+SNR+SP

TAC：型号码，6位，由 European Type Approval Authority 分配。

FAC：工厂组装码，2位，由厂家分配，表明生产厂家及产地。

SNR：流水号，6位，由厂家分配。

SP：备用，1位。

7．位置区识别码（LAI）

LAI 代表 MSC 业务区的不同位置区，用于移动用户的位置更新。LAI 的组成形式为

LAI=MCC+MNC+LAC

MCC：移动国家号，用于识别一个国家。

MNC：移动网号，用于识别国内的 GSM 网。

LAC：位置区号码，用于识别一个 GSM 网中的位置区，LAC 的最大长度为 16 bit，一个 GSMPLMN 中可以定义 65 536 个不同的位置区。

8．小区全球识别码（CGI）

CGI 用于识别一个位置区内的小区。CGI 的组成形式为

CGI=MCC+MNC+LAC+CI

MCC：移动国家代码，中国为460。

MNC：移动网号。

LAC：位置区编号，最长 16 bit，可定义 65 536 个位置区。

CI：小区识别代码。

9．基站识别码（BSIC）

BSIC 用于移动台识别相邻的、采用相同载频的、不同的 BTS，特别用于区别在不同国家的边界地区采用相同载频的相邻 BTS。BSIC 为一个 6 bit 编码。BSIC 的组成形式为

BSIC=NCC+BCC

NCC：国家色码，用于识别 GSM 移动网。

BCC：基站色码，用于识别基站。

6.4.2 主要业务

GSM 是一种多业务系统，可以根据用户的需要为用户提供各种形式的通信。习惯上，人们把语音业务与数据业务（或称为非语音业务）区别开来：语音业务中，信息是语音；而数据业务传送包括电文、图像、传真及计算机文件等在内的其他信息。除了这些传统业务以外，GSM 还提供一些非传统的业务，如短消息业务，它区别于目前固定网提供的各种业务，而更像无线寻呼业务。

电信业务的定义不仅取决于所传信息的特征，还涉及通信的其他特性，如用户的通信特点、传输结构和资费处理等。为用户提供的服务取决于下列 3 个因素。

（1）用户注册的业务：网络运营部门为用户提供了所有可提供服务的项目，同时确定相应的费率，用户将按照自己的需要在其中进行选择并为之付费，网络运营部门也只为用户提供其注册登记的业务。

（2）用户终端性能：有些业务需要用户终端的配合，例如，传真业务在只有话音业务的终端上就无法提供。

（3）网络能力：并不是所有的网络都能提供同样的服务范围，用户使用的业务可能会与其漫游进入的网络有关。

GSM 系统提供的业务分为基本业务和补充业务。基本业务主要涉及传输媒介和建立呼叫的方式。补充业务则使用户能够更好地接受基本业务或是简化电信的日常使用，为用户提供方便，如呼叫前转、来电显示等。基本业务与补充业务的区别在于，一项补充业务可以适用于几个基本业务。在已存在的网络中，这些补充业务被要求附加在基本业务之上，而未来它们很有可能从补充业务转化为基本业务。

GSM 所提供的基本业务进一步可分为承载业务和电信业务，这两种业务是独立的通信业务，其差别在于用户接入点的不同。电信业务主要包括话音业务、数据业务及短消息业务等。下面分别对基本业务和补充业务进行介绍。

1．承载业务

为满足用户对数据通信服务的需求，GSM 系统提供了广泛的承载业务，可支持直到 9.6 kbit/s 的所有标准速率。

承载业务提供接入点（ISDN 协议中称为用户-网络间接口）之间传输信号的能力。GSM 系统一开始便考虑到了兼容多种在 ISDN 中定义的承载业务，以满足 GSM 移动用户对数据通信服务的需要。GSM 系统设计的承载业务不仅使移动用户之间能完成数据通信，更重要的是能为移动用户与 PSTN 或 ISDN 用户之间提供数据通信服务，同时还能使 GSM 移动通信网与其他公用数据网（如公用分组数据网和公用电路数据网）实现互通。

在传输数据业务时，MSC 需启用互通功能单元（IWF）。互通功能单元是为完成数据连通而规定的全部功能。用户总是需要不同种类的承载业务，要支持各种承载业务也就要经过不同类型的 MS 或 IWF 接入接口和终端网络。

2．语音业务

GSM 提供的最主要的业务是语音业务，它为 GSM 用户和其他所有与之联网的用户之间提供双向通话。随着 ISDN 的发展，数据业务将在电信业务中占据越来越大的比例，但对于移动通信系统而言，语音业务仍然是最重要的服务。固定电话线路并非随处可得，而能随身携带的移动电话正使蜂窝移动电话成为人与人之间一种重要的通信手段。

根据 GSM 的专用术语，紧急呼叫是由语音业务引申出的一种特殊业务。它允许用户通过一个简单的固定步骤使电话接入紧急服务部门，如警察局或消防队，接入过程简单而统一。紧急呼叫业务优先于其他业务，在移动台没有插入 SIM 卡或用户处于锁定状态时也可接通紧急服务中心。由于我国各紧急呼叫中心尚未联网，因此我国目前使用的移动台在紧急呼叫时虽然是按欧洲标准拨 112 或 SOS，但系统将回送提示录音指导用户拨不同的号码来呼叫不同的紧急服务中心。

另一项从语音业务中派生出的业务是语音信箱业务。GSM 规范中并没有将这一业务单独作为一种业务，但许多运营部门都将这种服务作为基本服务。当电话无法接通或是主叫用户直接接入语音信箱时，这种业务可以实现先将话音存储起来，事后再由被叫的移动用户提取的功能。

3．数据业务

GSM 规范在制定时便按照 ISDN 模式为用户提供各种数据业务。目前，提供给固定用户和 ISDN 用户的大部分数据业务 GSM 都能提供，包括公用分组交换数据网（PSPDN）所提供的业务。在无线传输允许的条件下，GSM 技术规范中列举了 35 种数据业务，可以适用于不同的场合。

数据通信可以按照通信者的不同或是端到端信息流的性质或传输模式来划分。GSM 规范中不能提供所有的描述，但可以按照通信者的类型来进行分类。在 GSM 规范中，所有的数据服务均作为特殊项目提出。GSM 用户可以和 PSTN 用户相连接，所用的标准有 V.21，V.22，V.22 bis 等。GSM 用户也可以与 ISDN 用户相连接，关键问题在于两者速率的适配。此外，GSM 用户间及 GSM 用户同分组交换数据网用户、电路交换数据通信网用户之间都可以建立连接，其互连协议可参考 GSM 有关规范。

4．短消息业务

上面提到的各种数据业务只是简单地将用于固定用户的业务扩展到 GSM 移动用户，但实现这些业务所用的笨重的终端并不适用于真正的移动环境。针对这种情况，GSM 提供了一种类似于寻呼业务的短消息服务，移动台被设计成既可用于通话又可用于寻呼，使用户可以用 GSM 移动台来传递一些简单的消息。

GSM 可以提供传送点到点短消息的服务，包括发送往移动台（SMT-MT）和从移动台接收（SMT-MO）。系统通过 GSM 系统中一个相对独立的实体短消息业务中心实现这两种服务。点对点短消息的发送和接收应在处于呼叫状态或空闲状态时进行，由控制信道转送短消息业务的消息。

另一种短消息服务是“广播短消息”，即系统周期性地对蜂窝中所有的用户广播数据信息。广播短消息也是在控制信道上传送，移动台只有在空闲状态下才可以接收广播消息。

5．补充业务

补充业务修改和添加了基本业务，它主要是允许用户能够选择网络对其呼叫的处理及通过网络为用户提供信息，使用户能更充分地利用基本业务。

GSM 所提供的补充业务共 8 大类，分别简要介绍如下。

（1）号码识别类补充业务

此类补充业务主要是为用户提供有关呼叫号码识别的功能选择，具体包括主叫号码识别显示（CLIP）、主叫号码拒绝显示（CLIR）、被叫号码识别显示、被叫号码识别限制及恶意呼叫识别（MCI）等。

（2）呼叫提供类补充业务

此类业务为用户处理来话呼叫提供了功能选择，使用户可以根据需要处理来话。具体包括无条件呼叫前转（CFU）、遇移动用户忙呼叫前转（CFB）、遇无应答呼叫前转（CFNRY）、遇移动用户不可及呼叫前转（CFNRC）和移动接入搜索等。

（3）呼叫完成类补充业务

此类业务主要是为已经建立了呼叫的用户提供呼叫中对通话进行处理的选择，主要包括呼叫等待（CW）、呼叫保持（HOLD）等。

（4）多方通信类补充业务

这类业务支持用户同时与多个用户进行通话，主要有三方通话（3PTY）和会议电话（CONF）两种。

（5）集团类补充业务

这类业务的代表是闭合用户群（CUG），它可以将一些用户定义为用户群，实现对用户群内部通信和对外通信的区别对待。

（6）计费类补充业务

此类业务包括计费通知（AOC）、对方付费（REVC）等。

（7）附加信息传送类补充业务

用户至用户信令（UUS）支持移动用户通过信令信道的透明传输，在呼叫建立的不同阶段向对方用户发送或接收有限的用户信息。

（8）呼叫限制类补充业务

此类业务为用户实现呼叫限制提供了多种选择，具体包括限制所有出局呼叫（BAOC）、限制所有入局呼叫（BAIC）、限制拨叫国际长途（BOIC）、漫游时限制所有入局呼叫（BAIC-ROAM）等。值得注意的是，此类业务在使用时一般都有密码控制。

总之，在实际运营中，网络向用户开放的业务需要根据用户需求、网络功能和用户设备等方面的因素考虑进行。

6.5　GSM 信道配置

GSM 系统采用的是频分多址接入（FDMA）和时分多址接入（TDMA）混合技术，具有较高的频率利用率。FDMA 是说在 GSM 900 频段的上行（MS 到 BTS）890～915 MHz 或下行（BTS 到 MS）935～960 MHz 频率范围内分配了 124 个载波频率，简称载频，各个载频之间的间隔为 200 kHz。上行与下行载频是成对的，即是所谓的双工通信方式。双工收发载频对的间隔为 45 MHz，TDMA 是说在 GSM 900 的每个载频上按时间分为 8 个时间段，每一个时隙段称为一个时隙（Slot），这样的时隙叫作信道，或称物理信道。一个载频上连续的 8 个时隙组成一个名为“TDMA Frame”的 TDMA 帧，也就是说 GSM 的一个载频上可提供 8 个物理信道。图 6-7 为 TDMA 的原理示意图。

如果把 TDMA 帧的每个时隙视为物理信道，那么在物理信道所传输的内容就是逻辑信道。逻辑信道是指依据移动网通信的需要，为传送各种控制信令和语音或数据业务在 TDMA 的 8 个时隙所分配的控制逻辑信道或语音、数据逻辑信道。

GSM 数字系统在物理信道上传输的信息是由大约 100 多个调制比特组成的脉冲串，称为突发脉冲序列——“Burst”。以不同的“Burst”信息格式来携带不同的逻辑信道。

逻辑信道分为公共信道和专用信道两大类。公共信道主要是指用于传送基站向移动台广播消息的广播控制信道和用于传送移动业务交换中心与移动台之间建立连接所需的双向信号的公共控制信道；专用信道主要是指用于传送用户语音或数据的业务信道，另外还包括一些用于控制的专用控制信道。

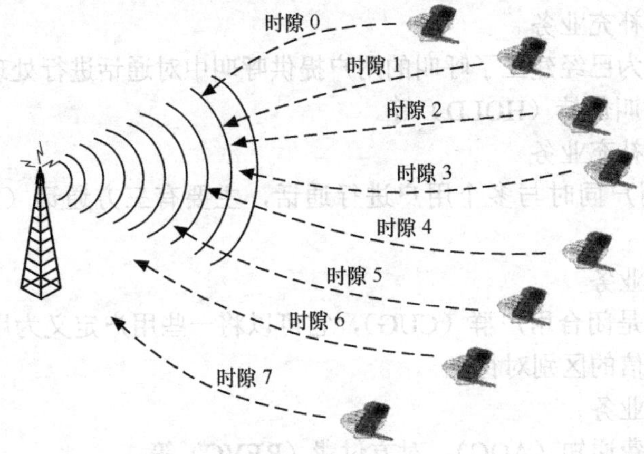

图 6-7　TDMA 原理示意图

6.5.1　帧结构

在 TDMA 的物理信道中，帧的结构或组成是基础，为此先讨论 GSM 的帧结构。GSM 系统各种帧及时隙的格式如图 6-8 所示。

图 6-8　GSM 系统各种帧及时隙的格式

每一个 TDMA 帧含 8 个时隙，每帧长度为 4.615 ms，每帧时隙的宽度为 0.577 ms，其中包含 156.25 bit。时隙是物理信道的基本单元。

由若干个 TDMA 帧可以构成复帧，分两种不同类型：一种是由 26 帧组成的复帧，这种复帧长 120 ms，主要用于业务信息的传输，也称为业务复帧；另一种是由 51 帧组成的复帧，这种复帧长 235.385 ms，专用于传输控制信息，也称为控制复帧。

由 51 个业务复帧或 26 个控制复帧均可组成一个超帧，超帧的周期为 1 326 个 TDMA 帧，超帧长 $51 \times 26 \times 4.615 \times 10^{-3} \approx 6.12$ s。

由 2 048 个超帧组成超高帧，超高帧的周期为 $2\ 048 \times 1\ 326 = 2\ 715\ 648$ 个 TDMA 帧，即 12 533.76 s，即 3 h 28 min 53 s 760 ms。每经过一个超高帧周期，系统将重新启动密码和跳频算法。

帧的编号（FN）以超高帧为周期，0～2 715 647。

GSM 系统上行传输所用的帧号和下行传输所用的帧号相同，但上行帧相对于下行帧来说，在时间上推后 3 个时隙，如图 6-9 所示。这样安排，允许移动台在这 3 个时隙的时间内进行帧调整及对收发信机的调谐和转换。

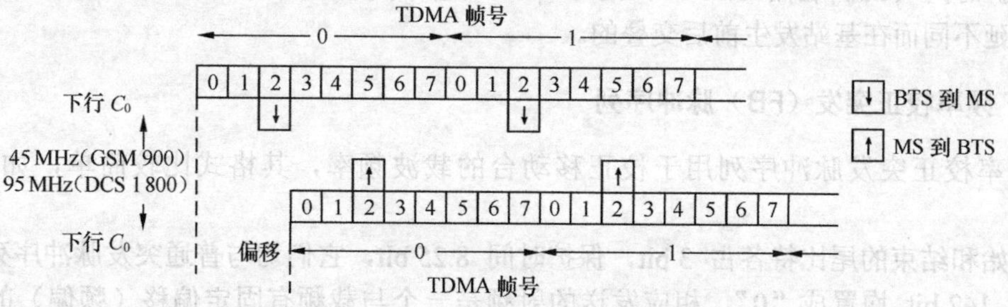

图 6-9　上行帧号和下行帧号所对应的时间关系

6.5.2　时隙结构

GSM 系统中有不同的逻辑信道，它们以不同的方式映射到物理信道。TDMA 信道上一个时隙中的信息格式称为突发脉冲序列。因此可以将突发脉冲看成是逻辑信道在物理信道传输的载体。根据所传信息的不同，时隙所含的具体内容及其组成的格式也不相同。

1. 常规突发（NB）脉冲序列

常规突发脉冲序列亦称普通突发脉冲序列，用于业务信道及专用控制信道，其组成格式如图 6-10 所示。信息位占 116 bit，分成两段，各 58 bit。其中，57 位为数据（加密比特），另 1 位表示此数据的性质是业务信号或控制信号。这两段信息之间插入 26 位训练序列，用作自适应均衡器的训练序列，以消除多径效应产生的码间干扰。GSM 系统共有 8 种训练序列，可分别用于邻近的同频小区。由于选择了互相关系数很小的训练序列，因此接收端很容易辨别各自所需的训练序列，产生信道模型，作为时延补偿的参照。将训练序列放在两段信息的中间位置是考虑到信道会快速发生变化，这样做可以使前后两部分信息比特和训练序列所受信道变化的影响不会有大的差别。

尾比特（TB）总是 000，置于起始时间和结束时间，也称功率上升时间和拖尾时间，各占 3 bit（约 11 μs）。在无线信道上进行突发传输时，起始时载波电平必须从最低值迅速上升到额定值；突发脉冲序列结束时，载波电平又必须从额定值迅速下降到最低值（如 70 dB）。有效的传输时间是载波电平维持在额定值的中间一段，在时隙的前后各设置 3 bit，允许载波功率在此时间内上升和下降到规定的数值。

156.25 bit=0.577 ms

常规突发序列	尾比特 3	信息比特 57	1	训练序列 26	1	信息比特 57	尾比特 3	保护期 8.25
频率校正突发序列	尾比特 3	固定比特 142	尾比特 3	保护期 8.25				
同步突发序列	尾比特 3	加密比特 39	扩展的训练序列 64	加密比特 39	尾比特 3	保护期 8.25		

图 6-10 常规突发脉冲等序列的格式

保护时间（GP）占用 8.25 bit（约 30 μs），是用来防止不同移动台按时隙突发的信号因传播时延不同而在基站发生前后交叠的。

2．频率校正突发（FB）脉冲序列

频率校正突发脉冲序列用于校正移动台的载波频率，其格式比较简单，如图 6-10 所示。

起始和结束的尾比特各占 3 bit，保护时间 8.25 bit，它们均与普通突发脉冲序列相同，其余的 142 bit 均置成“0”，相应发送的射频是一个与载频有固定偏移（频偏）的纯正弦波，以便于调整移动台的载频。

3．同步突发（SB）脉冲序列

同步突发脉冲序列用于移动台的时间同步。其格式如图 6-10 所示，主要组成包括 64 bit 的同步信号（扩展的训练序列），以及两段各 39 bit 数据，用于传输 TDMA 帧号和基站识别码（BSIC）。

GSM 系统中每一帧都有一个帧号，帧号是以 3.5 h 左右为周期循环的。GSM 的特性之一是用户信息具有保密性，它是通过在发送信息前进行加密实现的，其中加密序列的算法是以 TDMA 帧号为一个输入参数，因此在同步突发脉冲序列中携带 TDMA 帧号，为移动台在相应帧中发送加密数据是必须的。

BSIC 用于移动台进行信号强度测量时区分使用同一个载频的基站。

4．接入突发（AB）脉冲序列

接入突发脉冲序列用于上行传输方向，在随机接入信道（RACH）上传送，用于移动用户向基站提出入网申请。

接入突发脉冲序列的格式如图 6-11 所示。由图 6-11 可见，AB 序列的格式与前面 3 种序列的格式有较大差异。它包括 41 bit 的训练序列，36 bit 的信息，起始比特为 8 位（00111010），而结束的尾比特为 3 位（000），保护期较长，为 68.25 bit。

接入突发序列	尾比特 8	训练序列 41	加密比特 36	尾比特 3	保护期 68.25

图 6-11 接入突发脉冲序列的格式

当移动台在 RACH 上首次接入时，基站接收机开始接收的状况往往带有一定的偶然性。为了提高解调成功率，AB 序列的训练序列及始端的尾比特都选择得比较长。

在使用 AB 序列时，移动台和基站之间的传播时间是不知道的，尤其是当移动台远离基站时导致传播时延较大。为了弥补这一不利影响，保证基站接收机准确接收信息，AB 序列中的防护段选得较长，称为扩展的保护期，约 250 μs，这样，即使当移动台距离基站 35 km 时，也不会发生有用信息落入到下一个时隙的情况。

顺便指出，增加保护期实际上是增加了开销，降低了信息传输速率。在业务信道上不适宜采用过长的保护时间。GSM 系统中采用自适应的帧调整。一旦移动台和基站建立了联系，基站便连续地测试移动台信号到达的时间，并根据下行、上行两次传播时延，在慢速辅助控制信道上每秒钟两次向各移动台提供所需的时间超前量，其值可取 0～233 μs。移动台按这个超前量进行自适应的帧调节，使得移动台向基站发送的时间与基站接收的时间相一致。

除了上述 4 种格式之外，还有一种不发送实际信息的时隙格式，称为“虚设时隙”格式，用于填空，其结构和 NB 格式相同，但只发送固定的比特序列。

6.5.3　信道及其组合

信道组合是以复帧为基础的。所谓“组合”，实际上是将各种逻辑信道装载到物理信道上去。也就是说，逻辑信道与物理信道之间存在着映射关系。信道的组合形式与通信系统在不同阶段（接续或通话）所需要完成的功能有关，也与传输的方向（上行或下行）有关，除此之外，还与业务量有关。

1．业务信道的组合方式

业务信道有全速率和半速率之分，下面只考虑全速率情况。

业务信道的复帧含 26 个 TDMA 帧，其组成的格式和物理信道（一个时隙）的映射关系如图 6-12 所示。其中给出了时隙 2（即 TS_2）构成一个业务信道的复帧，共占 26 个 TDMA 帧，其中，24 帧 T（即 TCH）用于传输业务信息；1 帧 A 代表随路的慢速辅助控制信道（SACCH），传输慢速辅助信道的信息（例如，功率调整的信令）；还有 1 帧 I 为空闲帧（半速率传输业务信息时，此帧也用于传输 SACCH 的信息）。

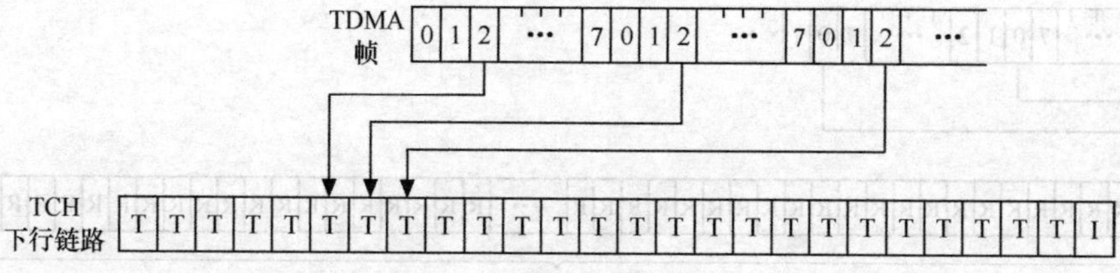

图 6-12　业务信道的组合方式

上行链路与下行链路的业务信道具有相同的组合方式，唯一的差别是有一个时间偏移，即相对于下行帧，上行帧在时间上推后 3 个时隙。

一般情况下，每一基站有 n 个载频（双工），分别用 C_0，C_1，…，C_{n-1} 表示。其中，C_0 称为主载频。每个载频有 8 个时隙，分别用 TS_0，TS_1，…，TS_7 表示。C_0 上的 TS_2～TS_7 用

于业务信道，C_0上的 TS_0 用于广播信道和公共控制信道，C_0上的 TS_1 用于专用控制信道。在小容量地区，基站仅有一套收发信机，这意味着只有 8 个物理信道，这时 TS_0 可既用于公共控制信道又用于专用控制信道，而把 TS_1～TS_7 用于业务信道。其余载频 C_1～C_{n-1} 上 8 个时隙均用于业务信道。

2．控制信道的组合方式

控制信道的复帧含 51 帧，其组合方式类型较多，而且上行传输和下行传输的组合方式也是不相同的。

（1）BCH 和 CCCH 在 TS_0 上的复用

广播信道（BCH）和公用控制信道（CCCH）在主载频（C_0）的 TS_0 上的复用（下行链路）如图 6-13 所示。

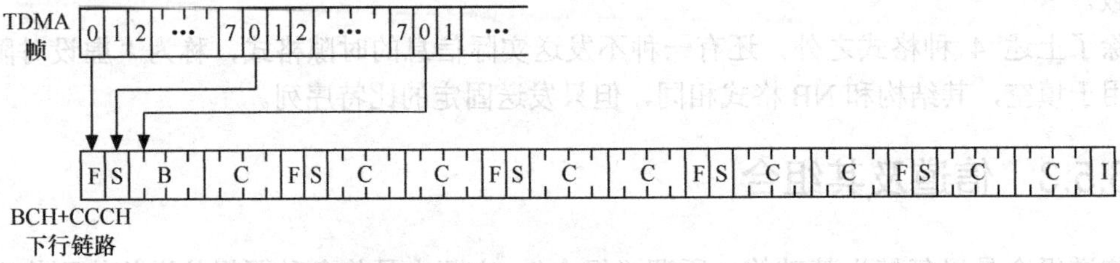

图 6-13　BCH 和 CCCH 在 TS_0 上的复用

F（FCCH）：用于移动台校正频率。

S（SCH）：移动台据此读 TDMA 帧号和 BSIC。

B（BCCH）：移动台据此读有关小区的通用信息。

由图 6-13 可见，控制复帧共有 51 个 TS。值得指出的是，此序列是以 51 个帧为循环周期的，所以虽然每帧只用了 TS_0，但从时间长度上讲，序列长度仍为 51 个 TDMA 帧。

如果没有寻呼或接入信息，F、S 及 B 总在发射，以便使移动台能够测试该基站的信号强度，此时 C（即 CCCH）用空位突发脉冲序列代替。

对于上行链路而言，TS_0 只用于移动台的接入，即 51 个 TDMA 帧均用于随机接入信道（RACH），其映射关系如图 6-14 所示。

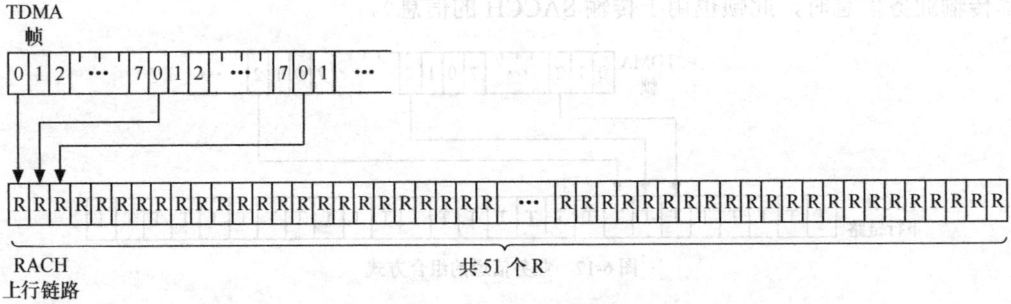

图 6-14　TS_0 上 RACH 的复用

（2）SDCCH 和 SACCH 在 TS_1 上的复用

C_0上的 TS_1 可用于独立专用控制信道（SDCCH）和慢速辅助控制信道（SACCH）。

下行链路 C_0上的 TS_1 的映射如图 6-15 所示。下行链路占用 102 个 TS_1，从时间长度上讲是 102 个 TDMA 帧。

由于在呼叫建立及入网登记时所需比特率较低，因而可在这些 TS（TS_1）中放置 8 个 SDCCH（共有 64 个 TS），图中用 D_0，D_1，…，D_7 表示，每个 D_x 占 8 个 TS。D_x 只在移动台建立呼叫时使用，在移动台转到 TCH 上开始通话或登记完毕后，可将 D_x 用于其他移动台。SACCH 占 32 个 TS，用 A_0，A_1，…，A_7 表示，每个 A_x 占 4 个 TS。A_x 是用于传输必需的控制信令，例如，功率调整命令。I 表示空闲帧，占 6 个 TS。

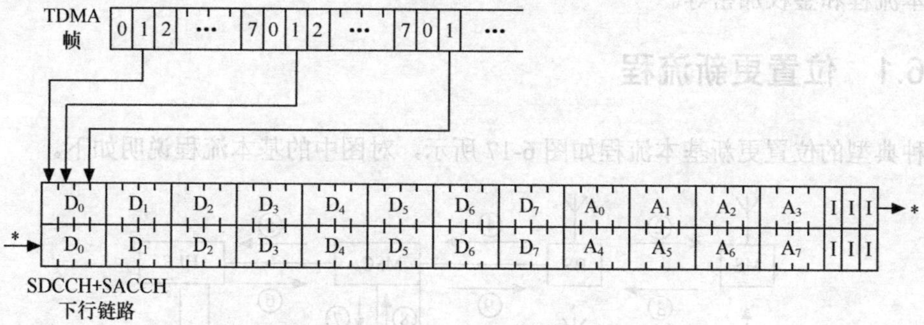

图 6-15 SDCCH 和 SACCH（下行）在 TS_1 上的复用

由于是专用控制信道，因此上行链路 C_0 上 TS_1 组成的结构与上述下行链路的结构是相同的，但在时间上有一个偏移。

（3）公用控制信道和专用控制信道均在 TS_0 上的复用

在小容量地区或建站初期，小区可能仅有一套收发单元，这意味着只有 8 个 TS（物理信道）。TS_1～TS_7 均用于业务信道，此时 TS_0 既用于公用控制信道（BCH，CCCH），又用于专用控制信道（SDCCH，SACCH），其组成格式如图 6-16 所示。其中，下行链路包括 BCH（F、S、B），CCCH（C），SDCCH（D_0～D_3），SACCH（A_0～A_3）和空闲帧 I，共占 102 TS，从时间长度上讲是 102 个 TDMA 帧。

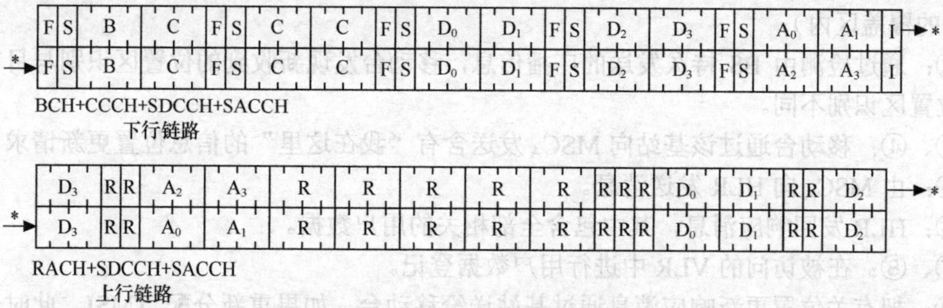

图 6-16 TS_0 上控制信道综合复用

上行链路包括 RACH（R），SDCCH（D_0～D_3）和 SACCH（A），共占 102 TS。

从上述分析可知，如果小区只有一对双工载频（C_0），那么 TS_0 用于控制信道，TS_1～TS_7 用于业务信道，即允许基站与 7 个移动台可同时传输业务。在多载频小区内，其中 C_0 的 TS_0 用于公用控制信道，TS_1 用于专用控制信道，TS_2～TS_7 用于业务信道。每另加一个载频，其 8 个 TS 全部可用作业务信道。

6.6 接续流程与管理

GSM 系统是一个先进的、复杂的新一代数字蜂窝移动通信系统。无论是移动用户与市话用户还是移动用户之间建立通信，都会涉及系统中的各种设备。下面主要介绍系统接续流程和安全性管理，包括位置更新流程、移动用户出局呼叫流程、移动用户的入局呼叫流程、切换基本流程和鉴权加密等。

6.6.1 位置更新流程

一种典型的位置更新基本流程如图 6-17 所示，对图中的基本流程说明如下。

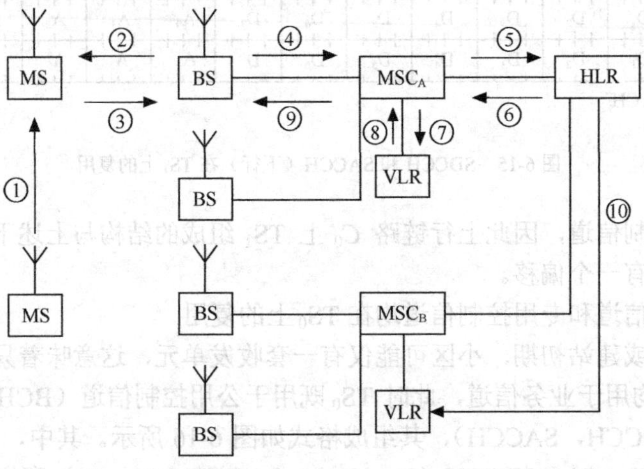

图 6-17　位置更新基本流程

①：移动台 MS 从一个位置区（属于 MSC_B 的覆盖区内）移动到另一个位置区（属于 MSC_A 的覆盖区内）。

②：通过检测由 BS 持久发送的广播信息，移动台发现新收到的位置区识别与目前所使用的位置区识别不同。

③、④：移动台通过该基站向 MSC_A 发送含有“我在这里”的信息位置更新请求。

⑤：由 MSC_A 向 HLR 发送消息。

⑥：HLR 发回响应消息，其中包含全部相关的用户数据。

⑦、⑧：在被访问的 VLR 中进行用户数据登记。

⑨：把有关位置更新响应消息通过基站送给移动台，如果重新分配 TMSI，此时一起送给移动台。

⑩：通知原来的 VLR 删除与此移动用户有关的用户数据。

6.6.2 移动用户至固定用户出局呼叫流程

移动用户至固定用户出局呼叫流程如图 6-18 所示，对图中流程说明如下。

①：在服务小区内，一旦移动用户拨号后，移动台向基站请求随机接入信道。

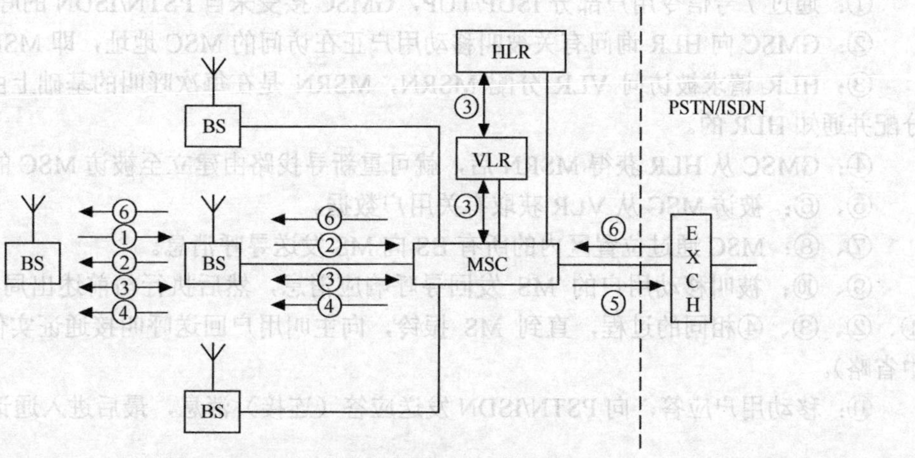

图 6-18　移动用户出局呼叫流程

②：在 MS 与 MSC 之间建立信令连接的建立过程。

③：对移动台的识别码进行鉴权的过程，如果需加密，则设置加密模式，进入呼叫建立起始阶段。

④：分配业务信道。

⑤：采用 7 号信令，用户部分 ISUP/IUP 通过与 ISDN/PSTN 建立至被叫用户的通路，并向被叫用户振铃，向移动台回送呼叫接通证实信号。

⑥：被叫用户取机应答，向移动台发送应答（连接）消息，最后进入通话阶段。

6.6.3　固定用户至移动用户入局呼叫流程

一种典型的固定用户至移动用户入局呼叫的基本流程如图 6-19 所示，对图中流程说明如下。

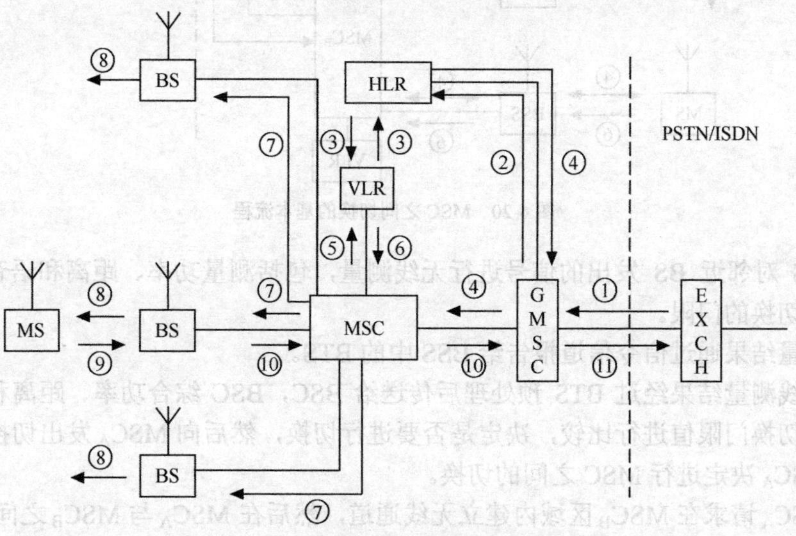

图 6-19　移动用户入局呼叫基本流程

①：通过 7 号信令用户部分 ISUP/TUP，GMSC 接受来自 PSTN/ISDN 的呼叫。

②：GMSC 向 HLR 询问有关被叫移动用户正在访问的 MSC 地址，即 MSRN。

③：HLR 请求被访问 VLR 分配 MSRN，MSRN 是在每次呼叫的基础上由被访的 VLR 分配并通知 HLR 的。

④：GMSC 从 HLR 获得 MSRN 后，就可重新寻找路由建立至被访 MSC 的通路。

⑤、⑥：被访 MSC 从 VLR 获取有关用户数据。

⑦、⑧：MSC 通过位置区内的所有 BS 向 MS 发送寻呼消息。

⑨、⑩：被叫移动用户的 MS 发回寻呼响应消息，然后执行与前述出局呼叫流程中的①、②、③、④相同的过程，直到 MS 振铃，向主叫用户回送呼叫接通证实信号（图 6-19 中省略）。

⑪：移动用户应答，向 PSTN/ISDN 发送应答（连接）消息，最后进入通话阶段。

6.6.4 切换流程

一种典型的 MSC 之间切换的基本流程如图 6-20 所示，对图中流程说明如下。

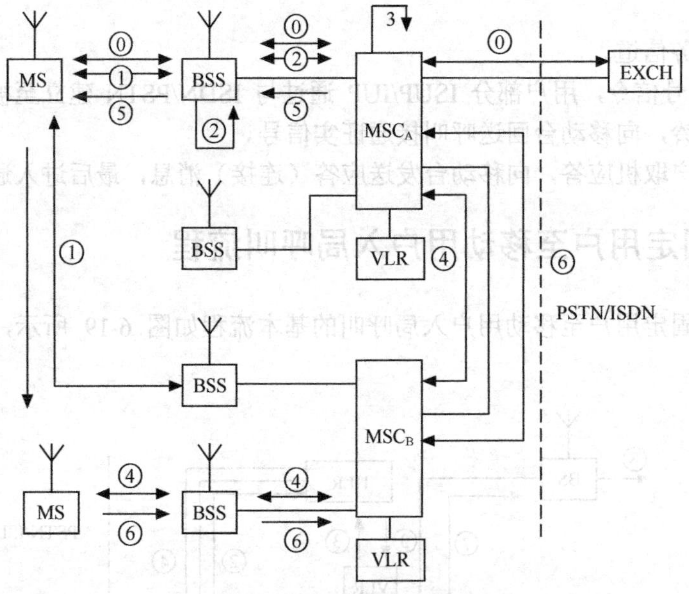

图 6-20 MSC 之间切换的基本流程

①：MS 对邻近 BS 发出的信号进行无线测量，包括测量功率、距离和语音质量，这 3 个指标决定切换的门限。

无线测量结果通过信令信道报告给 BSS 中的 BTS。

②：无线测量结果经过 BTS 预处理后传送给 BSC，BSC 综合功率、距离和语音质量进行计算且与切换门限值进行比较，决定是否要进行切换，然后向 MSC_A 发出切换请求。

③：MSC_A 决定进行 MSC 之间的切换。

④：MSC_A 请求在 MSC_B 区域内建立无线通道，然后在 MSC_A 与 MSC_B 之间建立连接。

⑤：MSC_A 向移动台发出切换命令，移动台切换到已准备好连接通路的基站。

⑥：移动台发出切换成功的确认消息传送给 MSC_A，以释放原来的信息等资源。

6.6.5 鉴权与加密

为了保证通信安全，GSM 系统采取了特别的鉴权与加密措施。鉴权是为了确认移动台的合法性，而加密是了为防止第三者窃听。

1．鉴权

鉴权的作用是保护网络，防止非法盗用；同时通过拒绝假冒合法用户的入侵，从而保护 GSM 网络用户。

鉴权中心（AUC）为鉴权与加密提供了三参数组（RAND、SRES 和 Kc），在用户入网签约时，用户鉴权键 Ki 连同 IMSI 一起分配给用户，这样每一个用户均有唯一的 Ki 和 IMSI，它们存储于 AUC 数据库和 SIM 卡中。产生一个三参数组的过程如下。

每个用户在注册登记时，就被分配一个用户号码和一个 IMSI。IMSI 通过 SIM 写卡机写入 SIM 卡中，同时在写卡机中又产生一个对应此 IMSI 的唯一的用户密钥 Ki，它被分别存储在 SIM 卡和 AUC 中。

AUC 中有一个伪随机码发生器，用于产生一个不可预测的伪随机数（RAND）。RAND 和 Ki 经 AUC 的 A8 算法（也叫加密算法）产生一个 Kc，经 A3 算法（鉴权算法）产生一个响应数（SRES）。由 RAND、SRES、Kc 一起组成该用户的一个三参数组，AUC 中每次对每个用户产生 7～10 组三参数组，传送给 HLR，存储在该用户的用户资料库中。

VLR 一次向 HLR 要 5 组三参数组，每鉴权一次用 1 组，当只剩下 2 组（该数值可在交换机中设置）时，再向 HLR 要 5 组，如此反复，如图 6-21 所示。

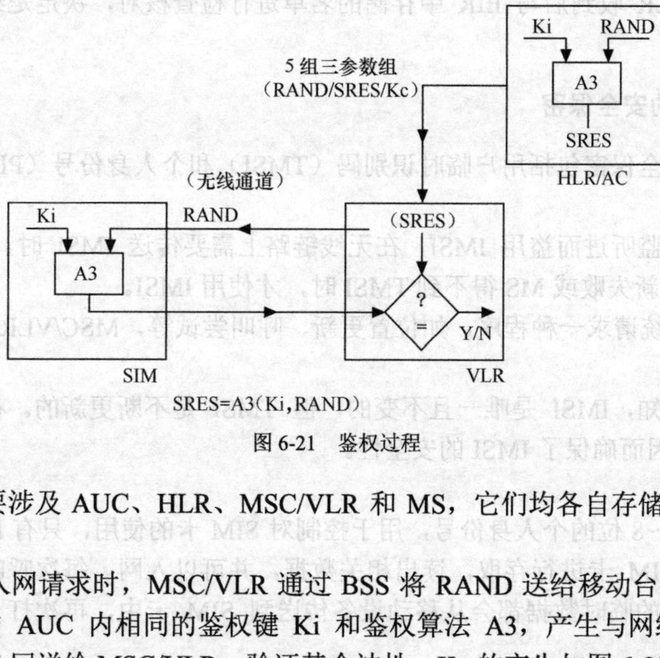

图 6-21　鉴权过程

鉴权过程主要涉及 AUC、HLR、MSC/VLR 和 MS，它们均各自存储着用户有关的信息或参数。

当 MS 发出入网请求时，MSC/VLR 通过 BSS 将 RAND 送给移动台的 SIM 卡。MS 使用该 RAND 及与 AUC 内相同的鉴权键 Ki 和鉴权算法 A3，产生与网络相同的 SRES 和 Kc，然后把 SRES 回送给 MSC/VLR，验证其合法性。Kc 的产生如图 6-22 所示。

2. 加密

GSM 系统为确保用户信息（语音或非语音业务）及与用户有关的信令信息的私密性，在 BTS 与 MS 之间交换信息时专门采用了一个加密程序。

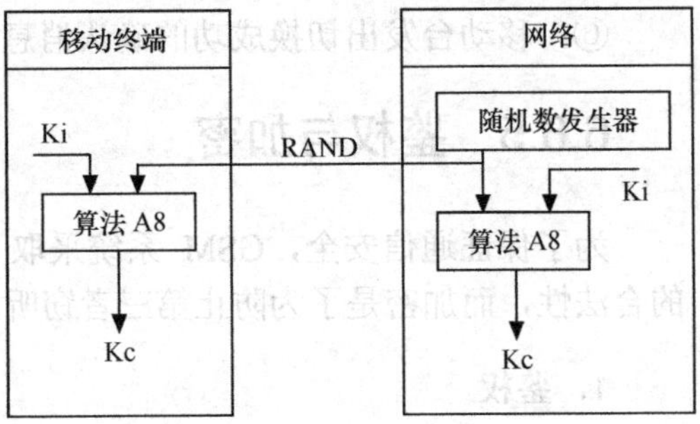

图 6-22　Kc 的产生

在鉴权程序中，当计算 SRES 时，同时用另一个算法（A8）计算出密钥 Kc，并在 BTS 和 MSC 中均暂存 Kc。当 MSC/VLR 把加密模式命令（M）通过 BTS 发往 MS，MS 根据 M、Kc 及 TDMA 帧号通过加密算法 A5 产生一个加密消息时，表明 MS 已完成加密，并将加密消息回送给 BTS。BTS 采用相应的算法解密，恢复消息 M，如果无误则告知 MSC/VLR，表明加密模式完成。

3. 设备识别

每一个移动台设备均有一个唯一的 IMEI。在 EIR 中存储了所有移动台的设备识别码，每一个移动台只存储本身的 IMEI。设备识别的目的是确保系统中使用的设备不是盗用的或非法的设备。为此，EIR 中使用 3 种设备清单。

（1）白名单：合法的移动设备识别号。

（2）黑名单：禁止使用的移动设备识别号。

（3）灰名单：是否允许使用由运营者决定，例如，有故障的或未经型号认证的移动设备识别号。

设备识别在呼叫建立尝试阶段进行。例如，当 MS 发起呼叫，MSC/VLR 要求 MS 发送其 IMEI，MSC/VLR 收到后与 EIR 中存储的名单进行检查核对，决定是继续还是停止呼叫建立程序。

4. 移动用户的安全保密

移动用户的安全保密包括用户临时识别码（TMSI）和个人身份号（PIN）。

（1）TMSI

为了防止非法监听进而盗用 IMSI，在无线链路上需要传送 IMSI 时，均用 TMSI 代替 IMSI。仅在位置更新失败或 MS 得不到 TMSI 时，才使用 IMSI。

MS 每次向系统请求一种程序，如位置更新、呼叫尝试等，MSC/VLR 将给 MS 分配一个新的 TMSI。

由上述分析可知，IMSI 是唯一且不变的，但 TMSI 是不断更新的。在无线信道上传送的一般是 TMSI，因而确保了 IMSI 的安全性。

（2）PIN

PIN 是一个 4～8 位的个人身份号，用于控制对 SIM 卡的使用，只有 PIN 码认证通过，移动设备才能对 SIM 卡进行存取，读出相关数据，并可以入网。每次呼叫结束或移动设备正常关机时，所有的临时数据都会从移动设备传送到 SIM 卡中，再次打开移动设备时要重新进行 PIN 码校验。

如果输入不正确的 PIN 码超过 3 次，SIM 卡就被阻塞，此时必须到网络运营商处才能消除。当连续 10 次输入不正确时，SIM 卡将被永久阻塞而作废。

小结

GSM 蜂窝移动通信网是世界上最早推出的数字蜂窝通信系统，GSM 具有 5 大特点：

GSM 的移动台具有漫游功能，GSM 提供多种业务，GSM 具有较好的保密功能，越区切换功能，容量大、音质好。

蜂窝移动通信系统主要由交换网络子系统（SS）、无线基站子系统（BSS）、移动台（MS）及操作维护子系统（OMC）4 大子系统设备组成。

移动通信网的网络结构可归结为：一个系统区由若干个服务区组成，一个服务区由若干个公共陆地移动网（PLMN）组成，一个 PLMN 由一个或若干个 MSC 组成，一个 MSC 由若干个位置区组成，一个位置区由若干个 BS 组成。

GSM 系统是一个十分复杂的通信系统，它包括众多的功能实体和繁杂的实体间、子系统间及网络间的接口。GSM 系统遵循 ITU-T 建议的公共陆地移动网（PLMN）接口标准，采用 7 号信令支持 PLMN 接口进行所需的数据传输。

GSM 可以根据用户的需要为用户提供各种形式的通信。通常人们把语音业务与数据业务（或称为非语音业务）区别开来：语音业务中，信息是语音，而数据业务传送包括电文、图像、传真及计算机文件等在内的其他信息。除了这些传统业务以外，GSM 还提供一些非传统的业务，如短消息业务，它区别于目前固定网提供的各种业务，而更像无线寻呼业务。

习题

6-1　GSM 蜂窝移动通信网有哪些特点？

6-2　GSM 通信系统由哪几部分组成？

6-3　交换网络子系统由哪些功能实体组成？分别起何作用？

6-4　移动通信网接口有哪些？各自具有哪些功能？

6-5　解释 MSISDN、IMSI 和 IMEI。

6-6　简要介绍 GSM 的主要业务。

6-7　什么叫时隙？时隙中的信息格式有哪些？

6-8　分别介绍业务信道和控制信道的组合形式。

6-9　简述位置更新基本流程。

6-10　怎样实现移动用户的安全保密？

第7章 CDMA移动通信系统

【本章内容简介】本章主要介绍 CDMA 通信原理及技术，包括扩频通信的基本概念、CDMA 系统的基本特点和基本特性、CDMA 系统信道组成及系统结构组成等内容，并对 IS-95CDMA 系统的主要业务和业务编号及路由接续做了详细说明。

【学习重点与要求】本章重点掌握扩频通信的基本原理，对 CDMA 系统的基本特点和结构组成有一个全面的认识。

7.1 概述

码分多址（Code Division Multiple Access，CDMA）是在扩频通信技术的基础上发展起来的一种崭新而成熟的无线通信技术。扩频通信的基本原理是把需要传送的具有一定信号带宽的信息数据，用一个带宽远大于信号带宽的高速伪随机码进行调制，使原数据信号的带宽被扩展，再经载波调制并发送出去。接收端也使用完全相同的伪随机码，与接收的带宽信号做相关处理，把宽带信号转换成原信息数据的窄带信号——解扩，以实现信息通信。

与 FDMA 和 TDMA 相比，CDMA 具有许多独特的优点，其中一部分是扩频通信系统所固有的，另一部分则是由软切换和功率控制等技术所带来的。CDMA 移动通信网是由扩频、多址接入、蜂窝组网和频率复用等几种技术结合而成，含有频域、时域和码域三维信号处理的一种协作，因此它具有抗干扰性好、抗多径衰落、保密安全性高、同频率可在多个小区内重复使用、容量和质量之间可做权衡取舍（软容量）等属性。与其他系统相比，这些属性使 CDMA 具有更加明显的优势。

7.1.1 扩频通信的基本概念

1. 基本概念

扩频通信技术是一种信息传输方式，是码分多址的基础，是数字移动通信中的一种多址接入方式。特别是在第三代移动通信中，它已成为最主要的多址接入方式。

扩频通信是扩展频谱（Spread Spectrum，SS）通信的简称。在发端，采用扩频码调制，使信号所占的频带宽度远大于所传信息必须的带宽；在收端，采用相同的扩频码进行相关解调来解扩，以恢复所传信息数据。

传输任何信息都需要一定的频带，称为信息带宽或基带信号频带宽度。例如，人类语音的信息带宽为 300～3 400 Hz，电视图像信息带宽为 7.5 MHz。

由信号理论知道，在时间上有限的信号，其频谱是无限的。脉冲信号宽度越窄，其频谱就越宽。作为工程估算，信号的频带宽度与其脉冲宽度近似成反比。例如，1 μs 脉冲的带宽约为 1 MHz。因此，如果很窄的脉冲序列被所传信息调制，则可产生很宽频带的信号。需要说明的是，所采用的扩频序列与所传的信息数据是无关的，也就是说它与一般的正弦载波信号是相类似的，丝毫不影响信息传输的透明性。扩频码序列仅仅起扩展信号频谱的作用。

应该指出的是，有许多调制技术所用的传输带宽大于传输信息所需要的最小带宽，但它们并不属于扩频通信，如宽带调频等。

如果我们用 W 代表系统占用带宽或信号带宽，B 代表信息带宽，则一般认为：

- W/B=1～2　　窄带通信；
- $W/B\geqslant 50$　　宽带通信；
- $W/B\geqslant 100$　　扩频通信。

扩频通信系统用 100 倍以上的信号带宽来传输信息，最主要的目的是为了提高通信的抗干扰能力，即在强干扰条件下保证安全可靠地通信。下面将用信息论和抗干扰理论来加以说明，并且在后面分析 CDMA 蜂窝系统通信容量时证明：CDMA 蜂窝系统的容量将是 GSM 系统的 4 倍，是模拟蜂窝系统的 20 倍。

扩频通信系统的基本组成框图如图 7-1 所示。

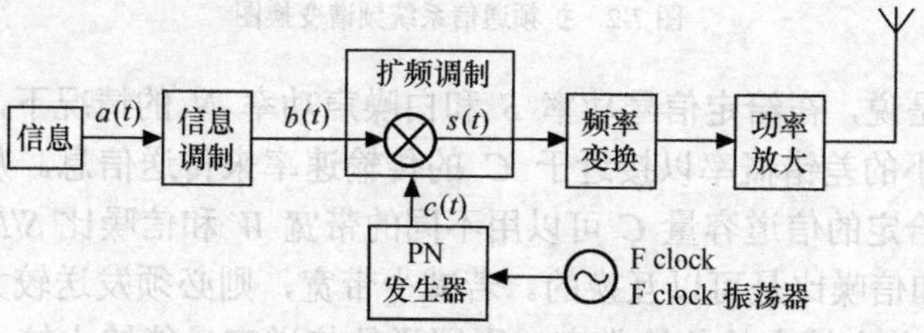

图 7-1　扩频通信系统基本组成框图

在扩频通信系统中，输入的信息先经信息调制形成数字信号，然后由扩频码发生器产生的扩频码序列对数字信号进行调制，以展宽信号的频谱，展宽后的信号再经过射频调制发送出去。

信息数据（速率 R_i）经过信息调制器后输出的是窄带信号，如图 7-2（a）所示；经过扩频调制（加扩）后频谱被展宽，如图 7-2（b）所示，其中 $R_c>R_i$；在接收机的输入信号中加有干扰信号，其功率谱如图 7-2（c）所示；经过扩频解调（解扩）后有用信号变成窄带信号，而干扰信号变成宽带信号，如图 7-2（d）所示；再经过窄带滤波器，滤掉有用信号带外的干扰信号，如图 7-2（e）所示，从而降低了干扰信号的强度，改善了信噪比。这就是扩频通信系统抗干扰的基本原理。

2．扩频通信的理论基础

扩频通信的理论基础来源于信息论和抗干扰理论。香农（Shannon）在其信息论中得出带宽与信噪比互换的关系式，即香农公式：

$$C=W\log_2(1+S/N) \tag{7-1}$$

式中，W 为信号频带宽度，单位为 Hz；S 为信号平均功率，单位为 W；N 为噪声平均功率，单位为 W；C 为信道容量，单位为 bit/s。

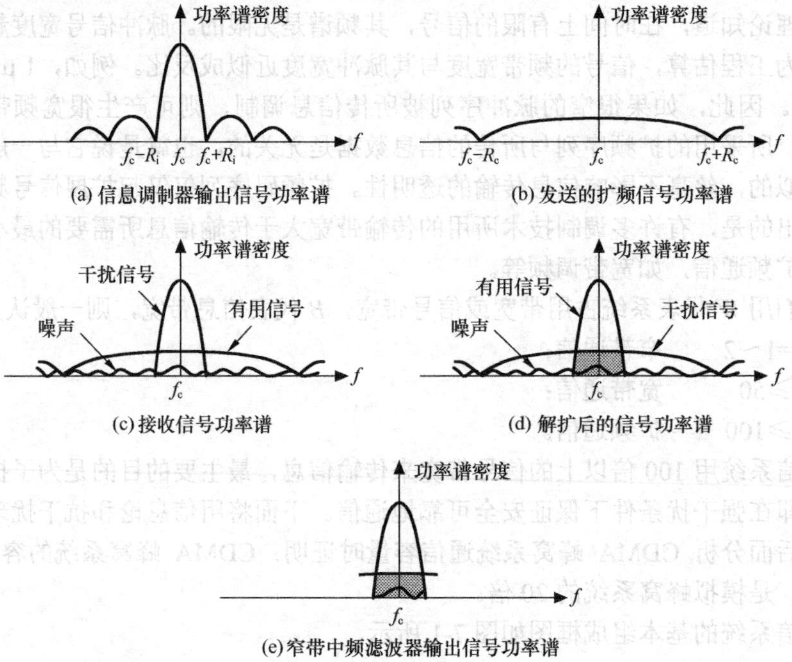

图 7-2　扩频通信系统频谱变换图

香农公式原意是说，在给定信号功率 S 和白噪声功率 N 的情况下，只要采用某种编码系统，就能以任意小的差错概率以接近于 C 的传输速率来传送信息。从这个公式可以得出一个重要的结论：给定的信道容量 C 可以用不同的带宽 W 和信噪比 S/N 的组合来传输。也就是说，频带 W 和信噪比是可以互换的。若减少带宽，则必须发送较大的信号功率（即较大的信噪比 S/N）；若有较大的传输带宽，则同样的信道容量能够由较小的信号功率（即较小的信噪比 S/N）来传送。甚至在信号被噪声淹没的情况下，即 $S/N<1$ 或 $10\log_2(S/N)<0$，只要相应地增加信号带宽，也能进行可靠的通信。

上述表明，采用扩频信号进行通信的优越性在于用扩展频谱的方法可以降低接收机接收的信噪比门限值。

柯捷尔尼可夫在其潜在抗干扰性理论中得到如下关于信息传输差错概率的公式：

$$P_e \approx f(E/n_0) \tag{7-2}$$

式中，P_e 为差错概率；E 为信号能量；n_0 为噪声功率谱密度；f 为某一函数。设信息持续时间为 T，或数字信息的码元宽度为 T，则信息带宽 B 为

$$B=1/T \tag{7-3}$$

信号功率 S 为

$$S=E/T \tag{7-4}$$

已调（或已扩频）信号的带宽为 W，则噪声功率为

$$N=n_0W \tag{7-5}$$

由此可得

$$P_e \approx f\left(\frac{ST}{N}W\right)=f\left(\frac{S}{N}\cdot\frac{W}{B}\right) \tag{7-6}$$

上式指出，差错概率 P_e 是输入信号与噪声功率比（S/N）和信号带宽与信息带宽比（W/B）二者乘积的函数，信噪比与带宽是可以互换的。它同样指出了用增加带宽的方法可以换取信噪比上的好处这一客观规律。

综上所述，扩频通信就是将信息信号的频谱扩展 100 倍以上，甚至 1 000 倍以上，然后再进行传输，因而提高了通信的抗干扰能力，即在强干扰条件下保证可靠安全通信。这就是扩频通信的基本思想和理论依据。

3．处理增益和抗干扰容限

扩频通信系统的扩频部分是一个带宽比信息带宽宽得多的伪随机码（PN 码）对信息数据进行调制，解扩则是将接到的扩展频谱信号与一个和发端伪随机码完全相同的本地码相关来实现的。当收到的信号与本地码相匹配时，所要的信号就会恢复到其扩展之前的原始带宽，而任何不匹配的输入信号则被本地码扩展至本地码的带宽或更宽的频带上。解扩后的信号经过一个窄带滤波器后，有用的信号被保留，干扰信号被抑制，从而改善了信噪比，提高了抗干扰能力。理论分析表明，各种扩频通信系统的抗干扰性能都大体上与扩频信号的带宽与所传送信息带宽之比成正比。把扩频信号带宽 W 与信息带宽 B 之比称为处理增益 G，表示如下：

$$G=W/B \tag{7-7}$$

它表示了扩频通信系统信噪比改善的程度，是扩频通信系统的一个重要的性能指标。

4．扩频通信的特点

（1）抗干扰能力强

扩频通信系统扩展频谱越宽，处理增益越高，抗干扰能力就越强。对于处理增益为 33 dB，抗干扰容限为 20 dB 的直接序列扩频通信系统来说，理论上它可以在噪声强度比信号强度大近 100 倍的情况下正常工作，即在信噪比为−20 dB 时它也能把信号从噪声淹没中提取出来。当然，在接收端一般应采用相关器或匹配滤波器的方法来提取信号，抑制干扰。相关器的作用是：当接收机本地解扩码与收到的信号码相一致时，即将扩频信号恢复为原来的信息，而其他任何不相关的干扰信号通过相关器其频谱被扩散，这样落入到信息带宽的干扰强度被大大降低了，当通过窄带滤波器（其频带宽度为信息宽度）时，就抑制了滤波器的带外干扰。

对于单频及多频载波信号的干扰、其他伪随机调制信号的干扰及脉冲正弦信号的干扰等，扩频系统都有抑制干扰、提高输出信噪比的作用。对抗敌方人为干扰方面，效果很突出。例如，如果信号频带展宽 1 000 倍（30 dB），干扰方需要在更宽的频带上去进行干扰，分散了干扰功率，在总功率不变的条件下，其干扰强度只有原来的 1/1 000。而要保持原有的干扰强度，则必须使功率增加为原来的 1 000 倍，这在实际情况下是难以实现的。抗干扰能力强是扩频通信的最突出的优点。

（2）抗衰落、抗多径干扰

我们知道，移动信道属随参信道，信道条件最为恶劣。由于移动台不断移动，受地形、地物的影响产生慢衰落现象，更为严重的是，由于多径效应产生快衰落现象，其衰落深度可达 40 dB。在频域上看，多径效应会产生频率选择性衰落。由于扩频通信系统所传送的信号频谱已扩展很宽，频谱密度很低，如在传输中小部分频谱衰落时，不会造成信号的严重畸变，因此，扩频系统具有潜在的抗频率选择性衰落的能力。

利用扩频码序列的相关特性，在接收端用相关技术从多径信号中提取和分离出最强的有用信号，或把从多个路径来的同一码序列的波形相加合成，变害为利，提高接收信噪比，从而有效地克服多径效应。

（3）保密性和隐蔽性好

由于扩频信号在很宽的频带上被扩展了，单位频带内的功率很小，即信号的功率谱密度很低，所以，直接序列扩频通信系统可以在信道噪声和热噪声的背景下，使信号淹没在噪声里，敌方很难发现有信号存在，想进一步检测出信号的参数就更困难了。因此，扩频信号具有很低的被截获概率。

由于扩频信号具有很低的功率谱密度，它对目前广泛使用的各种窄带通信系统的干扰就很小，因而在原有窄带通信的频段内同时进行扩频通信，可大大提高频率的利用率。

（4）可以实现码分多址

扩频通信提高了抗干扰能力，但付出了占用频带宽的代价。如果让多个用户共用这一宽频带，则可大大提高频带的利用率。由于扩频通信中存在扩频码序列的扩频调制，充分利用正交或准正交的扩频码序列之间优良的自相关特性和互相关特性，在接收端利用相关检测技术进行解扩，则在分配给不同用户以不同码型的情况下区分不同用户的信号，提取出有用信号，实现码分多址。

（5）能精确地定时和测距

利用电磁波的传播特性和伪随机码的相关性，可以比较精确地测出两个物体之间的距离。目前广泛应用的全球定位系统（GPS）就是利用扩频技术这一特点来精确定位和定时的。此外，扩频技术被广泛地应用到导航、雷达、定位、定时等系统中。

7.1.2 CDMA系统的基本特点

1. 系统容量大

系统容量大（即频谱利用率高）指的是 CDMA 在与 GSM 同样的频段下可以允许更多的用户使用。理论上在使用相同频率资源的情况下，CDMA 移动网比模拟网容量大 20 倍，实际使用中比模拟网大 10 倍，比 GSM 要大 4～5 倍。在 CDMA 系统中，由于不同的扇区也可以使用相同频率，当小区使用定向天线（即 120° 扇形天线）时，干扰减为 1/3，因为每副小区容量将随着扇区数的增大而增大。但对其他系统来说，由于不同扇区不能使用同一频率，所以即使分成三扇区也只是频率复用的要求，并没有增加小区容量。

2. 软容量

在 CDMA 系统中，用户数和服务级别之间有着更灵活的关系，用户数的增加相当于背景噪声的增加，造成话音质量的下降。例如，系统经营者可在话务量高峰期将误帧率稍微提高，从而增加可用信道数。由于 CDMA 是一个自干扰系统，我们可将带宽想象成一个大房子，所有的人将进入唯一的大房子，如果他们使用完全不同的语言，他们就可以清楚地听到同伴的声音而不受来自别人谈话的干扰。在这里，屋里的空气可以想象成宽带的载波，而不同的语言即被当成不同的编码，我们可以不断地增加用户直到整个背景噪声增大至用户间交谈无法进行下去为止。如果能控制住用户的信号强度，在保持高质量通话的同时，就可以容纳更多的用户。体现软容量的另一种形式是小区呼吸功能。所谓小区呼吸功能，是指各个小区的覆盖大小是动态的。当相邻两小区负荷一轻一重时，负荷重的小区通过减少导频发射功率，使本小区的边缘用户由于导频强度不足切换到相邻小区，使负荷分担，即相当于增加了容量。这种功能用在切换时，在防止由于缺少信道导致通话中断方面特别重要。在模拟系统和数字 TDMA 系统中，如一时缺少信道，通话必须等待信道出现空闲，否则就会造成切换时的通话中断。然而，在 CDMA 系统中，通过稍微降低用户通话质量，可以保证通话的继续进行，等到目标小区负荷减轻时，通话质量再恢复正常。此外，CDMA 系统还提供多级别服务。例如，现在已经有了两种语音编码——13 kbit/s 和 8 kbit/s。如果用户支付较高费用，则可获得高级别服务。高级用户的切换也可较其他用户优先。

3. 话音质量高

CDMA 系统声码器可以动态地调整数据传输速率，并根据适当的门限值选择不同的电平级发射，同时门限值根据背景噪声的改变而变化，这样即使在背景噪声较大的情况下，也可以得到较好的通话质量。目前 CDMA 系统普遍采用 8 kbit/s 的可变速率声码器，声码器使用的是码激励线性预测（CELP）和 CDMA 特有的算法，称为 QCELP。QCELP 算法被认为是到目前为止效率最高的算法。现在 13 kbit/s QCELP 语音编码也正在试用。可变速率声码器的一个重要特点是使用适当的门限值来决定所需速率。门限值随背景噪声电平的变化而变化。这样就抑制了背景噪声，使得即使在喧闹的环境下，也能得到良好的话音质量。

4. 软切换功能

软切换（Soft Switch）就是当移动台需要跟一个新的基站通信时，CDMA 系统采用软切换技术和先进的数字话音编码技术，并使用多个接收机同时接收不同方向的信号。

软切换的原理如下。移动台在上行链路中发射的信号被两个基站所接收，经解调后转发到基站控制器，下行链路的信号也同时经过两个基站再传送到移动台。移动台可以将收到的两路信号合并，起到分集的作用。因为处理过程是先通后断，先连接再断开，并不先中断与原基站的联系，故称为软切换，而一般的硬切换则是先断后通。移动台在切换过程中与原小区和新小区同时保持通话，以保证电话的畅通。软切换只能在具有相同频率的 CDMA 信道间进行。软切换在两个基站覆盖区的交界处起到了话务信道的分集作用，这样完全克服了硬切换容易掉话的缺点。

软切换的主要优点是：①无缝切换，可保持通话的连续性；②减少掉话可能性，由于在软切换过程中，在任何时候移动台至少可跟一个基站保持联系，从而减少了掉话的可能性；③处于切换区域的移动台发射功率降低，减少发射功率是通过分集接收来实现的，降低发射功率有利于增加反向容量。但同时，软切换也相应带来了一些缺点，主要有：①导致硬件设备（即信道卡）的增加；②降低了前向容量，但由于 CDMA 系统前向容量大于反向容量，所以适量减少前向容量不会导致整个系统容量的降低。

5. 保密性强，通话不会被窃听

CDMA 信号的扰频方式提供了高度的保密性，要窃听通话，必须要找到码址。但 CDMA 码址是个伪随机码，而且共有 4.4 万亿种可能的排列，因此，要破解密码或窃听通话内容实在是太困难了。

6. 多种形式的分集

由于移动通信环境的复杂和移动台的不断运动，接收到的信号往往是多个反射波的叠加，形成多径衰落。

分集是对付多径衰落很好的办法，有 3 种主要分集方式：时间分集、频率分集和空间分集。CDMA 系统综合采用了上述几种分集方式，使性能大为改善。各种分集方式归纳如下。

（1）时间分集：采用了符号交织、检错和纠错编码等方法。

（2）频率分集：本身是 1.25 MHz 宽带的信号，起到了频率分集的作用。

（3）空间分集：基站使用两副接收天线，基站和移动台都采用了 Rake 接收机技术，软切换也起到了空间分集的作用。

FDMA 和 TDMA 系统很容易提供空间分集，各种数字系统也都可以通过纠错提供时间分集，然而其他分集只有 CDMA 系统才具有。

CDMA 的直接序列扩频能提供许多种分集方法。系统中的分集方法越多，在恶劣传输环境中的性能就越好。CDMA 系统采用并联相关器的方法解决了多径问题。移动台和基站分别配备 3 个和 4 个相关器。基站和移动台所用的 Rake 接收机能独立跟踪各个不同路径，将收到的信号强度矢量相加，然后再进行解调。这样，虽然每条路径都有衰落，但彼此各自独立、互不相关、此消彼长，因而基于各信号之和的解调方式就能更可靠地抗衡多径衰落的影响。RANK 接收机所做的是通过接收多径信号中的各路信号，把它们合并在一起，以改善接收信号的信噪比，提高系统链路质量，给系统带来更好的性能。在 CDMA 中，移动台接收机中使用 3 个 RANK 接收机，在基站中每副天线使用 4 个 RANK 接收机。每一个 RANK 接收机独立地跟踪信号和多径，而它们信号强度的总和用于信号的解调。其结果是，即使在最坏的条件下，通话清晰度也很好。

7. 精确的功率控制

在 CDMA 系统中，不同用户发射的信号由于距基站的距离不同，到达时的功率也不同，相互形成干扰。CDMA 系统要求所有用户到达基站接收机信号的平均功率要相等才能正常解扩，功率控制就是为解决这一问题而设置的。它调整各个用户发射机的功率，使其到达基站接收机的平均功率相等。功率控制的原理有两种类型：开环控制与闭环控制。开环控制主要是用户根据测量到的帧差错概率来调整发射功率，而闭环控制则由基站根据收到移动台发来的信号测量其信干比（SIR）发出指令，调整移动台发射机的功率。对于下行链路的功率控制主要是用来减少对邻小区的干扰。

CDMA 系统的容量主要受限于系统内移动台的相互干扰，所以，如果每个移动台的信号到达基站时都达到最小所需的信噪比，系统容量将会达到最大值。CDMA 功率控制的目的就是既维持高质量通信，又不对占用同一信道的其他用户产生不应有的干扰。CDMA 系统的功率控制除可直接提高容量外，同时也降低了为克服噪声和干扰所需的发射功率。这就意味着同样功率的 CDMA 移动台与模拟或 TDMA 移动台相比可在更大的范围内工作。CDMA 系统引入了功率控制，一个很大的好处是降低了平均发射功率而不是峰值功率。这就是说，CDMA 在一般情况下由于传输状况良好，发射功率较低；但在遇到衰落时，会通过功率控制自动提高发射功率，以抵抗衰落。

8．话音激活

典型的全双工双向通话中，每次通话的占空比小于 35%。在 FDMA 和 TDMA 系统里，由于通话停顿时重新分配信道存在一定时延，所以难以利用话音激活因素。CDMA 在不讲话时传输速率降低，减轻了对其他用户的干扰，这就是 CDMA 系统中的话音激活技术。而 CDMA 的容量又直接与所受总干扰功率有关，这样就可以使容量增加一倍左右。

9．频率规划简单

用户按不同的序列码区分，所以不同的 CDMA 载波可在相邻的小区内使用，网络规划灵活，扩展简单。

10．建网成本低

CDMA 网络覆盖范围大，系统容量高，所需基站少，降低了建网成本。

11．发射功率低

普通的手机（GSM）和模拟手机功率一般能控制在 600 mW 以下，CDMA 系统发射功率最高只有 200 mW，普通通话功率可控制在零点几毫瓦，其辐射作用可以忽略不计，对人体健康没有不良影响。手机发射功率的降低将延长手机的通话时间，意味着电池、话机的寿命长了，对环境起到了保护作用，故称之为“绿色手机”。

7.1.3 CDMA 系统的基本特性

1．工作频段

（1）800 MHz 频段

- 下行链路：869～894 MHz（基站发射，移动台接收）；
- 上行链路：824～849 MHz（移动台发射，基站接收）。

（2）1 800 MHz 频段

- 下行链路：1 955～1 980 MHz（基站发射，移动台接收）；
- 下行链路：1 875～1 900 MHz（移动台发射，基站接收）。

2．信道数

① 每一小区可分为 3 个扇形区，可共用一个载频；

② 每一载频 64（码分信道）；

③ 每一网络分为 9 个载频，其中收、发各占 12.5 MHz，共占 25 MHz 频段。

CDMA 系统使用 N 个频率载波，每个载波能够支持 M 条链路，任何一个 CDMA 用户都可以接入这些链路。每个用户都可以通过不同的代码序列定义唯一的一条链路，在 CDMA 系统的控制下，在正向链路和反向链路上保持频率的分配。CDMA 系统的接入采用 CDMA/FDD 方式。

对于 CDMA 系统载波，1.23 MHz 的带宽是指两个载波频率之间的最小中心频率间隔为

1.23 MHz，见表7-1和表7-2。

表7-1　信道分配和800 MHz频段的发送中心频率

发　射　机	CDMA信道编号	CDMA信道中心频率/MHz
移动台（MS）	1≤N≤777	0.030N+825.00
	1 013≤N≤1 023	0.030×（N−1 023）−825.00
基站（BS）	1≤N≤777	0.030N+870.00
	1 013≤N≤1 023	0.030×（N−1 023）+870.00

表7-2　信道分配和1 800MHz频段的发送中心频率

发　射　机	CDMA信道编号	CDMA信道中心频率/MHz
移动台（MS）	1≤N≤1 199	0.050N+1 850.00
基站（BS）	1≤N≤1 199	0.050N+1 930.00

3．调制方式

基站：QPSK。每个信道的信息经过适当的沃尔什（Walsh）函数调制，然后以固定码片（chip）速率1.228 8 Mchip/s，用PN序列进行正交相移键控（QPSK）调制。

移动台：OQPSK。移动台发送的所有数据以每6个码符号为一组传输调制符号，6个码符号时应为64个调制符号中的一个进行发送，然后以固定码片（chip）速率1.228 8 Mchip/s，用PN序列进行交错正交相移键控（OQPSK）调制。

4．采用直接系列扩频（DSSS）

在CDMA蜂窝系统之间是采用频分的，而在一个CDMA蜂窝系统之内是采用码分多址的。不同的码型由一个伪随机（PN）码系列生成，PN系列周期（长度）为2^{15}=32 768个码片（chip）。将此周期系列的每64 chip移位系列作为一个码型，共可得到32 768/64=512个码型。这就是说，在1.25 MHz带宽的CDMA蜂窝系统中，可建多达512个基站（或小区）。

5．语音编、解码

CDMA蜂窝系统语音编码采用码激励线性预测（CELP）编码算法，也称为QCELP算法。其基本速率是8 kbit/s，但是可随输入语音消息的特征而动态地分为4种，即8 kbit/s、4 kbit/s、2 kbit/s、1 kbit/s，可以9.6 kbit/s、4.8 kbit/s、2.4 kbit/s、1.2 kbit/s的信道速率分别传输。发送端的编码器对输入的语音采样，产生编码的语音分组，传输到接收端；接收端的解码器把收到的语音分组解码，再恢复成语音样点。每帧时间为20 ms。

6．时间基准

CDMA蜂窝系统利用“全球卫星定位系统（GPS）”的时标。GPS的时间和“世界协调时间（UTC）”是同步的，二者之差是秒的整倍数。

各基站都配有GPS接收机，保持系统中各基站有统一的时间基准，称为CDMA系统的公共时间基准。移动台通常利用最先到达并用于解调的多径信号分量建立基准。如果另一条多径分量变成了最先到达并用于解调的多径分量，则移动台的时间基准要跟踪到这个新的多径分量。用导频、同步信道为移动台做载频和时间同步时使用。

CDMA 基站用的 GPS 接收机至少要接收到 3～4 颗卫星的信号以便实现精确同步，GPS 接收频率为 1 575.32 MHz。

7．双模式移动台

双模式移动台既能工作在原有的模拟蜂窝系统（AMPS），又能工作在扩频码分（CDMA）蜂窝系统。或者说，这种移动台在模拟式和码分多址两种制式不同的蜂窝系统中，均能向网中其他用户发起呼叫和接受其呼叫，而两种制式不同的蜂窝系统也均能向网中这种双模式移动台发起呼叫和接受其呼叫，而且这种呼叫无论在定点上或在移动漫游过程中都是自动完成的。

7.2 CDMA 系统信道组成

CDMA 系统中各种传输信道是由不同的码型来进行区分的，除了要传输业务信息外，还必须传输各种所需的控制信息。这些信道按传输方向的不同分为前向传输信道和反向传输信道。

7.2.1 前向传输信道

CDMA 前向传输信道（下行信道）由用于控制的广播信道和用于携带用户信息的业务信道组成。广播信道由导频信道、同步信道和寻呼信道组成。一个载频共有 64 个信道，所有这些信道都在同一个 1.23 MHz 带宽的 CDMA 载波上。

移动台能够根据分配给每个信道唯一的码分来区分逻辑信道。这个码分是经过正交扩频的 Walsh 码。每个码分信道都要经一个 Walsh 函数进行正交扩频，然后再由 1.228 Mchip/s 速率的伪噪声系列扩频。在基站可按频分多路方式使用多个 CDMA 前向传输信道（1.23 MHz）。图 7-3 给出了 CDMA 支持的不同前向传输信道。

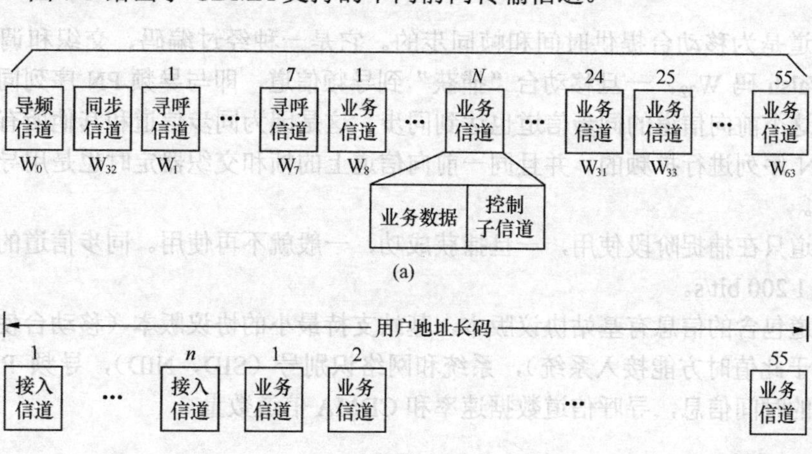

图 7-3　CDMA 前向传输信道结构

CDMA 前向传输信道可使用的码分信道最多为 64 个，如图 7-3 所示。最典型的配置是：1 个导频信道，1 个同步信道，7 个寻呼信道（允许的最多值）和 55 个业务信道。也可根据具体情况进行配置。例如，可用业务信道取代寻呼信道和同步信道，成为 1 个导频信道，0 个同步信道，0 个寻呼信道和 63 个业务信道。这种情况发生在基站拥有两个以上的 CDMA 信道（即带宽大于 2.5 MHz），其中一个为 CDMA 基本信道（1.23 MHz），所有移动台都先集中在该基本信道上工作。此时，若基本 CDMA 业务信道忙，可由基站在基本 CDMA 信道的寻呼信道上发射信道指配消息，将某移动台分配到另一个 CDMA 信道进行业务通信，该 CDMA 信道只需一个导频信道，而不再需要同步信道和寻呼信道。

1．导频信道

导频信道用来传送导频信息，是由基站连续发送的一种未调制的直接序列扩频信号。移动台利用导频信道来获得初始系统同步，完成对来自基站信号的时间、频率和相位的跟踪。基站利用导频 PN 序列的时间偏置来标识每个 CDMA 前向信道。

导频信道的功率高于业务信道和寻呼信道的平均功率。通常导频信道可占总功率的 20%，同步信道占 3%，每个寻呼信道占 6%，剩下的功率分配给各业务信道。

由于 CDMA 系统的频率复用系数为“1”，即相邻小区可以使用相同的频率，所以频率规划较为简单，在某种程度上相当于相邻小区导频 PN 序列的时间偏置的规划。在一个系统中可能被复用的码分数量为 512，所以导频信道可用偏置指数（0～511）来区别。

一个导频 PN 序列的偏置（用码片表示）等于其偏置指数乘以 64。当在一个地区分配给相邻两个基站的导频 PN 序列偏置指数相差仅为 1 时，其导频序列的相位间隔仅为 64 个码片。在这种情况下，若其中一个基站发射的时间误差较大，就会与另一基站的延迟信号混淆。所以相邻基站的导频 PN 序列偏置指数间隔应设置得大一些。

由于导频信道所有比特都为 0，所以在发送前，它只需用 Walsh 0 函数进行正交扩频、四相扩频和滤波。

2．同步信道

同步信道是为移动台提供时间和帧同步的。它是一种经过编码、交织和调制的扩频信号，使用 Walsh 码 W_{32}。一旦移动台“捕获”到导频信道，即与导频 PN 序列同步，即可认为移动台与这个前向信道的同步信道也达到同步。这是因为同步信道和其他所有信道是用相同的导频 PN 序列进行扩频的，并且同一前向信道上的帧和交织器定时也是用导频 PN 序列进行校准的。

同步信道只在捕捉阶段使用，一旦捕获成功，一般就不再使用。同步信道的数据速率是固定的，为 1 200 bit/s。

同步信道包含的信息有基站协议版本，基站支持最小的协议版本（移动台使用的版本只有高于或等于此值时方能接入系统），系统和网络识别号（SID，NID），导频 PN 序列偏置指数，详细的时间信息，寻呼信道数据速率和 CDMA 信道数量。

3．寻呼信道

寻呼信道是用来向移动台发送控制信息的。主要内容有：系统参数消息、接入参数消息、DMA 信道列表消息和信道分配消息。

每个基站有一个或几个（最多 7 个）寻呼信道，在一个小区范围内寻呼信道可以从 0 到 7（Walsh 码 W_0～W_7）任意选取。寻呼信道能够工作在数据速率 9 600 bit/s 或 4 800 bit/s。寻呼消息包括对一个或多个移动台的寻呼。当基站接收到对移动台的呼叫时，通常发送寻呼信号，并且由几个不同的基站发送寻呼信号。一旦移动台从同步信道消息处获得信息，它就会把时间调整到相应的正常系统时间。然后，移动台确定并开始监控寻呼信道。每个移动台的消息地址可通过 ESN、IMSI 或 TMSI 进行寻址。基站能选择与移动台协商的业务或同意移动台的业务请求。

4．前向业务信道

前向业务信道同时支持速率 1（9.6 kbit/s）和速率 2（14.4 kbit/s）的声码器业务。表 7-3 描述了前向业务信道各功能模块的作用。

表 7-3　前向业务信道各功能模块作用

声码器	减小语音需要的比特速率。工作在全速率，1/2、1/4 和 1/8 速率的变模式。速率 1 声码器的全速输出速率为 9.6 kbit/s，速率 2 的全速输出速率为 14.4 kbit/s
卷积编码	提供错误检测/纠正。每输入一个比特有两个符号输出
符号重复	重复从编码器来的输入符号。重复是维持一个持续输入到块交织器。全速符号不被重复，并在全功率上发送。半速率重复一次并在半功率上发送，以此类推。速率 1 输出维持在 192 kbit/s（与编码速率无关），速率 2 输出是 28.8 kbit/s
符号收缩	只用于工作在速率 2 的声码器上。一个 28.8 kbit/s 输出从每 6 输入中删除 2。因此实现进入块交织器的输入速率相同，都为 19.2 kbit/s，而与编码的速率无关
块交织	通过确保连续的数据不被丢失，以抗瑞利衰落的影响
数据扰码	通过输入数据和长掩码扰乱，与用户 ENS 的序列改变来提供安全保障
功率控制子信道	提供一个非常快的功率控制子信道（800 次/s）。输入数据每秒被抽取 800 次，向移动台发送一个增加或减少功率命令，每个命令能增加或减少移动台 1 dB 的功率
正交扩频	通过用一个唯一 Walsh 码来扩频，从而提供识别和正交。每一输入符号要和 64 bit 的 Walsh 码进行异或，使之速率成为 1.228 Mchip/s
四相扩频	提供唯一的基站识别码。这种扩频序列是 32768 码片和每 27.66 ms 重复。所有基站使用同样的序列，但相位偏置各不相同，有 512 种可能的偏置。确保移动台锁定在正确的基站
基带滤波	把信号转变到蜂窝频率范围（800 MHz）或 PCS 频率（1 900 MHz）

7.2.2　反向传输信道

CDMA 反向传输信道（上行信道）由接入信道和反向业务信道组成。这些信道采用直接序列扩频的 CDMA 技术分享同一 CDMA 频率分配。

移动台不使用业务信道时，接入信道提供从移动台到基站的通信。移动台在接入信道上发送信息的速率固定为 4 800 bit/s。接入信道帧长度为 20 ms。仅当系统时间为 20 ms 的整数倍时，接入信道帧才可能开始传输。

在这一 CDMA 反向传输信道上，基站和用户使用不同的长码掩码区分每个接入信道和反向业务信道。对于接入信道，不同基站或同一基站的不同接入信道使用不同的长码掩码，而同一基站的同一接入信道用户所用的接入信道长码掩码则是一致的。

每个接入信道有一个明确的接入信道长码序列标志，每个业务信道有一个明确的用户特有长码序列标志，不同的用户使用不同的长码掩码，也就是不同的用户具有不同的相位偏置。反向业务信道支持总计 62 个不同业务信道和总计 32 个不同接入信道。一个（或多个）接入信道与一个寻呼信道相对应。一个寻呼信道至少应有一个，最多可对应 32 个反向 CDMA 接入信道，标号从 0～31。

反向业务信道用于在呼叫建立期间传输用户信息和信令信息。反向和前向业务信道帧的长度为 20 ms。业务和信令都能使用这些帧。

在业务信道上，有 5 种类型的控制消息：呼叫控制消息，切换控制消息，前向功率控制消息，安全和鉴权控制消息，为移动台引出或提供特定信息的控制消息。

CDMA 反向传输信道的结构如图 7-4 所示。CDMA 反向传输信道的数据传送以 20 ms 为一帧。所有数据在发送之前均要经过卷积编码、块交织、64 阶正交调制、直接序列扩频及基带滤波。接入信道与反向业务信道调制的区别在于：反向接入信道调制中没有加 CRC 校验比特，反向业务信道也只对数据速率较高的 9 600 bit/s 和 4 800 bit/s 两种速率使用 CRC 校验；接入信道的发送速率是固定的，而不像反向业务信道那样选择不同的速率发送。

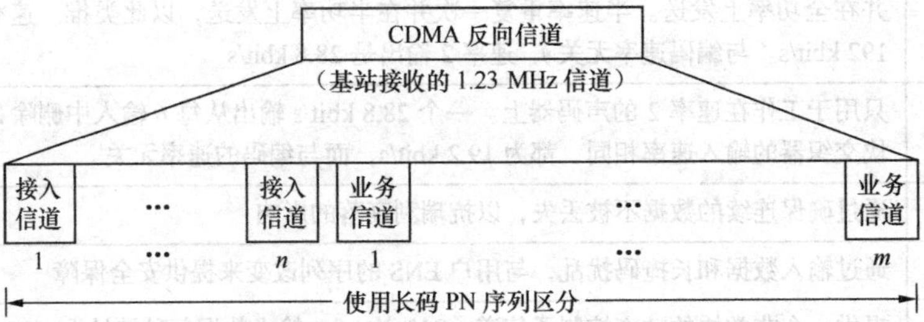

图 7-4　CDMA 反向传输信道结构

CDMA 反向传输信道实际的符号率为 28.8 ksymbol/s。每 6 个符号被调制成一个 64 阶的 Walsh 调制符号用于传输，因此调制符号传输率为 28 800/6=4 800 symbol/s。输出的每个调制符号包括 64 个码片，所以进行 64 阶正交调制后输出的码片速率为固定的 4 800 × 64=307.2 kchip/s。又因为每一个 Walsh 比特片被扩成 4 个 PN 比特片，所以其最终的数据速率就是扩频 PN 序列的速率，为 307.2 × 4=1.228 8 Mchip/s。

7.3　CDMA 移动通信系统组成

CDMA 蜂窝通信系统的网络结构与 GSM 系统相类似，主要由基站收发信机（BTS）、基站控制器（BSC）、移动交换中心（MSC）、操作管理中心（OMC）等组成，如图 7-5 所示。由图可见，该网络结构可分为 3 大部分组成：网络子系统、基站子系统和移动台子系统。下面对各部分功能及主要组成做简要介绍。

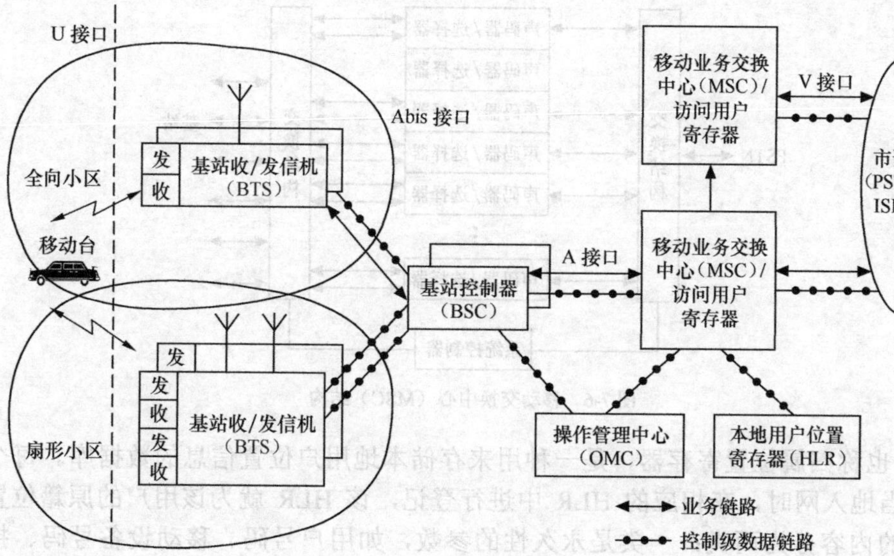

图 7-5 CDMA 网络结构

7.3.1 网络子系统

网络子系统位于市话网与基站控制器之间，它主要由移动交换中心（MSC）或称为移动电话交换局（MTSO）组成。此外，还有本地用户位置寄存器（HLR）、访问用户位置寄存器（VLR）、操作管理中心（OMC）及鉴权中心等设备。

MSC 是蜂窝通信网络的核心，其主要功能是对位于本 MSC 控制区域内的移动用户进行通信控制和管理。MSC 的结构如图 7-6 所示。所有基站都有线路连至 MSC，包括业务线路和控制线路。每一基站对每一声码器为 20 ms（1 帧）长的数据组信号质量（即信噪比）做出估算，并将估算结果随同声码器输出的数据传送至 MSC。由于移动台至相邻各基站的无线链路受到的衰落和干扰情况不同，从某一基站到移动交换中心的信号有可能比从其他基站传到的同一信号质量好。移动交换中心将收到的信息送入选择器和相应的声码器。选择器对两个或更多基站传来的信号质量进行比较，逐帧（20 ms 为 1 帧）选取质量最高的信号送入声码器，即完成选择式合并。声码器再把数字信号转换至 64 kbit/s 的 PCM 电话信号或模拟电话信号送往公用电话网。在相反方向，公用电话网用户的语音信号送往移动台时，首先是由市话网连至交换中心的声码器，再连至一个或几个基站（如移动台正在经历基站的软切换），再由基站发往移动台。交换中心的控制器确定语音传给哪一个基站或哪一个声码器，该控制器与每一基站控制器是连通的，起到系统控制作用。

移动交换中心的其他功能与 GSM 的移动交换中心的功能是类同的，主要有：信道的管理和分配；呼叫的处理和控制；过区切换与漫游的控制；用户位置信息的登记与管理；用户号码和移动设备号码的登记与管理；服务类型的控制；对用户实施鉴权；为系统连接别的 MSC 和为其他公用通信网络，如公用交换电信网（PSTN）、综合业务数字网（ISDN）提供链路接口。

由此可见，MSC 的功能与数字程控交换机有相似之处，如呼叫的接续和信息的交换；也有特殊的要求，如无线资源的管理和适应用户移动性的控制。因此，MSC 是一台专用的数字程控交换机。

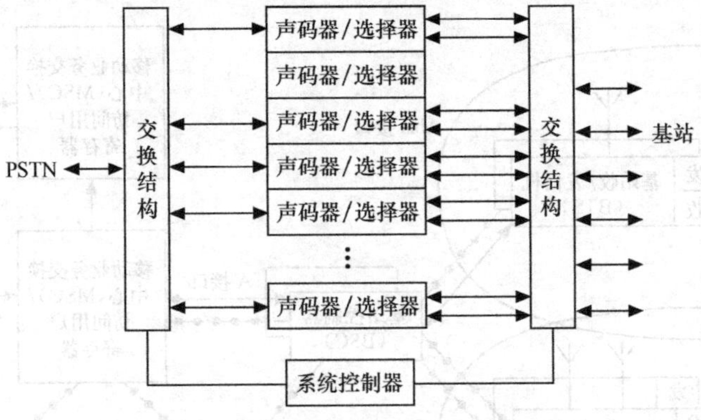

图 7-6　移动交换中心（MSC）结构

HLR 也称归属位置寄存器，是一种用来存储本地用户位置信息的数据库。每个用户都必须在当地入网时，在相应的 HLR 中进行登记，该 HLR 就为该用户的原籍位置寄存器。登记的内容分为两类：一类是永久性的参数，如用户号码、移动设备号码、接入的优先等级、预定的业务类型及保密参数等；另一类是临时性的需要随时更新的参数，即用户当前所处位置的有关参数。即使移动台漫游到新的服务区时，HLR 也要登记新区传来的新的位置信息。这样做的目的是保证当呼叫任一个不知处于哪一个地区的移动用户时，均可由该移动用户的原籍位置寄存器获知它当时处于哪一个地区，进而能迅速地建立起通信链路。

VLR 是一个用于存储来访用户位信息的数据库。一般而言，一个 VLR 为一个 MSC 控制区服务。当移动用户漫游到新的 MSC 控制区（服务区）时，它必须向该区的 VLR 登记。VLR 要从该用户的 HLR 查询其有关参数，并通知其 HLR 修改该用户的位置信息，准备为其他用户呼叫此移动用户时提供路由信息。如果移动用户由一个 VLR 服务区移动到另一个 VLR 服务区，HLR 在修改该用户的位置信息后，还要通知原来的 VLR，并删除此移动用户的位置信息。

AUC 的作用是可靠地识别用户的身份，只允许有权用户接入网络并获得服务。

OMC 的任务是对全网进行监控和操作，例如，系统的自检、报警与备用设备的激活，系统的故障诊断与处理，话务量的统计和计费数据的记录与传递，以及各种资料的收集、分析与显示等。

7.3.2　基站子系统

基站子系统（BSS）包括基站控制器（BSC）和基站收发设备（BTS）。每个基站的有效覆盖范围即为无线小区，简称小区。小区可分为全向小区（采用全向天线）和扇形小区（采用定向天线），常用的小区分为 3 个扇形区，分别用α、β和γ表示。

BSC 可以控制多个基站，每个基站含有多部收发信机。图 7-7 所示为 BSC 的结构。

BSC 通过网络接口分别连接移动交换中心和 BTS 群，此外，还与 OMC 连接。

BSC 主要为大量的 BTS 提供集中控制和管理，如无线信道分配、建立或拆除无线链路、过境切换操作及交换等功能。

由图 7-7 可见，它主要包括代码转换器和移动性管理器。

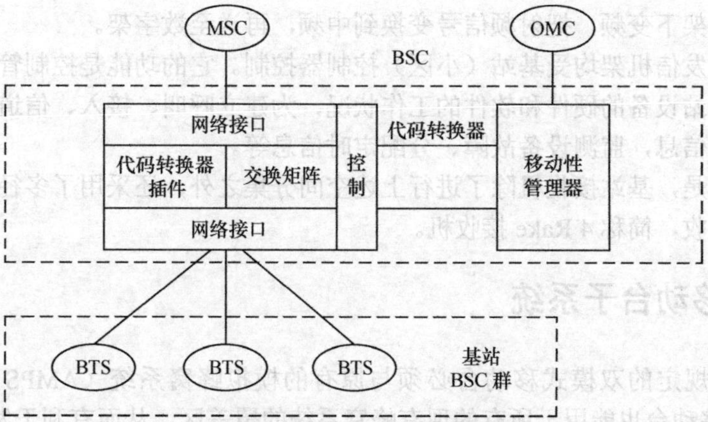

图 7-7　基站控制器（BSC）结构简化图

移动性管理器负责呼叫建立、拆除、切换无线信道等，这些工作由信道控制软件和 MSC 中的呼叫处理软件共同完成。

代码转换器主要包含代码转换器插件、交换矩阵及网络接口单元。

代码转换功能按 EIA/TIA 宽带扩频标准规定，完成适应地面的 MSC 使用 64 kbit/s PCM 语音和无线信道中声码器语音转换，其声码器速率是可变的，即 8 kbit/s、4 kbit/s、2 kbit/s 和 0.8 kbit/s 4 种。除此之外，代码转换器还将业务信道和控制信道分别送往 MSC 和移动性管理器。

BSC 无论是与 MSC 还是与 BTS 之间，其传输速率都很高，达 1.544 Mbit/s。

基站子系统中，数量最多的是 BTS 等设备，图 7-8 表示出了单个扇形小区的设备组成方框图。由于接收部分采用空间分集方式，因此采用两副接收天线（Rx），一副发射天线（Tx）。顶端为滤波器和线性功率放大器，即接收部分输入电路，选取射频信号，滤除带外干扰。接收部分的前置低噪声放大器（LNA）也置于第 1 层中，其主要作用是为了改善信噪比。

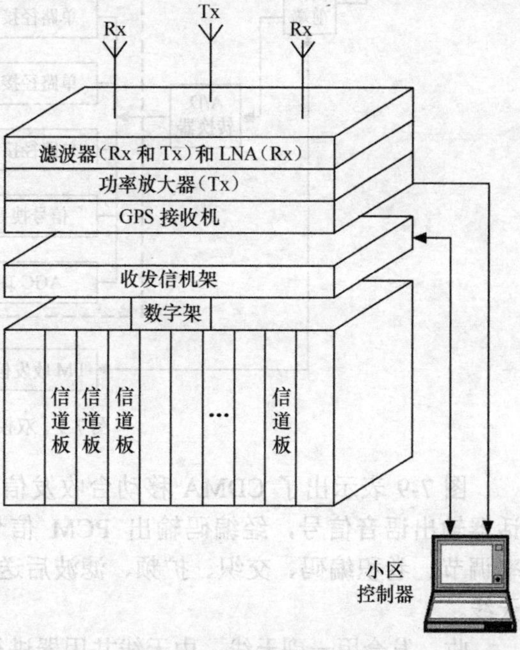

图 7-8　单个扇区的设备组成

第 2 层是发射部分的功率放大器。第 4 层是收发信机主机部分，包括发射机中的扩频、调制，接收机中的解调、解扩，以及频率合成器、发射机中的上变频、接收机中的下变频等。

第 3 层是全球定位系统（GPS）接收机，其作用就是起到系统定时作用。最底层是数字机，装有多块信道板。每个用户占用一块信道板。数字架中信道板以中频与收发信机架连接。具体而言，在正向传输时，即基站发射信号给移动台，数字架输出的中频信号经收发信机架上变频到射频信号，再通过功率放大器、滤波器，最后馈至天线。在反向传输信道，基站处于接收状态，通过空间分集的接收信号，经天线输入、滤波、低噪声放大（LNA），然后通过收发信机架下变频，把射频信号变换到中频，再送至数字架。

数字架和收发信机架均受基站（小区）控制器控制。它的功能是控制管理蜂窝系统小区的运行，维护基站设备的硬件和软件的工作状况，为建立呼叫、接入、信道分配等正常运行收集有关的统计信息，监测设备故障、分配定时信息等。

需要说明的是，基站接收机除了进行上述空间分集之外，还采用了多径分集，用4个相关器进行相关接收，简称4 Rake接收机。

7.3.3 移动台子系统

IS-95标准规定的双模式移动台必须与原有的模拟蜂窝系统（AMPS）兼用，以便使CDMA系统的移动台也能用于所有的现有蜂窝系统的覆盖区，从而有利于发展CDMA蜂窝系统。这一点非常有价值，也有利于从模拟蜂窝平滑地过渡到数字蜂窝网。

双模式移动台与原有模拟蜂窝移动台之间的差别是增加了数字信号处理部分，如图7-9所示。图中着重画出了增加的部分。

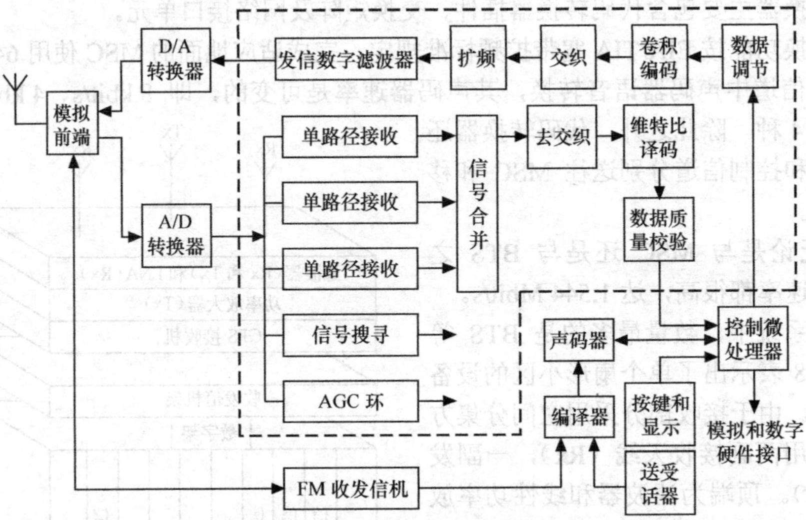

图7-9 双模式移动台方框图

图7-9表示出了CDMA移动台收发信机中有关数字信号处理的内容。发送时，由送话器输出语音信号，经编码输出PCM信号，经声码器输出低速率语音数据，经数据速率调节、卷积编码、交织、扩频、滤波后送至射频前端（含上变频、功放、滤波等），馈至天线。

收、发合用一副天线，由天线共用器进行收、发隔离，收、发频差为45 MHz。

接收机的前端电路包括输入电路、第一变频器、第一中频（86 MHz）放大器、第二变频器、第二中频（45 MHz）放大器，从天线上接收的信号经接收机的前端电路送入并行相关器。其中3个单路径接收相关器在完成解扩后进行信号合并，然后经去交织、卷积译码器（即维特比译码）、数据质量校验、声码器、译码器至受话器。

信号搜寻相关器用于搜索和估算基站的导频信号强度。不同的基站具有不同的引导PN码偏置系数，移动台据此判断不同基站。

第二中频放大器输出电平还为接收机自动增益控制（AGC）电路提供电平，以减小信号强度起伏。

需说明的是，移动台未采用空间天线分集，而且收、发只共用一副天线。

7.4 IS-95CDMA 系统简介

IS-95 是 1992 年由美国高通公司提出的，1993 年被北美电信工业协会（TIA）采纳的第一个 CDMA 商用移动通信技术空中接口标准。后来，此标准经过了几次修改，1995 年 5 月颁布了 A 版修订本。IS-95 标准的全称是“双模式宽带扩频蜂窝系统的移动台-基站兼容标准”，这实际上是说这个标准的是一个公共空中接口（CAI），它没有完全规定一个系统怎样实现，而只是提出了信令协议和数据结构的特点与限制。不同的制造商可以采用不同的方法和硬件工艺，但是它们产生的波形和数据序列必须符合 IS-95 的规定。

IS-95 中并没有讲一个特定的要求怎么去实现，也没有讲任何关于各要求为何提出及是否可行的理论细节。

IS-95 标准提出了“双模系统”，该系统可以兼容模拟和数字操作，从而易于模拟蜂窝系统和数字系统之间的转换。因此，IS-95 中有些部分是同时适用于模拟和数字蜂窝系统的。

和所有蜂窝系统一样，IS-95 系统通过移动电话交换局（MTSO）与公众电话交换网（PSTN）进行接口，如图 7-10 所示。在图中，移动台和基站通过“正向”（基站到移动台）和“反向”（移动台到基站）射频链路通信，有时也分别称作正向和反向，或下行和上行。

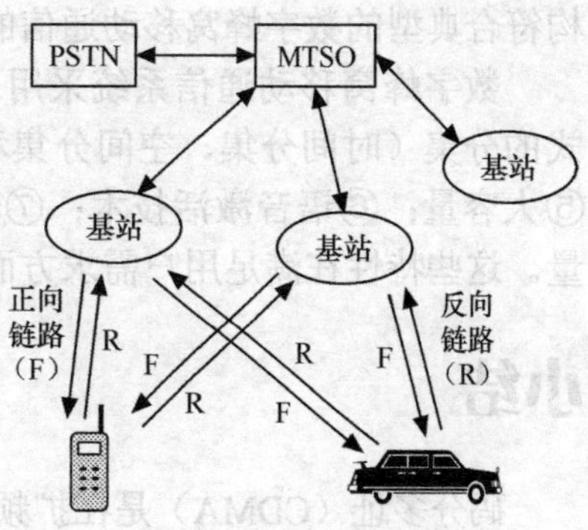

图 7-10 蜂窝系统结构

IS-95 标准关心的是一个或多个地理上分散的固定基站收发器和地理上分散的移动用户收发器在射频链路上的通信。许多基站与基站控制器相连，并受其控制，基站控制器与一个 MTSO 相连，MTSO 通过一个 MSC 与 PSTN 进行互连。同一个地区的几个 MTSO 轮流处于一个 OMC 的控制下。一个 CDMA 系统里的 MTSO 的重要功能之一就是保持频率和时间标准，如图 7-11 所示。

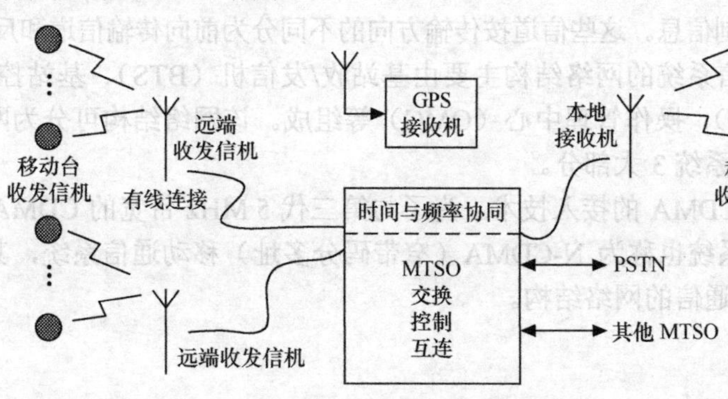

图 7-11 MTSO 功能

由图 7-11 可见，每个 CDMA 的 MTSO 除了具有普遍蜂窝系统的 MTSO 功能，还有时间和频率的协同功能，可以提供系统所需的频率和时间信令，如频率基准、精确时间

（TOD）、同步基准和系统时钟，这些都基于全球定位系统（GPS）通过卫星广播的基准信号。

由于 CDMA 技术应用于蜂窝移动通信系统具有抗人为干扰、窄带干扰、多径干扰、多径时延扩展的能力，以及可提高蜂窝系统的通信容量等优点，使得 CDMA 数字蜂窝移动通信系统成为数字移动通信技术发展的主流技术。

IS-95 CDMA 蜂窝系统工作频带：

- 上行（移动台发，基站收）870～894 MHz；
- 下行（基站发，移动台收）825～849 MHz；
- 双工间隔为 45 MHz。

IS-95 CDMA PCS 系统工作频带：

- 上行（移动台发，基站收）1 850～1 910 MHz；
- 下行（基站发，移动台收）1 930～1 990 MHz；
- 双工间隔为 80 MHz。

应用蜂窝结构的 IS-95 系统采用 CDMA 的接入技术，载频间隔为 1.25 MHz，每个小区可采用相同的载波频率，即频率复用因子为 1。为了与第三代 5 MHz 带宽的 CDMA 系统区分，一般将 IS-95 CDMA 系统也称为 N-CDMA（窄带码分多址）移动通信系统，其网络结构符合典型的数字蜂窝移动通信的网络结构。

数字蜂窝移动通信系统采用 DS-CDMA（窄带直扩）技术将带来下列好处：①多种形式的分集（时间分集、空间分集和频率分集）；②低的发射功率；③保密性好；④软切换；⑤大容量；⑥语音激活技术；⑦频率再用及扇区化；⑧低的信噪比或载干比要求；⑨软容量。这些特性在满足用户需求方面具有独特的优势，因而得到迅速发展。

小结

码分多址（CDMA）是在扩频通信技术的基础上发展起来的一种崭新而成熟的无线通信技术。CDMA 移动通信网是由扩频、多址接入、蜂窝组网和频率复用等几种技术结合而成，含有频域、时域和码域三维信号处理的一种协作，因此它具有抗干扰性好、抗多径衰落、保密安全性高、同频率可在多个小区内重复使用、容量和质量之间可做权衡取舍（软容量）等属性。

CDMA 系统中各种传输信道是由不同的码型来进行区分的。除了要传输业务信息外，还必须传输各种所需的控制信息。这些信道按传输方向的不同分为前向传输信道和反向传输信道。

CDMA 蜂窝通信系统的网络结构主要由基站收/发信机（BTS）、基站控制器（BSC）、移动交换中心（MSC）、操作管理中心（OMC）等组成。该网络结构可分为网络子系统、基站子系统和移动台子系统 3 大部分。

IS-95 系统采用 CDMA 的接入技术。为了与第三代 5 MHz 带宽的 CDMA 系统区分，一般将 IS-95 CDMA 系统也称为 N-CDMA（窄带码分多址）移动通信系统，其网络结构符合典型的数字蜂窝移动通信的网络结构。

习题

7-1 什么是扩展频谱通信？它是如何扩展信号带宽和解扩的？

7-2 CDMA 系统有哪些基本特点？

7-3　CDMA 系统的基本特性包括哪些方面的内容？

7-4　CDMA 前向传输信道是怎样配置的？

7-5　业务信道上包含哪些类型的控制消息？

7-6　CDMA 系统的网络结构由哪几部分组成？

7-7　IS-95CDMA 系统与第三代 CDMA 系统有何不同？

7-8　IS-95CDMA 系统提供的主要业务有哪些？

7-9　解释系统识别码（SID）和网络识别码（NID）。

7-10　简要说明窄带 CDMA 系统工作时的路由接续。

第8章 通用分组无线业务（GPRS）

【本章内容简介】本章从物理结构、逻辑结构和网络结构 3 方面介绍了 GPRS 的体系结构，对 GPRS 的协议做了详细说明，同时介绍了 GPRS 的特点和业务应用。

【学习重点与要求】本章重点掌握 GPRS 的基本结构和各种接口，了解 GPRS 的业务应用。

8.1 概述

通用分组无线业务（General Packet Radio Service，GPRS）作为第二代移动通信技术 GSM 向第三代移动通信（3G）的过渡技术，是由英国 BT Cellnet 公司早在 1993 年提出的，是一种基于 GSM 的移动分组数据业务，能提供比现有 GSM 网 9.6 kbit/s 更高的数据率（100 kbit/s 以上）。GPRS 采用与 GSM 相同的频段、频带宽度、突发结构、无线调制标准、跳频规则及相同的 TDMA 帧结构。因此，在 GSM 系统的基础上构建 GPRS 系统时，GSM 系统中的绝大部分部件都不需要做硬件改动，只需作软件升级。GPRS 是 GSM 通向 3G 的一个重要里程碑，被认为是 2.5 代（2.5 G）产品。

根据欧洲电信标准化协会（ETSI）对 GPRS 的建议，GPRS 从试验到投入商用分成两个阶段。

第一阶段可以向用户提供电子邮件、因特网浏览等数据业务：①GPRS 网络和因特网进行点对点的数据传输；②定义 GPRS 网络所需要的各种识别码，这一工作是同 GSM 网络内要定义的包括 IMEI、IMSI 等识别码是一样的；③当 GPRS 网络传输数据时，维护分组安全的特殊算法；④根据传输的分组数据量确定收费的方式；⑤原有 GSM 网络上的短信业务（SMS）如何以 GPRS 网络来传送。

第二阶段是 EDGE 的 GPRS，简称 E-GPRS。EDGE 是 GSM 增强数据速率改进的技术，它使用 8PSK 调制方式，允许高达 384 kbit/s 的数据传输速率，充分满足无线多媒体应用的带宽要求：①GPRS 网络与因特网的联机，可以是点对点传输，也可以是点对多点传输：②当 GPRS 网络传送声音、图像或多媒体等应用业务时，不同的应用业务需要不同的传输速率与延迟时间；③在许多架设 GPRS 网络的国家（地区）间，实现国际漫游的功能。

GSM 网络采用电路交换的方式，主要用于语音通话，而因特网上的数据传递则采用分组交换的方式。这两种网络具有不同的交换体系，导致彼此间的网络几乎都是独立运行的。制定 GPRS 标准的目的就是要改变这两种网络互相独立的现状。通过采用 GPRS 技术，可使现有 GSM 网络轻易地实现与高速数据分组的简便接入，从而使营运商能够对移动市场需求做出快速反应并获得竞争优势。

8.2 GPRS 的体系结构

GPRS 网络是在 GSM 网络的基础上进行升级的，最主要的改变是在 GSM 系统中引入了服务支持节点（Serving GPRS Supporting Node，SGSN）、网关支持节点（Gateway GPRS Support Node，GGSN）和分组控制单元（Packet Control Unit，PCU）3 个主要组件。

对于 GSM 网络原有的 BTS、BSC 等通信设备，只需要进行软件升级或增加一些连接接口。因为 GGSN 与 SGSN 数据交换节点具有处理分组的功能，所以使得 GPRS 网络能够和因特网互相连接，如图 8-1 所示，数据传输时的数据与信号都以分组来传送。GGSN 与 SGSN 如同因特网上的 IP 路由器，具备路由器的交换、过滤与传输数据分组等功能，也支持静态路由与动态路由。多个 SGSN 与一个 GGSN 构成电信网络内的一个 IP 网络，由 GGSN 与外部的因特网相连接。

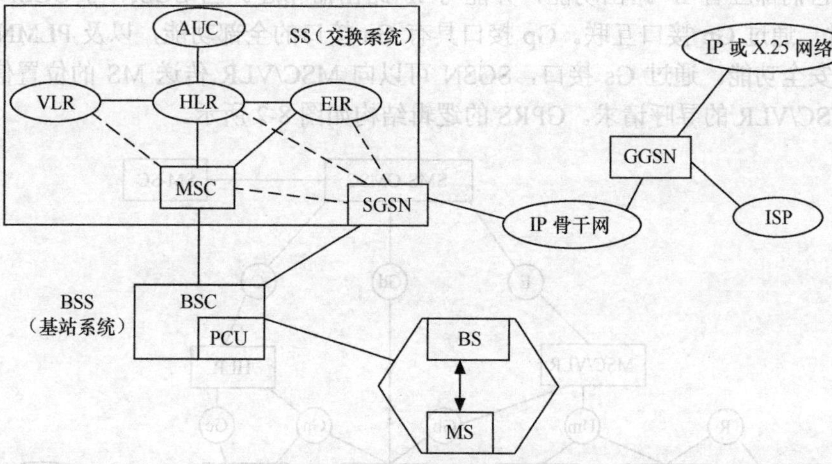

图 8-1　GPRS 网络与因特网的连接

当手机用户进行语音通话时，由原有 GSM 网络的设备负责线路交换的传输，当手机用户传送分组时，由 GGSN 与 SGSN 负责将分组传输到因特网，如此手机用户在拥有原有的通话功能的同时，还能随时地以无线的方式连接因特网，浏览因特网上丰富的信息。GPRS 网络发展前景十分广阔。

8.2.1 GPRS 逻辑结构

如上所述，GPRS 是在 GSM 网络结构中增添服务支持节点（SGSN）和网关支持节点（GGSN）两个新的网络节点来实现的。GSM 标准 03.60 对新增节点之间及新增节点与 GSM 网原有节点之间的接口进行了新的定义。支持节点（GSN）具有支持 GPRS 的全部功能。在一个 PLMN 中允许有多个 GSN。

GGSN 主要起网关作用，它可以和多种不同的数据网络连接，如 ISDN 和 LAN 等。另外，GGSN 又被称为 GPRS 路由器。GGSN 可以把 GSM 网中的 GPRS 分组数据包进行协议转换，从而可以把这些分组数据包传送到远端的TCP/IP或X.25网络。GGSN通过配置一个PDP（Packet Data Protocol，分组数据协议）地址接入GPRS网。GGSN负责存储已经激活GPRS业务的用户路由信息，并能根据该信息将PDU（Protocol Data Units，协议数据单元）通过隧道技术发送到MS的当前业务接入点，也就是SGSN。GGSN可以通过Gc接口（如果存在）从HLR查询该移动用户当前的位置信息。GGSN是PDN（Packet Data Network，分组数据网络）与支持GPRS的GSM PLMN互联的第一个节点，即Gi参考点由GGSN支持。

SGSN是为移动终端（MS）提供业务的节点，即Gb接口由SGSN支持。在激活GPRS业务时，SGSN负责与GGSN建立路由的PDP信息，同时与MS建立起一个移动性管理环境，包含关于这个移动终端的移动性和安全性方面的信息。SGSN的主要作用就是记录移动台当前的位置信息，并且在移动台和SGSN之间完成移动分组数据的发送和接收。

SGSN与GGSN的功能既可以由一个物理节点全部实现，也可以在不同的物理节点上分别实现。它们都应有IP路由功能，并能与IP路由器相连。当SGSN与GGSN位于不同的PLMN时，通过Gp接口互联。Gp接口具有Gn接口的全部功能，以及PLMN之间相互通信所需的安全功能。通过Gs接口，SGSN可以向MSC/VLR传送MS的位置信息，并能收听来自MSC/VLR的寻呼请求。GPRS的逻辑结构如图8-2所示。

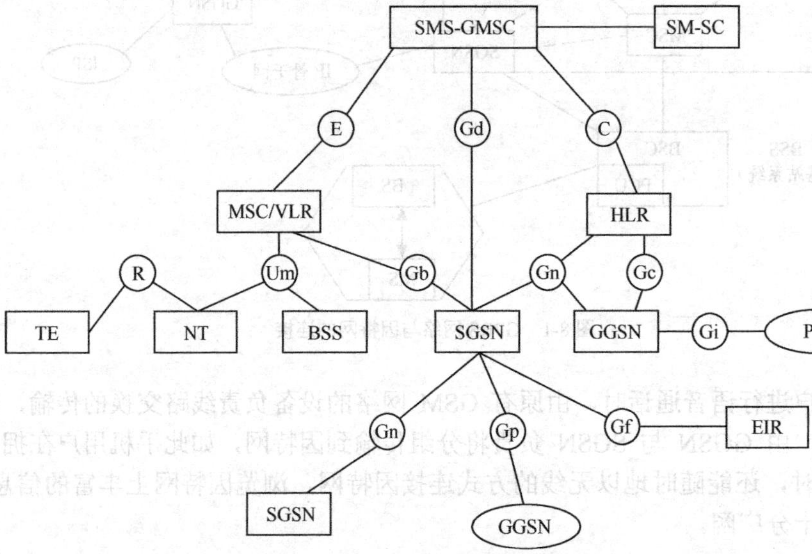

图8-2　GPRS逻辑体系结构一览

表8-1给出了GPRS体系结构中的接口及参考点。

在GSM网络中引入了两个GPRS支持节点和新的接口及单元后，对GSM网络设备将产生以下影响。

（1）HLR现有软件需更新，以支持Gc、Gr接口。

（2）MSC现有软件需更新，以支持Gs接口。

（3）在BSC中引入PCU，并且软件需要升级。

（4）BTS配合BCF进行相应的软件升级。

表 8-1　　GPRS 体系结构中的接口及参考点

接口或参考点	说　明
R	非 ISDN 终端与移动终端之间的参考点
Gb	SGSN 与 BSS 之间的接口
Gc	GGSN 与 HLR 之间的接口
Gd	SMS-GMSC 之间的接口，SMS-IWMSC 与 SGSN 之间的接口
Gi	GPRS 与外部分组数据之间的参考点
Gn	同一 GSM 网络中两个 GSN 之间的接口
Gp	不同 GSM 网络中两个 GSN 之间的接口
Gr	SGSN 与 HLR 之间的接口
Gs	SGSN 与 MSC/VLR 之间的接口
Gf	SGSN 与 EIR 之间的接口
Um	MS 与 GPRS 固定网部分之间的无线接口

表 8-2 所列的是网络逻辑功能在各功能实体中的分配对照关系。

表 8-2　　网络逻辑功能在各功能实体中的分配对照关系

功　能	MS	BSS	SGSN	GGSN	HLR
网络接入控制					
注册					×
鉴权和授权	×		×		×
准许控制	×	×	×		
消息屏蔽				×	
分组终端适配	×				
计费数据采集			×	×	
分组选路与传送					
中继	×	×	×	×	
选路	×	×	×	×	
地址翻译与映射	×		×	×	
封装	×		×	×	
隧道			×	×	
压缩	×		×		
加密	×		×		
移动性管理	×		×		×
逻辑链路管理					
逻辑链路的建立	×		×		
逻辑链路的维护	×		×		
逻辑链路的释放	×		×		
无线资源的管理					

续表

功　　能	MS	BSS	SGSN	GGSN	HLR
Um 管理	×	×			
区选择	×	×			
Um 发送	×	×			
路径管理		×	×		

注：打“×”表示不具备这项功能。

8.2.2 GPRS 物理结构

分组交换技术是 GPRS 的基础，它为用户提供了新的数据业务，通过 GPRS 网络在移动用户和数据网络之间提供一种连接，使用者可以在移动状态下使用各种高速数据业务，包括收发 E-mail、进行因特网浏览等，并给移动用户提供高速无线 IP 和 X.25 服务。

从物理角度来看，GPRS 网络的实现是在网络上增加了一些硬件设备和软件升级，形成了一个新的网络逻辑实体，相当于在 GSM 网络基础上叠加了一个新的网络，同时提供端到端的、广域的无线 IP 连接。通过在现有的网络上增加 SGSN 和 GGSN 两种数据交换节点，并对 GSM 网络原有的设备进行适当改进，即可扩展原有网络的功能。因为新增的两个节点具有分组处理功能，所以使得 GPRS 网络能够和因特网进行互联。过去的 GSM 网络设备，例如，BTS、BSC、MSC/VLR 及 HLR 等，大部分只需要将设备的软件升级，增加数据信号处理和传输能力，只有少许设备需要增加与 SGSN 相连接的硬件接口，因此大致上所有的 GSM 网的设备都可以用于 GPRS 网络，如图 8-1 所示。

1．网络设备节点（SGSN）

SGSN 的主要作用是负责传输 GPRS 网内部的数据分组，它所扮演的角色类似于通信网内的路由器。将 BSC 送出的数据分组路由到其他的 SGSN，或是由 GGSN 将分组传递到外部的因特网，除此之外，该节点还具有管理数据传输的相关功能。

GPRS 移动通信网络与因特网的最大区别就是 GPRS 网络内部增加了手机或终端的移动性管理。与 GSM 网一样，GPRS 网络还具有针对数据传输的鉴权、加密等功能。上述功能都是由 SGSN 负责。除此之外，SGSN 还负责与数据传输有关的会话管理、手机上的逻辑频道管理及统计传输数据量用于收费功能等。

2．网络设备节点（GGSN）

GGSN 是 GPRS 网络连接外部因特网的一个网关，负责 GPRS 网络与外部因特网的数据交换。在 GPRS 标准的定义中，GGSN 可以与外部网络的路由器、ISP 的 RA-DIUS 服务器或公司的因特网等 IP 网络相连接，也可以与 X.25 网络相连接，不过全世界大部分的电信运营商都倾向于将 GPRS 网络与 IP 网络相连接。

由因特网的观点来看，GGSN 是 GPRS 网络对因特网的一个窗口，所有手机用户都限制在电信营运商的 GPRS 网络内。因此，GGSN 还负责分配各个手机的 IP 地址，并充当网络上的防火墙，除了防止因特网上非法的入侵外，基于安全的理由，还能从 GGSN 上设置限制手机连接到某些商业网站。在 GPRS 网络内部，通常将由单一的 SGSN 负责某个制定 GPRS 网络的业务，电信运营商的 PLMN 内包括许多 SGSN，但都只有很少数的 GGSN。当手机用户登录网络后，GGSN 负责分配给每个手机用户一个 IP 地址，管理手机传输数据的服务质量和统计传输资料量等功能。

3．分组控制单元（PCU）

PCU 用于分组数据的信道管理和信道接入控制。它可以作为 BSC 中的一个单元，也可以是一台单独的设备。

8.2.3　GPRS 网络结构

GPRS 网络主要实体包括 GPRS 支持节点（GSN）、GPRS 骨干网、本地位置寄存器（HLR）、短消息业务网关、具有短消息业务功能的移动交换中心（SMS-GMSC）和短消息业务互通移动交换中心（SMS-IWMSC）、移动台、移动交换中心（MSC）、访问位置寄存器（VLR）和分组数据网络（PDN）等。

（1）GPRS 支持节点

GPRS 支持节点（GSN）是 GPRS 网络中最重要的网络节点，包含了支持 GPRS 所需的功能。GSN 具有移动路由管理功能，可以连接各种类型的数据网络，并可以连到 GPRS 寄存器。GSN 可以完成移动台和各种数据网络之间的数据传送与格式转换。GSN 是一种类似于路由器的独立设备，也与 GSM 中的 MSC 集成在一起。在一个 GSM 网络中，允许存在多个 GSN。GSN 有两种类型：SGSN 和 GGSN。

SGSN 与 GGSN 的功能既可以由一个物理节点全部实现，也可以在不同的物理节点上分别实现。它们都应有 IP 路由功能，并能与 IP 路由器相连。当 SGSN 与 GGSN 位于不同的 PLMN 时，通过 Gp 接口互联。SGSN 可以通过任意 Gs 接口向 MSC/VLR 发送定位信息，并可以经 Gs 接口接收来自 MSC/VLR 的寻呼请求。

（2）GPRS 骨干网

GPRS 中有内部 PLMN 骨干网和外部 PLMN 骨干网两种。内部 PLMN 骨干网是指位于同一个 PLMN 上的、并与多个 GSN 互连的 IP 网。外部 PLMN 骨干网是指位于不同的 PLMN 上的、并与 GSN 和内部 PLMN 骨干网互连的 IP 网，如图 8-3 所示。

每一个内部 PLMN 骨干网都是一个 IP 专网，且仅用于传送 GPRS 数据和 GPRS 信令。IP 专网是采用一定访问控制机制以达到所需安全级别的 IP 网。两个内部 PLMN 骨干网是使用边界网关（BG）和一个外部 PLMN 骨干网并经 Gp 接口相连的，外部 PLMN 骨干网的选择取决于包含有 BG 安全功能的漫游协定，BG 不在 GPRS 的规范之列。外部 PLMN 可以是一个分组数据网。

在同一个 PLMN 骨干网内，骨干网是图 8-4 中虚线方框内的部分。在 GPRS 骨干网内部，各 GSN 实体之间通过 Gn 接口相连，它们之间的信令和数据传输都是在同一传输平台中进行的，所利用的传输平台可以在 ATM、以太网、DDN、ISDN、帧中继等现有传输网中选择。

在 GPRS 与网络之间，骨干网是基于 IP 的网络，如 Internet 或者使用租用线路互连的网络。移动网之间的骨干网类型和实施由运营商的漫游协议来决定，ETSI 没有定义。

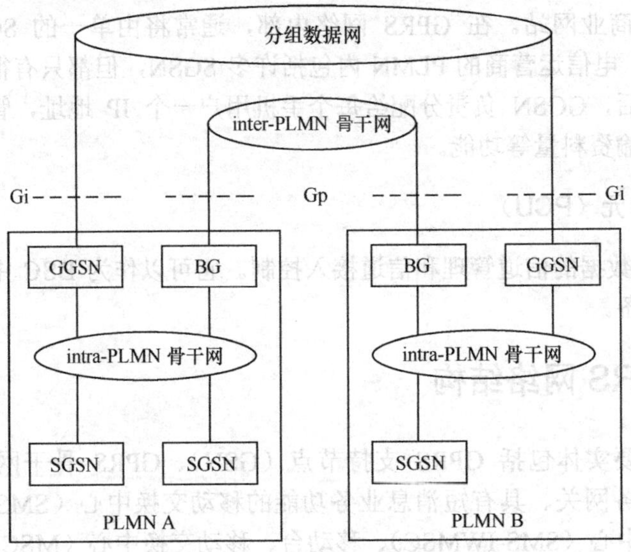

图 8-3　内部 PLMN 骨干网和外部 PLMN 骨干网

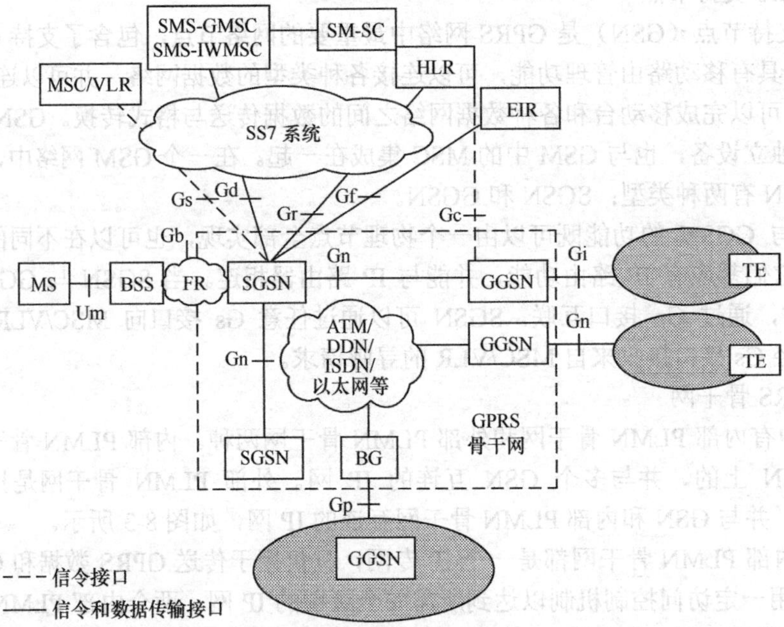

图 8-4　GPRS 骨干网的组成

（3）本地位置寄存器

在本地位置寄存器（HLR）中有 GPRS 用户数据和路由信息。从 SGSN 经 Gn 接口或 GGSN 经 Gc 接口均可以访问 HLR。对于漫游的 MS 来说，HLR 可能位于另一个不同的 PLMN 中，而不是当前的 PLMN 中。

（4）短消息业务网关

移动交换中心（SMS-GMSC）和短消息业务网关是互通的。SMS-GMSC 和 SMS-IWMSC 经 Gd 接口连接到 SGSN 上，这样就能让 GPRS MS 通过 GPRS 无线信道收发短消息。

（5）GPRS 移动台

GPRS 移动台能以 3 种运行模式中的一种进行操作，其操作模式的选定由 MS 所申请的服务所决定。

A 类操作模式：MS 能同时连接到 GPRS 和 GSM 系统，而且 MS 能在两个系统中同时激活，能同时侦听两个系统的信息，并能同时启用、提供 GPRS 和其他 GSM 服务。

B 类操作模式：一个 MS 可同时连接到 GPRS 和 GSM 系统，可用于 GPRS 分组业务和 GSM 电路交换业务，但同一时刻只能运行一种业务。

C 类操作模式：MS 只能应用于 GPRS 服务。

（6）移动交换中心和访问位置寄存器

在需要 GPRS 网络与其他 GSM 业务进行配合时选用 Gs 接口，如利用 GPRS 网络实现电路交换业务的寻呼，GPRS 网络与 GSM 网络联合进行位置更新，以及 GPRS 网络的 SGSN 节点接收 MSC/VLR 发来的寻呼请求等。同时 MSC/VLR 存储 MS（此 MS 同时接入 GPRS 业务和 GSM 电路业务）的 IMSI 以及 MS 相连接的 SGSN 号码。

（7）分组数据网络

PDN 提供分组数据业务的外部网络。移动终端通过 GPRS 接入不同的 PDN 时，采用不同的分组数据协议地址。

8.3　GPRS 的协议

1．ETSI 的标准制订工作

早在 1993 年欧洲就提出了在 GSM 网上开通 GPRS 业务，1997 年 GPRS 的标准化工作取得重大进展，1997 年 10 月 ETSI 发布了 GSM02.60 GPRS 阶段 1 业务描述，1999 年底完成 GPRS 阶段 2 的工作。GPRS 的标准分为 3 个阶段，这 3 个阶段分别制订了 18 个新的标准，并对几十个现有标准进行了修订，以实现 GPRS。表 8-3 列出了这 3 个阶段。

表 8-3　　GPRS 标准的 3 个阶段

阶段 1	阶段 2	阶段 3
02.60 业务描述	03.60 系统描述和网络结构	04.60 RLC/MAC 协议
	03.64 无线接口描述	04.61 PTM-M 业务
	03.61 点对多点-广播业务	04.62 PTM-G 业务
	03.62 点对多点-群呼	04.64 LLCO4.65SNDCP
		07.60 用户互通
		08.14Gb 层 1
		08.16 Gb 层网络业务
		08.18BSSGP、Gb 接口
		09.16 Gb 层 2
		09.18 Gb 层 3
		09.60 Gn&Gp 接口
		09.61 外部网路互通

按照欧洲电信标准化协会（ETSI）的设想，GPRS应首先实现以下内容：

① PTP业务；

② PTP TCP/IP的用户互通；

③ 对PTP和漫游的安全保障；

④ 从MS至GGSN的X.28协议，GGSN至外部PDN的X.25协议；

⑤ Gn、Gb、Gr、Gp、Gs、Gi接口；

⑥ 计费；

⑦ 运营者决定的呼叫闭锁和呼叫终止，运营者呼叫过滤；

⑧ 为PTM无线接口做准备工作；

⑨ 匿名接入；

⑩ 通过GPRS支持SMS-MO和SMS-MT。

2．我国GPRS标准化工作的进展概况

1996年，我国就开始跟踪研究GPRS的相关标准，着重组织开展了一系列GPRS相关标准研究工作。到2000年4月，已经完成了“900/1 800 MHz TDMA数字蜂窝移动通信网GPRS隧道协议（GTP）规范”，由原信息产业部电信传输所提出了“GPRS业务研究”的前期预研成果。从1998年开始，我国运营者开始酝酿在国内兴建GPRS的试验网络工作，标准化的工作就显得极为迫切了。在2000年和2001年上半年，已颁布以下900/1 800 MHz TDMA蜂窝移动通信网通用分组无线业务相关的系列标准。

（1）设备规范

① 交换子系统设备规范；

② 基站子系统设备规范；

③ 移动台的技术要求。

（2）接口规范

① 基站子系统与SGSN接口规范；

② 无线接口规范。

（3）测试规范

① 隧道协议（GTP）规范；

② 交换子系统设备测试规范；

③ 基站子系统与SGSN间接口测试规范；

④ 基站子系统设备测试规范；

⑤ 移动台的测试规范。

由于GPRS相关标准的研究工作仍然处于不断更改和制订的过程中，所以在我国标准研究和设备开发工作中，都存在着不断调整和解决不同版本之间兼容性的问题。

8.3.1 GPRS协议基础

GPRS是面向分组的，是对GSM扩展的结果。扩展的含义是重复使用GSM的无限基础设施，只在核心网络内引入两个新的网络节点，以便提供所需要的分组交换功能。与现在的GSM电路交换相比，GPRS的主要目的是为互联网应用提供更好的服务。TDMA帧的一些时隙能够统计地或动态地分配给 GPRS，这些时隙称为分组数据信道（PDCH）。通过在一条 PDCH 上复用若干个用户，一个用户也可以在若干条 PDCH 上传送，GPRS 提供有效地共享这些无限资源的机制。

为了应对不同的信道条件，GPRS 标准规定了 4 种不同的信道编码方案，见表 8-4。如果用户能够在若干个 PDCH 并行传送，其数据速率等于单个时隙数据速率乘以时隙数。

表 8-4 GPRS 编码方案

编码方案	编码速率	1 个时隙数据速率（$kbit \cdot s^{-1}$）	2 个时隙数据速率（$kbit \cdot s^{-1}$）	4 个时隙数据速率（$kbit \cdot s^{-1}$）
CS-1	0.5	8	16	32
CS-2	0.667	12	24	48
CS-3	0.75	14.4	28.8	58.6
CS-4	1	20	40	60

1．移动台中的数据传递

分组发送方处于本地局域网内，移动台发送一个 IP 数据分组，分组经过本地局域网，再通过路由器和 PSPDN 到达 GGSN。当发送给某个移动台的分组到达 GGSN 时，GGSN 检验该移动台是否有 GPRS 移动场景，也就是说，移动台是否登录 GPRS，如图 8-5 所示。

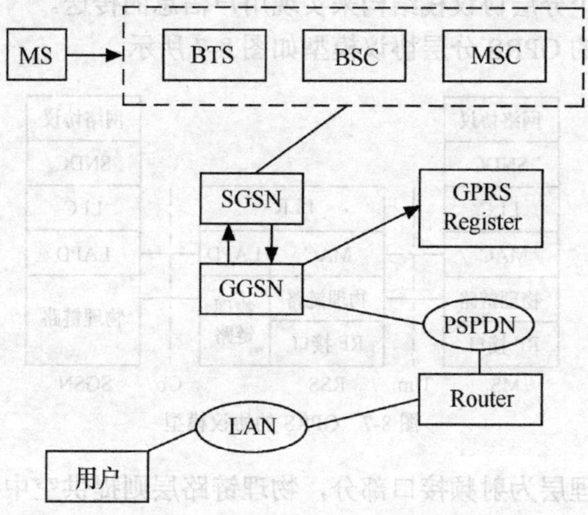

图 8-5 移动台中的分组数据传递

移动台在所处的小区内进行应答，并且注册登记到活动模式，然后在所有节点内建立路由，将分组从 SGSN 经过 MSC 和 BSC，送到 BTS。BTS 在 PDCH 上预留出一个时隙，将分组封装成空中接口协议，然后发送给移动台。如果移动台正确地接收数据，可以给出应答。

2．移动台发起的分组数据传递

移动台从应用得到了一个 IP 分组，然后它请求分配信道，系统预留好时隙以后给出应答。数据在预留的时隙内传送给 BTS，然后 BTS 正确地接收完整的大块数据，应给出肯定的应答。BTS 从空中链路协议拆掉封装，将数据发送给 SGSN。

SGSN 将数据封装成传送协议，并且发送给 GGSN。GGSN 拆掉封装，检验分组的地址和协议，从而能够得出正确的路由。因此，分组能够通过 PSPDN 和路由器到达接收方的本地局域网，最后传送给用户，如图 8-6 所示。

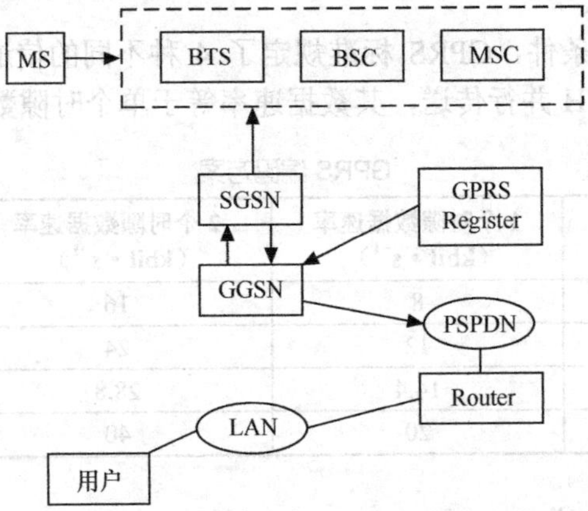

图 8-6　移动台发起的分组数据传递

8.3.2 GPRS 协议模型

GPRS 中定义了一个分层协议栈结构来实现用户信息的传送。

MS 与 SGSN 之间的 GPRS 分层协议模型如图 8-7 所示。

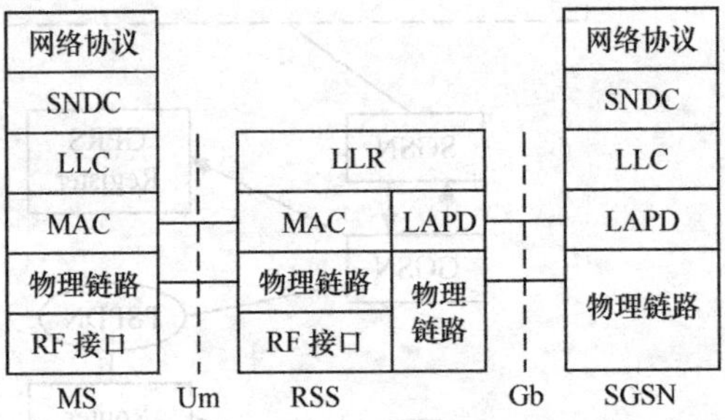

图 8-7　GPRS 的协议模型

（1）Um 接口的物理层为射频接口部分，物理链路层则提供空中接口的各种逻辑信道。

（2）MAC 层的主要作用是定义和分配空中接口的 GPRS 逻辑信道，使这些信道能被不同的 MS 共享。

（3）LLC 层为逻辑链路控制层。它是一种 HDLC 的无线链路协议。LLC 层基于高速数据链路规程，生成完整的 LLC 帧。

（4）SNDC 为子网依赖结合层。它的主要作用是确定 TCP/IP 地址和加密方式，以及完成传送数据的分组、打包等任务。

GPRS 网络层的协议目前主要采用阶段 1 提供的 TCP/IP 和 X.25 协议。

8.3.3 GPRS 参考模型与移动台

GPRS 的简化参考模型如图 8-8 所示。GPRS 在一个发送实体与一个或多个接收实体之间提供数据传递的能力。这些实体可以是移动台，也可以是一台终端设备，后者可以连接到一个 GPRS 网络，或连接到一个外部数据网络。

基站为移动台提供无线信道，接入到 GPRS 网络。用户数据可以在 4 种类型的移动台之间传递。这 4 种类型的终端如图 8-9 所示。

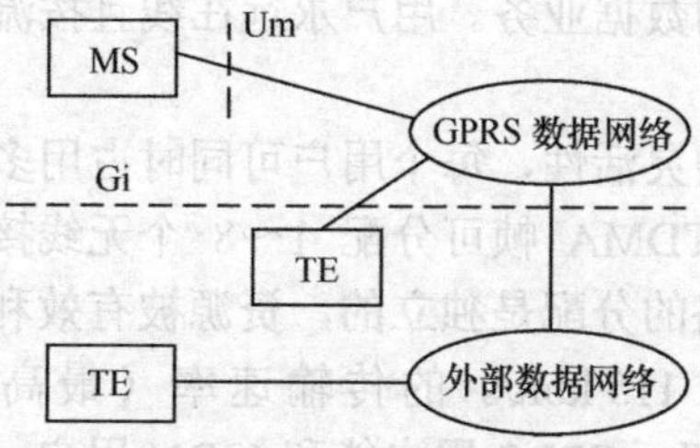

图 8-8　GPRS 的简化参考模型

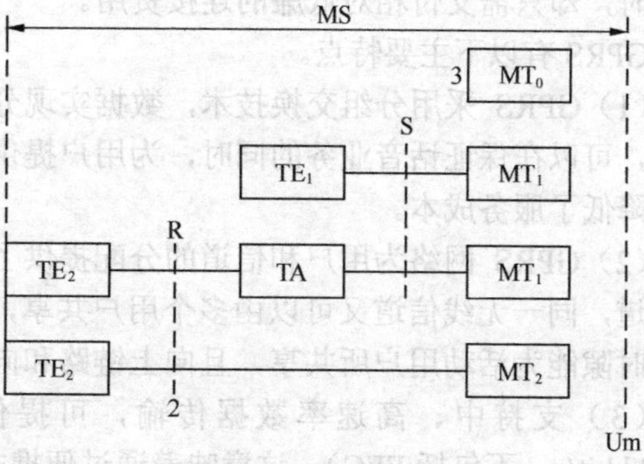

图 8-9　移动台的类型

一个移动台由移动终端（TM）与移动设备（TE）或终端设备和终端适配器（TE+TA）组成，移动终端执行的功能包括：无线传输终端，无线传输信道管理，终端能力（包括给用户提供人机接口表示），话音编码，为无线路径上传送的信息提供差错保护，信令流控，用户数据流控，用户数据的速率适配（无线信道速率和用户速率之间），多终端支持，移动性管理。

移动终端有 3 种类型。

（1）MT_0：包含以上移动终端的全部功能，但不支持终端接口。

（2）MT_1：包含以上移动终端的全部功能，并且提供一个端口，符合 ISDN 用户-网络接口规范的 GSM 建议子集。

（3）MT_2：包含以上移动终端的全部功能，并且提供一个接口。

终端设备（TE）在接入点 3 给用户提供人机界面，也可以在接入点 1 和接入点 2 提供一个物理接口。终端设备有两种类型。

（1）TE_1：提供一个 ISDN 接口。

（2）TE_2：提供一个非 USDN 接口。

终端设备可以包含一个或多个设备，也可以包含电话机、用户终端、用户系统等实体。

8.4　GPRS 的特点与业务应用

8.4.1　GPRS 的特点

GPRS 引入了分组交换的传输模式，使原来采用电路交换模式的 GSM 传输数据方式发生了根本性的变化，这在无线资源稀缺的情况下显得尤为重要。分组交换接入时间缩短为少于 1 s，能提供快速即时的连接，可大幅度提高完成一些事务（如信用卡核对、远程监控等）的效率，并可使已有的因特网应用（如 E-mail、网页浏览等）操作更加便捷、流畅。按电路交换模式来说，在整个连接期内，用户无论是否传送数据，都将独自占有无线信道。而对于分组交换模式，用户只有在发送或接收数据期间才占用资源，这意味着多个用户可高效率地共享同一无线信道，从而提高了资源的利用率。GPRS 用户的计费以通信的数据量为主要依据，体现了“得到多少、支付多少”的原则。实际上，GPRS 用户的连接时间可能长达数小时，却只需支付相对低廉的连接费用。

GPRS 有以下主要特点。

（1）GPRS 采用分组交换技术，数据实现分组发送和接收，高效传输高速或低速数据和信令，可以在保证话音业务的同时，为用户提供高速的数据业务。用户永远在线且按流量计费，降低了服务成本。

（2）GPRS 网络为用户和信道的分配提供了很大的灵活性，每个用户可同时占用多个无线信道，同一无线信道又可以由多个用户共享，每个 TDMA 帧可分配 1～8 个无线接口时隙。时隙能为活动用户所共享，且向上链路和向下链路的分配是独立的，资源被有效利用。

（3）支持中、高速率数据传输，可提供高达 115 kbit/s 的传输速率（最高值为 171.2 kbit/s，不包括 FEC）。这意味着通过便携式计算机，GPRS 用户能和 ISDN 用户一样快速上网浏览，同时也使一些对传输速率敏感的移动多媒体应用成为可能。GPRS 采用了与 GSM 不同的信道编码方案，定义了 CS-1、CS-2、CS-3 和 CS-4 4 种编码方案。

（4）GPRS 网络接入速度快，提供了与现有数据网的无缝连接。GPRS 技术 160 kbit/s 的极速传送，几乎能让无线上网达到公网 ISDN 的效果，可以为用户提供随时、高速、稳定的网络服务。

（5）GPRS 支持基于标准数据通信协议的应用，可以和 IP 网、X.25 网互联互通。支持特定的点到点和点到多点的服务，以实现一些特殊应用，如远程信息处理。GPRS 也允许短消息业务（SMS）经 GPRS 无线信道传输。

（6）GPRS 的设计使得它既能支持间歇的爆发式数据传输，又能支持偶尔大量数据的传输。它支持 4 种不同的 QoS 级别。GPRS 能在 0.5～1 s 之内恢复数据的重新传输。GPRS 的计费一般以数据传输量为依据。

（7）在 GSM PLMN 中，GPRS 引入两个新的网络节点：一个是 GPRS 服务支持节点（SGSN），它和 MSC 在同一等级水平，并跟踪单个 MS 的存储单元，实现安全功能和接入控制，SGSN 通过帧中继连接到基站系统；另一个是 GPRS 网关支持节点（GGSN），GGSN 支持与外部分组交换网的互通，并经由基于 IP 的 GPRS 骨干网和 SGSN 连通。

（8）GPRS 的安全功能同现有的 GSM 安全功能一样，身份认证和加密功能由 SGSN 来执行。其中密码设置程序的算法、密钥和标准与目前 GSM 中的一样，不过 GPRS 使用的密码算法是专为分组数据传输所优化过的。GPRS 移动设备（ME）可通过 SIM 卡访问 GPRS 业务，不管这个 SIM 卡是否具备 GPRS 功能。

（9）蜂窝选择可由一个 MS 自动进行，或者基站系统指示 MS 选择某一特定的蜂窝。MS 在重选另一个蜂窝或蜂窝组（即一个路由区）时会通知网络。

（10）为了访问 GPRS 业务，MS 会首先执行 GPRS 接入过程，将它的存在告知网络。在 MS 和 SGSN 之间建立一个逻辑链路，使得 MS 可进行如下操作：接收基于 GPRS 的 SMS 服务、经由 SGSN 的寻呼、GPRS 数据到来通知。

（11）为了收发 GPRS 数据，MS 会激活它所想用的分组数据地址。这个操作使 MS 可被相应的 GGSN 所识别，从而能开始与外部数据网络的互通。

（12）用户数据在 MS 和外部数据网络之间透明传输，它使用的方法是封装和隧道技术。数据包用特定的 GPRS 协议信息打包，并在 MS 和 GGSN 之间传输。这种透明的传输方法缩减了 GPRS 和 PLMN 对外部数据协议解释的需求，而且易于在将来引入新的互通协议。用户数据能够压缩，并有重传协议保护功能，因此数据传输高效且可靠。

（13）GPRS 可以实现基于数据流量、业务类型及服务质量等级（QoS）的计费功能，计费方式更加合理，用户使用更加方便。

（14）GPRS 的核心网络层采用 IP 技术，底层可使用多种传输技术，很方便地实现与高速发展的 IP 网无缝连接。

8.4.2　业务应用

GPRS 是一组新的 GSM 承载业务，是以分组模式在 PLMN 和与外部网络互通的内部网上传输。在有 GPRS 承载业务支持的标准化网络协议的基础上，GPRS 网络管理可以提供（或支持）一系列的交互式电信业务。

1．承载业务

支持在用户与网络接入点之间的数据传输的性能，提供点对点（PTP）、点对多点（PTM）两种承载业务。

（1）点对点业务

点对点业务是在两个用户之间提供一个或多个分组的传输。由业务请求者启动，被接收者接收。它有两种：点-点无连接网络业务和点-点面向连接的网络业务。由业务请求者发起的业务请求可能来自固定接入点或移动接入点。

（2）点对多点业务

点对多点业务是将单一信息传送到多个用户。GPRS PTM 业务能够提供一个用户将数据发送给具有单一业务需求的多个用户的能力。PTM 业务包括以下 3 种。

① 点对多点广播（PTM-M）业务——将信息发送给当前位于某一地区的所有用户的业务。

② 点对多点群呼（PTM-G）业务——将信息发送给当前位于某一区域的特定用户子群的业务。

③ IP 多点传播（IP-M）业务——定义为 IP 协议序列一部分的业务。

2．用户终端业务

GPRS 支持电信业务，提供完全的通信业务能力，包括终端设备能力。用户终端业务可以分为基于 PTP 的用户终端业务和基于 PTM 的用户终端业务，见表 8-5。

表 8-5　　GPRS 用户终端业务分类

基于 PTP 的用户终端业务	基于 PTM 的用户终端业务
会话	分配
报文传送	调度
检索	会议
通信	预定发送
	地区选路

3. 附加业务

GSM 第 2 阶段附加业务支持所有的 GPRS 基本业务 PTP-CONS、PTP-CLNS、IP-M 和 PTM-G 的 CFU（无条件呼叫转送）。GSM 第 2 阶段附加业务不适用于 PTM-M，见表 8-6。

表 8-6　　GPRS 附加业务的应用

简　称	名　称	简　称	名　称
CLIP	主叫线路识别表示	CW	呼叫等待
CLIR	主叫线路识别限制	HOLD	呼叫保持
COLP	连接线路识别表示	MPTY	多用户业务
COLR	连接线路识别限制	CUG	封闭式的用户群
CFU	无条件呼叫转移	AOCI	资费信息通知
CFB	移动用户遇忙呼叫转移	BAOC	禁止所有呼叫
CFNRV	无应答呼叫转移	BOIC	禁止国际呼出
CFNRC	无法到达的移动用户呼叫转移	BAIC	禁止所有呼入

GPRS 业务主要应用在以下几方面。

（1）信息业务

传送给移动电话用户的信息内容广泛，如股票价格、体育新闻、天气预报、航班信息、新闻标题、娱乐和交通信息等。

（2）交谈

人们更加喜欢直接进行交谈，而不是通过枯燥的数据进行交流。目前因特网聊天组是因特网上非常流行的应用。有共同兴趣和爱好的人们已经开始使用非话音移动业务进行交谈和讨论。由于 GPRS 与因特网的协同作用，GPRS 将允许移动用户完全参与到现有的因特网聊天组中，而不需要建立属于移动用户自己的讨论组。因此，GPRS 在这方面具有很大的优势。

（3）网页浏览

移动用户使用电路交换数据进行网页浏览无法获得持久的应用。由于电路交换传输速率比较低，数据从因特网服务器到浏览器需要很长的一段时间，因此 GPRS 更适合于因特网浏览。

（4）文件共享及协同性工作

移动数据使文件共享和远程协同性工作变得更加便利，这就使在不同地方工作的人们可以同时使用相同的文件工作。

（5）分派工作

非话音移动业务能够用来给外出的员工分派新的任务，并与他们保持联系，同时业务工程师或销售人员还可以利用它使总部及时了解用户需求的完成情况。

（6）企业 E-mail

在一些企业中，往往由于工作的缘故需要大量员工离开自己的办公桌，因此通过扩展员工办公室里 PC 上的企业 E-mail 系统使员工与办公室保持联系就显得非常重要。GPRS 能力的扩展，可使移动终端接转 PC 上的 E-mail，扩大企业 E-mail 的应用范围。

（7）因特网 E-mail

因特网 E-mail 可以转变成为一种信息不能存储的网关业务，或能够存储信息的信箱业务。在网关管理业务的情况下，可以将信息从 SMTP 转化成 SMS，然后发送到 SMS 中心。

（8）交通工具定位

该应用综合了无线定位系统，该系统提供人们所处的位置，并且利用短消息业务转告其他人。任何一个具有 GPS 接收器的人，都可以接收他们的卫星定位信息以确定他们的位置，且对被盗车辆进行跟踪等。

（9）静态图像

例如，照片、图片、明信片、贺卡和演讲稿等静态图像能在移动网络上发送和接收。使用 GPRS 可以将图像从与一个 GPRS 无线设备相连接的数字相机直接传送到因特网站点或其他接收设备，并且可以实时打印。

（10）远程局域网接入

当员工离开办公桌外出工作时，他们需要与自己办公室的局域网保持连接。远程局域网包括所有应用的接入。

（11）文件传送

文件传送业务包括从移动网络下载量比较大的数据的所有形式。

小结

通用分组无线业务（GPRS）作为第二代移动通信技术 GSM 向第三代移动通信（3G）的过渡技术，能提供比现有 GSM 网 9.6 kbit/s 更高的数据率（100 kbit/s 以上）。GPRS 采用与 GSM 相同的频段、频带宽度、突发结构、无线调制标准、跳频规则及相同的 TDMA 帧结构。

GPRS 网络是在 GSM 网络的基础上进行升级的，最主要的改变是在 GSM 系统中引入了服务支持节点（SGSN）、网关支持节点（GGSN）和分组控制单元（PCU）3 个主要组件。

GPRS 网络主要实体包括 GPRS 支持节点（GSN）、GPRS 骨干网、本地位置寄存器（HLR）、短消息业务网关、具有短消息业务功能的移动交换中心（SMS-GMSC）和短消息业务互通移动交换中心（SMS-IWMSC）、移动台、移动交换中心（MSC）、访问位置寄存器（VLR）和分组数据网络（PDN）等。

GPRS 是一组新的 GSM 承载业务，是以分组模式在 PLMN 和与外部网络互通的内部网上传输。在有 GPRS 承载业务支持的标准化网络协议的基础上，GPRS 网络管理可以提供（或支持）一系列的交互式电信业务，大体上可分为承载业务、用户终端业务和附加业务。

习题

8-1　在 GSM 网络中引入 GPRS 支持节点和新的接口及单元后，对 GSM 网络设备会产生什么影响？

8-2　GPRS 移动台可用哪几个运行模式进行操作？

8-3　GPRS 移动终端有哪几种类型？

8-4　GPRS 的特点有哪些？

8-5　GPRS 的业务应用包括哪些内容？

第9章 第三代移动通信系统

【本章内容简介】本章对第三代移动通信系统的特点、目标和要求进行了描述，全面介绍了 WCDMA、cdma2000、TD-SCDMA 3 种主流技术，并对第三代移动通信系统提供的业务做了充分说明，对 3G 的关键技术进行了详细介绍。

【学习重点与要求】本章重点掌握 WCDMA、cdma2000、TD-SCDMA 3 种主流技术，熟悉智能天线、功率控制、多径分集接收和软件无线电等关键技术。

9.1 概述

第三代（3G）移动通信系统（IMT-2000）是国际电信联盟（ITU）制订的一个能够提供移动综合电信业务的通信系统。3G 将把移动无线接入技术及蜂窝移动通信系统提供的业务功能提高到一个前所未有的水平。

3G 系统无论在技术上还是业务应用上对于运营商来说都是一个全新的课题，3G 系统与现有的 2G 系统有着根本的不同。本质上，3G 系统采用 CDMA 和分组交换技术，而 2G 系统则通常采用的是 TDMA 和电路交换技术。在电路交换的传输模式下，无论通话双方是否说话，线路在接通期间保持开通并占用带宽，因此与现在的 2G 系统相比，3G 系统将支持更多的用户，实现更高的传输速率。

在当今 Internet 数据业务不断升温、固定宽带接入速率（HDSL、ADSL、VDSL）不断提升的背景下，第三代移动通信系统也在市场应用需求上得到了极大的催动，从而越来越被电信运营商、通信设备制造商和普通用户所关注。

9.1.1 第三代移动通信系统的标准

IMT-2000 主要采用宽带 CDMA 技术，这一点各国已达成共识，但北美、欧洲、日本这 3 大区域性集团均向 ITU 提出了各自的标准。我国也积极参与了第三代移动通信技术的研究和标准的制订，成立了无线通信标准研究组（CWTS），专门负责标准的研究和制订，并已向 ITU 提交了中国自己的标准 TD-SCDMA。

1999 年 10 月，ITU 在赫尔辛基举行的 ITU-RTG8/1 会议上制订了第三代移动通信系统无线接口技术标准，主要组成部分分为 CDMA 和 TDMA 两类体制，包括以下 5 种方案：

① IMT-2000 CDMA DS，即欧洲和日本的 UTRA/W-CDMA；

② IMT-2000 CDMA MC，即美国的 cdma2000 MC；

③ IMT-2000 CDMA TDD，即欧洲的 UTRA TDD 和中国的 TD-SCDMA；

④ IMT-2000 TDMA SC，即美国的 UWC-136 和 DECT；

⑤ IMT-2000 TDMA MC，即 DECT。

上述方案中最主要、最有希望得到广泛应用的方案是 WCDMA、cdma2000 和 TD-SCDMA。

9.1.2 第三代移动通信系统的特点

GSM 系统在向第三代系统演进的过程中，其无线接入网络一般公认将采用基于 WCDMA 标准的技术，与基于 TDMA 技术的 GSM 网络相比，是一个革命性的变化。而在网络部分则会采用演进的方式，即在初期分别将语音和数据业务接入到不同的交换网络，电路型和分组型的交换网络都是增强型的 GSM 和 GPRS 核心网络。通过逐渐提高现有 GSM 的传输带宽，逐步向第三代所要求的 2 Mbit/s 速率的方向努力。

在演进的第一阶段，可通过采用 GPRS 技术来实现 GSM 网络演进所需的技术，使传输速率达到 100 kbit/s 以上；在第二阶段则可以采用 EDGE（增强数据速率应用）技术，它可提供高达 384 kbit/s 的数据速率，然后过渡到 WCDMA 系统。与 GSM 系统相比，窄带 CDMA 系统无论是无线还是网络部分在向第三代系统过渡时，都将采用演进的方式。

cdma2000 1x（cdma2000 单载波方式）是 cdma2000 的第一代阶段，后来确定它属于第三代技术。理论上 cdma2000 1x 的容量约是 IS-95 系统的两倍（实际测试大致是 IS-95 系统的 1.5～1.7 倍），可支持 144 kbit/s 的传输速率。在 CDMA 网络部分则将引入分组交换方式，以支持未来的移动 IP 业务方式，即在 cdma2000 1x 商用初期，网络部分在窄带 CDMA 网络基础上，保持电路交换支持语音业务、引入分组交换方式支持数据业务。由于 cdma2000 1x 初期只能提供 144 kbit/s 左右的数据速率，不能达到 2 Mbit/s 的传输需要，为了在 cdma2000 1x 基础上进一步增强能力，地区标准化组织 3GPP2 已开始制订支持速率高于 2 Mbit/s 的 cdma2000 1x 演进方案，其中高通公司的 HDR（高数据速率）、摩托罗拉和诺基亚公司联合提交的 1Xtreme，还有中国的 LAS-CDMA，都作为候选技术在探讨之中，除了 HDR 目前进入了现场试验阶段外，其余技术目前均还在研究开发阶段。

第三代移动通信系统使用户能够在任何时候、任何服务网中获得与在归属环境“看起来相同、感觉相同”的业务。它的目标是在有效利用网络资源（无线频谱）的基础上，向用户提供大量的业务，包括现在已经提供的业务和目前还没有定义的业务，以及多媒体、高速数据业务等，并且系统要提供与现有固定网一致的较高的服务质量（特别是话音质量）。与现有的第一代和第二代移动通信系统相比较，其主要特点可以概括为以下几点。

（1）全球普及和全球无缝漫游的系统。第二代移动通信系统一般为区域或国家标准；而第三代移动通信系统将是一个在全球范围内覆盖和使用的系统，它将使用共同的频段，全球统一标准。

（2）具有支持多媒体业务的能力，特别是支持 Internet 业务。现有移动通信系统主要以提供语音业务为主，一般也仅能提供 100～200 kbit/s 的数据业务，GSM 演进到最高阶段的速率为 384 kbit/s。而第三代移动通信系统的业务能力将比第二代有明显的改进，它能支持从语音到分组数据和到多媒体业务，能根据需要提供带宽。

（3）3G 将标准化业务能力，而不是业务本身，这样使得网络结构不再受制于电信业务。统一网络提供了一个多业务实现平台，可以方便承载各种电信业务，3G 对一些基本电信业务（如话音、短消息等）标准化，同时也考虑到了网络用户与异种网络（如 GSM 网络）用户之间的互通性与业务的继承性。

9.1.3 3G的目标与要求

第三代移动通信系统的理论研究、技术开发和标准的制订工作早在20世纪80年代中期就已经开始了。3G 的目标就是把多媒体业务及时地传送给移动域内的用户。也就是说，3G 与现有的第二代移动通信系统相比，为任何地方的任何用户都能够提供更高的数据传输速率，能够更灵活地按照不同的服务质量提供多种业务。这个目标可以概括为实现通信全球化、综合化、智能化和个人化。

3G的目标有以下5个方面。

（1）全球漫游，以低成本的多模手机来实现。全球具有公有频段，用户不再限制于一个地区和一个网络，能与固定网络兼容、和现有移动通信网互联互通。在设计上具有高度的通用性，拥有足够的系统容量和强大的多种用户管理能力，能够提供全球漫游，是一个覆盖全球的、具有高度智能和个人服务特色的移动通信系统。

（2）适应多种环境，包括城市和乡村、丘陵和山地、空中和海上，以及室内场所。采用多层小区结构，即皮蜂窝、微蜂窝、宏蜂窝，将地面移动通信系统和卫星移动通信系统结合在一起，与不同的网络互通，提供无缝漫游，具有业务的一致性、网络终端的多样性，并与第二代移动通信系统共存和互通。系统结构开放，易于引进新技术。

（3）能够提供高质量的多媒体业务，包括高质量的语音、可变速率的数据（从几千比特每秒到2 Mbit/s）、高分辨率的图像视频等多种业务。能支持面向电路和面向分组业务。

（4）具有足够的系统容量，强大的多种用户管理能力，高保密性能和服务质量。用户可以用唯一的个人电信号码（PTN）在任何时间、任何地点、任何终端上获取所需要的电信服务，这就超越了传统的终端移动性，真正实现了个人移动性。

（5）网络结构可配置成不同形式，以适应各种服务的需要，如公用、专用、商用和家用；具有高级的移动性管理，能保证大量用户数据的存储、更新、交换和实时处理等。

ITU规定的第三代移动通信无线传输技术必须满足以下要求。

（1）快速移动环境，最高速率达144 bit/s。

（2）室外到室内或步行环境，最高速率应达到384 kbit/s。

（3）室内环境，最高速率应达到2 Mbit/s。

（4）便于过渡、演进。由于第二代网络已具有相当规模，所以第三代的网络引入时，一定要能在第二代网络的基础上逐渐演进而成，并与固定网兼容。

（5）上、下行链路能够适应不对称业务的需求。

（6）具有易于管理的信道结构。

（7）灵活的无线资源管理和系统配置，支持频谱间的无缝切换，从而支持多层次的小区结构。

（8）高频谱利用率。

（9）高服务质量。

（10）低成本。

（11）高保密性。

同时，还要将综合宽带网的业务量延伸到移动环境中，能够传送高达 2 Mbit/s 的高质量图像，真正实现“任何人在任何地点、任何时间与任何人”都能便利通信。

目前，多数人预测第三代移动通信网络的前景是一个共同的网络，FDD 方式的无线基站用来完成全球无线覆盖；TDD 技术的基站用在城市人口密集地区，实现大容量的语音、数据及多媒体业务。

9.1.4　3G 的发展趋势

我国的移动通信是从 20 世纪 80 年代开始发展起来的，在短短的 20 年间，技术上已经走过了两代，即 20 世纪 80 年代的第一代模拟技术和 20 世纪 90 年代的第二代窄带数字技术。无论是第一代还是第二代，都主要是解决话音通信的问题，目前中国移动通信技术主要采用了 GSM、cdma2000 1x 和 PHS 几种制式，GSM 和 cdma2000 1x 提供速率不高的窄带数据业务。

早期的移动通信只具备用户之间的传统通话能力，而随着移动通信网络技术的发展，以及移动智能网的建立，移动通信业务正向话音通信业务和信息通信业务共存的多品种、多层次的方向发展。从话音业务来看，目前移动通信不仅具备用户间的传统通话能力，而且还可以开展转移呼叫、三方通话、话音信箱、VPMN、预付费用户等新业务和增值业务；在信息通信业务方面，目前中国已经可以开展基于第二代技术的短消息业务和 WAP 业务，第二代半的数据通信业务，如 GPRS、cdma2000 1x，不久还将可以开展基于第三代技术的数据多媒体业务。

在市场和技术的双重推动下，移动通信走向多媒体化、智能化、分组化、个性化已经成为一个必然的趋势。

（1）3G 业务的多媒体化是指 3G 的信息由话音、图像、数据等多种媒体构成，信息的表达能力和信息传递的深度都比 2G 有了很大提高，基本上可以实现多媒体业务在无线、有线网之间的无缝传输。例如，可视电话在人们进行话音交流的同时，还可以看到对方的相貌和表情。而多媒体特性的另一个表现是话音识别和话音文本的双向转换，人们可以从电话中收听 E-mail，也可以将会议的录音直接转换为文本进行存储。

（2）3G 业务的智能化主要体现为网络业务提供的灵活性、终端的智能化，例如，除输入密码外还可以通过话音、指纹来识别用户身份。

（3）3G 业务的分组化是指承载网络提供分组交换的能力，提供适合未来 3G 业务发展的交换机制，逐步实现从传统的电路交换技术转向以 IP 为基础的技术。

（4）3G 业务的个性化是指用户可以在终端、网络能力的范围内，设计自己的业务。运营商可以为用户提供虚拟归属环境（VHE），使得用户可以实现个人业务环境（PSE）的可携带化，用户再访问网络可以享受到与归属网络一致的业务，保证个性化业务的全网一致性。

9.2　第三代移动通信系统的组成

本节将对 3G 的 3 种主要技术进行较为详细的技术描述。由于 TD-SCDMA 的核心网和 WCDMA 采用相同的技术，所以在 TD-SCDMA 部分将重点介绍无线网络部分。

9.2.1 WCDMA

GSM 的巨大成功对第三代系统在欧洲的标准化产生了重大影响。WCDMA 主要起源于欧洲和日本的早期第三代无线研究活动。1998 年 12 月成立的 3GPP（第三代伙伴项目）极大地推动了 WCDMA 技术的发展，加快了 WCDMA 的标准化进程，并最终使 WCDMA 技术成为ITU 批准的国际通信标准。

第三代的主要技术体制中，WCDMA 和 TD-SCDMA 都是由 3GPP 开发和维护的规范，这些技术都是以 CDMA 技术为核心的。WCDMA 核心网络的主要特点就是重视从 GSM 网络向 WCDMA 网络的演进，WCDMA 第三代移动通信系统是从 GSM 移动通信系统经GPRS 系统平滑过渡而成的。

从 GSM 系统发展到 GPRS 系统，从本书第 8 章介绍中可以看到主要是在 GSM 系统中增加了通用分组无线业务部分而成的。从 GPRS 系统发展成 WCDMA 是改造了基站子系统部分而成的，GPRS 系统用的是频分/时分多址方式，WCDMA 用的是码分多址，基站部分必须全部更新，因而从 2.5 代的 GPRS 系统过渡到 WCDMA 所需要的投资是巨大的。

WCDMA 系统的无线频率带宽是 5 MHz，采用了 Turbo 码的编译码器，用到的 CDMA 移动通信系统中的主要技术有了进一步的发展。

WCDMA 移动通信系统的结构框图如图 9-1 所示。从图中可以看出 WCDMA 系统由无线网络子系统（RNS）和核心网（CN）组成。

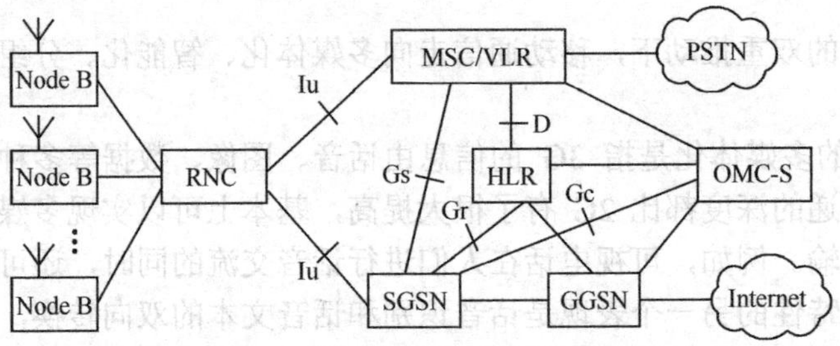

图 9-1 WCDMA 移动通信系统框图

无线网络子系统（RNS）包含无线网络控制器（RNC）和 Node B。RNC 在逻辑上对应于 GSM 系统中的基站控制器（BSC），Node B 在逻辑上对应于 GSM 系统中的基站（BTS）。

无线网络控制器的主要功能为：

① 提供寻呼、系统信息广播、切换、功率控制等基本的业务功能；

② 电路域数据业务和分组域数据业务的承载；

③ 动态信道分配等信道分配的管理；

④ 移动台准予接入、小区“呼吸”功能、切换、软容量等的控制管理；

⑤ 提供手持终端和遥控网管两种方式的配置、维护、报警和性能统计等操作维护管理功能。

Node B（相当于基站）包括无线收发信机和基带处理部件，主要功能为：

① 扩频、调制和信道编码；

② 解扩、解调和信道解码；

③ 射频信号处理；

④ 基带信号和射频信号的相互转换功能；

⑤ 接收无线网络控制器 RNC 传输来的信号，并加以处理。

核心网由电路域部分的设备和分组域部分的设备两部分组成。电路域部分设备是移动交换中心（MSC），分组域部分设备是分组业务支持节点（SGSN）和分组网关支持节点（GGSN）。此外，核心网部分还有移动台归属位置寄存器（HLR）和移动台访问位置寄存器（VLR）。核心网内各组成部分的主要功能如下。

MSC 的主要功能是：电路域的呼叫接续，电路域的移动性管理，电路域部分的鉴权和加密。

SGSN 的主要功能是：移动台的分组业务的移动性管理，会话管理，路由转发，鉴权和加密等。

GGSN 的主要功能是：为移动台提供 IP 地址分配，配合进行用户验证和 SGSN 之间传输用户数据包和承载 IP 数据包，完成与外部数据网络之间的数据包收发功能，提供计费信息的收集和话单的保存。

HLR 的主要功能是：移动用户签约信息的存储，电路域和分组域的移动性管理，呼叫路由选择、鉴权等。

VLR 的主要功能是：进入所属服务区域的移动台的信息存储，电路域和分组域的移动性管理，呼叫路由选择等。

WCDMA 系统与其他第三代移动通信系统一样，它的关键技术有智能天线、多用户检测技术、高效信道编码和软件无线电等。

由于 WCDMA 是从 GSM 发展而来的，GSM 系统可以平滑过渡到 WCDMA 系统。GSM 系统在世界上占了绝大部分，对 WCDMA 系统的应用是极大支持。WCDMA 系统在第三代移动通信系统的 3 种制式中也将会占绝大部分份额。

9.2.2　cdma2000

cdma2000 系统是在窄带 CDMA 移动通信系统的基础上发展起来的。cdma2000 系统又分成两类：一类是 cdma2000 1x，另一类是 cdma2000 3x。cdma2000 1x 属于 2.5 代移动通信系统，与 GPRS 移动通信系统属同一类，cdma2000 3x 则是第三代移动通信系统。但是从 GPRS 系统升级到 WCDMA 系统，其基站要全部更新，从 cdma2000 1x 升级到 cdma2000 3x 原有的设备基本上都可以使用。cdma2000 1x 是用一个载波构成一个物理信道，cdma2000 3x 是用 3 个载波构成一个物理信道，在基带信号处理中将需要发送的信息平均分配到 3 个独立的载波中分别发射，以提高系统的传输速率。在 cdma2000 1x 中最大传输速率可以达到 150 kbit/s，cdma2000 3x 最大传输速率可达到 2 Mbit/s。目前 cdma2000 1x 设备已投入运营，因 cdma2000 1x 系统与 cdma2000 3x 系统相似，所以这里就介绍 cdma2000 技术，而不分成 cdma2000 1x 与 cdma2000 3x 来介绍。

cdma2000 移动通信系统在无线接口方面有以下特征。

（1）无线信道的带宽可以是 $N\times1.25$ MHz，其中 N=1，3，5，9，12。即带宽可选择为 1.25 MHz、3.75 MHz、6.25 MHz、11.25 MHz、15 MHz 中的一种。但目前仅支持 1.25 MHz

和 3.75 MHz 两种带宽。

（2）在前向信道上，cdma2000 1x 系统用的是单载频，频宽为 1.25 MHz，cdma2000 3x 用的是 3 载频。在反向信道上用的都是单载频。

（3）扩频用的码片速率。对于带宽为 1.25 MHz 的载频，扩频的码片速率为 1.228 8 Mchip/s；对于带宽为 $N\times1.25$ MHz 的载频，码片速率为 $N\times1.228\ 8$ Mchip/s。

（4） 在前向链路上采用了发射分集方式。对多载波采用不同的载波发射到不同的发射天线上，对单载波采用正交发射分集。

（5）用 Turbo 编码。

（6）在前向信道上用了变长的 Walsh 函数。码片率为 1.228 8 Mchip/s 时，Walsh 函数长度 128；码片率为 3.686 4 Mchip/s 时，Walsh 函数长度为 256。

（7）不仅前向链路上用了导频信道，在反向链路上也使用了导频信道。

cdma2000 1x 的网络结构如图 9-2 所示。cdma2000 1x 的网络分成两大部分：基站子系统和核心网。

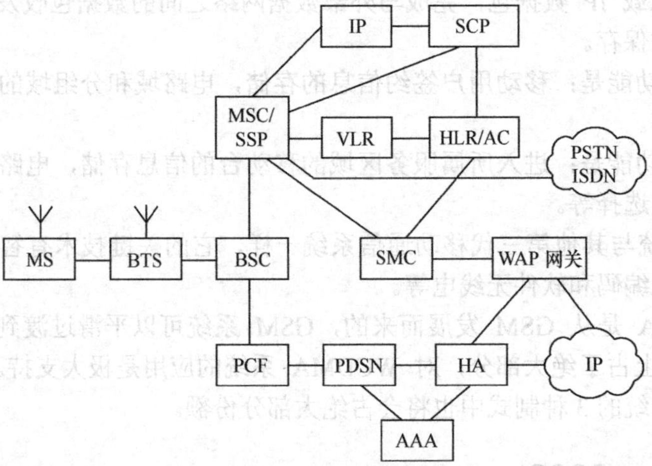

图 9-2　cdma2000 1x 的网络结构

基站子系统包含基站控制器（BSC）和基站（BTS），它们的作用与 WCDMA 系统中的基站子系统一样。

核心网分成电路域核心网和分组域核心网。

电路域核心网包含移动交换中心（MSC），访问位置寄存器（VLR），归属位置寄存器（HLR）和鉴权中心。这部分设备的功能与第二代移动通信系统中的基本相同。但在归属位置寄存器中，增加了与分组业务有关的用户信息。

分组域核心网包括分组控制节点 PCF，分组数据服务节点 PDSN，归属代理 HA 和认证、授权、计费服务器 AAA。各设备的主要功能如下。

（1）分组控制节点：管理与分组业务有关的无线资源，管理与基站子系统的通信，以便传送来自或送给移动台的数据；负责建立、保持和终止至分组数据服务节点 PDSN 的连接，实现与分组数据服务节点 PDSN 的通信。

（2）分组数据服务节点：负责为移动台建立和终止分组数据业务的连接，为简单的 IP 用户终端分配一个动态 IP 地址，与认证服务器（RADIVS 服务器）配合向分组数据用户提供认证服务，以确认用户的身份与权限。

（3）认证、授权、计费服务器：负责移动台使用分组数据业务的认证、授权和计费。

（4）归属代理：主要负责鉴别来自移动台的移动 IP 注册，动态分配归属 IP 地址。

9.2.3　TD-SCDMA

TD-SCDMA 技术只是在 UTRAN 接入网方面同 WCDMA 有所区别，具体说来主要的区别在于空中接口的物理层，而在核心网及上层业务等方面并没有实质性的差别，所以将主要针对 TD-SCDMA 空中接口的关键技术进行介绍。

1. TD-SCDMA 简介

TD-SCDMA 是中国首次提出的具有自主知识产权的国际 3G 标准，可全面满足 IMT-2000 的基本要求。它采用不需配对频率的 TDD 双工模式及 FDMA/TDMA/CDMA 相结合的多址接入方式，使用 1.28 Mchip/s 的低码片速率，扩频带宽为 1.6 MHz，同时采用了智能天线、联合检测、上行同步、软件无线电、接力切换、动态信道分配等先进技术，具有相当高的技术先进性，如图 9-3 所示。

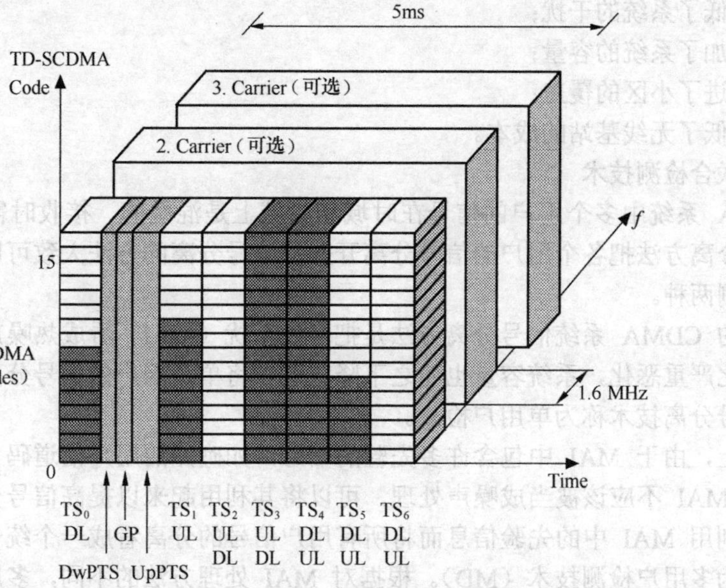

图 9-3　TD-SCDMA 同时采用时分和码分多址

TD-SCDMA 具有很多技术特点，如频谱利用率高、支持不对称数据业务、简易的网络规划、系统容量大、系统综合成本低等，因此，TD-SCDMA 能够组建高性能的广覆盖、低成本独立网络，提供强大的差异化竞争力和快速建网能力，全面满足运营商的需求。

负责 WCDMA 和 TD-SCDMA 标准细节的 3GPP，从 1998 年成立后，已经发布了 Release 99、Release 4（Release 2000）、Release 5 和 Release 6 的 4 个标准版本。它们与 GSM 系统标准结合，形成了一个统一的整体，为第三代移动通信网络的平滑演进和业务的逐步开展奠定了很好的基础。

2. TD-SCDMA 空中接口的关键技术

TD-SCDMA 确切地说是 3G 中的一种无线接入技术（RAT），而非指核心网技术。其核心网内容和管理部分与 WCDMA 的完全一致，下面对 TD-SCDMA 空中接口的关键技术进行简单介绍，详细论述参见后续有关内容。

（1）采用智能天线技术

TD-SCDMA 系统的 TDD 模式可以利用上下行信道的互易性，即基站对上行信道估计的信道参数可以用于智能天线的下行波束成型，这样，相对于 FDD 模式，其智能天线技术比较容易实现。TD-SCDMA 系统是一个以智能天线为核心技术的第三代移动通信系统。

智能天线技术的核心是自适应天线波束赋形技术，智能天线技术的原理是使一组天线和对应的收发信机按照一定的方式排列和激励，利用波的干涉原理可以产生强方向性的辐射方向图。如果使用数字信号处理方法在基带进行处理，使得辐射方向图的主瓣自适应地指向用户来波方向，就能达到提高信号的载干比、降低发射功率、提高系统覆盖范围的目的。

智能天线的主要功能有：

① 提高了基站接收机的灵敏度；

② 提高了基站发射机的等效发射功率；

③ 降低了系统的干扰；

④ 增加了系统的容量；

⑤ 改进了小区的覆盖；

⑥ 降低了无线基站的成本。

（2）联合检测技术

CDMA 系统中多个用户的信号在时域和频域上是混叠的，接收时需要在数字域上用一定的信号分离方法把各个用户的信号分离开来。信号分离的方法大致可以分为单用户检测和多用户检测两种。

传统的 CDMA 系统信号分离方法是把多址干扰（MAI）看成热噪声一样的干扰，它会导致信噪比严重恶化，系统容量也随之下降。这种将单个用户的信号分离看成是各自独立的过程的信号分离技术称为单用户检测。

实际上，由于 MAI 中包含许多先验的信息，如确知的用户信道码、各用户的信道估计等，因此 MAI 不应该被当成噪声处理，可以将其利用起来以提高信号分离方法的准确性。这样充分利用 MAI 中的先验信息而将所有用户信号的分离看成一个统一的过程的信号分离方法，称为多用户检测技术（MD）。根据对 MAI 处理方法的不同，多用户检测技术可以分为干扰抵消和联合检测两种。

联合检测技术是目前第三代移动通信技术中的热点，它指的是充分利用 MAI，同时将所有用户的信号都分离开来的一种信号分离技术。联合检测技术能够大大降低干扰，扩大容量，降低功控要求，削弱远近效应。

（3）软件无线电技术

TD-SCDMA 系统的 TDD 模式和低码片速率的特点使得数字信号处理量大大降低。TD-SCDMS 系统适合采用软件无线电技术。所谓软件无线电技术，就是在通用芯片上用软件实现专用芯片的功能。软件无线电具有如下主要优势。

① 可以克服微电子技术的不足，通过软件方式灵活完成硬件/专用 ASIC 的功能。在统

一硬件平台上利用软件处理基带信号，通过加载不同的软件，实现不同的业务性能。

② 系统增加功能可通过软件升级来实现，具有良好的灵活性及可编程性，对环境的适应性好，不会老化。

③ 可替代昂贵的硬件电路，实现复杂的功能，减少用户设备费用的支出。

（4）接力切换技术

接力切换适用于同步 CDMA 移动通信系统。在 TD-SCDMA 系统中，由于采用了智能天线，可以实现单基站对移动台的准确定位，从而可以实现接力切换。接力切换的设计思想是：当用户终端从一个小区或扇区移动到另一个小区或扇区时，利用智能天线和上行同步等技术对 UE 的距离和方位进行定位，将 UE 的方位和距离信息作为切换的辅助信息；如果 UE 进入切换区，则 RNC 通知另一基站做好切换准备，从而达到快速、可靠和高效切换的目的。这个过程就像是田径比赛中的接力赛跑传递接力棒一样，因而我们形象地称之为接力切换。

接力切换使用上行预同步技术，在切换过程中，UE 从源小区接收下行数据，向目标小区发送上行数据，即上下行通信链路先后转移到目标小区，提高了切换的成功率。

接力切换是介于硬切换与软切换之间的一种切换方式，综合了软切换的高成功率和硬切换的高信道利用率的优点，见表 9-1。

表 9-1　　切换技术比较

	硬 切 换	软 切 换	接 力 切 换
资源占用	少	多	少
掉话率	高	低	低
对容量的影响	低	高	低

（5）TD-SCDMA 的 DCA（动态信道分配）技术及其特点

所谓信道分配，是指在采用信道复用技术的小区制蜂窝移动系统中，在多信道共用的情况下，以最有效的频谱利用方式为每个小区的通信设备提供尽可能多的可使用信道。在 DCA 技术中，所有的信道资源放置在中心存储区中，表示信道的完全共享。采用 DCA 技术的优势如下。

① 能够较好地避免干扰，使信道重用距离最小化，从而高效率地利用有限的无线资源，提高系统容量。

② 满足第三代移动通信业务的需要，尤其是高速率的上下行不对称的数据业务和多媒体业务的需要。

TD-SCDMA 系统的资源包括频率、时隙、码道和空间方向 4 个方面，一条物理信道由频率、时隙、码道的组合来标志。在 TD-SCDMA 系统中，TDD 模式的采用使得 TD-SCDMA 系统同时具有 CDMA 系统大容量和 TDMA 系统灵活分配时隙的特点。智能天线技术的采用使得 TD-SCDMA 系统可以为不同方向上的用户分配相同的频率、时隙和扩频码，给信道分配带来了更多的选择。

9.2.4　WiMAX

2007 年 10 月 19 日，国际电信联盟（ITU）批准 WiMAX 加入 IMT-2000，命名为 OFDMA

TDD WMAN，成为第 6 种 3G 空中接口方案和第 4 种主流 3G 标准。WiMAX（World wide interoperability for Microwave Access）意为全球微波接入互操作性，是基于 IEEE 802.16 标准系列的无线城域网技术。移动 WiMAX（IEEE 802.16e 标准）使用了 OFDMA 与 MIMO 技术，具有灵活的空中接口与网络架构，是 3G 演进系统的有力竞争者。

1．WiMAX 的基本结构

802.16 协议定义了两种网络结构：点到多点（PMP）结构和网状网（Mesh）结构。点到多点结构即一个基站为多个用户站服务，业务在基站和用户站之间传送。而网状网结构与点到多点结构最主要的不同就在于：在网状网结构中，业务可以通过其他用户站转发。目前建网过程中，一般是采用点到多点的网络架构。

WiMAX 网络体系如图 9-4 所示，由核心网、接入网及用户终端设备（TE）组成。

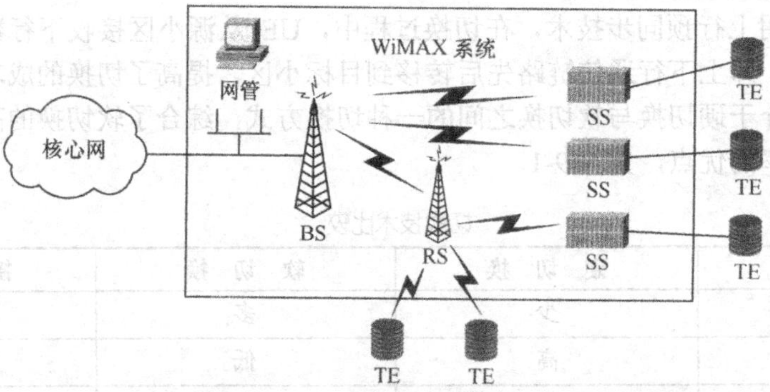

图 9-4 WiMAX 系统参考模型

（1）核心网络：WiMAX 连接的核心网络通常是传统交换网或因特网。WiMAX 提供核心网络与基站间的连接接口，但 WiMAX 系统并不包括核心网络。WiMAX 核心网主要实现漫游、用户认证及 WiMAX 网络与其他网络之间的接口功能，包括用户的控制与管理、用户的授权与认证、移动用户终端的授权认证、归属网络的连接、与 2G/3G 等其他网络的核心网的互通、防火墙、VPN、合法监听等安全管理、网络选择与重选，以及漫游管理等。

（2）接入网（WiMAX 系统）包括用户站（SS）、基站（BS）、接力站（RS）和网管。接入网的功能包括为终端的 AAA（认证、授权和计费）提供代理、支持网络服务协议的发现和选择、IP 地址的分配、无线资源管理、功率控制、空中接口数据的压缩和加密，以及位置管理等。

① 基站：基站提供用户站与核心网络间的连接，通常采用扇形/定向天线或全向天线，可提供灵活的子信道部署与配置功能，并根据用户群体状况不断升级扩展网络。

② 用户站：属于基站的一种，提供基站与用户终端设备间的中继连接，通常采用固定天线，并被安装在屋顶上。基站与用户站间采用链路自适应技术。

③ 接力站：在点到多点体系结构中，接力站通常用于提高基站的覆盖能力，也就是说充当一个基站和若干个用户站（或用户终端设备）间信息传输的中继站。接力站面向用户侧的下行频率可以与其面向基站的上行频率相同，当然也可以采用不同的频率。

④ 网管系统：用于监视和控制网内所有的基站和用户站，提供查询、状态监控、软件下载和系统参数配置等功能。

（3）用户终端设备：WiMAX 系统定义用户终端设备与用户站间的连接接口，提供用户终端设备的接入。但用户终端设备本身并不属于 WiMAX 系统。

2．WiMAX 的主要技术

WiMAX 采用可伸缩的 OFDMA，针对不同的系统带宽，支持多种点数的 FFT，包括 128/512/1028/2048。在移动 WiMAX 1.0 版本中，5 MHz 和 10 MHz 带宽对应的 FFT 点数为 512 和 1024。每个子载波间隔 10.94 kHz，一个子信道含有 48 个数据子载波和导频子载波。子信道可以由连续的子载波或分布式的子载波构成。如果采用分布式方式，则可以获得更好的频率分集增益，并降低小区间干扰。

WiMAX 采用 AMC 和 HARQ，下行支持 QPSK、16QAM 和 64QAM 调制，上行支持 QPSK 和 16QAM 调制。WiMAX 系统定义了多种信道编码方式，但只有卷积码和卷积 Turbo 码是必选方式。WiMAX 支持异步 HARQ 机制，允许重传时延可变。

WiMAX 采用 MIMO 技术，除了传统的接收分集技术以外，WiMAX 支持下列 MIMO 技术：AAS（波束成形）即采用上下行的波束成形可以改善覆盖，提高系统容量；STC（空时编码）即在两天线情况下，可以使用 Alamouti 编码获得发送分集增益，若天线数目大于 2，则采用线性扩散码（LDC）获得分集增益；SM（空间复用）即下行 2 × 2MIMO 的信道条件良好情况下，可以获得更高的峰值速率和数据吞吐率，上行支持协作 MIMO，类似 LTE 系统中的虚拟 MIMO，两个用户在同一个时隙分别发送一个数据流，而基站可以收到来自两个天线的两路数据流，从而构成一个分布式 MIMO 结构。

WiMAX 系统中采用了面向连接的 QoS 机制，可以进行端到端的 QoS 控制。移动台收发的每个业务都可以设定独立的 QoS 参数。这些参数定义了在空中接口数据发送顺序与调度方式，可以通过 MAC 消息在网络与终端之间进行静态或动态协商。

WiMAX 可以同频组网，但共道干扰会严重影响小区边缘的用户 QoS。因此 WiMAX 引入了分数频率复用方案。小区划分为两部分：中心区域和边缘区域。在小区边缘，基站只在一部分子信道中分配资源，并且相邻小区子信道各不相同，而中心区域可以使用所有的子信道。这样在小区边缘，频率复用因子为 3，而在小区中心，频率复用因子为 1。在维持较高频率复用效率的前提下，有效降低了小区间干扰。

综上所述，WiMAX 具有以下主要技术特点。

（1）数据传输速率高。WiMAX 技术具有足够的带宽，支持高频谱效率，其最高数据传输速率可高达 75 Mbit/s，是 3G 所能提供的传输速率的 30 倍。即使在链路环境最差的环境下，也能提供比 3G 系统高得多的传输速率。

（2）网络覆盖范围大。WiMAX 能为 50 km 范围内的固定站点提供无线宽带接入服务，或者为 5～15km 范围内的移动设备提供同样的接入服务，用户无需线缆即可与基站建立宽带连接。覆盖面积是 3G 的 10 倍，只要建设少数基站就能实现全城覆盖，这样就使得无线网络应用的范围大大扩展。WiMAX 之所以能够有这么大的覆盖范围是因为标准中采用了很多先进技术，包括先进的网络拓扑（网状网）、OFDM 和天线技术（波束成形、天线分集和多扇区）。另外，WiMAX 还针对各种传播环境进行了优化。

（3）无线数据传输性能强。WiMAX 技术支持 TCP/IP。TCP/IP 的特点之一是对信道的传输质量有较高的要求，无线宽带接入技术面对日益增长的 IP 数据业务，必须适应 TCP/IP 对信道传输质量的要求。同时，WiMAX 技术在链路层加入了 ARQ 机制，减少到达网络层的信息差错，可大大提高系统的业务吞吐量。此外，WiMAX 采用天线阵、天线极化方式等天线分集技术来应对无线信道的衰落。这些措施都提高了 WiMAX 的无线数据传输的性能。

（4）支持 QoS。WiMAX 向用户提供具有 QoS 性能要求的数据、视频、话音（VoIP）业务。WiMAX 提供 3 种等级的服务：CBR（Constant Bit Rate，固定带宽）、CIR（Committed Information Rate，承诺带宽）、BE（Best Effort，尽力而为）。CBR 的优先级最高，任何情况下网络操作者与服务提供商以高优先级、高速率及低延时为用户提供服务，保证用户订购的带宽。CIR 的优先级次之，网络操作者以约定的速率来提供，但速率超过规定的峰值时，优先级会降低，还可以根据设备带宽资源情况向用户提供更多的传输带宽。BE 则具有更低的优先级，这种服务类似于传统 IP 网络的尽力而为的服务，网络不提供优先级与速率的保证。在系统满足其他用户较高优先级业务的条件下，尽力为用户提供传输带宽。

（5）可靠的安全性。WiMAX 技术在 MAC 层中利用一个专用子层来提供认证、保密和加密功能，如图 9-5 所示。

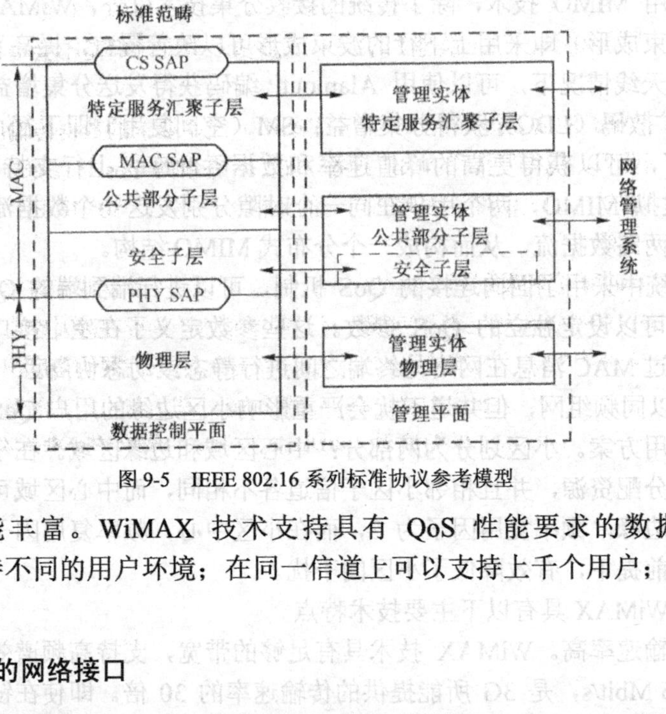

图 9-5　IEEE 802.16 系列标准协议参考模型

（6）业务功能丰富。WiMAX 技术支持具有 QoS 性能要求的数据、视频、话音（VoIP）业务；支持不同的用户环境；在同一信道上可以支持上千个用户；能够实现电信级的多媒体通信服务。

3．WiMAX 中的网络接口

IEEE 802.16 系列标准的主要工作都围绕空中接口展开，WiMAX 系统的空中接口主要有物理层和 MAC 层规范。物理层由传输汇聚（Transmission Convergence，TC）子层和物理媒介依赖（Physical Medium Dependence，PMD）子层组成，通常说的物理层主要是指 PMD。物理层定义了 TDD 和 FDD 两种双工方式。MAC 层独立于物理层，并能支持多种不同的物理层。MAC 层又分成了 3 个子层：特定服务汇聚子层（Service Specific Convergence Sublayer）、公共部分子层（Common Part Sublayer）、安全子层（Privacy Sublayer）。IEEE 802.16 系列标准协议参考模型如图 9-5 所示。

WiMAX 网络开放接口（即网络参考点）如图 9-6 所示。

（1）R1：空中接口，移动用户终端与接入网业务网络之间的接口。与 IEEE 802.16 空中接口物理层和 MAC 层一致，包含相关管理平面的功能。

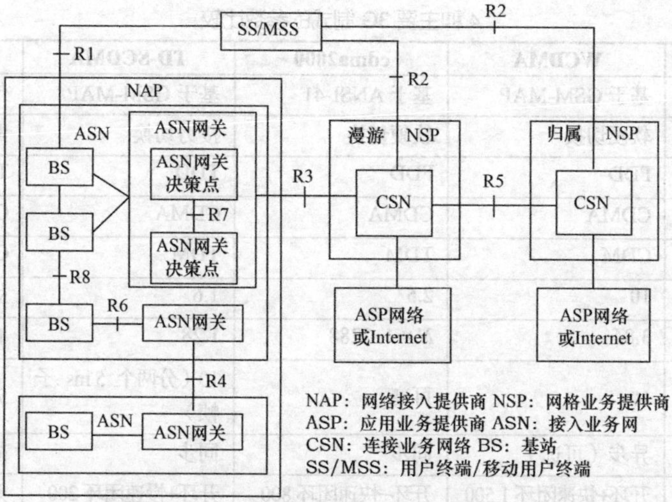

图 9-6　WiMAX 网络参考模型

（2）R2：客户界面，移动用户终端与连接业务网络之间的逻辑接口。建立在用户到 CSN 的物理连接之上，提供认证、业务授权和 IP 主机配置等服务。

（3）R3：WiMAX 接入网与核心网接口。接入网络（ASN）和连接业务网络（CSN）之间的互操作接口，包括一系列的控制和承载平面协议。其中，控制平面包括 IP 隧道建立及由于终端的移动而产生隧道释放等控制协议，和 AAA、ASN 和 CSN 之间的策略，以及 QoS 执行等协议。承载平面有 ASN 和 CSN 之间的 IP 隧道构成，IP 隧道的粗粒度与不同的 QoS 等级相关，同时也和不同的 CSN 相关。

（4）R4：ASN 与 ASN 的接口，用于处理 ASN 网关间的与移动性相关的一系列控制与承载平面协议。

（5）R5：核心网 WiMAX 漫游接口，漫游 CSN 与归属 CSN 之间互操作的一系列控制与承载平面协议。控制平面包括 IP 隧道建立及由于终端的移动而产生隧道释放等控制协议，和 AAA、ASN 和 CSN 之间的策略，以及 QoS 执行等协议。承载平面由漫游 CSN 和归属 CSN 之间的 IP 隧道构成。

（6）R6：基站与 ASN 网关之间的接口属于 ASN 的内部接口，由一系列控制与承载平面协议构成。控制平面包括 IP 隧道建立及由于终端的移动而产生隧道释放等控制协议。承载平面由 BS 和 ASN 网关之间的 IP 隧道构成。

（7）R7：ASN 网关内部接口，是 ASN 网关决策点与 ASN 网关执行点之间的控制平面接口。

（8）R8：基站之间的接口用于快速切换功能，由一系列控制与承载平面协议构成。控制平面包含基站之间的通信协议。承载平面定义了一套协议，允许切换时在所有涉及的基站之间传递数据。

9.2.5　4 种主要技术制式的比较

以上我们对 4 种主要的 3G 标准进行了一些简要介绍。下面将对这 4 种 3G 标准进行一个比较，从表 9-2 中可以看到这几种 3G 标准之间的主要区别。

表 9-2　　4 种主要 3G 制式的参数比较

	WCDMA	cdma2000	TD-SCDMA	WiMAX
核心网	基于 GSM-MAP	基于 ANSI-41	基于 GSM-MAP	传统交换网或因特网
越区切换	软硬切换	软硬切换	接力切换	网络最优化硬切换
双工方式	FDD	FDD	TDD	TDD
上行链路	CDMA	CDMA	CDMA	OFDMA
下行链路	CDM	TDM	TDM	OFDM
双向信道带宽/MHz	10	2.5	1.6	5，7，9.75，10
码片速率/(Mchip/s)	3.84	$N\times 1.2288$	1.28	4，7
帧长/ms	10	可变	10（分两个 5 ms 子帧）	5
基站同步	异步（可选）	同步	同步	同步
功率控制/Hz	开环+快速闭环 1 500	开环+快速闭环 800	开环+慢速闭环 200	开环+快速闭环

虽然 cdma2000、WCDMA 和 TD-SCDMA 同属 3G 的主流技术标准，但也可以将其分为两类：cdma2000、WCDMA 并作一类，采用 FDD 的标准；TD-SCDMA 则为另一类，采用 TDD 标准。WiMAX 则是以 IEEE 802.16-2004 和 IEEE 802.16e-2005 系列标准为基础的宽带无线接入技术。

9.3　第三代移动通信系统提供的业务

3G 移动通信网络将通过一条或多条无线链路提供接入固定通信网络（PSTN/ISDN）所支持的各种业务，并为移动用户提供专门的业务。3G 移动通信网络可以作为一个独立的网络，通过网关及适配单元与 PSTN/ISDN 等网络互联，也可以与 PSTN/ISDN 集成在一起。因此，PSTN/ISDN 能够提供的业务在 3G 中都可以提供。

ITU-T 在建议 M.816 中将 3G 所支持的主要业务从用户的观点划分为交互性业务、分配性业务和移动性业务 3 大类。

1．交互性业务

交互性业务分为会话业务、消息业务、检索与存储业务 3 种。

（1）会话业务：将为用户与用户或用户与主机之间（如数据处理）实时的各类端到端信息（如语音、音频、文字、图像、视频、信令）传送提供双向对话通信的手段，如会议电话、短消息会话。

（2）消息业务：将通过存储单元的存储转发、信箱和（或）信息处理（信息编辑、处理和交换）等功能在各个用户之间提供用户到用户的通信，如语音信箱、传真信箱、电子邮件和视频邮件。

（3）检索与存储业务：能在信息中心检索和（或）存储文字、数据、图像等信息，共享音频库和视频库。

2．分配性业务

分配性业务是从一个中心源向网上数量不限的授权接收机分配一种连续的信息流。它包括广播业务，用户能够控制信息的呈现，信息可以传给所有接收机或寻址传给一部或多部特定接收机。

3．移动性业务

移动性业务是直接与用户移动性相关的业务，包括终端移动性和个人移动性，如漫游业务。一种特殊的移动性业务是定位业务。

现有的 GSM 电路交换网络正在向支持分组交换的 GPRS 网络过渡。3G 业务将在数据速率和带宽等方面提出更多的要求，如果想满足高流量等级和不断变化的需求，唯一的办法就是过渡到全 IP 网络，它将真正实现语音与数据的业务融合。移动 IP 的目标是将无线语音和无线数据综合到一个技术平台上传输，这一平台就是 IP 协议。未来的 3G 网络将实现全分组交换，语音和数据都将被封装在 IP 包内。

全 IP 网络可以节约成本，提高可扩展性、灵活性和网络运作效率，并支持 IPv6。IP 技术在 3G 中的引入，使运营商能够为用户快速、高效、方便地部署丰富的应用服务，将改变移动通信的业务模式和服务方式。

伴随着移动数据业务能力的加强，3G 的业务丰富了很多。

（1）短消息业务（SMS）

短消息主要用来传递有限长度的简单文本信息，同时也可以将照片附加在短消息上。当网络演化到 3G 时，短消息所提供的各种多媒体信息服务、电子商务及娱乐服务仍将在无线数据业务中占据重要的位置，而且那时的传送速度也将大大提高。

（2）多媒体消息业务（MMS）

多媒体消息业务是在短消息业务基础上发展起来的一种新型消息业务。多媒体消息的内容包含文本、图形、图像、音频、视频等多种媒体类型，用户可以像使用短消息一样收发多媒体消息。消息发送时，不同的媒体如文本、图片、照片、音频、视频等组合成一个消息进行发送。

（3）定位业务（LCS）

可以通过基站对手机位置的测量，知道手机的位置区，达到定位的需要。未来定位业务将在物流、车辆管理、交通、人员群体位置服务等方面得到极大应用。

（4）流媒体业务

通过流媒体业务可以实现视频点播、直播、视频监控等。

（5）WAP 网关

WAP 可以与电子商务相结合，实现移动电子商务（M-Business）。

（6）Java 下载

支持 Java 应用的手机用户可以使用手机方便地享受移动运营商提供的 Java 下载服务。

9.4 第三代移动通信系统的关键技术

9.4.1 新型调制技术

调制技术在决定通信系统频谱利用率方面起着关键作用，历来是人们关注的研究热点。除了一些常规的调制方式如 FSK、BPSK、QPSK、DQPSK、OQPSK、MSK、GMSK、π/4-

OPSK 和 QAM 等已获得广泛的应用外，人们正在致力于研究一些更能适应复杂的通信环境和多变的业务需求的调制方式，如多载波调制和可变速率调制。

1．多载波调制

多载波调制的原理是把要传输的数据流分解成若干个子数据流，每个子数据流具有较低的码元速率，然后用这些子数据流去并行调制若干个载波。由于在多载波调制的子信道中码元速率低、码元周期长，因而对传输信道中的时延扩展和选择性衰落不敏感，或者说在满足一定的条件下，多载波调制具有抗多径扩展和选择性衰落的能力。当然，多载波调制所用的各个子载波必须满足一定精度和稳定度的要求。

多载波调制的方法如下。

（1）多载波正交振幅调制（MC-QAM）。把待传输的数据流分解成多路低速率的子数据流，每一路数据流被编码成多进制 QAM 码元，再插入同步/引导码元，分别去调制各个子信道的载波，这些子载波综合在一起就形成了 MC-QAM 信号。MC-16QAM 曾经用于 Motorola 公司开发的数字集群系统（MIRS）。

（2）正交频分复用和码分多址结合（OFDM-CDMA）。正交频分复用（OFDM）和传统频分复用（FDM）的不同之处在于：OFDM 是利用频率正交来区分不同子信道的载波，因而相邻子信道所占用的频段可以相互交叠（如图 9-7 所示），而不会相互干扰，因而可提高通信系统的频谱利用率。

正交频分复用可以用不同的方法和码分多址相结合。

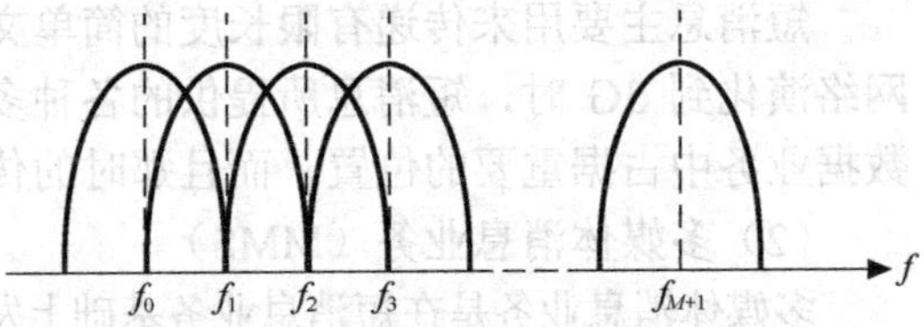

图 9-7 OFDM 正交频分载波频率

方法一：首先，待传输的数据先进行直接序列扩展（伪码长 m 位）；然后，每个码序列经过串/并变换，其子码分别进入 M 个支路，并和其中的正交子载波频率进行调制；最后，M 个支路合并，即可形成 OFDM-CDMA 信号。

方法二：待传输的数据先进行串/并变换，分成 N 条并行的低速数据流；然后，每条子数据流分别对同一个码序列和 N 个不同的正交载波频率进行调制；最后，综合成 OFDM-CDMA 信号。

OFDM-CDMA 调制技术综合利用了 OFDM 和 DS-CDMA 二者的优点，是高速数字移动通信系统中的一种优选调制方案。

2．可变速率调制

未来移动通信系统不仅要传输不同速率和不同质量要求的多种业务，而且因为移动信道的传播性能经常会随时间和传播地点而随机变化，所以移动通信系统必须具有自适应改变其传输速率的能力，以便能灵活地为多种业务提供合适的传输速率，而且能在保证传输质量的前提下，根据传播条件实时地调整其传输速率（信道条件好，提高速率；信道条件差，降低速率），以充分发挥所用频谱的效率。

实现可变速率调制的方法有以下几种。

（1）可变速率正交振幅调制（VR-QAM）。QAM 是一种振幅和相位联合键控技术。电平数越多，每码元携带的信息比特数就越多。可变速率（QAM）是根据信道质量的好坏，自适应地增多或减少 QAM 的电平数，从而在保持一定传输质量的情况下，可以尽量提高通信系统的信息传输速率。实现 VR-QAM 的关键是实时判断信道条件的好坏，以改变 QAM 的电平数。图 9-8 给出一种星形 QAM 的星座图。

（2）可变扩频增益码分多址（VSG-CDMA）。这种技术靠动态改变扩频增益和发射功率以实现不同业务速率的传输。在传输高速业务时降低扩频增益，为保证传输质量可适当降低其发射功率，以减少多址干扰。

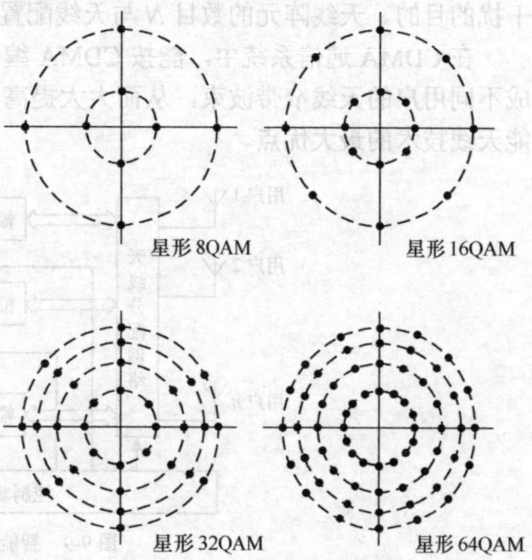

图 9-8　星形 QAM 的星座图

（3）多码码分多址（MC-CDMA）。待传输的业务数据流经串/并变换后，分成多个（1，2，…，M）支路，支路的数目随业务数据流的不同速率而变。当业务数据速率小于等于基本速率时，串/并变换器只输出一个支路；当业务数据速率大于基本速率而小于 2 倍基本速率时，串/并变换器输出两个支路；依此类推，最多可达 M 个支路，即最大业务速率可达基本速率的 M 倍。MC-CDMA 通信系统中的每个用户都用到两种码序列，其一是区分不同用户身份的标志码 PN，其二是区分不同支路的正交码集（$P_{n_1}, P_{n_2}, P_{n_m}$），这样，第 i 个用户的第 j 个支流所用扩频码为 $C_i=\mathrm{PN}_i\times P_{n_j}$。

9.4.2　智能天线技术

智能天线（Smart Antenna）是一种自适应阵列天线，由多天线阵、相干收发信机和现代数字信号处理（DSP）算法组成。智能天线可有效地产生多射束图。这些射束的每一个都指向特定的 UT，而这些射束图也能适应跟随任何移动的 UT。发射机把高增益无线波束对准通信中的接收机，这样既可以增大通信距离（若距离不变，可节约发射功率），又可以减少对其他方向上接收机的干扰。

在接收方，这种特性即空间选择接收，能大大地增加接收灵敏度，减少来自不同位置同信道的 UT 的同信道干扰，增加容量。它也能有效地合并多径成分来抵制多径衰落。在发射方，对空间智能选择形成射束的发射，能降低对其他同信道 UT 的干扰，增加容量，并极大地降低输出功率。

智能天线的理想目标是能在发射机或接收机快速移动时，以一个或多个高增益的窄波束对准并跟踪所需信号的方向，同时以波束零点对准并跟踪干扰信号的方向，此时通信系统中的许多用户可以占用同一个信道工作而互不干扰，这就实现了所谓的“空分多址（SDMA）”。智能天线类似一个空间滤波器，其突出的优点是能够减少或者滤除同道干扰和多址干扰，因而能显著提高通信系统的通信容量。

智能天线系统的组成如图 9-9 所示。每个阵元所接收的信号先进行幅相加权，其权值是由控制器通过不同的自适应算法来调整的。之后，被加权的信号进行合成，形成阵列输出，也就是形成若干个自适应波束，同时自动跟踪若干个用户。智能天线所形成的波束能实现空间滤波，它使期望信号的方向具有高增益，而使干扰方向实现近似零陷，以达到抵制和减少干扰的目的。天线阵元的数目 N 与天线配置的方式对智能天线的性能有着直接的影响。

在 CDMA 通信系统中，能按 CDMA 编码形式形成相应的天线波束，不同的用户编码形成不同用户的天线窄带波束，从而大大提高 CDMA 通信系统容量。这是 CDMA 通信使用智能天线技术的最大优点。

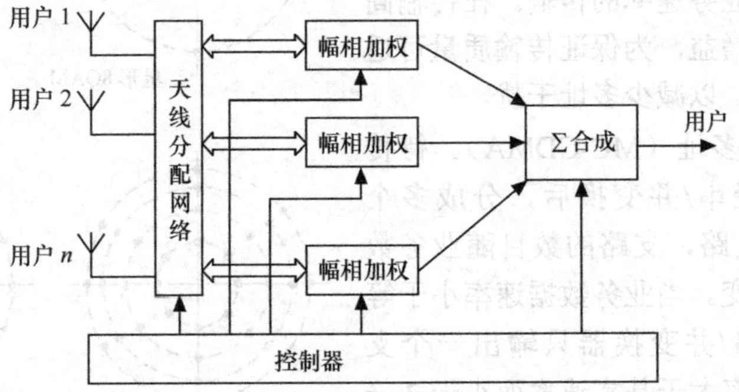

图 9-9　智能天线组成原理框图

目前，已经提出将智能天线用于移动通信系统以提高系统容量，满足日益增多的移动用户的需求。此外，智能天线还能通过提高频谱利用率，扩大覆盖范围，使用多波束跟踪移动用户，可以补偿孔径失真，降低延迟扩展、多径衰落、共道干扰、系统复杂性、误码率和中断概率等来改善系统的性能。

9.4.3　多用户检测技术

在 DS-CDMA 移动通信系统中，多址干扰（MAI）是限制通信容量的关键因素。随着用户数目的增加，多址干扰增大，通信质量也下降。为了保证通信质量不低于预定的最低要求，必须限制用户的最大数目。即使用户数目不是太多，如果个别干扰信号的发射功率远远超过有用信号，有用信号也会受到它的压制。为此，DS-CDMA 通信系统一般要采用精确的功率控制，把通信双方的发射功率限制在允许的电平上。此外，增大扩频增益、设置自适应天线阵列和进行有效的信道编码等都有利于减少多址干扰的影响。但是，多址干扰仍然是不可避免的。在信号的检测过程中，进一步设法减少或消除多址干扰，以提高系统的通信容量，这种办法就是采用多用户信号检测器。由于移动台受复杂度的严格限制，目前多用户信号检测技术多用于基站。

多用户信号检测的最佳检测方式是最大自然序列（MLS）检测，其性能虽然很好，但算法过于复杂，实现困难，因而人们都在探讨最佳的检测方式。近年来，多用户信号检测技术的发展非常迅速，提出了多种多样的设想和方案。下面仅就两种基本的方法简要说明这种技术原理。

1. 去相关多用户信号检测器

在传统的 DS-CDMA 系统中，用一组匹配滤波器分别对应多个用户的输入信号进行检测。由于各个扩频序列之间存在相关性，各匹配滤波器的输出除所需信号和信道噪声外，还包含由互相关性引起的其他用户信号的干扰，即多址干扰。以 $\boldsymbol{X}=(x^1x^2\cdots x^k)^{\mathrm{T}}$ 表示输入信号矢量，以 $\boldsymbol{Y}=(y^1y^2\cdots y^k)^{\mathrm{T}}$ 表示匹配滤波器的输出矢量（k 为用户数），可得

$$\boldsymbol{Y}=\boldsymbol{RAB}+\boldsymbol{N}$$

$$\boldsymbol{B}=(b^1\ b^2\cdots b^k)^{\mathrm{T}}$$

式中，b^k 是第 k 个用户的信息数据；$\boldsymbol{N}$ 为噪声；$\boldsymbol{R}$ 是表征扩频序列之间相关性的 $k\times k$ 阶相关矩阵；$\boldsymbol{A}$ 是表示信号强度（幅度与相位系数）的对角线矩阵。可以看出，如果在上式进行去相关线性变换，即对相关矩阵 $\boldsymbol{R}$ 求逆，可得

$$\boldsymbol{Y}_{\mathrm{V}}=\boldsymbol{R}\cdot\boldsymbol{Y}=\boldsymbol{AB}+\boldsymbol{N}_{\mathrm{V}}$$

$\boldsymbol{Y}_{\mathrm{V}}$ 为变换后的噪声分量。显然，去相关检测器能够把多址干扰完全消除，但变换后的噪声要增大。去相关多用户信号检测器属于线性检测器，线性检测器还有最小均方差检测器等。

2. 干扰抵消式多用户信号检测器

这种检测器的基本思路是把输入信号按功率的强弱进行从前到后排序。首先，对最强的信号进行解调，接着利用其判决结果产生此最强信号的估计值，并从总信号中减去此估计值（对其余信号而言，相当于消除了最强的多址干扰）；其次，再对次强的信号进行解调，并按同样方法处理；依此类推，直至把最弱的信号解调出来。因为，相对而言，最强的信号对其他用户造成的多址干扰最强，所以从接收信号中首先把最强的多址干扰消除，对后续其他信号的解调最有利。同样的道理，对最强信号的判决和估计也最可靠。这种按顺序消除多址干扰的方法称为连续干扰对消法。其缺点是每增加一级都要增加 1 bit 时延，而且当各个用户的信号强度差不多时，初始判决和估计的正确性往往对检测器的性能有较大影响。目前很多人正在研究并行干扰对消法。

9.4.4　多径分集接收技术

在 CDMA 系统中，随参信道的衰落会严重降低通信系统的性能。快衰落信道中的接收信号是到达接收机的多条路径分量的合成。如果在接收端同时获得几个不同路径的信号，将这些信号适当合并构成总的接收信号，则能够大大减小衰落的影响，获得分集增益。目前常用的分集类型主要有空间分集、频率分集、角度分集、极化分集 4 种类型。在接收端，只需将收到的分集信号按照一定的接收原则进行合并。常用的合并方法为选择性合并、最大比合并和等增益合并。

1. 选择性合并

所有的接收信号送入选择逻辑，选择逻辑从所有接收信号中选择具有最高基带信噪比的基带信号作为输出。

2. 最大比合并

控制各支路增益，使它们分别与本支路的信噪比成正比，然后再相加，从而获得接收信号。这种方法是对 M 路信号进行加权，再进行同相合并，最大比合并的输出信噪比等于各路信噪比之和。所以，即使各路信号都很差，以至于没有一路信号可以被单独解调时，最大比方法仍能合成出一个达到解调所需信噪比要求的信号。在所有已知的线性分集合并方法

中，这种方法的抗衰落性是最佳的。

3. 等增益合并

在某些情况下，在最大比合并中因需要产生可变的加权因子并不方便，因而出现了等增益合并方法。这种方法也是把各支路信号进行同相处理后再相加，只不过加权时各路的加权因子相同。这样，接收机仍然可以利用同时接收到的各路信号，并且接收机从大量不能够正确解调的信号中合并出一个可以正确解调的信号的概率仍很大，其性能只比最大比合并略差，但比选择性分集好不少。

9.4.5 多层网络结构

第三代移动通信系统要在各种各样的通信环境中满足形形色色的业务需求，其网络结构采用什么样的形式是一种重要的抉择。

第三代移动通信的发展是以提高容量需求和频谱利用率为标志的，网络结构的规划不仅要受区域覆盖的引导，而且必须同时考虑网络结构采用什么样的形式更便于通信资源的合理分配和有效利用，以满足预定业务量的要求。

在移动通信的发展初期，网络结构的设计和规划主要由“区域覆盖”驱动，其基本出发点是保证在所需的地区内不出现通信死角。这时候，人们虽然也注意到根据用户密度（业务密度）的不同来确定小区覆盖面积，例如，在市区采用小型小区，在郊区采用大型小区；也预计到随着网络的成功运营，某些地区的业务需求会急剧增长，因而提出采用“小区分裂”的对策。然而，这种大型小区和小型小区相结合的网络结构仍然是单层的、互不交叠的。

双层网络结构是人们比较熟悉的，由底层和顶层组成，底层指配业务信道和信令信道，顶层只指配业务信道。

随着室内业务需求的日益增长和覆盖边远荒漠地区的需要，人们又设想增加微微小区及结合中低轨道移动卫星通信链路的多层混合网络结构。多层网络结构允许网络中设置不同的信道资源层，并根据业务性质进行分类，把同类性质的业务纳入同一资源层之中，以提高网络资源的利用率。资源分层可以用多种方法实现，以双层资源来说，可以按频段来分层，底层用一个频段，顶层用另一个频段；也可以按多址方法来分类，一层用时分多址，另一层用码分多址；另外，两层可以均采用时分多址，而两层使用不同的时隙；或者两层均采用码分多址，而两层使用不同的扩频序列，如顶层用短码、底层用长码等。

采用多层网络结构除合理分配区层之间的信道资源和业务容量外，还必须解决区层之间的连接与切换，避免重叠层之间出现“乒乓效应”。

9.4.6 功率控制技术

在 CDMA 系统中，功率控制被认为是所有关键技术的核心。如果小区中的所有用户均以相同功率发射，则靠近基站的移动台到达基站的信号强，远离基站的移动台到达基站的信号弱，导致强信号掩盖弱信号，这就是移动通信中的“远近效应”问题。因为 CDMA 是一个自干扰系统，所有用户共同使用同一频率，所以“远近效应”问题更加突出。CDMA 功率控制的目的就是克服远近效应，使系统既能维持高质量通信，又不对占用同一信道的其他用户产生不应有的干扰。功率控制分为前向功率控制和反向功率控制，而反向功率控制又分为仅由移动台参与的开环功率控制和移动台、基站同时参与的闭环功率控制。下面将分别对这些技术进行详细论述。

1．反向开环功率控制

CDMA 系统的每一个移动台都一直在计算从基站到移动台的路径衰耗，当移动台接收到的信号很强时，表明要么离基站很近，要么有一个特别好的传播路径。这时移动台可降低它的发射功率，而基站依然可以正常接收。相反，当移动台接收到的来自基站的信号很弱时，它就增加发射功率，以抵消衰耗，这就是开环功率控制。开环功率控制只是对发送电平的粗略估计，因此它的反应时间既不应太慢，也不应太快。如反应太慢，在开机或进入阴影、拐弯效应时，开环起不到应有的作用；而如果反应太快，将会由于前向链路中的快衰落而浪费功率，因为前向、反向衰落是两个相对独立的过程，移动台接收的尖峰式功率很有可能是由于干扰形成的。

2．反向闭环功率控制

CDMA 系统的前向、反向信道分别占用不同的频段，收、发间隔为 45 MHz，这使得这两个频道衰减的相关性很弱。在整个测试过程中，两个信道衰减的平均值应该相等，但在具体某一时刻，则很可能不等。这就需要基站根据目前所需信噪比与实际接收的信噪比之差随时命令移动台调整发射功率（即闭环调整）。基站目前所需的信噪比是根据初始设定的误帧率随时调整的（即外环调整）。图 9-10 所示是外环和闭环调整的具体过程。在图 9-10 中，从 BS 来的语音帧以每秒 50 帧的速率送到选择器 V/S（该选择器放在 MSC 还是 BSC，各公司有不同的做法），选择器每过一定的时间就统计所收到的坏帧与总帧数之比是否超过 1%。如果超过 1%，说明目前所设的目标 E_B/N_0 还不够，就指令 BS 将目标 E_B/N_0 上升几个步阶；如果小于 1%，说明目前所设的目标 E_B/N_0 还有余量，就指令 BS 将目标 E_B/N_0 下降一个步阶。这就是所说的外环调整。而闭环高速是这样一个过程：BS 对从 MS 收到的信号进行 E_B/N_0 测量，每帧分阶段 6 次（即以一个功率控制组为单位），具体的测量过程如下。

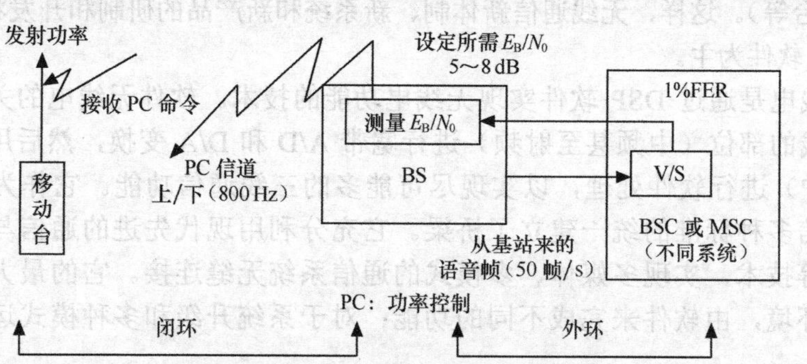

图 9-10　外环和闭环调整的具体过程

（1）对于收到的每一个 Walsh 符号进行解调，取 64 个解调值中的最大值。

（2）把每 6 个最大值加在一起（6 个 Walsh 符号=1 个功率控制组）。

（3）总和与一个门限相比：如果测量结果大于门限，则发送“下降”命令（1 dB）；如果小于门限，则发送“上升”命令（1 dB）。移动台则根据收到的命令调整它的发射功率，直到最佳。

3. 软切换时的闭环功率控制

在软切换时，移动台同时接收两个或两个以上基站对它的功率控制命令，如果有上升和下降的功率控制命令，则只执行让它功率下降的命令。

4. 前向功率控制

前向信道总功率是按一定比例分配给导频信道、同步信道、寻呼信道及所有的前向业务信道的。

因为不同移动台可能处在不同的距离和不同的环境，基站到每一个移动台的传输损耗都不一样，因此基站必须控制发射功率，给每个用户的前向业务信道都分配以适当的功率。这种基站视具体情况对不同业务信道分配不同功率的方法称为前向功率控制。

前向功率控制可避免基站向距离近的移动台辐射过大的信号功率，也可防止或减小由于移动台进入传播条件恶劣或背景干扰过大的地区而产生较大的误码率，引起通信质量的下降。

基站通过移动台发送的前向误帧率（FER）的报告决定增加或减小发射功率。移动台的报告分为定期报告和门限报告。定期报告就是每隔一定时间汇报一次，门限报告就是当 FER 达到一定门限值时才报告。这两种报告方式可同时使用，也可只使用其中一种，或两种都不用，根据运营者的具体要求来设定。前向功率控制的最大调整范围为 ±6 dB。

9.4.7 软件无线电技术

移动通信迅猛发展，多种多样的通信体制也层出不穷，原来以硬件为主来设计无线通信设施的方法已难以适应这种形势的发展需要。为此，软件无线电的基本思路就是研制一种基本的可编程的硬件平台，只要在硬件平台上改变注入软件，就可形成不同标准的通信设施（如终端和基台等）。这样，无线通信新体制、新系统和新产品的研制和开发将逐步由以硬件为主转移成以软件为主。

软件无线电是通过 DSP 软件实现无线电功能的技术。软件无线电的关键思想是尽可能在靠近天线的部位（中频甚至射频）进行宽带 A/D 和 D/A 变换，然后用高速数字信号处理器（DSP）进行软件处理，以实现尽可能多的三线通信功能。它作为一种新的通信体制，为通信多种标准的统一建立了桥梁。它充分利用现代先进的通信与信号处理、微电子和软件等技术，实现多媒体、多模式的通信系统无缝连接。它的最大特点是：基于同样的硬件环境，由软件来完成不同的功能；对于系统升级和多种模式运行，则可以自适应地完成。

第三代移动通信系统具有多模、多频率和多用户的特点，面对多种移动通信标准，要在未来移动通信网络上实现多模、多频率、不间断业务能力，软件无线电技术将发挥重大作用。例如，基站可以承载不同的软件来适应不同的标准，而不用改动硬件平台；基站间可以由软件算法协调，动态地分配信道和容量，网络负荷可自适应；移动台可以自动检测接入的信号，以接入不同的网络，且能适应不同的接续时间要求。

小结

第三代（3G）移动通信系统（IMT-2000）是国际电信联盟（ITU）制订的一个能够提供移动综合电信业务的通信系统。3G 系统与现有的 2G 系统有着根本的不同。本质上，3G 系统采用 CDMA 和分组交换技术，而 2G 系统则通常采用的是 TDMA 和电路交换技术。在电路交换的传输模式下，无论通话双方是否说话，线路在接通期间保持开通并占用带宽，因此与现在的 2G 系统相比，3G 系统将支持更多的用户，实现更高的传输速率。

IMT-2000 主要采用宽带 CDMA 技术，目前向 ITU 提出标准的有 5 种方案：欧洲和日本的 UTRA/W-CDMA，美国的 cdma2000 MC，欧洲的 UTRA TDD，中国的 TD-SCDMA，美国的 UWC-136 和 DECT。上述方案中最主要最有希望得到广泛应用的方案是 WCDMA、cdma2000 和 TD-SCDMA。

第三代的主要技术体制中，TD-SCDMA 的核心网和 WCDMA 采用相同的技术，都是以 CDMA 技术为核心的。WCDMA 第三代移动通信系统是从 GSM 移动通信系统经 GPRS 系统平滑过渡而成的。WCDMA 系统由无线网络子系统（RNS）和核心网（CN）组成。无线网络子系统（RNS）包含无线网络控制器（RNC）和 Node B。RNC 在逻辑上对应于 GSM 系统中的基站控制器（BSC），Node B 在逻辑上对应于 GSM 系统中的基站 BS。核心网由电路域部分设备和分组域部分设备两部分组成。

cdma2000 系统是在窄带 CDMA 移动通信系统的基础上发展起来的。cdma2000 系统又分成两类：一类是 cdma2000 1x，另一类是 cdma2000 3x。cdma2000 1x 属于 2.5 代移动通信系统，与 GPRS 移动通信系统属同一类，cdma2000 3x 则是第三代移动通信系统。cdma2000 1x 是用一个载波构成一个物理信道，cdma2000 3x 是用 3 个载波构成一个物理信道，在基带信号处理中将需要发送的信息平均分配到 3 个独立的载波中分别发射，以提高系统的传输速率。在 cdma2000 1x 中最大传输速率为 150 kbit/s，cdma2000 3x 最大传输速率可达到 2 Mbit/s。

TD-SCDMA 是中国首次提出的具有自主知识产权的国际 3G 标准，可全面满足 IMT-2000 的基本要求。它采用不需配对频率的 TDD 双工模式及 FDMA/TDMA/CDMA 相结合的多址接入方式，使用 1.28 Mchip/s 的低码片速率，扩频带宽为 1.6 MHz，同时采用了智能天线、联合检测、上行同步、软件无线电、接力切换、动态信道分配等先进技术，具有相当高的技术先进性。TD-SCDMA 技术只在 UTRAN 接入网方面同 WCDMA 有所区别，最大的区别在于空中接口的物理层，而在核心网及上层业务等方面并没有什么实质性的差别。

3G 所支持的主要业务分为交互性业务、分配性业务和移动性业务 3 大类。

第三代移动通信系统采用的关键技术主要有：多载波调制和可变速率调制技术，智能天线技术，多用户信号检测技术，多径分集接收技术，多层网络结构技术，功率控制技术和软件无线电技术等。

习题

9-1　第三代移动通信系统的主要特点有哪些？

9-2　第三代移动通信无线传输技术应满足哪些要求？

9-3　WCDMA 系统无线网络控制器（RNC）的主要功能是什么？

9-4　cdma2000 移动通信系统的无线接口有哪些特征？

9-5　TD-SCDMA 空中接口的关键技术有哪些？

9-6　3G 支持的主要业务有哪些？

9-7　多载波调制的方法有哪些？

9-8　对分集信号进行合并的方法有哪些？

9-9　功率控制方式有哪些？

9-10　简述软件无线电技术。

第 10 章

第四代移动通信系统

【本章内容简介】本章对移动通信系统的长期演进（LTE-Advanced 和 IMT-Advanced）进行了重点描述，全面介绍了 B3G/4G 等主流技术，对第四代移动通信系统的功能特点做了充分说明，对 4G 的关键技术进行了详细介绍。

【学习重点与要求】本章重点掌握 OFDM、MIMO、全 IP 技术和软件无线电等关键技术；熟悉 LTE 的网络架构，物理层的技术演进；熟悉 4G 的体系结构、体系标准。了解 LTE 和 4G 的功能特点。

10.1 LTE

LTE 是 3GPP 长期演进（Long Term Evolution，LTE）项目。为了进一步提高移动数据业务的速率，适应未来多媒体应用的需求，LTE 采用了很多用于 B3G/4G 的技术，如 OFDM、MIMO 等，是 3GPP 近两年来启动的最大的新技术研发项目。移动通信将向数据化、高速化、宽带化、频段更高化方向发展，移动数据、移动 IP 将成为未来移动网的主流业务。

10.1.1 LTE 的问世

一直以来，3GPP 制定的标准在不断演进。它在 R5 系统中增加了高速下行分组接入（HSDPA），速率可以达到 10 Mbit/s 以上。此后在 R6 中增加高速上行分组接入（HSUPA），以解决上行链路分组化问题，提高上行速率，同时进一步引入自适应波束成形和 MIMO 技术，将下行峰值速率提高到 30 Mbit/s 左右，核心网也在向全 IP 网演化。HSDPA 和 HSUPA 都是 3GPP 的中期演化技术，同被称为 3.5G 技术，然而其性能都不是很理想，和 WiMAX 的相比差距较大。

为了能和可以支持 20 MHz 的 WiMAX 技术相抗衡，3GPP 不得不放弃长期采用的 CDMA 技术，而是采用与 WiMAX 相同的 OFDM 技术作为 LTE 的基本传输技术，即下行采用 OFDM 技术，上行采用 SC（Single Carrier，单载波）-FDMA 技术。为了在 RAN 侧降低用户面的延时，LTE 取消了一个重要的网元——无线网络控制器 RNC。另外，在整体架构方面，核心网侧也在同步演进，推出了全新的演进型分组系统（Evolved Packet System，EPS），这称之为系统框架演进（System Architecture Evolution，SAE）。当前，LTE 已获得了全球通信产业的广泛支持，成为宽带无线移动技术发展方向。

3GPP LTE 和 3GPP 2AIE、WiMAX，以及最新出现的 IEEE 802.20MBFDD/MBTDD

等，具有某些“4G”特征，被看作“准4G”技术或者“3.9G”技术。

目前 LTE 可达到的最高下载速率约为 325 Mbit/s，而上载速率约为 86Mbit/s。爱立信（Ericsson）主张推广 LTE，摩托罗拉（Motorola）、阿尔卡特朗讯（Alcatel-Lucent）、Verizon Wireless、Vodafone、China Mobile、NTT DoCoMo 等厂商也支持 LTE 发展。

虽然 LTE 现阶段仍未符合 4G 系统的需求标准，但 3GPP 已积极进行技术的研发与规格的制定。2009 年 7 月在德国慕尼黑举行的用户大会上，华为公司发布了全球第一个 LTEeNodeB 商用版本。

10.1.2 LTE 的主要特点

LTE 的网络结构比起 3G 网络来，无线接入网将会极大地被简化。具体表现在以下几个方面。

（1）基站加入无线管理和路由功能，以减少网络层次，降低数据传输时延和呼叫建立时延，来满足实时数据业务要求。

（2）核心网是平面型的全 IP 网络，不仅支持移动接入，而且支持固定接入。

3GPP LTE 项目的主要特点如下。

（1）明显增加数据峰值速率。设计目标数据峰值速率为：在 20 MHz 频谱带宽下，下行数据速率大于 100 Mbit/s，上行数据速率大于 50 Mbit/s，LTE 的下行频谱利用率是 HSDPA 下行的 3～4 倍，是 HSUPA 上行的 2～3 倍。

（2）降低无线网络时延。用户平面内部单向传输时延低于 5 ms，控制平面从睡眠状态到激活状态迁移时间低于 50 ms，从驻留状态到激活状态的迁移时间小于 100 ms，使多播广播（MBMS）业务、VoIP 等实时性业务的 QoS 可以达到电路域水平。

（3）支持成对或非成对频谱，适用不同的带宽。带宽等级为 5 MHz、10 MHz、20 MHz 和可能取的 15 MHz 或者 1.25 MHz、1.6 MHz 和 2.5 MHz，以适应窄带频谱的分配。

（4）以分组域（PS-Domain）业务（如 VoIP 等）为主要目标，有效地支持多种业务类型。

（5）明显提高频谱效率。是 2～4 倍的 R6 频谱效率。下行链路 5（bit/s）/Hz，上行链路 2.5（bit/s）/Hz。

（6）提高小区容量。每 5 MHz 支持 200 个（以上）的 Active 状态用户。

（7）最高可支持移动速度为 500 km/h 的终端。

（8）支持 100 km 半径的小区覆盖。吞吐量、频谱效率和移动性指标在 5 km 半径的小区内将得到充分保证，当小区半径增大到 30 km 时，只对以上指标带来轻微弱化。

（9）强调后向兼容，同时也考虑与系统性能的折中，支持增强的 IP 多媒体子系统（IMS）和核心网。

（10）优化 15 km/h 以下低速用户的性能，能为 15～120 km/h 的移动用户提供高性能的服务，可以支持 120～350 km/h 的用户，能够为 350 km/h 高速移动用户提供大于 100 kbit/s 的接入服务。

（11）改善小区边缘用户的性能，提高小区边界用户的吞吐量。在保持目前基站位置不变的情况下增加小区边界比特速率。如 MBMS（多媒体广播和组播业务）在小区边界可提供 1bit/s/Hz 的数据速率。

（12）支持 FDD 和 TDD 模式，支持与已有的 3G 系统和非 3GPP 规范系统的协同运作。

LTE 可以实现真正的移动宽带。根据测算，LTE 的实际平均每用户传输速率可以达到 2 Mbit/s 左右，基本上与现在的 ADSL 相当，能够为各种多媒体业务提供良好的支持。由于 LTE 大大提升了网络传输速率、降低了网络时延，因此对于一些对网络带宽占用较大的业务（如视频流媒体、大容量文件下载等）及一些对交互性要求较高的业务（如网络游戏、安全认证等），相对于现有 3G、HSUPA、HSDPA，能够给用户带来更好的业务体验。

10.1.3 LTE 网络架构

LTE 系统在设计之初便在基于分组交换、提高数据速率、降低传输时延、提高系统性能、降低系统复杂度等系统需求方面进行了严格定义，现有 UTRAN 系统架构不能满足要求，因此需要设计新的系统架构。

1．LTE 系统架构定义的基本原则

（1）演进后的分组交换核心网（EPC）在功能上是分开的。E-UTRAN 与 EPC 的寻址方案和传输功能的寻址方案不能绑定。

（2）RRC 连接的移动性管理完全由 E-UTRAN 进行控制，使得核心网对于无线资源的处理不可见。

（3）信令与数据传输在逻辑上独立。

（4）E-UTRAN 接口上功能需要定义得尽量简化，选项尽可能少。

（5）多个逻辑节点可以在同一个物理网元上实现。

2．LTE 系统架构描述

LTE 系统架构可分为两部分：演进后的核心网 EPC 和演进后的接入网 E-UTRAN。演进后的系统仅存在分组交换域，一方面减少了设备的数量，同时也降低了业务时延。LTE 系统架构如图 10-1 所示。

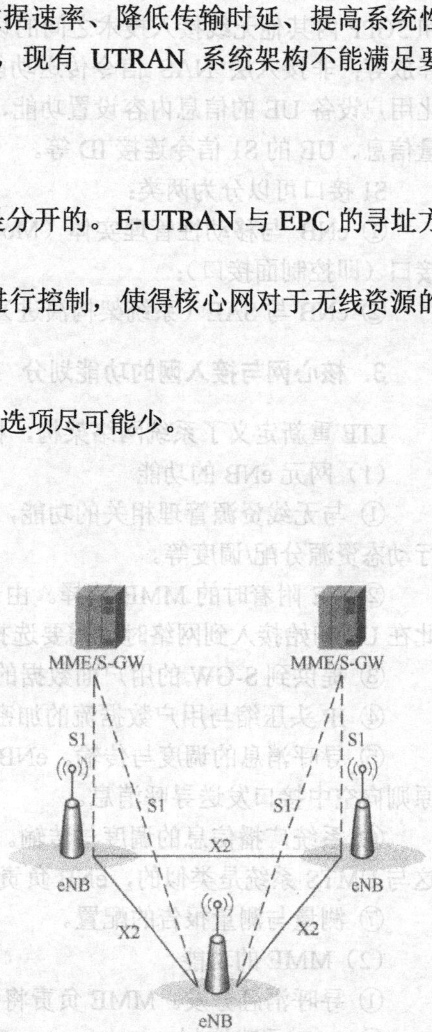

图 10-1　LTE 系统架构

LTE 系统架构是在 3GPP 原有系统架构上进行演进的，并且对 WCDMA 和 TD-SCDMA 系统的 Node B、RNC、CN 进行功能整合，系统设备简化为 eNode B 和 EPC 两种网元，其中 NodeB 和 RNC 合并为 eNode B。

与 3G 系统网络架构相比，接入网仅包括 eNB 一种逻辑节点，网络架构中的节点数量减少，网络架构更趋于扁平化。这种扁平化的网络架构带来的好处是降低了呼叫建立时延及用户数据的传输时延，并且由于减少了逻辑节点，也会带来 OPEX 与 CAPEX 的降低。

由于 eNB 与 MME/S-GW 之间具有灵活的连接（S1-S1），UE 在移动过程中仍然可驻留在相同的 MME/S-GW 上，这将有助于减少接口信令交互数量及 MME/S-GW 的处理负荷。

当 MME/S-GW 与 eNB 之间的连接路径相当长或进行新的资源分配时，与 UE 连接的 MME/S-GW 也可能会改变。

LTE 接入网与核心网之间通过 S1 接口进行连接，S1 接口支持多-多连接方式。LTE 接入网的 eNB 之间通过 X2 接口进行连接。

X2 接口的主要功能有：用户设备在激活状态下的移动性管理功能，包括从源 eNB 到目标 eNB 的信息内容传送，以及从源 eNB 到目标 eNB 的用户隧道控制；差错处理功能，包括差错指示等。

S1 接口主要完成的功能有：寻呼功能，包括发送寻呼请求到所有 UE 注册的小区；E-UTRAN 体系结构下用户设备在激活状态下的移动性管理功能，包括 LTE 内部的小区切换及和 3GPP 内其他无线接入技术之间的切换；SAE 业务承载管理功能，包括承载业务的设置和释放等；非接入层 NAS 信令传送功能；接口管理功能，包括差错指示等；漫游功能；初始化用户设备 UE 的信息内容设置功能，包括 SAE 承载内容、安全性内容、漫游限制、UE 容量信息、UE 的 S1 信令连接 ID 等。

S1 接口可以分为两类：

① eNB 与移动性管理实体（Mobilitty Management Entity，MME）相连的是 S1-MME 接口（即控制面接口）；

② eNB 与 SAE（系统架构演进）网关相连的是 S1-U 接口（即用户面接口）。

3．核心网与接入网的功能划分

LTE 重新定义了系统网络架构，核心网和接入网间的功能划分如图 10-2 所示。

（1）网元 eNB 的功能

① 与无线资源管理相关的功能，如无线承载控制、接纳控制、连接移动性管理、上/下行动态资源分配/调度等。

② UE 附着时的 MME 选择。由于 eNB 可以与多个 MME/S-GW 之间存在 S1 接口，因此在 UE 初始接入到网络时，需要选择一个 MME 进行附着。

③ 提供到 S-GW 的用户面数据的路由。

④ IP 头压缩与用户数据流的加密。

⑤ 寻呼消息的调度与传输。eNB 在接收到来自 MME 的寻呼消息后，根据一定的调度原则向空中接口发送寻呼消息。

⑥ 系统广播信息的调度与传输。系统广播信息的内容可以来自 MME 或者操作维护，这与 UMTS 系统是类似的，eNB 负责按照一定的调度原则向空中接口发送系统广播。

⑦ 测量与测量报告的配置。

（2）MME 的功能

① 寻呼消息分发。MME 负责将寻呼消息按照一定的原则分发到相关的 eNB。

② SAE 承载控制。

③ 安全控制。

④ 空闲状态的移动性管理。

⑤ 非接入层信令的加密与完整性保护。

（3）服务网关的功能

① 支持由于 UE 移动性产生的用户平面切换。

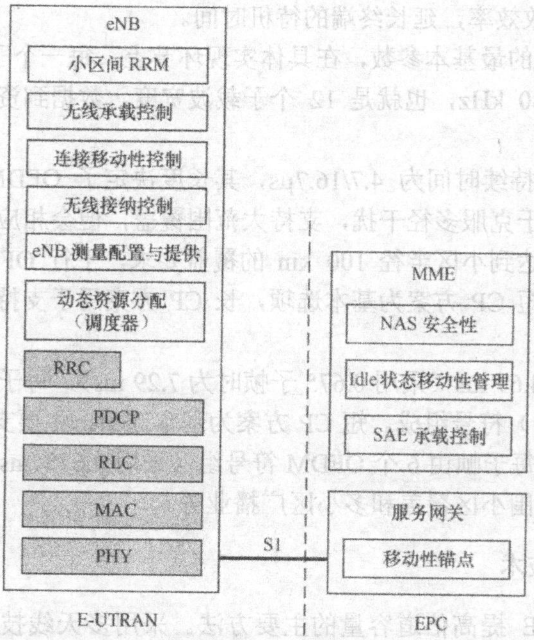

图 10-2　核心网与接入网间的功能划分

② 终止由于寻呼原因产生的用户平面数据包。

4．LTE 的无线资源管理架构

无线资源管理（Radio Resource Management，RRM）提供空中接口的无线资源管理的功能，目的是能够提供一些机制保证空中接口无线资源的有效利用，实现最优的资源使用效率。3G 系统中，由于存在 RNC 这一 UTRAN 集中节点，RRM 的各项功能及相关测量信息的处理主要在 RNC 上实现，LTE 系统中 E-UTRAN 不存在集中控制节点。在 LTE 系统架构的基础上，根据 RRM 功能实现的不同，有集中式管理方式和分布式管理方式，不同管理方式可能需要不同的无线网络架构支持。

集中式管理的 RRM 架构中，存在一个用于掌握多小区拓扑信息和多小区实时资源、干扰、负载信息的额外功能节点，以辅助多小区 RRM 相关过程的决策。分布式管理的 RRM 架构不存在额外 RRM 功能节点，RRM 所有功能由 eNB 来实现，eNB 之间的 X2 接口需要承载分布式 RRM 相关的测量信息及决策信息。

10.1.4　LTE 的关键技术

1．LTE 的多址传输技术

OFDM 技术是 LTE 系统的技术基础与主要特点。LTE 系统下行采用 OFDMA 多址接入方式，上行采用 SC-FDMA 多址技术。上/下行多址技术的主要差别在于上行首先经过 DFT 变换，然后进行 IFFT 变换，在发射过程中进行了两次变换，而下行只进行 IFFT 变换。采用 SC-FDMA 的主要目的是降低上行发射信号的峰均比（PAPR），从而降低 UE 的功放线性

度要求，提高 UE 的功放效率，延长终端的待机时间。

载波间隔是 OFDM 的最基本参数，在具体实现环节上，每一个子载波占用 15 kHz，上/下行的最小资源块为 180 kHz，也就是 12 个子载波宽度，数据到资源块的映射方式可采用集中方式或分布方式。

循环前缀（CP）的持续时间为 4.7/16.7μs，其长度决定了 OFDM 系统的抗多径能力和覆盖能力。长 CP 有利于克服多径干扰，支持大范围覆盖，但会相应增加系统开销，导致数据传输能力下降。为了达到小区半径 100 km 的覆盖要求，下行 OFDM 的循环前缀（CP）长度有长短两种选择：短 CP 方案为基本选项，长 CP 方案用于支持大范围小区覆盖和多小区广播业务。

短 CP 持续时间为 4.69 ms（采用 0.675 子帧时为 7.29 ms），每子帧由 7 个 OFDM（采用 0.675 ms 子帧时为 9 个）符号组成。短 CP 方案为基本选项，主要支持单播业务。长 CP 的持续时间为 16.67 ms，每子帧由 6 个 OFDM 符号组（采用 0.675 ms 子帧时为 8 个）。长 CP 方案用于支持 LTE 大范围小区覆盖和多小区广播业务。

2．LTE 的多天线技术

MIMO 技术是 LTE 提高信道容量的主要方法。采用多天线技术，一方面是性能的需要，另一方面是后续标准演进的需要。LTE 系统采用可以适应宏小区、微小区、热点等各种环境的 MIMO 技术，通过多天线提供不同的传输能力和空间分集复用增益。

LTE 中采用 MIMO 技术来达到提高用户平均吞吐量和频谱效率的要求。下行 MIMO 天线的基本配置是：基站设两个发射天线，UE 设两个接收天线，即 2 × 2 的天线配置。

LTE MIMO 下行方案可分为发射分集和空间复用两大类。目前，考虑采用的发射分集方案包括块状编码传送分集（STBC、SFBC）、时间（频率）转换发射分集（TSTD、PSTD）、包括循环延迟分集（CDD）在内的延迟分集（作为广播信道的基本方案）及基于预编码向量选择的预编码技术。其中预编码技术已被确定为多用户 MIMO 场景的传送方案。

3．LTE 的调制技术

除了 BPSK、QPSK、8PSK 这些已经运用到 3G 中的调制技术外，LTE 在下行链路上引入了 16QAM 和 64QAM，上行链路引入 16QAM。采用高阶调制技术虽然抗干扰能力不强，但 LTE 引入的 OFDM 技术可降低信道干扰的影响，同时可大幅度提升信道利用率。

4．LTE 的信道编码

LTE 采用的信道编码方式包括 Turbo 码和 LDPC 码。Turbo 码可将两个简单分量码通过伪随机交织器并行级联来构造具有伪随机特性的长码，在信噪比低的条件下性能优越。与 Turbo 码相比，LDPC 码复杂度较低，更适合硬件实现。

LTE 系统的信道可以划分为逻辑信道、传输信道与物理信道。逻辑信道是无线链路控制协议（RLC）与媒体接入控制协议（MAC）层间的接口，传输信道是 MAC 与物理层（PHY）层间的接口，物理层信道直接在无线信道中发射。

10.1.5　LTE 物理层的技术演进

LTE 物理层向 MAC 或更高层传送信息。其主要功能包括：完成物理层的映射，进行无线射频处理，实现上行功率控制和支持切换，完成 FEC 编解码和编码速率匹配，实现传送信道上的差错侦测，通过软件集成支持 HARQ，计算物理资源的功率权重，实现物理信道调制与解调，支持上行信道的时间提前量，完成频率与时间同步，传送更高层测量和指示，完成链路适配，支持多样性和 MIMO 等。LTE 的主要物理层参数见表 10-1。

表 10-1　　　　　　　　　　LTE 物理层系统参数

<table>
<tr><th>双工方式</th><th colspan="6">FDD、TDD</th></tr>
<tr><td>多址技术</td><td colspan="6">下行：OFDMA，上行：SC-FDMA</td></tr>
<tr><td rowspan="2">帧结构</td><td colspan="6">FDD：1 帧 10 ms，分为 10 个子帧，每个子帧 1 ms，又分为两个时隙，每个时隙含有 7/6 个 OFDM 符号</td></tr>
<tr><td colspan="6">TDD：1 帧 10 ms，含 8/9 个普通子帧，2/1 个特殊子帧，每个子帧 1 ms，普通子帧分为两个时隙</td></tr>
<tr><td rowspan="5">OFDM 符号结构</td><td>持续时间</td><td colspan="5">$T_{sym}=T_{CP}+T_{FFT}$，$T_{FFT}=2048T_S=66.7\ \mu s$</td></tr>
<tr><td>采样间隔</td><td colspan="5">$T_S=1/30.72$ MHz≈32.55 ns</td></tr>
<tr><td rowspan="3">CP 间隔</td><td colspan="5">普通 CP：$160T_S$≈5.2 μs（第一个符号），$144T_S$≈4.7 μs</td></tr>
<tr><td colspan="5">Δf=15 kHz，扩展 CP：$512T_S$≈16.67 μs</td></tr>
<tr><td colspan="5">Δf=7.5 kHz，扩展 CP：$1024T_S$≈33.33 μs</td></tr>
<tr><td>子载波结构</td><td colspan="6">普通情况：Δf=15 kHz
MBSFN 情况：Δf=15 kHz/7.5 kHz
PRACH 信道：Δf=1.25 kHz/7.5 kHz</td></tr>
<tr><td>资源块（RB）结构</td><td colspan="6">普通 CP 情况：1 RB=12 子载波 × 7OFDM 信号
扩展 CP 情况：Δf=15 kHz，1 RB=12 子载波 × 6 OFDM 信号
Δf=7.5 kHz，1RB=24 子载波 × 3 OFDM 信号
1 个 RB 占用带宽：180 kHz</td></tr>
<tr><td>信道带宽/MHz</td><td>1.4</td><td>3</td><td>5</td><td>10</td><td>15</td><td>20</td></tr>
<tr><td>资源块配置/RB</td><td>6</td><td>15</td><td>25</td><td>50</td><td>75</td><td>100</td></tr>
<tr><td>采样率/MHz</td><td>2.304</td><td>4.608</td><td>7.68</td><td>15.36</td><td>23.04</td><td>30.72</td></tr>
<tr><td>下行 FFT 点数</td><td colspan="6">普通情况：2048/1024/512/256/128 MBSFN：增加 4096 点 FFT</td></tr>
<tr><td>上行 DFT 点数</td><td colspan="6">$N_{DFT}=2^{\theta_2}3^{\theta_3}5^{\theta_5}\times 12$，$\theta_2$、$\theta_3$、$\theta_5$ 为非负整数
PRACH 信道：N_{DFT}=139/839</td></tr>
<tr><td>调制方式</td><td colspan="6">QPSK、16QAM、64QAM</td></tr>
<tr><td>信道编码</td><td colspan="6">卷积编码：(3，1，6)
Turbo 编码：1/3 码率，8 状态</td></tr>
<tr><td>HARQ</td><td colspan="6">下行：异步多重停等 HARQ，最多重传次数 8
上行：同步多重重传 HARQ，最多重传次数 8</td></tr>
<tr><td>MIMO</td><td colspan="6">空时预编码、循环延时分集（CDD）、正交发分集</td></tr>
</table>

LTE 物理层共有 9 个信道，物理信道有上下行之分，下行 6 个，上行 3 个。LTE 物理信道具体如下。

（1）物理下行共享信道（PDSCH），PDSCH 信道是点到点通信的主要物理信道，也可以承载寻呼信息。

（2）物理广播信道（PBCH），PBCH 信道承载系统广播信息。

（3）物理多播信道（PMCH），PMCH 信道用于多播/组播单频网络（MBSFN）模式。

（4）物理下行控制信道（PDCCH），PDCCH 信道承载下行控制信息，包括调度判决、PDSCH 信道的请求接收及 PUSCH 信道发送的调度授权信息。

（5）物理 HARQ 标记信道（PHICH），PHICH 信道承载 HARQ 的确认信息，表示 eNode B 是否正确接收了传输块还是需要重传。

（6）物理信道控制格式标记信道（PCFICH），PCFICH 信道为译码 PDCCH 信道提供必要的信息，一个小区只有一个 PCFICH 信道。

（7）物理上行共享信道（PUSCH），PUSCH 信道对应于 PDSCH 信道，一个终端最多有一个 PUSCH 信道。

（8）物理上行控制信道（PUCCH），PUCCH 信道承载上行控制信令，包括 HARQ 确认信息，表示下行传输块是否正确接收；信道测量报告，用于辅助下行时频调度；以及上行数据发送的资源请求信息。一个终端最多只有一个 PUCCH 信道。

（9）物理随机接入信道（PRACH），PRACH 信道用于 UE 随机接入网络。

LTE 的下行信道采用 OFDMA，上行信道采用 SC-FDMA，这样不仅可以提高频谱效率，而且可以摆脱自 3G 以来高通公司独掌 CDMA 核心专利的制约。

下行采用 OFDMA 是基于以下两个方面考虑。

（1）OFDMA 空中接口处理相对简单，在更大带宽和高阶 MIMO 配置情况下可以降低终端的复杂性。

（2）有利于系统在设计参量上做出灵活和自由的选择，更容易实现演进目标。

LTE 系统采用很短的交织长度（TTI）和自动重传请求（ARQ）周期。调制方式主要采用 QPSK、16QAM 和 64QAM。LTE 信道编码采用 Turbo 码，也可能引入 LDPC 码。

LTE 广播业务采用分层调制方式。分层调制在应用层将一个逻辑业务分成高优先级的基本层和低优先级的增强层，这两个数据流分别映射到信号星座图的不同层。基本层数据映射后的符号距离比增强层的符号距离大。基本层的数据流可以被包括远离基站和靠近基站的用户接收，而增强层的数据流只能被靠近基站的用户接收。所以，同一个逻辑业务可以在网络中根据信道条件的优劣提供不同等级的服务。

上行采用 SC-FDMA 则基于以下两个因素考虑。

（1）利于系统从前期 UTRA 版本平滑升级，可以广泛重用物理层。

（2）降低发射终端的峰均功率比，减小终端的体积和成本。

LTE 具体采用的 SC-FDMA 技术叫作 DFT-S-OFDMA。DFT-S-OFDMA 是在普通 OFDMA 基础上增加 DFT 扩频模块得到的。图 10-3 所示为 DFT-S-OFDMA 的系统模型。

上行调制主要采用 π/2 位移 BPSK、QPSK、8PSK 和 16QAM，信道编码沿用 Turbo 编码。单用户 MIMO 天线的基本配置是：UE 两个发射天线，基站两个接收天线。LTE 通过链路自适应和快速重传获得增益，放弃了宏分集技术。

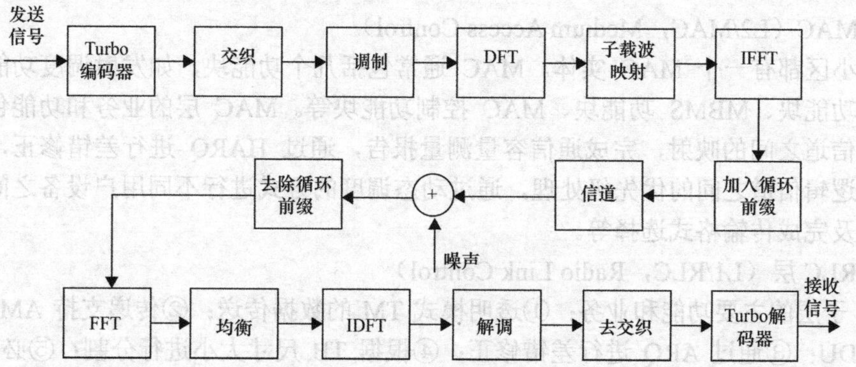

图 10-3 DFT-S-OFDMA 系统模型

上行传输还采用虚拟（Virtual）MIMO 技术，通常是 2×2 的虚拟 MIMO，即两个 UE 各自有一个发射天线，并共享相同的时-频域资源。这些 UE 采用相互正交的参考信号图谱，以简化基站的处理。

目前 3GPP LTE 物理层技术研究包括频分双工（FDD）和时分双工（TDD）两种双工方式。在 TDD 模式下，每个子帧可以作为上行子帧或者下行子帧。上行和下行子帧之间可以空出若干个 OFDM 符号作为空闲（Idle）符号，以留出必要的保护间隔。

LTE 系统上下行帧长度均为 10 ms，FDD 模式下分为 10 个子帧，每个子帧包含两个时隙，每时隙长为 0.5 ms。TDD 模式下，分为两个子帧，每个子帧包含 7 个时隙，每时隙长为 0.675 ms。上下行的子载波宽度为 15kHz，最小物理资源块为 180 kHz，即 12 个子载波宽度。

如图 10-4 所示，上行每子帧由 8 个 OFDM 符号组成，包括 6 个 LB（Long Block）和 2 个 SB（Short Block）。其中 SB 用于导频信号传输，LB 用于数据信号传输。

CP	LB#1	CP	SR#1	CP	LB#2	CP	LB#3	CP	LB#4	CP	LB#5	CP	SR#2	CP	LB#6

图 10-4 LTE 上行子帧结构

LTE 系统采用很小的最小交织长度（TTI），以满足数据传输延迟方面的需求。其中最小 TTI 长度仅为 0.5ms。为了在支持其他业务时避免由于不必要的 IP 包分割而造成的额外的延迟和信令开销，系统可以动态地调整 TTI，将几个相邻的子帧拼接成一个 TTI。TTI 呈现为半静态和动态两种传输信道特性。对于半静态 TTI，TTI 需要上层信令来设置；动态 TTI 情况下，拼接成 TTI 的子帧数目可以由初始化传输和可能发生的重传来动态调节。

10.1.6 LTE 链路层的技术演进

LTE 系统的数据链路层分为 MAC、RLC、PDCP。物理层和 MAC 层之间提供传送信道，MAC 层和 RLC 层之间提供逻辑信道，RLC 层和 PDCP 层之间提供无线承载。每一层的功能描述如下。

（1）MAC（L2/MAC，Medium Access Control）

每个小区都有一个 MAC 实体。MAC 通常包括几个功能块，如发射调度功能块、每个用户设备功能块、MBMS 功能块、MAC 控制功能块等。MAC 层的业务和功能包括逻辑信道和传送信道之间的映射，完成通信容量测量报告，通过 HARQ 进行差错修正，并且进行用户设备逻辑信道之间的优先级处理，通过动态调度的方式进行不同用户设备之间的优先级处理，以及完成传输格式选择等。

（2）RLC 层（L1/RLC，Radio Link Control）

RLC 子层的主要功能和业务：①透明模式 TM 的数据传送；②传递支持 AM 或 UM 的更高层 PDU；③通过 ARQ 进行差错修正；④根据 TB 尺寸大小进行分割；⑤必要时对 TB 进行再分割，并且再分割次数不限制；⑥串联同一无线承载的 SDU；⑦高层 PDU 按照顺序传递；⑧多重侦探。

（3）PDCP 层（L2/PDCP，Packet Data Convergence Protocol）

PDCP 子层的主要功能和业务：①完成用户数据的传递；②报头压缩和解压；③下行 RLC SDL 的重新排序；④小区切换时，顺序传送更高层 PDU；⑤低层 SDU 的多重检测。

10.2 4G 通信系统

第四代移动通信系统（Fourth-Generation Communications System，4G）是第三代移动通信系统（3G）的延续，目前正受到人们的广泛关注。虽然第三代移动通信标准比现行 2G 系统功能更强大，但是 3G 仍然存在着许多需要改进的地方，尤其是高质量视频图像的传输需求。大体上说，3G 的局限性主要表现在以下几方面。

（1）不能提供动态范围多速率业务。由于 3G 空中接口主流的 3 种体制 WCDMA，cdma2000 和 TD-SCDMA 所支持的核心网不具有统一的标准，所以难以提供具有多种 QoS 及性能的多速率业务。

（2）不能支持较高的通信速率。虽然 3G 号称能达到 2 Mbit/s 的速率，但平均速率只能达到 384 kbit/s。尽管目前 3G 增强型技术在不断发展，但其传输速率还有差距。

（3）不能真正实现不同频段、不同业务环境间的无缝漫游。由于采用不同频段的不同业务环境，需要移动终端配置有相应不同的软件、硬件模块，而 3G 移动终端目前尚不能实现多业务环境的不同配置。

3G 的这些不足及政策、经济等因素导致了对它的众多争议，再加上市场的需求和技术的发展，更先进的第四代移动通信（4G）系统已被推上议事日程。

10.2.1 4G 移动通信系统功能特点

ITU 在 2005 年 10 月的 ITU-RWP8F 第 17 次会议上给 4G 技术确定了一个正式的名称 IMT-Advanced。按照它的定义，WCDMA、HSDPA 等技术统称为 IMT-2000 技术。而未来新的空中接口技术则叫作 IMT-Advanced 技术。

IMT-Advanced 标准继承了 3G 标准组织制定的多项新定标准并加以延伸，如 IP 核心网、开放业务架构及 IPv6。在此基础上，IMT-Advanced 强调其整体系统架构必须满足 3G 系统演进到未来 4G 系统的需求。其中，4G 与 3G 系统的比较见表 10-2。

表 10-2　　4G 与 3G 系统的比较

特征	4G	3G
网络接入	多种异构接入	单一接入
频率范围	2～8 GHz，800 MHz	1.6～2.5 GHz
速率	20～100 Mbit/s	385 kbit/s～2 Mbit/s
带宽	100+MHz	5～20 MHz
接入方式	OFDM	WCDMA/TD/cdma2000/WiMAX
交换方式	包交换	包交换/电路交换
IP 性能	IPv6	多版本
业务特性	融合数据与语音、多媒体	优先考虑语音

参考 IMT-Advanced 标准，未来的 4G 系统应具备以下基本功能。

（1）具有很高的数据传输速率

人们研究 4G 通信的最初目的就是提高蜂窝电话和其他移动装置无线访问 Internet 的速率，因此 4G 通信给人印象最深刻的特征莫过于它具有更快的无线通信速度。IMT-Advanced 的目标峰值速率为：低速移动、热点覆盖场景下静态传输速率达到 1 Gbit/s 以上，高速移动、广域覆盖场景下 100 Mbit/s。这种速度将相当于目前手机的传输速度的 1 万倍左右。

（2）终端兼容性更好，实现真正的无缝漫游

要使 4G 通信尽快地被人们接受，不但考虑它的功能强大外，还应该考虑到现有通信的基础，以便让更多的现有通信用户在投资最少的情况下就能很轻易地过渡到 4G 通信。4G 移动通信系统实现全球统一的标准，能使各类媒体、通信主机及网络之间进行“无缝连接”，真正实现一部手机在全球的任何地点都能进行通信。

（3）高度智能化的网络

采用智能技术的 4G 通信系统将是一个高度自治、自适应的网络。不仅表现在 4G 通信的终端设备的设计和操作具有智能化，例如，对菜单和滚动操作的依赖程度将大大降低，更重要的 4G 手机可以实现许多难以想象的功能。例如，4G 手机将能根据环境、时间及其他设定的因素来适时地提醒手机的主人此时该做什么事，或者不该做什么事，4G 手机可以将电影院票房资料，直接下载到 PDA 之上，这些资料能够把目前的售票情况、座位情况显示得清清楚楚，大家可以根据这些信息来进行在线购买自己满意的电影票；4G 手机可以被看作是一台手提电视，用来看体育比赛之类的各种现场直播。采用智能信号处理技术对信道条件不同的各种复杂环境进行正常发送与接收，有很强的智能性、适应性和灵活性。

（4）良好的覆盖性能

4G 通信系统应具有良好的覆盖性能，并能提供高速可变速率传输。对于室内环境，由于要提供高速传输，小区的半径会更小。

（5）基于 IP 的网络

4G 通信系统将会采用 IPv6。IPv6 将能在 IP 网络上实现语音和多媒体业务。第四代移动通信系统提供的无线多媒体通信服务将包括语音、数据、影像等大量信息透过宽频的信道传送出去，为此未来的第四代移动通信系统也称为“多媒体移动通信”。

（6）实现不同QoS的业务

4G 通信系统通过动态带宽分配和调节发射功率来提供不同质量的业务。第四代移动通信不仅仅是为了因应用户数的增加，更重要的是，必须要因应多媒体的传输需求，当然还包括通信品质的要求。

（7）先进的技术应用

4G 将以几项突破性技术为基础，如 OFDM，MIMO，无线接入和软件无线电等，能大幅提高频率使用效率和系统可实现性。

4G 通信并不是从 3G 通信的基础上经过简单的升级而演变过来的，它们的核心建设技术根本就不相同。3G 移动通信系统主要是以 CDMA 为核心技术，4G 移动通信系统技术则以正交频分复用技术（OFDM）为基础，利用这种技术人们可以实现如无线区域环路（WLL）、数字音讯广播（DAB）等方面的无线通信增值服务。

（8） 用户可以自由地选择业务、应用和网络

4G 系统不但支持固定的无线传输，也支持移动的无线传输，且依实际需要可在固定与移动网络之间互相切换。逐步实现宽带业务的移动化，移动业务的宽带化。两种网络的融合程度越来越高，这也是未来移动世界和固定网络的融合趋势。

（9）提供更多元化的无线宽带服务

4G 通信应能达到 100 Mbit/s 的传输，通信营运商必须在 3G 通信网络的基础上，进行大幅度的改造和研究，使 4G 网络在通信带宽上比 3G 网络的蜂窝系统的带宽高出许多。提供更逼真的语音，更高清的影像及更快的下载速率。用户容易连上网络，并可依照个人的喜爱选择所需的服务。

（10）通信应用更加丰富多彩

从严格意义上说，4G 手机的功能已不能简单划归“电话机”的范畴，毕竟语音资料的传输只是 4G 移动电话的功能之一而已，因此未来 4G 手机更应该算得上是一只小型计算机了，不仅可以实现随时随地通信，而且可以双向下载或传递资料、图画、影像，以及上网连线对打游戏等。

（11）频率使用效率更高

相比第三代移动通信技术来说，第四代移动通信技术在开发研制过程中使用和引入许多功能强大的突破性技术，例如，一些光纤通信产品公司为了进一步提高无线因特网的主干带宽宽度，引入了交换层级技术，这种技术能同时涵盖不同类型的通信接口，也就是说第四代主要是运用路由技术（Routing）为主的网络架构。由于利用了几项不同的技术，所以无线频率的使用比第二代和第三代系统有效得多。按照最乐观的情况估计，这种有效性可以让更多的人使用与以前相同数量的无线频谱做更多的事情，而且做这些事情的时候速度相当快。研究人员说，下载速率有可能达到 5 Mbit/s 到 10 Mbit/s。

（12）通信费用更加便宜

由于 4G 通信不仅解决了与 3G 通信的兼容性问题，让更多的现有通信用户能轻易地升级到 4G 通信，而且 4G 通信引入了许多尖端的通信技术，这些技术保证了 4G 通信能提供一种灵活性非常高的系统操作方式，因此相对其他技术来说，4G 通信部署起来就容易迅速得多；同时在建设 4G 通信网络系统时，通信营运商们将考虑直接在 3G 通信网络的基础设施之上，采用逐步引入的方法，这样就能够有效地降低运行者和用户的费用。据研究人员宣称，4G 通信的无线即时连接等某些服务费用将比 3G 通信更加便宜。

随着移动通信系统向 4G 演进，不同的无线技术将在 NGN 架构下融合、共存，发挥各自的优势，形成多层次的无线网络环境。总之，4G 是 3G 技术的进一步演化，是在传统通信网络和技术的基础上不断提高无线通信的网络效率和功能。同时，它包含的不仅仅是一项技术，而是多种技术的融合。不仅仅包括传统移动通信领域的技术，还包括宽带无线接入领域的新技术及广播电视领域的技术。

10.2.2　4G 移动通信系统体系结构

4G 移动通信系统的网络体系结构可以由下而上分为物理网络层、中间环境层、应用环境层 3 层，如图 10-5 所示。物理网络层提供接入和路由选择功能，它们由无线和核心网的结合格式完成；中间环境层作为桥接层提供 QoS 映射、地址转换、安全管理等。物理网络层与中间环境层及其应用环境层之间的接口是开放的，这样可以带来以下优点。

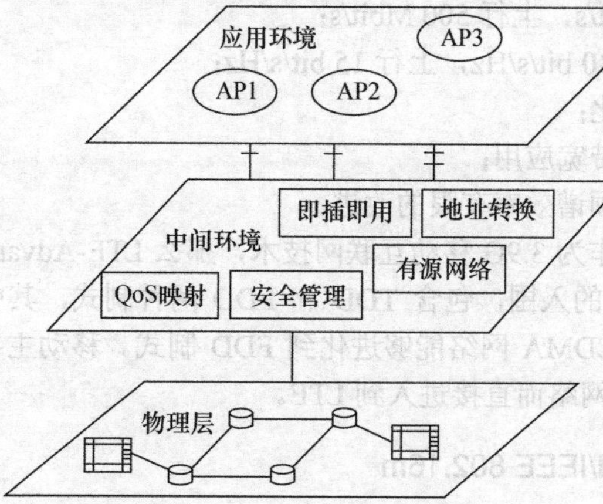

图 10-5　4G 移动通信系统的网络体系结构

① 可以提供无缝高数据速率的无线服务；

② 可以运行于多个频带；

③ 使发展和提供新的服务变得更容易；

④ 使服务能自适应于多个无线标准及多模终端，跨越多个运营商和服务商，提供更大范围服务。

10.2.3　4G 移动通信系统标准体系

2012 年 1 月 18 日，国际电信联盟在 2012 年无线电通信全会全体会议上，正式审议通过将 LTE-Advanced 和 WirelessMAN-Advanced（802.16m）技术规范确立为 IMT-Advanced（俗称“4G”）国际标准，中国主导制定的 TD-LTE-Advanced 和 FDD-LTE-Advanced 同时并列成为 4G 国际标准。

审议通过后，将更有利于 TD-LTE 技术进一步在全球推广。同时，国际主流的电信设备制造商基本全部支持 TD-LTE，而在芯片领域，TD-LTE 已吸引 17 家厂商加入，其中不乏高通等国际芯片市场的领导者。

1．LTE-Advanced

LTE-Advanced：从字面上看，LTE-Advanced 就是 LTE 技术的升级版。LTE 为 GSM（2G）/UMTS（3G）、WCDMA（3G）标准家族的最新成员。它是以 GSM 为技术基础、以 3G 为发展延伸的技术。LTE-Advanced 的正式名称为 Further Advancements for E-UTRA，它满足 ITU-R 的 IMT-Advanced 技术征集的需求，是 3GPP 形成欧洲 IMT-Advanced 技术提案的一个重要来源。LTE-Advanced 是一个后向兼容的技术，完全兼容 LTE，是演进而不是革命，相当于 HSPA 和 WCDMA 这样的关系。LTE-Advanced 是当前大多数运营商最可能采用的 4G 技术，也是当前最完善的 4G 技术，并且在某些区域已经投入试用。

LTE-Advanced 的相关特性如下：

带宽：100 MHz；

峰值速率：下行 1 Gbit/s，上行 500 Mbit/s；

峰值频谱效率：下行 30 bit/s/Hz，上行 15 bit/s/Hz；

针对室内环境进行优化；

有效支持新频段和大带宽应用；

峰值速率大幅提高，频谱效率有限的改进。

如果严格的讲，LTE 作为 3.9G 移动互联网技术，那么 LTE-Advanced 作为 4G 标准更加确切一些。LTE-Advanced 的入围，包含 TDD 和 FDD 两种制式，其中 TD-SCDMA 将能够进化到 TDD 制式，而 WCDMA 网络能够进化到 FDD 制式。移动主导的 TD-SCDMA 网络期望能够直接绕过 HSPA+网络而直接进入到 LTE。

2．WiMAN-Advanced/IEEE 802.16m

802.16 系列标准在 IEEE 正式称为 WirelessMAN ，而 WirelessMAN-Advanced 称为 IEEE 802.16m。IEEE 802.16m 是以移动 WiMAX（Mobile WiMAX，IEEE 802.16e-2005）为基础的无线通信技术，也称为 WiMAX II。IEEE 802.16m 在高速移动下，将可支持达到 100 Mbit/s 的传输速率；而在慢速状态下，传输速率将能达到 1 Gbit/s。在都市中，其传输距离约 2 km，而在郊区的传输距离可达 10 km。802.16m 的主要技术参数见表 10-3。

表 10-3　802.16m 主要技术参数

工作频段	小于 6 GHz 的授权频段			
系统带宽	5～20 MHz，其他带宽也可以使用			
双工方式	FDD 全双工、FDD 半双工、TDD			
天线配置	下行至少 2 × 2，上行至少 1 × 2			
峰值速率/频谱效率	类别	链路方向	MIMO 配置	峰值频谱效率/bit/s/Hz
	基准值	下行	2 × 2	8.0
		上行	1 × 2	2.8
	目标值	下行	4 × 4	15.0
		上行	2 × 4	5.6

续表

工作频段	小于 6 GHz 的授权频段		
	类别	下行	上行
吞吐率和 VoIP 容量	平均扇区吞吐率/bit/s/Hz/sector	2.6	1.3
	平均用户吞吐率/bit/s/Hz	0.26	0.13
	小区边缘吞吐率/bit/s/Hz	0.09	0.05
	VoIP 容量（激活呼叫/MHz/sector）	30	30
数据时延	下行小于 10 ms，上行小于 10 ms		
状态转移时延	最大 100 ms		
切换中断时延	同频切换时延小于 30 ms，异频切换小于 100 ms		
MBS 频谱效率	基站间距 0.5 km，频谱效率大于 4 bit/s/Hz 基站间距 1.5 km，频谱效率大于 2 bit/s/Hz 最大 MBS 信道重选中断时间：同频<1 s，异频<1.5 s		
LBS 定位精度	基于手机的定位精度：50 m（67%@cdf），150 m（95%@cdf） 基于网络的定位精度：100 m（67%@cdf），300 m（95%@cdf）		

WirelessMAN-Advanced 的优势如下：

① 提高网络覆盖，改建链路预算；

② 提高频谱效率；

③ 提高数据和 VoIP 容量；

④ 低时延&QoS 增强；

⑤ 功耗节省。

目前的 WirelessMAN-Advanced 有 5 种网络数据规格，其中极低速率为 16 kbit/s，低速率数据及低速多媒体为 144 kbit/s，中速多媒体为 2 Mbit/s，高速多媒体为 30 Mbit/s 超高速多媒体则达到了 30 Mbit/s～1 Gbit/s。但是该标准可能会率先被军方所采用，IEEE 方面表示军方的介入将能够促使 WirelessMAN-Advanced 更快成熟和完善，而且军方的今天就是民用的明天。

10.2.4 4G 移动通信系统关键技术

第四代移动通信系统在无线接入网络、核心网和终端技术 3 个方面进行了深刻变革。与 3G 移动网络物理层以 CDMA 技术为核心不同，4G 移动通信网络的物理层将以 OFDM 技术为核心，以 MIMO（多入多出）等技术为辅助，可以极大地提高频谱的利用率。其主要内容包括信道传输；抗干扰性强的高速接入技术、调制和信息传输技术；高性能、小型化和低成本的自适应阵列智能天线；大容量、低成本的无线接口和光接口；系统管理资源；软件无线电、网络结构协议等。

1. OFDM 技术

OFDM（正交频分复用）是一种无线环境下的高速传输技术。OFDM 本身只是一种频域波形成形及信号处理技术，并非一种调制技术，与 M-QAM 或 M-OQAM 等高阶调制组合才能体现出其高的频谱处理效率。目前，按所采用的自适应信号处理技术的不同，可称之为（x）-OFDM（y）。例如，有 C-OFDM（编码处理的 OFDM，即 Coded OFDM）、M-OFDM（采用 MIMO 时空智能天线处理，称为 MIMO OFDM）、Cisco 在无线路由器中采用的 V-OFDM（采用时、频、空域进行矢量多维处理，称为 Vector OFDM）、Wi-LAN 公司 3．5 GHz 无线接入中的 W-OFDM（采用相位白化处理来降低 PAR，以及利用 DSSS 改善同步性能等，称为 Wideband OFDM）、F-OFDM（采用快速多载波跳频技术结合上层的 Mobile IP 技术，称为 Flash-OFDM）及 OFDMA（将载波分配给不同用户以提高频谱利用效率，称为 OFDM Access），等等。

由于 OFDM 技术能够克服 DS-CDMA 在支持高速率数据传输时符号间干扰增大的问题，并且有频谱效率高、硬件实施简单等优点，因此 OFDM 被看成是第四代移动通信系统中的核心技术。其原理框图如图 10-6 所示。

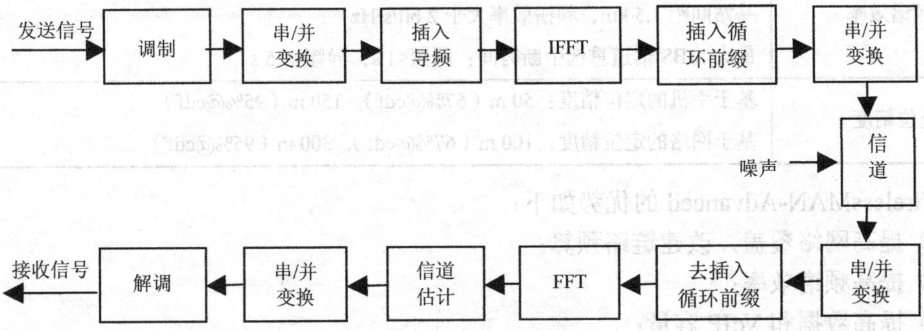

图 10-6　OFDM 系统原理框图

在采用正交频分复用（OFDM）技术的系统里，将给定信道分成许多正交子信道，在每个子信道上使用一个子载波进行调制，并且各子载波并行传输，这样，尽管总的信道是非平坦的，即具有频率选择性，但是每个子信道是相对平坦的，并且在每个子信道上进行的是窄带传输，正交信号可以通过在接收端采用相关技术来分开，这样可以减少子信道之间的相互干扰。由于每个子信道上的信号带宽小于信道的相关带宽，因此每个子信道可以看成平坦性衰落，从而可以消除符号间干扰。而且由于每个子信道的带宽仅仅是原信道带宽的一小部分，信道均衡变得相对容易。这样，一个宽带信号被分成多个由不同载波承载的窄带信号，其中每一载波对多径更具选择性。

传统的频分多址（FDMA）系统不允许各路信号的频谱之间有重叠，以使接收端能够通过滤波器分离各路信号，通常为防止邻路信号间的干扰，还要留有一定的防护频带。这样做的最大缺点是频谱利用率低，造成了频谱资源的极大浪费。OFDM 允许子载波频谱部分重叠，只要保证子载波之间的相互正交，就可以提取各子载波上的数据信息。当各子载波间的距离等于各子信道上的数据速率的整数倍时，就能保证各子载波之间的相互正交，这样，不但减小了子载波间的相互干扰，同时又提高了频谱利用率。此外，为了在多径环境内使这些子载波之间保持正交性，需要增加一循环前缀，其长度要大于所期望的延迟扩展。由多径产生的频率分集作用对 OFDM 系统是有利的。在发射机中，采用快速傅里叶逆变换（IFFT）能有效地实现 OFDM 信号的产生。在接收机中，利用快速傅里叶变换（FFT）能够实现 OFDM 信号的简单快速解调。

OFDM 具有以下独特优点。

（1）频谱利用率很高。OFDM 信号的相邻子载波相互重叠，从理论上讲，其频谱利用率可以接近 Nyquist 极限。

（2）抗多径干扰与频率选择性衰落能力强，若再通过采用加循环前缀作为保护间隔的方法，甚至可以完全消除符号间干扰。

（3）采用动态子载波分配技术能使系统达到最大传输速率。

（4）通过各子载波的联合编码，可具有很强的抗衰落能力。通过将各个信道联合编码，可以使系统性能得到提高。

（5）OFDM 易用 DSP 实现。

OFDM 技术的主要技术难点是系统中的频率和时间同步、基于导频符号辅助的信道估计、峰平比问题和多普勒频偏的影响。

（1）峰均值功率比过大问题。由于 OFDM 信号在时域上为多个正弦波的叠加，当子载波个数多到一定程度时，OFDM 信号波形将是一个高斯随机过程，具有很大的峰均值功率比（PAPR）。OFDM 信号经非线性信道传输后，扩展了信号的频谱，其旁瓣将会干扰邻近信道的信号，引起邻信道干扰，破坏其载波间的正交。导致发送端对高功率放大器（HPA）的线性度要求很高，同时使得 OFDM 系统的性能大大下降。

（2）信道估计问题。为了提高频谱效率，需要在接收机采用相干检测，这就需要信道估计。同时，采用分集接收的系统也需要进行信道估计，以达到多径信号的最佳合并。当前在设计信道估计器时存在两个问题：一是导频信息必须不断地传送；二是既有较低的复杂度又有良好的导频跟踪能力的信道估计器设计困难。

（3）时域和频域同步。OFDM 系统对定时和频率偏移特别敏感，尤其在与 FDMA、TDMA 和 CDMA 等多址方式结合使用时。下行链路同步则相对比较简单。

（4）多用户接入问题。由于 OFDM 系统各子载波的频谱是重叠的，不同的用户间将比传统的 FDMA 方式对其他用户产生更大的干扰，多用户接入问题是 OFDM 系统在移动通信应用中遇到的关键性难题，当前相应解决方法有 OFDM-CDMA 和时域扩频。

2. MIMO 技术

无线电频谱是一种非常宝贵的自然资源。如何充分开发和利用有限的频谱资源，提高频谱利用率，是当前通信界研究的热点课题之一。研究证明，MIMO 技术非常适合于城市内复杂无线信号传播环境下的无线宽带通信系统使用，在室内传播环境下的频谱效率可以达到 20～40 bit/s/Hz；而使用传统无线通信技术在移动蜂窝中的频谱效率仅为 1～5 bit/s/Hz，在点到点的固定微波系统中也只有 10～12 bit/s/Hz。MIMO 技术作为提高数据传输速率的重要手段，得到人们越来越多的关注，被认为是新一代无线通信技术的革命。

由于 4G 对宽带无线移动通信增加了高性能要求，促使 4G 在基站及用户终端采用多天线系统。多天线技术具有很强的适应互联网及多媒体服务能力，并能极大地增加通信范围与可靠性。采用多天线产生了多个空间信道，从而不会在所有的信道上同时产生衰落。多个信道同时并行工作可大大增加系统的容量。

多入多出（Multiple Input and Multiple Output，MIMO）技术由来已久，早在 1908 年马可尼就提出用它来抗衰落。但是对无线移动通信系统多入多出技术真正产生巨大推动的奠基工作则是在 20 世纪 90 年代由 AT&T Bell 实验室学者完成的。MIMO 是无线移动通信领域的重大突破。MIMO 将多径无线信道与发射、接收视为一个整体进行优化，从而实现高的通信容量和频谱利用率。MIMO 技术的本质是引入了空间维度进行通信，从而能在不增加带宽和天线主要发射功率的情况下，成倍地提高系统的频谱效率。这是一种近于最优的空域时域联合分集和干扰对消处理。

简单地说，MIMO 系统就是利用多天线来抑制信道衰落。根据收发两端天线数量，相对于普通的 SISO（Single-Input Single-Output）系统，MIMO 还可以包括 SIMO（Single-Input Multiple-Output）系统和 MISO（Multiple-Input Single-Output）系统。MIMO 技术是4G 移动通信与个人通信系统实现数据速率，提高传输质量的重要途径。

MIMO 技术的核心是空时信号处理，利用在空间中分布的多个天线将时间域和空间域结合起来进行信号处理，可以看成是智能天线的扩展。此项技术被认为是现代通信技术中重大突破之一。该技术由于提供了解决未来无线网络中的业务容量需求瓶颈问题，而名列当今技术进步列表中的显要位置。MIMO 技术的关键是有效地利用了随机衰落和可能存在的多径传播，将传统通信系统中存在的不利因素变成对用户通信性能有利的增强因素。MIMO 技术成功之处主要是它能够在不额外增加所占用的信号带宽和总发射功率的前提下，可以带来无线通信在性能上几个数量级的改善。

MIMO 系统的基本结构非常简单：任何一个无线通信系统，只要其发射端或接收端采用多个天线或者是矩阵式阵列天线，便可构成一套无线 MIMO 系统。图 10-7 所示为 MIMO 系统原理图。在发射端和接收端分别设置多副发射天线和接收天线，并行的数据流由多个发射天线发送到空中，而接收端的多个天线分别接收到无线信号后对其做译码合成处理。其出发点是将多发送天线与多接收天线相结合，以改善每个用户的通信质量（如差错率）或提高通信效率（如数据速率）。实质上是为系统提供空间复用增益和空间分集增益。空间复用技术可以大大提高信道容量，而空间分集则可以提高信道的可靠性，降低信道误码率。在常规 SISO（Single-Input Single-Output）系统中，多径引起衰落，造成系统性能下降。而在 MIMO 系统中，多径作为一个有利因素被加以利用。由于各发射信号占用同一频带，多个数据链路同时进行，因而未增加带宽，并同时将数据传输性能提高数倍。

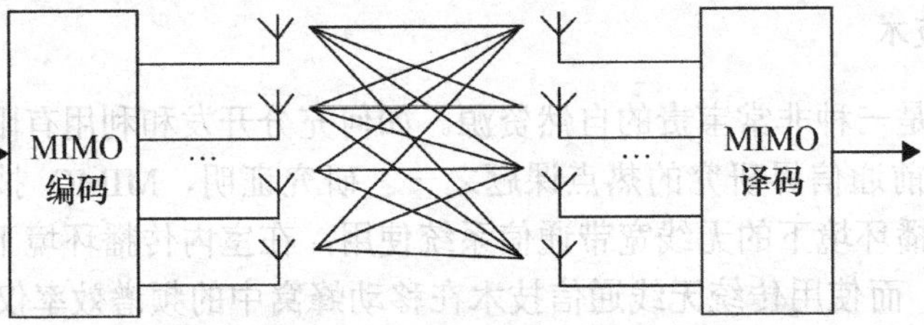

图 10-7 MIMO 系统原理图

MIMO 技术大体上可以从 3 个方面给系统带来增益：空间复用带来的传输速率增强、空间分集带来的可靠性提升和智能天线带来的赋型增益。

（1）空分复用技术将数据以多流的形式复用于各天线，可得到完全的复用增益。适用于散射体较多、天线间空间相关性较低的环境，在丰富散射信道环境下可接近理论信道容量。但其性能却在很大程度上受到天线空间相关性的影响，随着天线相关性的增大，性能大幅度恶化。

（2）空间分集技术通过空间域与时间（或频率）域的空时/频编码，将数据在不同的空时/频单元发送。其本质为分集发送技术，因此可得到很高的空间分集增益，在对抗天线间的空间相关性上具有很好的效果，对信道环境有着很好的鲁棒性。然而，由于分集发送，该技术不能获得完全的空间复用增益，因此其频谱利用率相对较低。

（3）智能天线技术利用天线阵元之间的强相关性构建信号处理算法，能形成窄波束来提高接收信号功率，并减少干扰，从而得到赋形增益，在空间相关性较大或信号方向性明显的情况下，有着很好的性能。然而，其对低空间相关性环境却并不适用，且发送端对信道信息的要求较高。

3．OFDM 与 MIMO 的融合实现高速数据传输

MIMO 技术虽然可以抗多径衰落，但是不能应用于频率选择性深衰落信道。为此，需要利用均衡技术或 OFDM。MIMO+OFDM 不仅可以提供更高的数据传输速率，而且具有极强的抗多径干扰能力。由于多径时延小于保护间隔，所以系统不受码间干扰的困扰。同时，如果采用由大量低功率发射机组成的发射机阵列可以消除阴影效应，从而实现完全覆盖。

MIMO 是一种新的抗衰落技术，适合于衰落信道应用，可提高信道容量，但前提是信道必须是平坦衰落。MIMO 在发送方和接收方都有多副天线，因此还可以看成是多天线分集的扩展。但与传统空间分集不同之处在于 MIMO 中有效使用了编码重用（Code Reuse）技术，除了可获得接收分集增益，还可同时获得可观的发射分集增益和编码增益。

OFDM 是一种调制技术，其突出的优点是频谱利用率高，抗多径传输，适合于宽带无线（如微波接力、散射通信）作为物理层调制方式。

将两者相结合构成的 MIMO-OFDM 系统，技术上相互补充，使之成为实现无线信道高速数据传输最有希望的解决方案之一。OFDM 能将频率选择性衰落信道转化为若干平坦衰落子信道，在平坦衰落信道中引入 MIMO 的空时编码技术，能够同时获得空-时-频分集，大幅度地提高了无线通信系统的信道容量和传输速率，并能有效地抗衰落、抑制噪声和干扰。研究表明，将空时编码与 OFDM 相结合，构成 MIMO-OFDM 系统在未来的移动通信中具有非常广阔的发展前景。

采用 MIMO 技术的 OFDM 系统发送、接收框图如图 10-8 和图 10-9 所示。从图中可以看出，MIMO-OFDM 系统有 I 个发送天线，N_r 个接收天线。在发送端和接收端各设置多重天线，可以提高空间分集效应，克服电波衰落的不良影响。因为安排恰当的多副天线提供多个空间信道，不会全部同时受到衰落。输入的比特流经串行变换分为多个分支，每个分支都进行 OFDM 处理，即经过编码、JI（交织）、正交幅度调制（QAM）映射、插入导频信号、IFFT 变换及加循环前缀等过程，再经天线发送到无线信道中。接收端进行与发射端相反的信号处理过程。例如，去除循环前缀、FFT 变换及解码等，同时通过信道估计、定时、同步及 MIMO 检测等技术完全恢复原来的比特流。

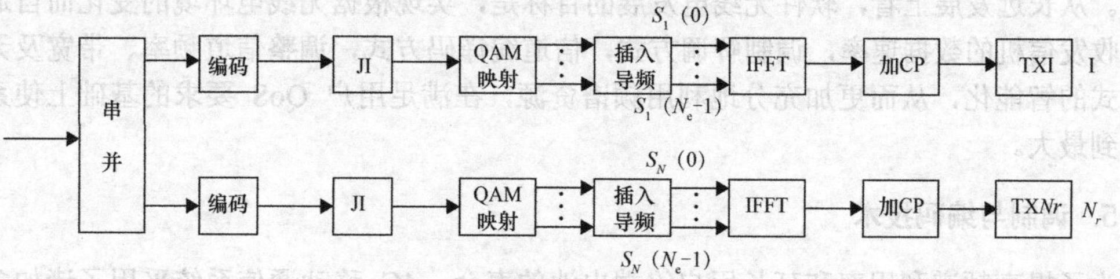

图 10-8　MIMO-OFDM 系统发射框图

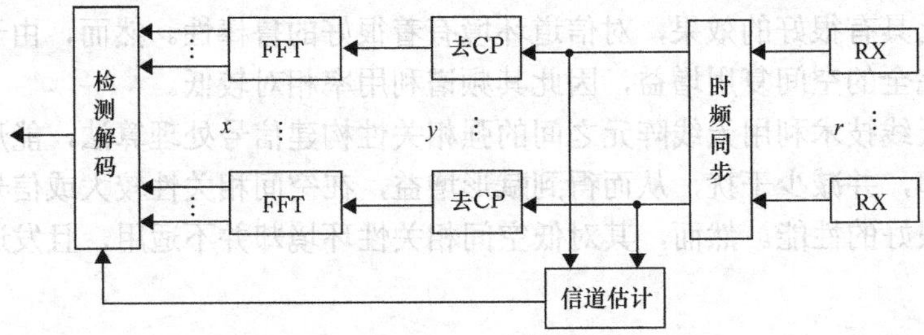

图 10-9　MIMO-OFDM 系统接收框图

MIMO-OFDM 体制同时适用于微波视距通信和对流层散射通信。在微波视距通信中，MIMO 可以构造空分复用，增加信道容量。所以 MIMO-OFDM 是微散一体化通信系统设计的首选体制。研究的重点是微散信道 MIMO-OFDM 体系中的空-时-频编码构造、时频同步、快速信道估计、接收检测方法。

4．软件无线电实现 MIMO 无线通信

软件无线电是指研制出一个完全可编程的硬件平台，所有的应用都通过在该平台上的软件编程实现。该技术将能保证各种移动台、各种移动通信设备之间的无缝集成，并大大降低了建设成本。

软件无线电与 MIMO 技术相结合，将根本改变其实现方式，实现无线宽带通信的技术融合，并能容纳各种标准、协议，提供更为开放的接口，最终大大增加网络的灵活性。在未来移动通信中，软件无线电将改变传统的观念，给移动通信的软件化、智能化、通用化、个人化和兼容性带来深远的影响。

软件无线电技术是最近几年提出的一种实现无线通信的新体系结构。它可与 MIMO 技术相结合，在通用芯片上用软件实现专用芯片的功能，其优势已经得到了充分体现。软件无线电技术的使用将会给 MIMO 无线通信系统带来以下好处：

① 可克服微电子技术的不足；
② 系统功能增加通过软件升级来实现；
③ 减少用户设备费用支出；
④ 可支持多种通信体制并存；
⑤ 便于技术进步和标准升级。

软件无线电可以充分利用数字化射频信号中的大量信息，评估传输质量，分析信道特点，实施采用最佳接入模式，灵活分配无线资源，实现 MIMO 移动通信系统的动态管理和优化。从近期发展上看，软件无线电技术可以解决不同标准的兼容性，为实现全球漫游提供方便。从长远发展上看，软件无线电发展的目标是，实现根据无线电环境的变化而自适应地配置收发信机的数据速率，调制解调方式，信道编译码方式，调整信道频率、带宽及无线接入方式的智能化，从而更加充分地利用频谱资源，在满足用户 QoS 要求的基础上使系统容量达到最大。

5．调制与编码技术

为了提高频谱利用率和延长用户终端电池的寿命，4G 移动通信系统采用了诸如多载波 OFDM 调制技术及单载波自适应均衡技术等调制方式。此外，4G 移动通信系统也采用更高

级的信道编码方案（如 Turbo 码和 LDPC 码等）、自动重发请求（ARQ）技术和分集接收技术等。

10.2.5 全 IP 网络

4G 移动通信系统的核心网是一个基于全 IP 的网络。核心 IP 网络不是专门用于移动通信，而是作为一种统一的网络，支持有线及无线的接入，它就像具有移动管理功能的固定网络，其接入点可以是有线或无线。无线接入点可以是蜂窝系统的基站，WLAN（无线局域网）或 Ad hoc 自组网等。对于公用电话网和 2G 及未实现全 IP 的 3G 网络等则通过特定的网关连接。另外，热点通信速率和容量的需要或网络铺设重叠将使得整个网络呈现广域网和局域网等互连、综合和重叠的现象。它包含了以下含义。

（1）全 IP 的传送系统用以降低成本。主要体现在以下几个方面：①基于 IP 的业务传送平台可以使网络的可扩展性和灵活性得到提高，从而降低投资费用；②以统一的传输机制解决语音和数据的传送问题，可以降低网络在业务传送上的成本；③基于全 IP 的接入网可以将现有主从式的垂直网络结构演变为全分布式的网络结构，以充分利用 IP 网络接入的普遍性优势降低基建投资。

（2）全 IP 的信令和网管以简化网络管理。为实现这一点需要解决原有网管的更新和信令方式的变化两个问题。

（3）全 IP 的应用服务开发以增加新的赢利机会。这是因为 Internet 业务可以给移动运营商带来广阔的商机，同时也是为了缓解传统的移动运营商在应用服务开发方面面临的瓶颈。

同时，全 IP 网络利于实现不同网络间的无缝互联。由于核心网独立于各种具体的无线接入方案，无线接入网只要提供端到端的 IP 业务，就可以与已有的核心网兼容。同时全 IP 核心网可以允许各种空中接口接入，并把业务、控制和传输等分开。此外，IP 与多种无线接入协议相兼容，因此在设计核心网时具有很大的灵活性，不需要考虑无线接入究竟采用何种方式和协议。

在设计全 IP 网络时应注意：①需要提供端对端的服务质量保证；②提供可靠的安全机制；③注重运营方式的演变。

实际上，IMS（IP Multimedia Subsystem，IP 多媒体子系统）就是 3G 系统走向全 IP 化的第一步。但与 3G 系统大多使用 IPv4 不同，4G 系统选择 IPv6 协议，这是由于以下原因。

（1）巨大的地址空间。在一段可预见的时期内，IPv6 能够为所有可以想象出的网络设备提供一个全球唯一的地址。

（2）服务质量。IPv6 报头中新增了一个 20 位长的字段——“流标志”，用以在传输过程中识别和分开处理任何 IP 地址流，并可用于基于服务级别的新计费系统。

（3）自动控制。IPv6 支持无状态和有状态两种地址自动配置方式。在无状态地址自动配置方式下，需要配置地址的节点，使用邻居发现机制来获得一个局部连接地址。一旦得到这个地址之后，它将用另一种即插即用的机制，在没有任何人工干预的情况下，获得一个全球唯一的路由地址。

（4）移动性。在移动 IPv6 中，每个移动设备都有一个固定的家乡地址（Home Address），该地址与设备当前接入互联网的位置无关。当设备在家乡以外的地方使用时，通过一个转交地址（Care-of Address）即可提供移动节点当前的位置信息。移动设备每次改变位置都要将它的转交地址告诉给家乡地址和它所对应的通信节点。

10.2.6 多模终端的应用

在 4G 移动网络中，大多数终端将从单模过渡到多模，这是由于诸多因素造成的。首先，随着无线技术的发展，各种无线接入技术如 UMTS、WLAN 等技术层出不穷，并且在各地都已经开始部署。将来的 4G 网络将是融合各种接入网络的异构网络。为了适应这种异构的网络状况，多模终端应运而生。

在多模终端的具体实现技术中，可能采用软件无线电、可重构无线电或者认知无线电技术。其中软件无线电是近年随着微电子技术的进步而迅速发展起来的新技术，它以现代通信理论为基础，以数字信号处理为核心，以微电子技术为支持。它强调以开放性最简硬件为通用平台，尽可能地用可升级、可重配置的不同应用软件来实现各种无线电功能的设计新思路。其中心思想是：构造一个具有开放性、标准化、模块化的通用硬件平台，将工作频段、调制解调类型、数据格式、加密模式、通信协议等各种功能用软件来完成，并使宽带 A/D 和 D/A 转换器尽可能靠近天线，以研制出具有高度灵活性、开放性的新一代无线通信系统。它不仅能减少开发风险，还更易于开发系列型产品。此外，它还减少了硅芯片的容量，从而降低了运算器件的价格，其开放的结构也会允许多方运营的介入。

10.2.7 4G 的未来

当前，4G 移动通信系统的研究已经进入成果标准化的阶段。业界对 4G 发展的总体要求是：网络时延进一步缩短，速率和带宽不断增长，频谱资源利用率逐步提高等。因此在 4G 的未来发展中，还有许多问题需要解决。

（1）由于 4G 是一种融合多种无线接入技术的系统，在不同的无线通信标准系统运作下的共存与干扰问题仍需深入研究。

（2）由于 4G 终端需在不同的无线接入技术下运作，4G 设备（尤其是用户的手持设备）的耗电量将相对增加，因此电力消耗问题与其发散的热量影响需加以考虑。

（3）未来通过 4G 无线网络的买卖交易、网上付费有可能日趋频繁，此外，4G 网络的异构性都对网络安全（尤其是信息的保护与管理）提出了严峻的挑战。

小结

LTE 是 3GPP 长期演进（Long Term Evolution，LTE）项目。为了进一步提高移动数据业务的速率，适应未来多媒体应用的需求，LTE 采用了很多用于 B3G/4G 的技术，如 OFDM、MIMO 等，是 3GPP 近两年来启动的最大的新技术研发项目。移动通信将向数据化，高速化、宽带化、频段更高化方向发展，移动数据、移动 IP 将成为未来移动网的主流业务。

LTE 系统架构是在 3GPP 原有系统架构上进行演进的，并且对 WCDMA 和 TD-SCDMA 系统的 Node B、RNC、CN 进行功能整合，系统设备简化为 eNode B 和 EPC 两种网元，其中 Node B 和 RNC 合并为 eNode B。

LTE 的关键技术主要有多址传输技术，多天线技术，调制和编码技术等。

4G 技术的正式名称 IMT-Advanced。2012 年 1 月 18 日，国际电信联盟在 2012 年无线电通信全会全体会议上，正式审议通过将 LTE-Advanced 和 WirelessMAN-Advanced（802.16m）技术规范确立为 IMT-Advanced（俗称“4G”）国际标准，中国主导制定的 TD-LTE-Advanced 和 FDD-LTE-Advance 同时并列成为 4G 国际标准。

4G 移动通信系统的核心网是一个基于全 IP 的网络。核心 IP 网络不是专门用于移动通信，而是作为一种统一的网络，支持有线及无线的接入，它就像具有移动管理功能的固定网络，其接入点可以是有线或无线。

4G 移动通信网络的物理层将以 OFDM 技术为核心，以 MIMO（多入多出）等技术为辅助，可以极大地提高频谱的利用率。其主要内容包括信道传输；抗干扰性强的高速接入技术、调制和信息传输技术；高性能、小型化和低成本的自适应阵列智能天线；大容量、低成本的无线接口和光接口；系统管理资源；软件无线电、网络结构协议等。

习题

10-1　LTE 的目标是什么？

10-2　简要描述 LTE 采用的上下行通信技术。

10-3　4G 移动通信的关键技术有哪些？

10-4　4G 移动通信技术的特点是什么？

10-5　当前有哪些 4G 移动通信标准？

10-6　第四代移动通信系统与第一、第二和第三代移动通信系统有什么不同？

第 11 章 基站（BS）设备与管理

【本章内容简介】本章全面介绍了 GSM 系统基站的结构组成，对基站的选址和设备安装做了详细说明，同时对基站的日常维护做了阐述。

【学习重点与要求】本章重点掌握爱立信 GSM 基站 RBS2000 系列的结构组成，了解安装要求，掌握日常维护管理方法。

11.1 基站的组成

无线基站简称基站。基站是一套为无线小区（通常是 1 个全向或 3 个扇形无线小区）服务的设备。

基站在呼叫处理过程中处于主导地位，呼叫处理过程包括 3 个主要内容：其一，在控制信道中对移动台的控制，提供系统参数常用信息，寻呼移动台，发送控制指令等；其二，对移动台入网提供支持，提供常用信息，在控制信道提供 RECC 忙闲信息，对移动台各种报文做出响应，如指配话音信道、呼叫排队、定向重拨、插入等；其三，在话音信道中对移动台加以控制，移动台在通话过程中，一般以 SAT 音和 ST 音组合来回答基站的指令，基站可以数字报文对移动台发送指令，如切换话音信道等。

基站设备配置示意图如图 11-1 所示。其中，对基站与移动台之间的接口来说，不同体制的蜂窝系统所使用的信令是不同的，常用的有 AMPS 信令、TACS 信令及 NMT 信令，中国使用 TACS 信令。

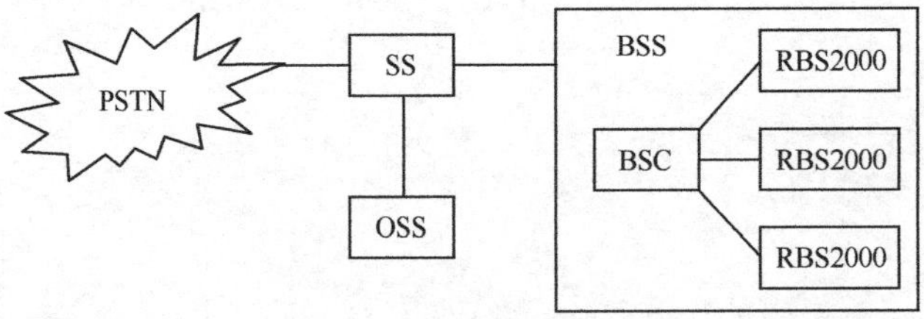

图 11-1　基站设备配置示意图

TACS（全接入通信系统）制式基站包括无线收、发信设备及其接口或控制系统。通常基站有两种控制方式：一种是由移动业务交换中心直接控制，基站除配备收发信设备外，只有必要的各种接口，爱立信及 NEC 两家公司即采用这种方式；另一种是基站具有控制系统（BSC），即具有一定的智能，摩托罗拉公司采用这种方式。

基站设备生产厂家国外的有爱立信、摩托罗拉、NEC、西门子；国内的有华为、中兴等公司。珠三角地区使用的是爱立信的系统，北京和上海地区使用的是摩托罗拉的系统。其中，爱立信公司的 GSM 系统产品 CME20 占有的市场份额较大，所以本书以爱立信的基站系统为例进行介绍。

爱立信 GSM 基站分为 RBS200 和 RBS2000 系列，RBS200 是第一代基站产品，RBS2000 是目前广泛使用的第二代基站产品，它是一个家族系列，包括广域覆盖、宏蜂窝覆盖、微蜂窝覆盖的基站，适用于 GSM900、GSM1800、GSM1900 的室内和室外机。

基站系统（BSS）由两部分组成：无线基站（RBS）和基站控制器（BSC）。RBS 是指 TRI 与 BTS 的合成物。TRI 提供 TG（指用于支持一个小区的设备）和 BSC 之间的接口功能，使网络运营者更加灵活和有效地利用 PCM 传输线路。

BTS（基站收发信机）属于射频部分。它包括无线传输所需要的各种硬件和软件，如发射机、接收机、支持各种小区结构（如全向、扇形、星状或链状）所需要的天线、连接基站控制器的接口电路及收发台本身所需的检测和控制装置等。

BSC 属于控制部分，其基本功能是基站的监控、无线电资源的管理与参数分配。一个 BSC 通常控制几个 BTS。

11.1.1　射频部分

RBS2000（Radio Base Station 2000）是 Ericsson 公司为 GSM 移动系统开发的第二代基站产品，分室内和室外两大类型。目前使用的 2000 系列基站主要用 RBS2101、2102、2103、2202 等型号。前 3 种属于室外型，很少被我国的 GSM 运营商采用；后一种属于室内型，是我国 GSM 运营商所采用的主要 Ericsson 设备类型。它都可支持 GSM900 和 DCS1800 两种规范。

下面以 RBS2000 为例进行介绍。

1．基站硬件

RBS2000 的外形结构如图 11-2 所示，各主要单元按框图 11-3 的架构组成。

（1）分配交换单元（Distribution Switch Unit，DXU）

DXU 是 RBS2000 的中央控制单元，它具有分配交换的功能；也是 BTS 面向 BSC 的接口，提供 2/1.5 Mbit/s 链路接口、物理接口 G.703，处理物理层与链路层、信令链的解压与压缩（Concentrate），根据 TEI 来分配 DXU 信令与 TRU 信令；处理 A-BIS 链路资源，如安装软件先存储于刷新存储器后再向 DRAM 下载，并保存一份机架设备的数据库，包括机架安装的硬件单元即所有 RU 单元的识别、物理位置、配置参数及硬件单元的产品编号、版本号、系列号等；负责与外部时钟同步或与内部参考信号同步及时钟的提取和产生；通过本地总线与 TRU、ECU 通信；对本地总线进行控制，是外部报警、OMT 的连接口，提供用于外接终端的 RS232 串口，通过 OMT 提供基站上的操作与维护。

（2）无线收发单元（Transceiver Unit，TRU）

TRU 包含处理 8 个时隙的所有功能：信号处理、电压驻波比（VSWR）的计算、无线接收、无线环路测试、无线发射、功率放大等。同时 RBS2000 还附加有这样的功能，即在 TRU 上执行多种多样的监视功能，监视各种信道之间信号强度的差异，通过定时发检测脉冲，监视总线的连接及故障。

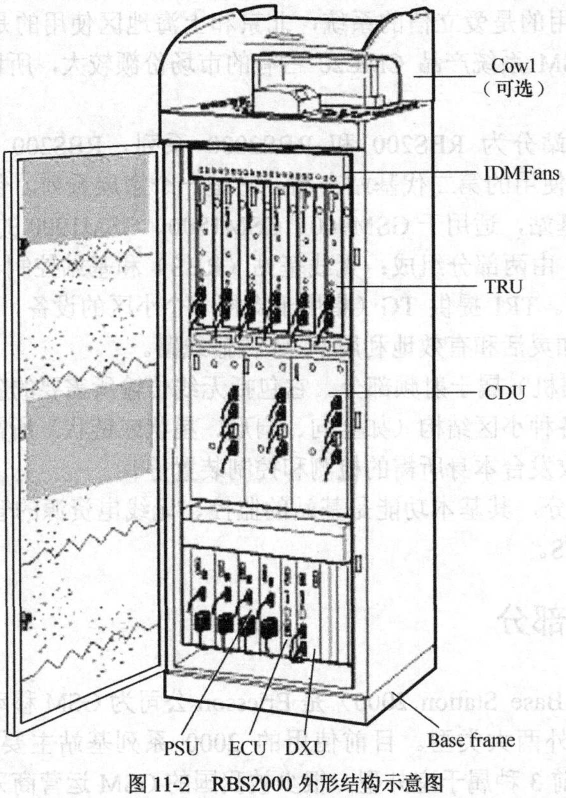

图 11-2　RBS2000 外形结构示意图

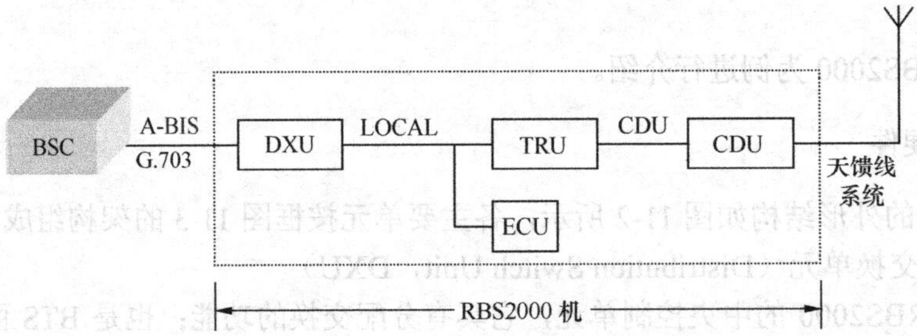

图 11-3　RBS2000 结构原理框图

（3）合成和分配单元（Combining and Distributing Unit，CDU）

CDU 是 TRU 和天线系统的接口，它允许几个 TRU 连接到同一天线。它合成几部发信机来的发射信号和分配接收信号到所有的收信机，在发射前和接收后所有的信号都必须经过滤波器的滤波。它还包括一个测量耦合单元，为了电压驻波比（VSWR）的计算，它必须保证能对前向和反向的功率进行测量。

CDU 的硬件功能包括：

① 发信机的功率合成；

② 收信信号的前置放大和分配；

③ 天线系统的管理支持；

④ RF 的滤波；

⑤ 天线低噪声放大器的功率供给和监视；

⑥ 内设的 RF 内部环行器用于防止 RF 的反射功率对 CDU 安全的威胁。

为了支持不同的配置，厂家已经生产了多种类型的 CDU。目前使用的 CDU 有 4 种型号：CDU-A、CDU-C、CDU-C+、CDU-D。第一种不采用合成技术，第二、三两种采用 HCOMB，后一种采用 FCOMB。HCOMB 的特点是只能进行两路信号的合成，损耗大约为 3 dB。这种合成器的造价低，但只能进行两路信号的合成，如果要将 4 路信号合成，则需要经过两级，所以损耗加大至 6 dB。在大配置工程中，大部分采用 CDU-D 型合成器，它的特点是可以进行多至 12 路信号的合成，加上采用双极性天线，只用到两条馈线，施工特别简单。

（4）能源环境控制单元（Energy Control Unit，ECU）

ECU 控制和监视电源设备及调整机架内的环境设备，如 PSU、BFU、电池、AC 连接单元、风扇、发热器、冷却器及散热装置等。

（5）电源侍服单元（Power Supply Unit，PSU）

PSU 把 230 V AC 变换为+24 V DC。

（6）总线系统

RBS2000 包括下面几种总线类型。

① 本地总线：Local Bus 提供 DXU、TRU 和 ECU 单元的内部通信连接。

② 时间总线：Timing Bus 提供从 DXU 单元至 TRU 单元间的时钟同步信号。

③ x-总线：x-Bus 总线在各个 TRU 单元间以一个时隙为基础传送话音/数据信息。它用于基带跳频。

④ CDU 总线：CDU 总线连接 CDU 单元至各个 TRU 单元，帮助实现 O&M 功能。该总线在 CDU 单元和 TRU 单元之间传送报警和 RU 单元的特殊信息。两个 TRU 并接至一个 CDU。加上 Y-cable 时扩展至两个 CDU。CDU-C+时一定要按要求加 Y-cable。

⑤ 电源通信环路：电源通信环路由光纤组成，在 ECU 单元和各个 PSU 单元之间传送控制和管理信息。

2．基站软件

在基站的 DXU 中存储了本基站的所有软硬件信息，硬件信息需要用 OMT 进行 IDB 数据配置，而软件信息就需要从 BSC 中定义。软件在工厂中已经加载进设备的单元（如刷新存储器）中。如果软件版本正确，RBS 能够立即工作，否则必须从 BSC 中下载过来。当 RBS 承载业务时，BSC 能够向 RBS 中的刷新存储器单元下载软件。当软件加载进入 DXU 后，DXU 从 BSC 处获得一个用于改变软件的命令，大约 20 s 后，根据新加载的软件，RBS 的各单元将会重新被启动。

所有 RBS 应用软件程序都以压缩的格式储存在 DXU 模块中的刷新存储器中。因此，如果要更换一个 TRU 或 ECU 单元，而这个单元包含旧的软件版本，这对 RBS 来说是没有关系的，因为 DXU 单元会比较新更换的 TRU 单元中的软件和寄存在 DXU 刷新存储器中的 TRU 软件，如果它们不相同，DXU 单元将会对新更换的 TRU 单元的 FLASH 进行刷新，之后是 TRU、ECU 单元中的刷新存储器进一步对 DRAM 进行刷新，而这个过程不会影响到 TRU 的正常操作。软件被储存在刷新存储器中，即使断电也不会丢失。这样在发生一个电源故障后，RBS 能够快速地恢复工作，而不需要从 BSC 中重新加载软件。

断电以后又加电，文件被解压缩并装载至 DRAM 中作为可执行文件，然后基站自检，功能正常后系统处于在线方式。

基站的软件系统如图 11-4 所示。RBS2000 的软件操作分前台与后台两种工作模式。DRAM 中的软件操作属于前台工作模式，而 FLASH MEMORY 的软件操作属于一种后台工作模式。

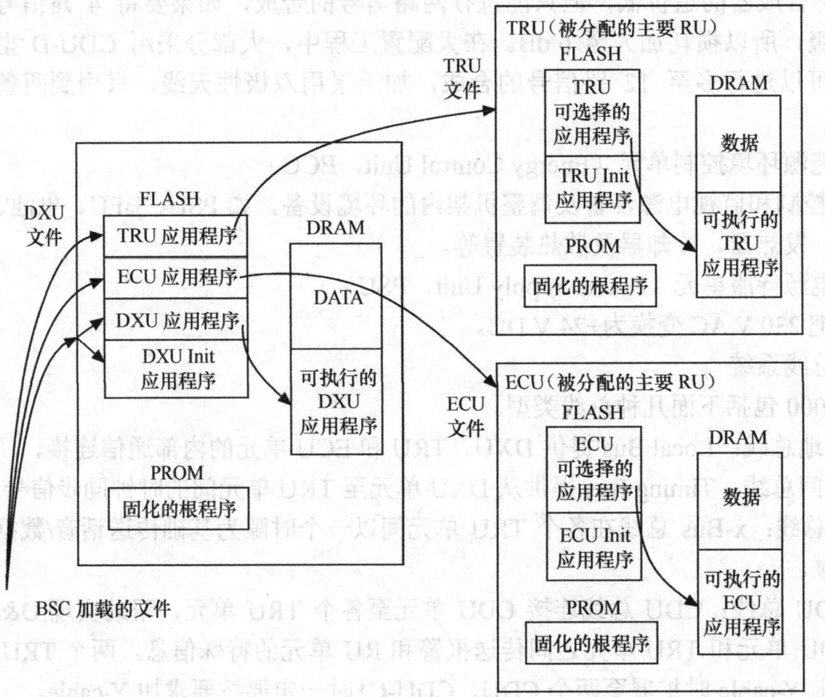

图 11-4　基站的软件系统

11.1.2　控制部分

在 GSM 系统中，基站控制器（BSC）担负着基站控制和话务集中的功能，BSS 有两种组网结构，如图 11-5 所示。一种是组合的 BSC/TRC 形式，适合于中高容量，如市区和市区覆盖，一个 BSC 最多可控制 1 020 个 TRX；另一种是独立的 BSC 和 TRC 形式，适合于中低容量，如郊区和市郊覆盖，一个 BSC 最多可控制 300 个 TRX。

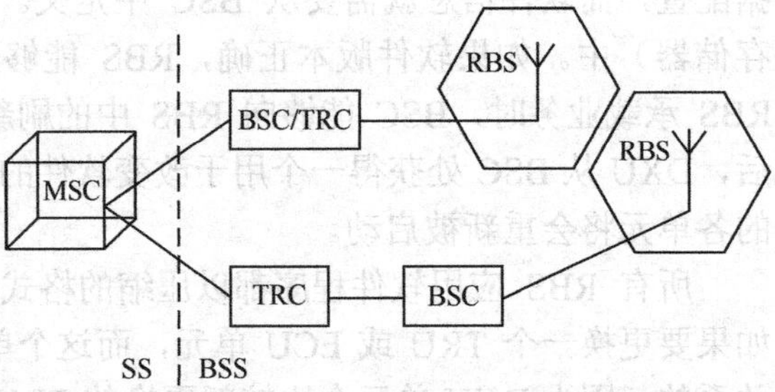

图 11-5　爱立信 GSM 系统中 BSS 结构组成示意图

BSC 的功能如下。

（1）对 TRI 的控制，TRI 的软件加载、半永久链接、报警收集、V24I 等都由 BSC 控制。

（2）对 MS 的控制，在控制信道上的控制信息由 BSC 产生，接收移动台的测试报告、移动台的切换也由 BSC 控制与监视。

（3）对各收发信机设备的控制，包括频率、功率、跳频，应用软件的安装，设备的闭和解闭、测试等。

BSC 是属于 AXE-10 的技术产品，与交换机不同的是，增加了码型变换与速率匹配（TRAU）和收发信机处理器（TRH）。

BSC/TRC 是基于 AXE 的硬件平台，特殊硬件是 TRAU 和 TRH，如图 11-6 所示。

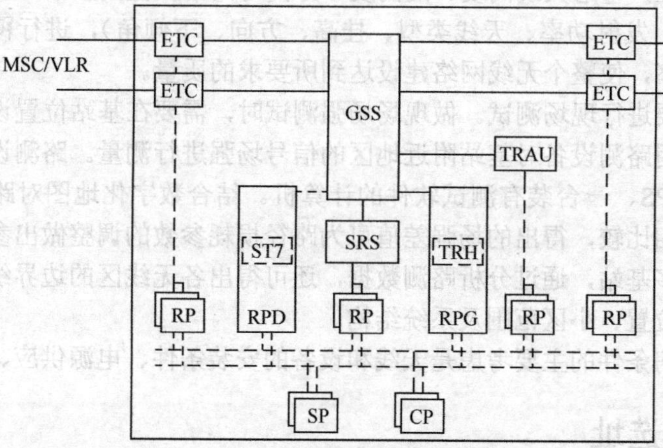

图 11-6　BSC/TRC 的硬件结构

中央处理机（CP）主要处理集中控制、分析、故障诊断等方面的复杂工作。为了安全起见，采用双备份 CP，工作于并行同步方式。按执行/备用方式运转，即正常工作下，只有一个 CP 处于执行工作状态（EX），控制整个系统；另一个 CP 处于备用状态（SB/WO），一旦执行侧有故障，备用侧马上接替工作。

区域处理机（RP）主要控制硬件，执行大量简单的日常工作，例如，硬件扫描。RP 也是双备份，采用负荷分担的工作方式。

支援处理机（SP）相当于 RP，但其功能与处理能力远大于 RP。它专用于对输入输出系统的控制，可以认为 SP 的级别介于 CP 和 RP 之间。

ETC 是 PCM 处理电路。ST 是 No.7 信令的处理终端。GSS 进行时隙交叉连接，起着话务集线的作用。

BSC/TRC 的软件模块见表 11-1。

表 11-1　BSC/TRC 的软件模块

子　系　统	功　　能
无线控制子系统（RCS）	无线网络管理 处理与 MS 的连接
无线操作维护子系统（ROS）	传输网络管理 BSC 的操作与维护
无线传输子系统（RTS）	TRC 控制
收发信机管理子系统（TAS）	RBS 管理
链路控制子系统（LHS）	传输网络管理

11.2 选址与安装

为了使所设计的网络达到运营商的要求，适应当地通信环境及用户发展需求，在网络规划时，应根据地形、地物条件，正确地进行基站选址，应配合工程设计人员考虑机房内、铁塔、屋顶施工的可行性，考虑天线高度、隔离度、方向对网络质量的影响，设置基站的有关参数（网络层次结构、发射功率、天线类型、挂高、方向、下倾角），进行覆盖预测和干扰分析，正确地指配频率，使整个无线网络建设达到所要求的质量。

基站选址时一般要进行现场测试。做现场场强测试时，需要在基站位置设置一个简易的测试发射机，然后利用路测设备对基站附近地区的信号场强进行测量。路测设备通常包括一个测试手机、一个 GPS、一台装有测试软件的计算机。结合数字化地图对路测数据进行后台分析，并与理论值相比较，得出的场强差值可为路径损耗参数的调整做出参考。另外，由于现有的网上已有很多基站，通过分析路测数据，还可得出各无线区的边界线。这样做可以在扩容前修正新建站位置、小区范围及系统结构。

基站选址时对机房条件的主要考虑是天线和设备的安装条件、电源供应、自然环境等。

11.2.1 机房选址

基站地点的选取对网络的性能和运维影响很大，正确的站点选址是无线网络规划的关键。基站选址时的一项重要工作就是确定机房位置，使 BTS 处于良好的运行环境之中。BTS 不应选在有剧烈震动和有较强电磁干扰的场所，不宜选在多尘、水雾和存在有害气体、靠近易燃易爆物品及气压低的场所，同时应尽量避开变电所。在进行工程设计时，应根据通信网络规划和通信技术要求进行综合考虑，并结合地质、水文、交通等因素，选择符合 BTS 工程设计要求的地点。

机房内一般安装有 BTS、电力设备、传输设备和蓄电池等。当 BTS 容量大时，各种设备要分别安装于各自的机房内，对于容量不大的 BTS，可将以上设备安装在同一机房内，以减少建筑面积和便于维护管理，并采用免维护蓄电池。

一般情况下，BTS 工作在无人值守的方式下，且 BTS 分布比较分散，所以对 BTS 机房的电源自动控制、温度和湿度的监控、烟雾及火情报警、防盗报警等功能有较高的要求。BTS 多位于建筑物顶层，机房面积比较小，所以 BTS 的机房结构、供电、空调通风、照明和消防等的工程设计一般比较紧凑。

在 BTS 机房建筑设计要求中，对避雷防护要求比较高。在 BTS 安装工程开始之前，需要将基本避雷设施安装好，以保证工程顺利进行。

BTS 的房屋建筑结构、采暖通风、供电、照明、消防等项目的工程设计一般由建筑专业设计人员承担，但必须按 BTS 的环境设计要求进行设计，同时应符合环保、消防、人防等有关规定，符合国家现行标准、规范及特殊工艺设计中有关房屋建筑设计的规定和要求。

用于 BTS 的机房环境控制系统由定时控制、温度监控、防盗报警、烟雾报警和后备电源等部分组成，它能够定时转换两台空调的工作，或根据测量的温度自动调节空调的工作时间和工作方式；能够识别机房内出现的外部入侵、温度过高、交流断电、烟雾和火情发生等情况，经变换处理后外部报警接口将信息传到操作维护中心，通过对 BTS 的远程检测，达到全自动无人值守的目的。

机房的建筑设计应符合国家《建筑设计防火规范》中关于“民用建筑的防火间距”的规定，通信建筑作为重点防火单位，其设计耐火等级为二级或一级（高层建筑），建筑物之间防火间距不小于 6 m；当相邻单元建筑物耐火等级为三、四级时，则其间距不小于 7 m。

（1）机房内严禁存放易燃、易爆等危险品。

（2）施工现场必须配备有效的消防器材，如装有感烟感温等报警装置，性能应良好。

（3）机房内不同电压的插座应有明显标志。

（4）楼板预留孔洞应配有安全盖板。

机房内除了安装有火灾和烟雾等报警装置外，还可以安装自动灭火器，以便在火情初期扑灭或控制火势。此外，机房外面的过道应设置一定数量的手提灭火器，供火灾初起时使用。

当按消防的规定需要设置消防水池时，其容量应能满足在火灾延续时间内室内外消防用水总量的要求（火灾延续时间按 2 h 计算）。消防栓不应设在机房内，应设在明显而又易于取用的走廊内或楼梯间附近。

11.2.2 天线馈线系统安装

基站天线是移动通信网络与用户手机终端空中无线连接的设备，如图 11-7 所示。天线是能量置换设备，是无源器件，其主要作用是辐射或接收无线电波，辐射时将高频电流转换为电磁波，将电能转换为电磁能；接收时将电磁波转换为高频电流，将电磁能转换为电能。天线的性能质量直接影响移动通信网络的覆盖和服务质量；不同的地理环境、不同的服务要求需要选用不同类型、不同规格的天线。天线调整在移动通信网络优化工作中有很大的作用。

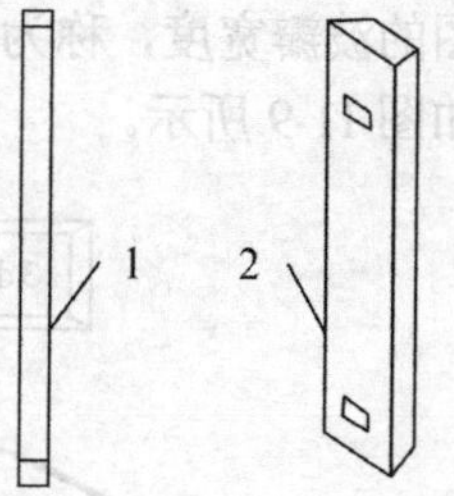

1 全向天线　　2 定向天线

图 11-7　移动基站天线

在移动通信系统中，空间无线信号的发射和接收都是依靠移动天线来实现的。因此，天线对于移动通信网络来说起着举足轻重的作用，如果天线选择得不好，或者天线的参数设置不当，都会直接影响到整个移动通信网络的运行质量。尤其在基站数量多、站距小、载频数量多的高话务量地区，天线选择及参数设置是否合适，对移动通信网络的干扰、覆盖率、接通率及全网服务质量都有很大影响。

1. 天线的性能指标

表征天线性能的主要参数如下。

（1）天线的增益

天线增益是用来衡量天线朝一个特定方向收发信号的能力，它是选择基站天线最重要的参数之一。通常是以天线在最大辐射方向的增益作为这一天线的增益。增益通常用分贝表示。

增益是指在输入功率相等的条件下，实际天线与理想的辐射单元在空间同一点处所产生的场强的平方之比，即功率之比。增益一般与天线方向图有关，方向图主瓣越窄，后瓣、副瓣越小，增益越高。相同的条件下，增益越高，电波传播的距离越远。

表征天线增益的参数有 dBd 和 dBi。dBi 是天线增益相对于理想各向同性天线的参考值，在各方向的辐射是均匀的；dBd 是天线增益相对于半波振子的参考值。1 dBi=1 dBd+2.15。

（2）天线的方向

天线的方向通常用方向图来表示。方向图是以天线为中心，某一距离为半径做球面（或圆周），按照球面上各点电场强度与该点所在的方向角而绘出的对应图形。一般地，用包括最大辐射方向的两个相互垂直的平面方向图来表示天线的立体方向图，立体方向图分为水平方向图和垂直方向图。在移动通信中，常用的对称振子天线方向图（如图 11-8 所示）是垂直方向图。

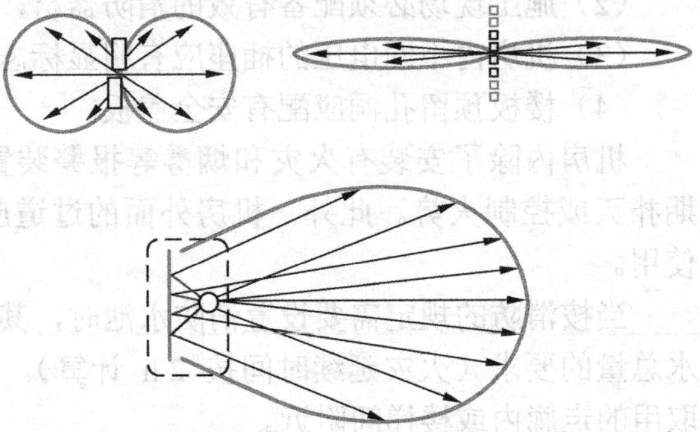

图 11-8　天线的垂直方向图

天线的方向性是指天线向一定方向辐射或接收电磁波的能力。天线方向性的获得是通过天线内部加反射板或振子叠放而实现的。

（3）半功率宽度

描述天线辐射特性的另一重要参数是半功率宽度，在方向图中通常都有两个瓣或多个瓣，其中最大的瓣称为主瓣，其余的瓣称为副瓣。主瓣两半功率点间的夹角定义为天线方向图的波瓣宽度，称为半功率（角）瓣宽。主瓣瓣宽越窄，则方向性越好，抗干扰能力越强，如图 11-9 所示。

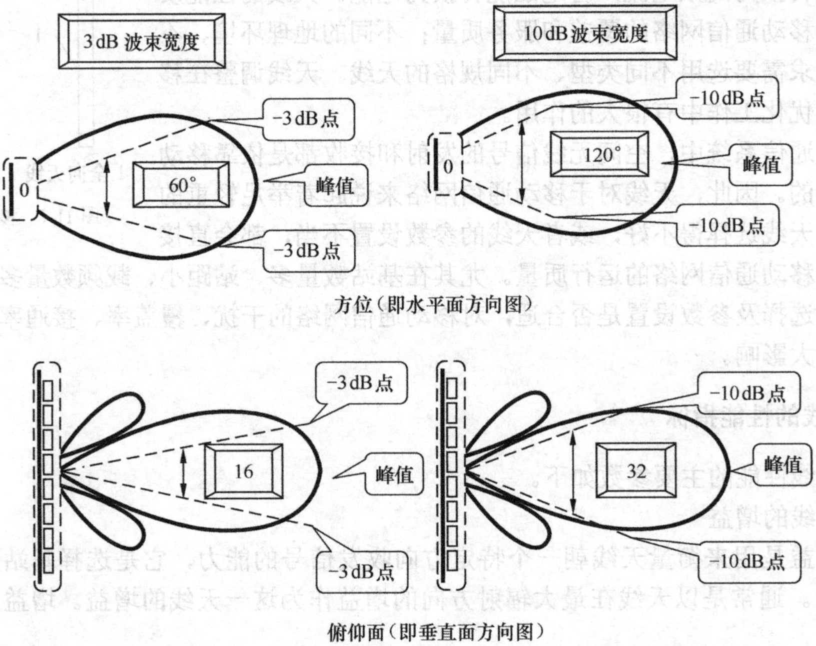

图 11-9　天线的波束宽度

（4）工作频率范围

无论是发射天线还是接收天线，它们总是在一定的频率范围（带宽）内工作。通常，工作在中心频率时天线所能输送的功率最大（谐振），偏离中心频率时它所输送的功率都将减小（失谐），据此可定义天线的频率带宽。有几种不同的定义：一种是指天线增益下降 3 dB 时的频带宽度；另一种是指在规定的驻波比下天线的工作频带宽度。在移动通信系统中是按后一种定义的，具体地说就是当天线的输入驻波比小于等于 1.5 时天线的工作带宽。

当天线的工作波长不是最佳时，天线性能要下降。在天线工作频带内，天线性能下降不多，仍然是可以接受的。

（5）输入阻抗

天线馈电端感应的信号电压与信号电流之比称为天线的输入阻抗。输入阻抗分电阻分量和电抗分量。输入阻抗的电抗分量会减少从天线进入馈线的有效信号功率，所以，最理想的情形是天线输入阻抗是纯电阻且等于馈线的特性阻抗，这时馈线终端没有功率反射，馈线上没有驻波，天线的输入阻抗随频率的变化比较平缓。天线的匹配工作就是消除天线输入阻抗中的电抗分量，使电阻分量尽可能地接近馈线的特性阻抗。

移动通信系统中通常在发射机与发射天线间、接收机与接收天线间用传输线连接，要求传输线与天线的阻抗匹配，才能以高效率传输能量；否则，效率不高，必须采取匹配技术实现匹配。

（6）驻波比

驻波比用来表述端口的匹配性能。当馈线和天线匹配时，高频能量全部被负载吸收，馈线上只有入射波，没有反射波。而当天线和馈线不匹配时，也就是天线阻抗不等于馈线特性阻抗时，负载就不能全部将馈线上传输的高频能量吸收，而只能吸收部分能量。入射波的一部分能量反射回来形成反射波，在不匹配的情况下，馈线上同时存在入射波和反射波。两者叠加合成后形成驻波，其相邻的电压最大值与最小值之比称为电压驻波比（VSWR），也称为驻波系数。

$$\mathrm{VSWR}=(1+\Gamma)/(1-\Gamma)$$

反射系数$\Gamma=(Z-Z_0)/(Z+Z_0)$，Z 为输入阻抗，Z_0 为馈线特性阻抗。

驻波比之值在 1 到无穷大之间。驻波比为 1 表示完全匹配；驻波比为无穷大表示全反射，即完全失配。在移动通信系统中，一般要求驻波比小于 1.5。

（7）前后比

在方向图中，前后瓣最大电平之比称为前后比。前后比大表示天线定向接收性能好。基本半波振子天线的前后比为 1，因此对来自振子前后的相同信号电波具有相同的接收能力，如图 11-10 所示。

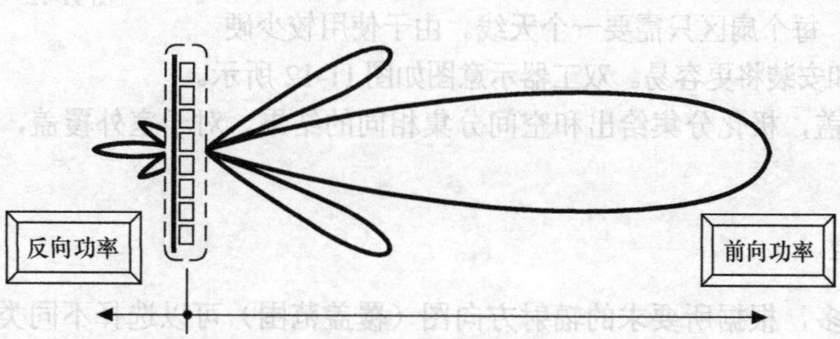

注：以 dB 表示的前后比为 10 log（前向功率/后向功率），典型值为 25 dB 左右，目的是有一个尽可能小的反向功率。

图 11-10　前后比示意图

（8）天线倾角

当天线垂直安装时，天线辐射方向图的主波瓣将从天线中心开始沿水平线向前。为了控制干扰，增强覆盖范围内的信号强度，减少零凹陷点的范围，一般要求天线主波束有一个下倾角度。天线倾角定义了天线倾角的范围，在此范围内，天线波束发生的畸变较小。天线倾角变化对覆盖小区形状的变化影响如图 11-11 所示。因此向下倾斜操作时要特别小心，如果扰乱了小区形状，将可能发生无法预计的反射，同时在小区边缘处的覆盖也将减少。

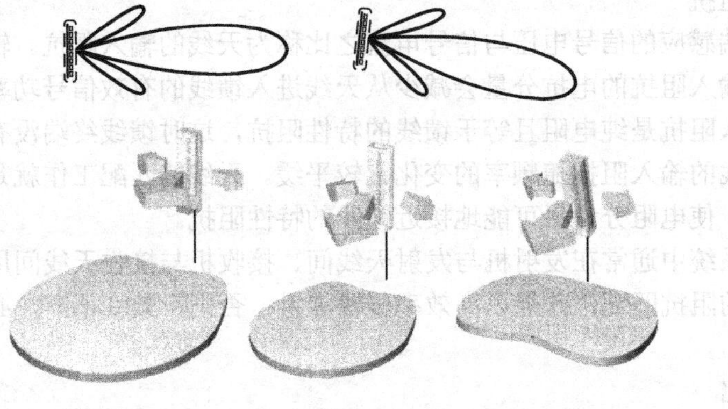

(a) 无下倾　　(b) 电下倾　　(c) 机械下倾

图 11-11　天线下倾角

（9）分集接收

GSM 中的实现分集的方法是使用两个接收天线，它们受到的衰落影响是不相关的。它们两者在某一时刻经受某很深衰落点影响的可能性很小。利用两副接收天线来接收信号，它们独立接收同一信号，并因此受到衰落包络的不同影响，当合成来自两副天线的信号时，衰落的程度能被减小。

在 900 MHz 频段，天线水平最短距离 4 m，推荐 6 m；在 1 800 MHz 频段，天线水平最短距离 2 m，推荐 3 m。水平增益随距离增加而提高，但超过一定限度后，提高有限。

如果极化平面上把接收天线隔开 90° 的话，就得到极化分集。这两个接收天线可以合成同一天线单元体内。这意味着每个扇区只需两个天线，一个接收天线和一个发射天线。如果利用双工器的话，每个扇区只需要一个天线。由于使用较少硬件，基站的获得和安装将更容易。双工器示意图如图 11-12 所示。

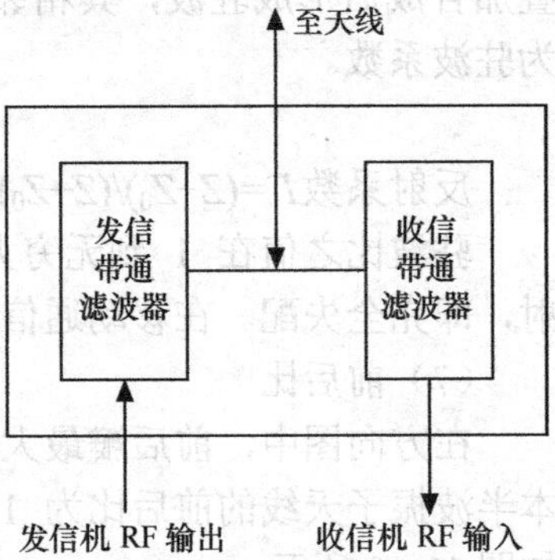

图 11-12　双工器示意图

对于室内覆盖，极化分集给出和空间分集相同的结果。对于室外覆盖，空间分集给出较大的改善。

2．天线类型

天线类型很多，根据所要求的辐射方向图（覆盖范围）可以选择不同类型的天线。下面简要地介绍移动通信基站中最常用的几种。

（1）机械天线

机械天线是指使用机械调整下倾角度的移动天线。机械天线安装好后，因网络优化的要求，需要调整天线背面支架的位置来改变天线的倾角。在调整过程中，虽然天线主瓣方向的覆盖距离明显变化，但天线垂直分量和水平分量的幅值不变，所以天线方向图容易变形。实践证明：机械天线的最佳下倾角度为 1°～5°；当下倾角度在 5°～10°之内变化时，其天线方向图稍有变化但变化不大；当下倾角度在 10°～15°之间变化时，其天线方向图变化较大；当下倾角度超过 15°以后，天线方向图形状改变很大。机械天线下倾角度的调整非常麻烦，一般需要维护人员爬到天线安装处进行调整。

（2）电调天线

电调天线是指使用电子调整下倾角度的移动天线。电子下倾的原理是通过改变天线阵天线振子的相位、垂直分量和水平分量的幅值大小、合成分量场强强度，从而使天线的垂直方向性图下倾。由于天线各方向的场强强度同时增大和减小，所以保证在改变倾角后天线方向图变化不大，使主瓣方向覆盖距离缩短，同时又使整个方向性图在服务小区扇区内减少覆盖面积但又不产生干扰。

（3）全向天线

全向天线在水平方向上有均匀的辐射方向图。不过从垂直方向上看，辐射方向图是集中的，因而可以获得天线增益，如图 11-13 所示。

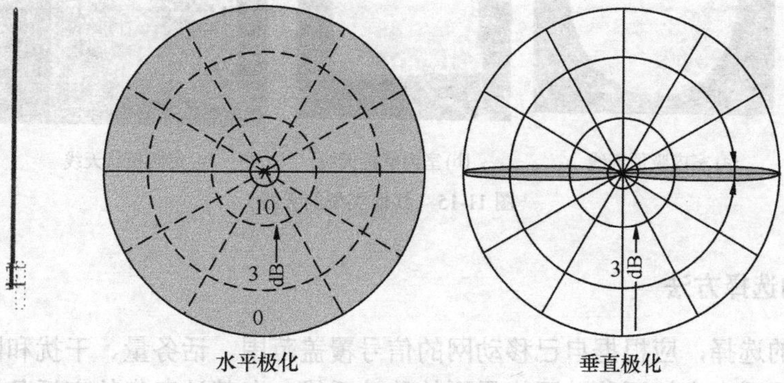

图 11-13　全向天线及方向图

把偶极子排列在同一垂直线上并馈给各偶极单元正确的功率和相位，可以提高辐射功率。偶极单元数每增加一倍（也就相当于长度增加一倍），增益增加 3 dB。典型的增益是 6～9 dBd。受限制因素主要是物理尺寸，例如，9 dBd 增益的全向天线，其高度为 3 m。

（4）定向天线

这种类型天线的水平和垂直辐射方向图是非均匀的。它经常用在扇形小区，因此也称为扇形天线。辐射功率或多或少集中在一个方向。定向天线的典型增益值是 9～16 dBd，如图 11-14 所示。

（5）特殊天线

这种天线用于特殊用途，如室内、隧道使用，如图 11-15 所示。特殊天线的一个例子是泄漏同轴电缆，它起到一个连续天线的作用来解决如上所述的覆盖问题。波纹铜外层上的狭缝允许所传送的部分反射信号沿整个电缆长度不断辐射出去。相反地，靠近电缆的发射信号将耦合进入这些狭缝内，并沿电缆传送。因为它的宽带容量，这种电缆系统可以同时运行两个或更多的通信系统。泄漏电缆适用于任何开放的或是封闭形式的需要局部限制的覆盖区域。当使用泄漏同轴电缆时，是没有增益的。

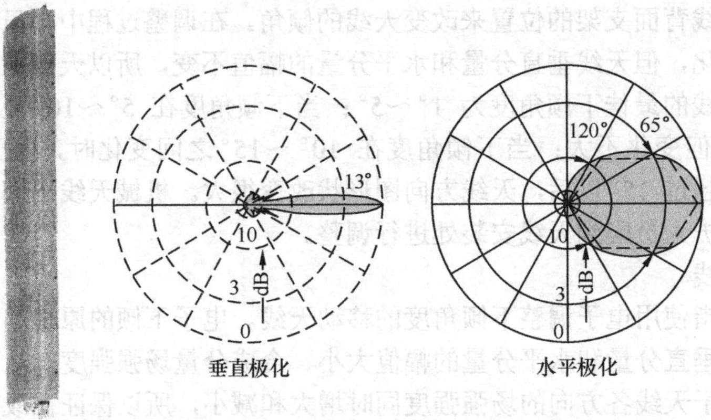

图 11-14　定向天线及方向图

(a) 室内吸顶天线　　(b) 室内壁挂天线　　(c) 定向板状天线

图 11-15　其他类型的天线

3．天线的选择方法

对于天线的选择，应根据自己移动网的信号覆盖范围、话务量、干扰和网络服务质量等实际情况，选择适合本地区移动网络需要的移动天线：在基站密集的高话务地区，应该尽量采用双极化天线和电调天线；在边远地区和郊区等话务量不高、基站不密集地区和只要求覆盖的地区，可以使用传统的机械天线。我国目前的移动通信网在高话务密度区的呼损较高，干扰较大，其中一个重要原因是机械天线下倾角度过大，天线方向图严重变形。天线选择原则为：根据不同的环境要求，选择不同类型、不同性能的天线适应于不同的环境，满足不同的用户需求。

（1）城区内话务密集地区

在话务量高度密集的市区，基站间的距离一般在 500～1 000 m，可以合理覆盖基站周围 500 m 左右的范围。天线高度根据周围环境不宜太高，选择一般增益的天线，同时可采用天线下倾的方式。

选择内置电下倾的双极化定向天线，配合机械下倾，可以保证方向图水平半功率宽度在主瓣下倾的角度内变化小。

（2）在郊区或乡镇地区

在话务量很低的农村地区，主要考虑信号覆盖范围，基站大多是全向站。天线可考虑采用高增益的全向天线，天线架高可设在 40～50 m，同时适当调大基站的发射功率，以增强信号的覆盖范围，一般平原地区 90 dBm 覆盖距离可达 5 km。

（3）在铁路或公路沿线

在铁路或公路沿线主要考虑沿线的带状覆盖分布，可采用双扇区型基站，每个区 180°；天线宜采用单极化 3 dB 波瓣宽度为 90°的高增益定向天线，两天线相背放置，最大辐射方向与高速路的方向一致。

（4）在城区内的一些室内或地下

在城区内的一些室内或地下，如高大写字楼内、地下超市、大酒店的大堂等，信号覆盖较差，但话务量较高。为了满足这一区域用户的通信需求，可采用室内微蜂窝或室内分布系统，天线采用分布式的低增益天线，以避免信号干扰影响通信质量。

4．天馈线安装问题

天线是无线信号与基站之间的接口，在整个无线网络中起着很重要的作用。天线的正确安装及天线参数的正确调整（包括天线高度、俯仰角、方位角），对无线网络的信号质量有着很大的影响，能够较为有效地改善系统的掉话率、接通率、阻塞率等运行质量指标，改善无线信号及无线环境。

天馈线在安装过程中，由于安装人员疏忽，造成天馈线短路和馈线接头有灰尘、污垢，以及天馈线接头密封处老化断裂等。这些天馈线故障，往往比较难于查找，特别是由于密封处断裂造成的活动障碍更难查找。

馈线进水造成馈线系统出现驻波比报警，基站经常退出服务，影响该地区的覆盖。要防患于未然，首先安装人员应严格要求自己，具有高度的责任感；其次，基站安装后都要进行驻波比测试，发现问题及时处理；最后，质检人员应按照一定程序进行验收，包括对测试数据的核实及对天馈线的安装和制作工艺要进行严格检查，决不能让不合格的工程蒙混过关。

总的来说，天线的安装应注意以下几个问题。

（1）定向天线的塔侧安装：为减少天线铁塔对天线方向性图的影响，在安装时应注意定向天线的中心至铁塔的距离为$\lambda/4$ 或 $3\lambda/4$ 时，可获得塔外的最大方向性。

（2）全向天线的塔侧安装：为减少天线铁塔对天线方向性图的影响，原则上天线铁塔不能成为天线的反射器，因此在安装中，天线总应安装于棱角上，且使天线与铁塔任一部位的最近距离大于λ。

（3）多天线共塔：要尽量减少不同网收发信天线之间的耦合作用和相互影响，设法增大天线相互之间的隔离度，最好的办法是增大相互之间的距离，天线共塔时应优先采用垂直安装。

（4）对于传统的单极化天线（垂直极化），由于天线之间（RX-TX，TX-TX）的隔离度（大于等于 30 dB）和空间分集技术的要求，天线之间需有一定的水平和垂直间隔距离，一般垂直距离约为 50 cm，水平距离约为 4.5 m，这时必须增加基建投资，以扩大安装天线的平台。而对于双极化天线（±45°极化），由于±45°的极化正交性可以保证+45°和−45°两副天线之间的隔离度满足互调对天线间隔离度的要求（大于等于 30 dB），因此双极化天线之间的空间间隔仅需 20～30 cm，移动基站可以不必兴建铁塔，只需架一根直径 20 cm 的铁柱，将双极化天线按相应覆盖方向固定在铁柱上即可。

总之，天线在移动通信网络优化中起到非常大的作用，同时馈线、馈线转换头及室内外跳线的质量也对移动通信基站的覆盖质量有很大影响。大部分覆盖效果差的基站是由于馈线及连接部分的质量差引起的，可通过 VSWR 仪表逐级逐段测量来判定质量差的部分，及时更换以保证整个基站天馈线部分的质量，保证基站的运行质量和覆盖质量。

5. 塔顶放大器

塔顶放大器是安装在塔顶部紧靠在接收天线之后的一个低噪声放大器，在接收信号进入馈线之前可将接收信号放大近 12 dB，提高上行链路信号质量，改善通话可靠性和话音质量，同时扩大小区覆盖面积。当用户位于小区覆盖范围之外、有可能掉话时，采用塔顶放大器是十分有利的。

塔顶放大器是基站的附加设备，其运行故障将大大影响基站的工作性能，故塔顶放大器必须具有报警输出，以便通过 BSC 的报警处理系统对其进行监视。如果基站使用单工型和双工型塔顶放大器，那么基站需要增加天线和馈线的数量。另外，每个基站都受到噪声的干扰，塔顶放大器不仅将有用信号放大，也将噪声信号和干扰信号同时放大，若提高的噪声信号和干扰信号超过承受门限，会导致基站中受到干扰的物理信道闭塞，系统将关闭此信道直至噪声降低到门限之下，因此只在对各基站周围的噪声环境进行评估后，才能决定是否安装塔顶放大器。

11.2.3 基站整体安装

基站站址和机房选定之后，接下来就是基站的设备安装。具体的安装涉及许多方面，安装一般按下列步骤进行。

1. 室外天线的安装

基站安装的一个重要方面就是天线的机械安装。天线一般装在天线铁塔上，这时应将天线、天线杆/塔、馈线及屋顶走线架与屋顶避雷带做可靠连接，连接点不能少于两点。如果天线附近没有避雷带，则专设下引线沿外墙引至接地体，不要引入机房的接地排上。

接地排一般分为室内接地排和室外接地排。室内接地排通常安装在离 BTS、电源机柜较近且与走线架同高的墙上。室外接地排通常在馈管窗外附近（1 m 内）。接地排用铜排作成。自接地排至各种设备的连接电缆（称为接地线）要尽量短。最后，室内接地排通过一根单独的黑色接地线引至楼底接地极。

室外接地排可用一根黑色接地线（95 mm^2）连接至楼底接地体。

2. 室内设备安装

室内安装主要是走线架和基站机柜的安装，走线架分为室内走线架和室外走线架，用于布放主馈线、传输线、电源线和安装馈线卡子。走线架应在 BTS 安装之前安装好。其中，室内走线架最终用电缆连接至室内接地排上，室外走线架最终通过钢筋焊在大楼避雷带上，并与天线桅杆焊在一起。走线架接头之间如果没有良好的电气连接，应增加导线，以加强走线架之间的电气连接。室内走线架与室外走线架应分开，不可相互连接，并且应与墙面绝缘。走线架应尽可能靠近天馈系统安装，以减小馈线损耗，应考虑给日后的扩容留下充足的空间。

在混合式 BSC-BTS 配置中，BSC 和 BTS 经 BSI（基站接口）连接起来。BSC 和 BTS 分机架安装在不同的机柜内，由于 BSI 的特性，这些分机架之间的最大距离为 10 m。

在远距 BTS 配置中，BSC 站址和 BTS 站址两边都必须插入 BIE（基站接口设备）。

3．电源系统

选择站址时必须考虑设备的供电需求，基站所在大楼应有足够容量的交流电源可用，并确保可靠供电。当必要时还需提供油机房（备用油机发电机组）。

4．空调设备安装

基站机房内设备安排较为紧凑，设备散热量大，因而对空调的要求较高。一般配备机房专用空调以满足需要。

5．机房照明

一般的 BTS 因为长期无人值守，保证常用照明（由市电供电的照明系统）即可，机房一般可以采用普通日光灯，但对于容量较大和影响较大的 BTS，必须安装采用直流供电的应急照明系统作为备用。

限于篇幅，基站设备的软件安装及调试这里就不再介绍了。

11.2.4　防雷与接地

雷电对通信设备的危害极大，必须采取合理而有效的防护措施。

防雷是一项综合工程，它包括防直击雷、防感应雷及接地系统的设计。

1．防直击雷

移动通信基站天线通常放在铁塔上，防直击雷避雷针应架设在铁塔顶部，其高度按滚球法计算，以保护天线和机房顶部不受直击雷击，避雷针应设有专门的引下线直接接入地网（引下线用 40/4 mm 的镀锌扁钢）。铁塔接地分两种情况：若铁塔在楼顶上，则铁塔地应接入楼顶的钢筋网或用 3 根以上的镀锌扁钢焊接在避雷带上；若铁塔在房侧面，则建议单独做铁塔地网，地网距机房地网应大于 10 m，否则两地网间应加隔离避雷带。

在安装基站天线时，需要满足避雷的要求。一般可以利用建筑物现有的避雷装置，或者通过在抱杆顶部安装避雷针来满足避雷要求。避雷针的保护范围为避雷针位置±45° 范围。

2．防感应雷

感应雷是指闪电过程中产生的电磁场与各种电子设备的信号线、电源线及天馈线之间的耦合而产生的脉冲电流；也指带电雷云对地面物体产生的静电感应电流。若能将电子设备上的电源线、信号线或天馈线上感应的雷电流通过相应的防感应雷避雷器引导入地，则达到了防感应雷的目的。

3．接地设施

防雷工程设计中无论是防直击雷还是防感应雷，接地系统是最重要的部分。接地电阻是接地体流散电阻和接地导线电阻的总和。接地导线不太长时，导线电阻可以忽略。流散电阻可以看成是接地体和离它 20 m 内在土壤中的电阻。对接地电阻的要求是：从理论上讲接地电阻越小越好。对于普通BTS，接地电阻小于等于5Ω；对于土壤电阻率较高的BTS，接地电阻可设计在10Ω以下。

防雷系统一般由接闪器、引下线和接地极组成。

接闪器是专门用来接受直接雷击的金属导体。它实际上起引雷作用，将雷电场引向自身，为雷云放电提供通路，经接闪器的接地装置使雷电流泄放到大地中去，从而使被保护物体免受雷击。根据使用环境和作用的不同，接闪器有避雷针、避雷带、避雷线和避雷网等装设形式。

接地极的作用是把接闪器和引下线引来的雷电电流很快地泄放到大地中去。它通常有3种形式，即垂直打入地下的棒形接地极组（用钢管或角钢）、钢板接地极组和水平辐射的带状接地极，也有用这几种形式混合组成的复合式地网的。垂直打入地下，然后用导体连接起来的方式比破土埋填方式要好，因为重填的泥土紧密性差，接地电阻大。此外，铁塔下面的接地极应尽量靠近铁塔底部。

接地引下线最好采用镀锌扁铁或$\phi16\sim\phi18$的螺纹钢，不能用扁平编织线或绞合线，因为它们容易被腐蚀氧化，并且有较大的自身电感和互感，对泄放浪涌电流不利。它与避雷针和接地体的连接建议采用烧焊，其烧焊接触缝长度应大于20 cm，以防止大电流通过时因接触面小而发热引起严重脱焊。避雷针、引下线和接地体等整个防雷接地系统，最好采用相同的金属材料，以防止长期的电化学反应使接地线遭受腐蚀而接地不良。尤其要避免铜与镀锌铁制件直接接触，因为铜锌会在接触面上形成铜锌电池而很快被腐蚀。当接地线从楼顶引下时，应防止靠近其他导体或与其做平行布置，即使其他导体接地也应该相隔2 m以上。当接地引线必须穿过金属导管时，则必须使下引线在被穿过的导管的两端与导管相连接，此金属导管也称为地线的连接线。

11.2.5 供电系统

基站供电系统是基站的重要组成部分。如果供电质量不佳或中断，将会使通信质量下降，甚至无法维持正常工作直至通信瘫痪，造成重大经济损失和不良影响。

基站设备的电源分为交流电源和直流电源两种，通常在3种供电方式下工作：220 V AC、−48 V DC、+24 V DC。

当市电正常时，应当尽量采用市电作为主要交流电源。一方面利用整流器将交流电转换为直流电，直接供给基站设备工作，同时也给蓄电池补充电能。另外，还要考虑为机房空调等设备供电。

假设BTS设备单机柜满配置为6载频，每载频200 W，满负荷功率为1 200 W。考虑到一定余量，在一次电源容量设计时，如果是−48 V和+24 V供电情况，按6载频1 500 W计算，蓄电池充电电流需另行考虑；如果是220 V供电情况，按6载频2 000 W计算（包括自带蓄电池充电电流）。

一般要求采用转换效率高的高频开关电源，并至少采用N+1电源热备份方式工作，电源模块应具有均流功能。单个电源模块的失效（即故障）不会影响直流配电系统的正常工作。

直流供电系统包括蓄电池、整流器、直流配电和控制盘等。

1. 蓄电池

蓄电池是BTS直流配电系统的重要组成部分，在市电正常时，虽然它不担负供电的主要任务，但它与供电主要设备——整流器并联运行，可以改善整流器的供电质量，起到平滑滤波作用；当市电异常或在整流器不工作的情况下，则由蓄电池单独供电，担负起对全部负载供电的任务，起到备用作用。

（1）分类

按所使用的电解液不同可分为：以碱性水溶液为电解质的碱蓄电池；以酸性水溶液为电解质的酸蓄电池，由于该类蓄电池的电极主要以铅及其氧化物为材料，故又称铅酸蓄电池。

按使用环境不同可分为：移动式和固定式。

按结构不同可分为：半密封式和密封式。半密封式有防酸隔爆式和消氢式，密封式可分为全密封式和阀控式。

按电解液数量可分为贫液式和富液式。

（2）结构组成

当前，阀控式密封铅酸蓄电池（Valve Regulated Lead Acid Battery，VRLA）以其性能优良得到广泛应用，其结构如图 11-16 所示。主要组成包括正负极板组、隔板、电解液、安全阀及壳体。

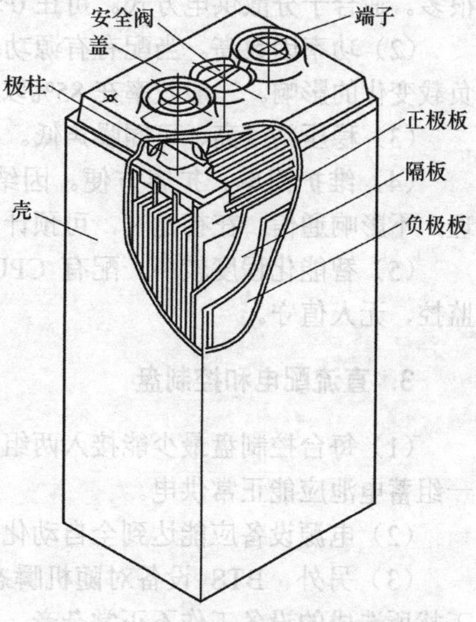

图 11-16 阀控式密封铅酸蓄电池结构图

① 正负极板组。正极板上的活性物质是二氧化铅（PbO_2），负极板上的活性物质为海绵状纯铅（Pb）。

参加电池反应的活性物质铅和二氧化铅是疏松的多孔体，需要固定在载体上。通常，用铅或铅钙合金制成的栅栏片状物为载体，使活性物质固定在其中，这种物体称为板栅，它的作用是支撑活性物质并传输电流。

VRLA 的极板大多为涂膏式，这种极板是在板栅上敷涂由活性物质和添加剂制成的铅膏，经过固化、化成等工艺过程而制成。

② 隔板。阀控式铅酸蓄电池中的隔板材料普遍采用超细玻璃纤维。隔板在蓄电池中是一个酸液储存器，电解液大部分被吸附在其中，并被均匀、迅速地分布，而且可以压缩，并在湿态和干态条件下都保持着弹性，以保持导电和适当支撑活性物质的作用。为了使电池有良好的工作特性，隔板还必须与极板紧密保持接触。它的主要作用是：吸收电解液，提供正极析出的氧气向负极扩散的通道，防止正、负极短路。

③ 电解液。铅蓄电池的电解液是用纯净的浓硫酸与纯水配置而成的。它与正极和负极上活性物质进行反应，实现化学能和电能之间的转换。

④ 安全阀。一种自动开启和关闭的排气阀具有单向性，其内有防酸雾垫。只允许电池内气压超过一定值时，释放出多余气体后自动关闭，保持电池内部压力在最佳范围内，同时不允许空气中的气体进入电池内，以免造成自放电。

⑤ 壳体。蓄电池的外壳是盛装极板群、隔板和电解液的容器，它的材料应满足耐酸腐蚀、抗氧化、机械强度好、硬度大、水汽蒸发泄漏小、氧气扩散渗透小等要求。一般采用改良型塑料，如 PP、PVC、ABS 等材料。

2．整流器

通信用整流设备经历了几代变革：20 世纪 80 年代，为程控交换机供电的 48 V 稳压整流器是可控硅整流器，如 DZ-Y02 稳压整流器；20 世纪 80 年代以后，随着功率器件的发展和集成电路技术的逐步成熟，使得开关电源得到广泛应用，高频开关电源取代传统的相控可控硅稳压电源已成为发展的必然。

小型化是高频开关整流器相比传统相控整流器的一大优势。变压器工作频率的提高及集成电路的大量使用，使得高频开关整流器的体积大大缩小。有些高频开关整流器内部有 CPU，有些没有。但对于整个开关电源系统而言，都设有监控模块，采用智能化管理，可与计算机通信，实现集中监控。

高频开关整流器的特点可归纳为以下 5 点。

（1）质量轻、体积小。与相控电源相比较，在输出相同功率的情况下，体积及质量减小很多。适合于分散供电方式。可在 0～40 ℃的条件下满负荷连续运行。

（2）功率因数高。当配有有源功率因数校正电路时，其功率因数近似为 1，且基本不受负载变化的影响。一般效率在 85%以上。

（3）稳压精度高、可闻噪声低。在常温满载情况下，其稳压精度都在 5%以下。

（4）维护简单、扩容方便。因结构模块式，可在运行中更换模块，将损坏模块离机修理，不影响通信。在初建时，可预计终期容量机架，整流模块可根据扩容计划逐步增加。

（5）智能化程度较高。配有 CPU 和计算机通信接口，组成智能化电源设备，便于集中监控，无人值守。

3．直流配电和控制盘

（1）每台控制盘最少能接入两组蓄电池，当有一组蓄电池发生故障脱离供电系统时，另一组蓄电池应能正常供电。

（2）电源设备应能达到全自动化，适合无人值守的要求。

（3）另外，BTS 设备对随机瞬态杂音也有严格要求，包括外界电磁干扰、本机和地线干扰所造成的设备工作不正常杂音。

4．备用发电机组

利用油机作为动力，驱动交流同步发电机的电源设备，称为油机发电机组。它主要由柴油（汽油）机和发动机两大部分组成。每个 BTS 不必配置专用的备用油机发电机组，一般只对全网配置 1～2 台移动油机发电车，用于 BTS 发生停电时供临时调动用。同时，要求市电与油机在 BTS 所在楼房的底层电力室能够进行切换。

5．其他

（1）电源设备发生故障或工作不正常时，要送出声光报警指示，电源报警信息也应能传达到操作维护中心。

（2）在供电系统某支路发生短路时，整个配电系统不应受深度电压降低的影响。在起弧过程中的尖峰电压不应使 BTS 产生故障。

11.2.6 空调系统

基站机房内的气候条件直接影响 BTS 的运行性能。不论何种季节，机房内均需维持一定范围的湿度和温度。

在温度过高的情况下，将会导致电子元器件的性能劣化，加速绝缘材料老化，降低设备的可靠性和使用寿命；当温度过低时，会使电抗类器件的参数发生改变，影响 BTS 的稳定性，低温还会引起塑料件材料变脆，使某些密封部位开裂。

机房内湿度过高或过低，对设备产生的危害极大。有些绝缘材料在相对湿度过高时，易造成绝缘不良甚至漏电等故障，有时也易发生材料的机械性能变化，设备的各种金属部件还易发生锈蚀现象；相对湿度过低时，机房内空气干燥，极易产生静电，危害 BTS 上的 CMOS 电路，有时绝缘垫片也会因干缩而引起紧固螺钉松动。

另外，空气的洁净度也会对机房内设备的安全性和可靠性产生较大影响。

基站机房使用的空调器为分体式空调器。分体式空调器分为室内机组和室外机组两部分，由管路和线路连成一体。

空调器的制冷系统主要由压缩机、冷凝器、蒸发器、毛细管或膨胀阀、过滤器、电磁换向阀等部件组成。系统内循环的是制冷剂，制冷剂一般都采用 R22。

空调器的容量选择应该根据机房的面积和 BTS 设备的发热量来计算。BTS 机房计算热量时一般采用下式：

$$Q = 0.86\,V \cdot A \cdot W$$

式中，Q 是 BTS 的发热量，单位：kW/h；V 是直流电源电压，单位：V；A 是忙时平均耗电电流，单位：A；W 是天线端有效辐射功率，单位：W；0.86 是每瓦电能变为热能的换算系数。

对于一般的 BTS，可以选用两台空调设备轮流工作。

11.3 日常维护

基站是移动通信网络中的一个重要组成部分，为移动用户提供优质的通信服务。基站设备及环境类设施良好的工作状态将为整个网络良好运行提供有力的保障。

在 GSM 网络的维护工作中，处理故障最多的是移动基站。而移动基站工作性能的好坏及出现故障的频率直接影响到整个网络的整体质量。移动基站的各种软、硬件故障将直接影响多项网络指标，如掉话率、接通率、信道完整率及最坏小区数量等，同时还可导致话音质量降低，影响用户通话效果和运营商的网络质量。

基站中各系统的良好运行是保证通信畅通的前提。要坚持以预防为主、障碍性维护为辅的方针，积极地把故障隐患解决于日常主动性的维护工作中，减少故障发生率，按照有关的制度要求认真做好日常的维护和管理工作。

1. BSC 机房

（1）建立 24 h 值班制度，实时监视网络运行状况和设备完好情况，随时掌握系统状况，及时分析研究、检查、核查、处理网络运行中系统设备软、硬件的异常情况及问题。

（2）严格遵守岗位职责和有关的各项规章制度，当系统设备发生故障时，要全力以赴及时抢修，同时填写相关故障报告，报送有关部门并联系解决。

（3）监视传输设备的工作状态，保证各路由的畅通。

（4）对局端数据进行管理、修改及实施，提出软件改进的建议。

（5）建立设备档案，负责本设备资料收集汇总、管理、健全和完善工作。

（6）安排月维护作业计划，并付诸实施。

（7）机房环境应保持在最佳条件下，即温度在20～25℃，相对湿度在20%～70%范围内；严格控制机房内的极限条件，即温度在20～25℃，相对湿度在20%～70%范围内。

（8）机房的防尘要求为每年应限制在小于10 g/m^{2}范围内。

（9）严禁与机房无关的人员进入机房，非本专业人员严禁操作、使用机房内的有关设备。

2．基站收发台（BTS）部分

（1）天馈设备

① 注意对天线器件除尘。高架在室外的天线、馈线由于长期受日晒、风吹、雨淋，粘上了各种灰尘、污垢，这些灰尘、污垢在晴天时的电阻很大，而到了阴雨或潮湿天气就吸收水分，与天线连接形成一个导电系统，在灰尘与芯线及芯线与芯线之间形成了电容回路，一部分高频信号就被短路掉，使天线接收灵敏度降低，发射天线驻波比报警。这样就影响了基站的覆盖范围，严重时导致基站死掉。所以，应每年在汛期来临之前，用中性洗涤剂给天馈线器件除尘。

② 组合部位紧固。天线受风吹及人为的碰撞等外力影响，天线组合器件和馈线连接处往往会松动而造成接触不良，甚至断裂，造成天馈线进水和沾染灰尘，致使传输损耗增加、灵敏度降低，所以，天线除尘后，应对天线组合部位松动之处先用细砂纸除污、除锈，然后用防水胶带紧固牢靠。

③ 校正固定天线方位。天线的方向和位置必须保持准确、稳定。天线受风力和外力影响，天线的方向和仰角会发生变化，这样会造成天线与天线之间的干扰，影响基站的覆盖。因此，对天馈线检修保养后，要进行天线场强、发射功率、接收灵敏度和驻波比测试调整，负责系统内各类收、发信天线及馈线的养护工作。

④ 定期对防雷系统设施的各个环节进行检查。如发现有接地引下线严重锈蚀，应及时更换；有断裂、松脱的，应立即补焊或紧固。

⑤ 对天馈设备中资料的汇总和备件的维护管理。

（2）基站设备

① 对每个基站所有的资料进行详细了解，并做好记录，如BTS配置、传输方式、电池容量、设备耗电电流、电池目前性能、接入电源供电情况、供电单位联系人及电话、馈线接地的情况，以及天线的挂高、方位角、俯仰角，甚至基站外围屋顶情况等。涉及基站的所有情况都要了解，并建立基站相关资料数据库。

② 基站设备出现故障后要全力以赴检修，填写故障报告，报送有关部门，并联系解决。

③ 配合收集网络优化工作所需的数据，并参与网络优化的实施工作。负责基站系统资料的收集、汇总管理工作。

④ 按规定时间检查蓄电池的存电，务必使之处于浮充状态。

⑤ 按规定时间检查油机的油质，对滤清器进行清洗。

⑥ 定期检查空调器的运行状况，对室内空气过滤网、室外冷凝器翅片进行清洗。

⑦ 对基站系统中的电缆线路进行维护管理。

⑧ 对基站专用仪表和测试车辆等进行维护管理。

总之，基站维护工作涉及的知识面较广，从主设备、传输设备、电源到天馈系统、接地系统、传输线路、机房、铁塔等多个专业项目都应了解，从模块更换、数据测试到安全检查、卫生清洁等各项工作都应认真对待，这就对基站维护人员的专业知识、技能掌握程度及对工作的敬业精神有相当高的要求。维护人员良好的敬业精神、责任心及熟练的技术技能对提高维护质量、提高工作效率相当关键。

小结

无线基站简称基站，是为无线小区服务的设备。基站系统（BSS）由两部分组成，即无线基站（RBS）和基站控制器（BSC）。RBS 是指 TRI 与 BTS 的合成物，TRI 提供 TG（指用于支持一个小区的设备）和 BSC 之间的接口功能，BTS（基站收发信机）属于射频部分；BSC 属于控制部分，其基本功能是基站的监控、无线电资源的管理与参数分配。一个 BSC 通常控制几个 BTS。

RBS2000 系列基站主要有 RBS2101、2102、2103、2202 等型号。前 3 种属于室外型，很少被我国的 GSM 运营商采用；后一种属于室内型，是我国 GSM 运营商所采用的主要 Ericsson 设备类型。它都可支持 GSM900 和 DCS1800 两种规范。RBS2000 的结构主要由分配交换单元、无线收发单元、合成和分配单元、能源环境控制单元、电源侍服单元和总线系统组成。

基站是移动通信网络中的一个重要组成部分，为了使所设计的网络达到规定的要求，在网络规划时，应根据地形、地物条件，正确地进行基站选址，配合工程设计人员考虑机房内、铁塔、屋顶施工的可行性，考虑天线高度、隔离度、方向对网络质量的影响，设置基站的有关参数（网络层次结构、发射功率、天线类型、挂高、方向、下倾角），进行覆盖预测和干扰分析，正确地指配频率，使整个无线网络建设达到所要求的质量。基站选址时对机房条件的主要考虑是天线和设备的安装条件、电源供应、自然环境等。

在 GSM 网络的维护工作中，处理故障最多的是移动基站。基站维护工作涉及的知识面较广，从主设备、传输设备、电源到天馈系统、接地系统、传输线路、机房、铁塔等多个专业项目都应了解，从模块更换、数据测试到安全检查、卫生清洁等各项工作都应认真对待。要坚持以预防为主、障碍性维护为辅的方针，积极地把故障隐患解决于日常主动性的维护工作中，减少故障发生率，按照有关的制度要求认真做好日常的维护和管理工作。

习题

11-1 RBS2000 基站硬件由哪几部分组成？

11-2 BSC 的功能有哪些？

11-3 表征天线的性能指标有哪些？

11-4 防雷设施对接地电阻有何要求？

11-5 怎样对 BSC 机房进行维护？

11-6 怎样进行基站设备维护？

第 12 章 终端设备

【本章内容简介】本章介绍了 GSM 手机和 CDMA 手机，对它们的电路工作原理进行了详尽分析，并对故障规律进行了归纳总结。

【学习重点与要求】本章重点掌握 GSM 手机和 CDMA 手机的电路工作原理，了解移动终端的电路组成。

12.1 GSM 手机

一个 GSM 移动台可以分成两大部分：一部分包括与无线接口有关的硬件和软件；另一部分包括用户特有的数据，即用户识别模块（Subscriber Identity Module），即 SIM 卡。SIM 卡上储存了一个用户的全部必要信息，SIM 卡对用户来说是唯一的，当 SIM 卡插入任意一部手机时，就组成了该用户的移动台。没有 SIM 卡，移动台便不能接入 GSM 网络（紧急业务除外）。

1. 移动台的基本组成

移动台一般由射频电路、逻辑/音频电路、电源电路等部分组成。移动台结构方框图如图 12-1 所示。

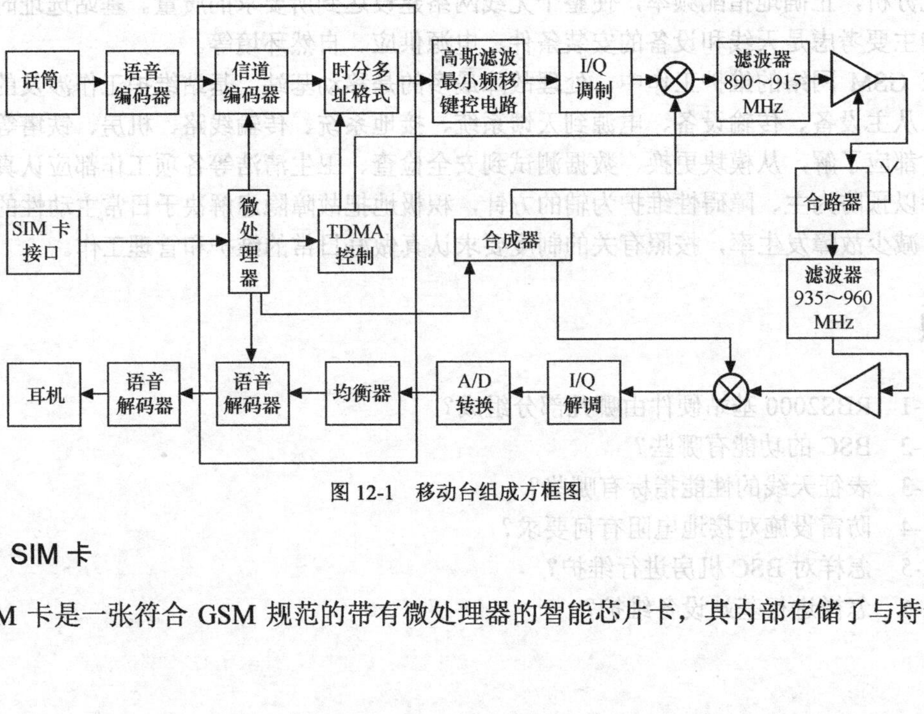

图 12-1　移动台组成方框图

2. SIM 卡

SIM 卡是一张符合 GSM 规范的带有微处理器的智能芯片卡，其内部存储了与持卡人相关的信息，包括：

① 国际移动用户识别号码（IMSI），也就是用户的电话号码；

② 用户的密钥及保密算法；

③ 个人密码（PIN 码）和 SIM 卡解锁密码（PUK 码）；

④ 用户使用的存储空间。

SIM 卡的应用使手机可以不固定地“属于”某一个用户。任何一个移动用户用自己的 SIM 卡可以使用不同的手机，即所谓的“号码随卡”。

SIM 卡自身由 CPU、程序存储器（ROM）、工作存储器（RAM）、数据存储器（EPROM 或 EEPROM）和串行通信单元 5 个模块构成。SIM 卡与手机的连接是通过 SIM 卡连接器（卡座）实现的，最少应有 5 个接口信号：

① 电源（V_{CC}）；

② 时钟（CLK）；

③ 数据 I/O 口（DATA）；

④ 复位（RST）；

⑤ 接地端（GNP）。

除上述引脚外，还有编程电压输入（V_{PP}）引脚，而其余两个触点没有用上（N.u），如图 12-2 所示。

每次开机时，手机都要与 SIM 卡进行数据交流，用示波器可以在 SIM 卡座上测到相关数据信号，没有插 SIM 卡时，这些信号不会送出。检修时以此判别 SIM 卡电路有无故障。

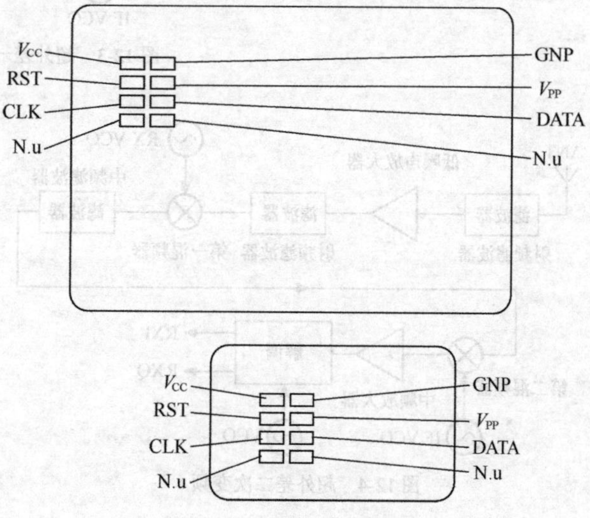

图 12-2 SIM 卡引脚图

12.1.1 射频部分

射频电路主要包括接收和发射两大部分，是手机最为重要的电路之一。射频电路不良，会造成不入网、无发射、信号弱、发射关机等故障。对于不入网故障，可以通过观察有无场强信号来确定故障部位。如果有场强指示，故障一般在发射部分；如果没有场强指示，故障一般在接收部分。

最容易导致收发信号不稳定的就是天线接触不良。所以在维修这类故障机时，首先检查天线接触是否良好，一般摔过的和落水的手机容易产生此类故障。

1. 接收部分

手机的接收电路主要有 3 种构成方式：①超外差一次变频；②超外差二次变频；③直接变频。只要掌握了构成规律，分析的时候就比较容易了。

超外差变频接收机的核心电路是混频器，可以根据手机接收机电路中混频器的数量来确定该接收机的电路结构。3 种接收机的结构原理图如图 12-3～图 12-5 所示。

在图中可以看出，任何一种接收机电路中都包含有天线电路、射频滤波器、低噪声放大器、混频器和 RX VCO 等基本单元。

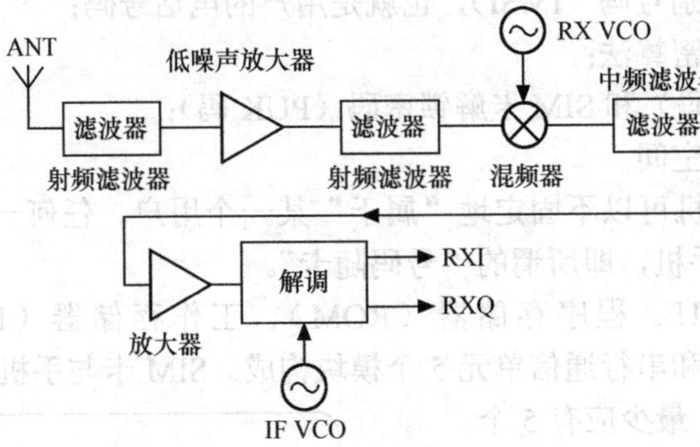

图 12-3　超外差一次变频

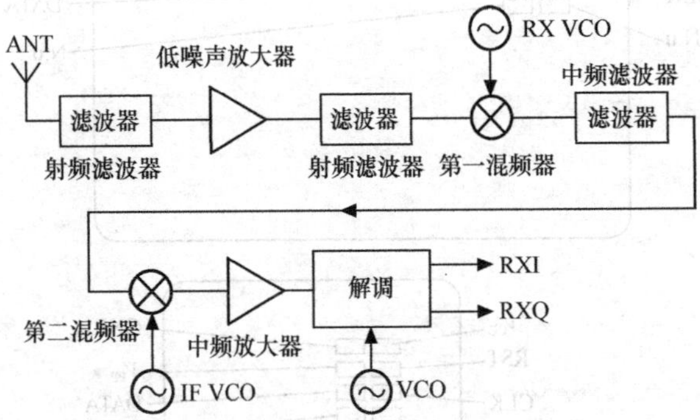

图 12-4　超外差二次变频

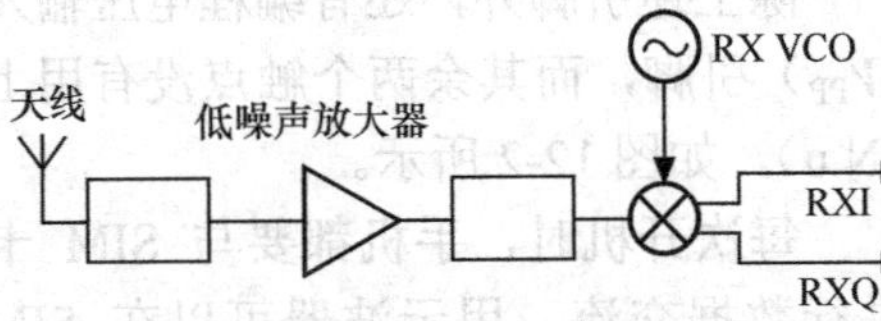

图 12-5　直接变频

（1）天线电路

天线电路一般都采用天线开关电路，它是将发射射频信号和接收射频信号进行分离的，在单频接收机中，天线开关受 RX-EN 和 TX-EN 信号的控制；在双频或三频接收机中，天线开关受频段切换电路的控制。因此，天线开关电路正常工作的前提是，既要有正常的供电电压，还要有相应的控制信号。

天线开关电路输出的接收信号送到接收射频滤波器，以防止带外无用信号串入接收电路。在天线开关电路的发射信号输入端接有一个发射射频滤波器，以防止杂散辐射干扰。检修天线开关电路时，主要应注意电路对信号的衰减是否过大。

如果天线开关电路工作不正常，将会导致接收差、发射功率低或手机不入网等故障。

（2）射频滤波器

在接收电路中，至少有两个以上的滤波元件，用以提高接收电路的选择性能。每个元件都有一定的插入损耗，这是避免不了的，也是正常的。所以为了保证有足够的信号强度，在第一个射频带通滤波器后面，插入了一级高放。但如果这些滤波元件发生变质、虚焊，将会使信号大幅衰减，造成信号弱或不能接收等故障。

滤波器最容易出现故障，在维修手机过程中，如果怀疑是滤波器出现问题，可以通过切换另一线路来判断。当切换到另一线路时，手机使用正常，则说明原使用线路出现故障。

（3）低噪声放大器

低噪声放大器是将接收的高频信号进行放大。早期的手机使用的多为分立元件组成的共发射极电路，近期有很多手机将低噪声放大器集成在射频模块内，但不论是集成的还是分立元件的，其电路原理都是一致的。

低噪声放大器如果出现故障，手机的接收性能将变差，如接收信号不好、通话杂音大等。此时首先应检查供电是否正常，电路中的发射极旁路电容对放大器的增益影响很大，在检修时应多加注意。

（4）混频器

混频器是超外差接收电路的核心。混频器的基极有两个输入信号：一个来自前面的低噪声放大器，一个来自 RX VCO 电路。混频后的信号称为中频信号，是接收电路检修的重点。

混频器电路如果发生故障，必定会造成无接收或接收差。检修时一要注意检查混频管本身；二要检查基极偏压和集电极供电；三要检查 RX VCO 电路是否提供了本机振荡信号。

（5）中频放大器

中频放大电路大多是专用复合芯片。出现故障时会导致手机接收差，但实际上，中频放大器很少出现故障。在检修接收差的故障时，应多注意中频滤波器。

应当指出的是：在超外差一次变频接收机电路中，有一个中频放大器；在超外差二次变频接收机中，通常有第一、第二中频放大器；在直接变频线性接收机中，没有中频放大器。

（6）RX I/Q 解调

RX I/Q 解调电路是接收电路中一个必不可少的重要电路。其功能是将包含在射频信号或中频信号中的接收基带信号还原出来，将 67.707 kHz 的信号还原出数码信号。

在移动通信和手机电路中，常用的解调技术有锁相解调器、正交鉴频解调器等。

锁相环路（PLL）既可以跟踪输入信号，也可以用作解调。锁相解调器的方框图如图 12-6 所示。解调用的参考信号来自系统时钟电路的 13 MHz。鉴相器通过对输入的两个信号的相位比较，输出一个跟踪调制信号的低频信号，通过低通滤波器滤出高频噪声后即得到解调输出信号。

图 12-7 为正交鉴频器的原理框图。在正交鉴频器中，相移网络将频率的变化变换为相位的变化，乘法器将相位的变化变换为电压的变化。将调频信号与其移相信号相乘，通过低通滤波器将乘法器的输出信号中的高频成分滤除，就得到解调信号。通常，在现代通信设备的电路中，除正交线圈外，鉴频器的其他电路均被集成在芯片内。

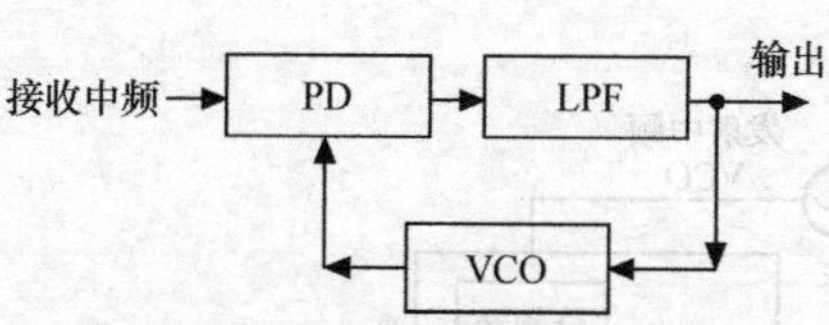

图 12-6　锁相解调器方框图

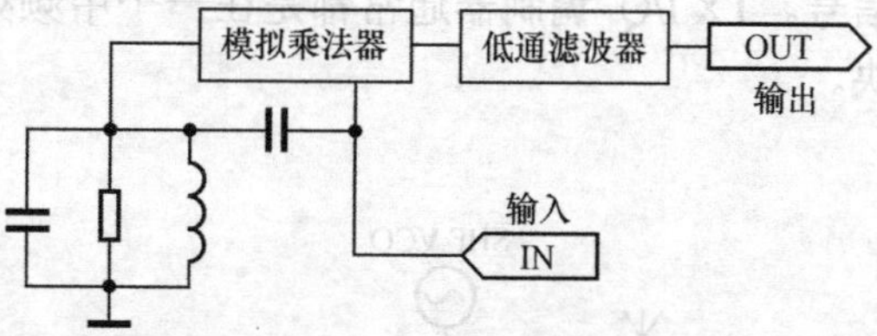

图 12-7　正交鉴频器原理图

由于该电路集成在模块中，所以能检测到的是 RX I/Q 解调电路输出的两个相位相差 90°的信号——67.707 kHz 的基带信号（针对 GSM 手机而言）。

RX I/Q 信号的中心频率为 67.707 kHz，是接收机电路中的重点信号，它是接收机检修的关键信号之一。若 RX I/Q 解调电路出现故障，将会导致手机无接收。要检查判断 RX I/Q 解调单元是否工作正常，需查两信号来确定：一个是解调电路的输入信号 13 MHz；另一个是解调电路的输出信号 RX I/Q。RX I/Q 信号一般可用示波器来检查。检查时，建议从天线处给故障机输入一个强幅度的射频信号。在正常情况下，用示波器检测到的 RX I/Q 信号是正弦波信号。若示波器未调节好，则在示波器上看到的只是一条光带。

摩托罗拉、诺基亚和爱立信早期手机的 RX I/Q 信号都是两条信号线（RX I/Q），而 GD90 有 4 条信号线（DQ、DQX、DI 和 DIX），爱立信 T28 手机也有 4 条线（RXIA、RXIB、RXQA 和 RXQB）。摩托罗拉 V998/A6188/L2000/P7689 等手机的 RX I/Q 信号在集成电路内部，没有外接引脚，所以无法用示波器测出其波形图。

2．发射部分

在 GSM 手机中，发射电路大致可分为带发射上变频的发射机、带发射变换电路的发射机和直接升频的发射机 3 种结构，如图 12-8～图 12-10 所示。发射部分的电路一般有 TX VCO、功率放大和功率控制等电路。本部分电路功率消耗较大，往往是故障多发区。

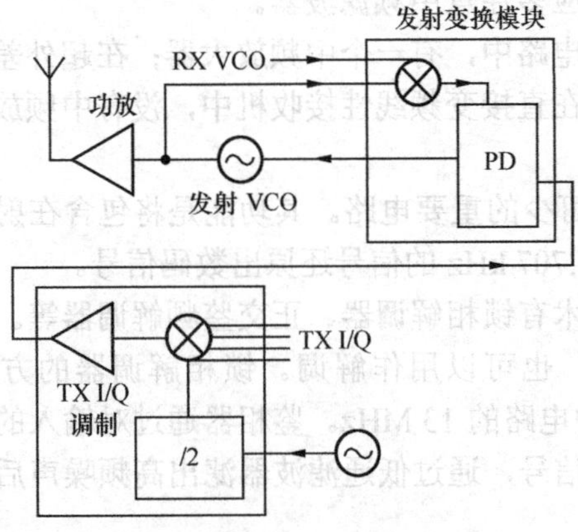

图 12-8　带发射上变频的发射机

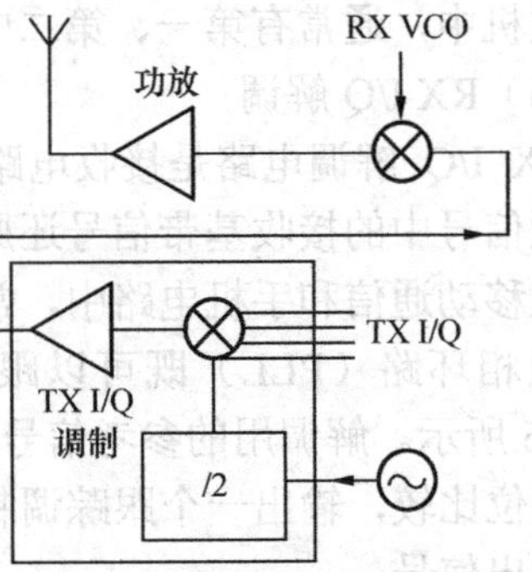

图 12-9　带发射变换电路的发射机

（1）TX I/Q 调制电路

TX I/Q 信号从逻辑电路输出后，都是到射频电路中的 TX I/Q 调制器，如图 12-11 所示。在 TX I/Q 调制器中，67.707 kHz 的 TX I/Q 信号对发射中频载波进行调制，得到已调中频信号。TX I/Q 调制器通常都是在一个中频处理模块中，少数发射机有一个专门的调制器模块。

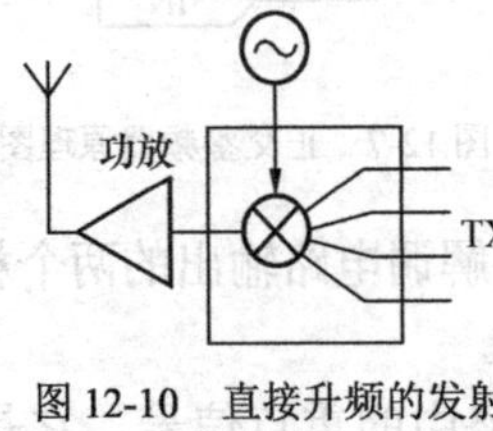

图 12-10　直接升频的发射机

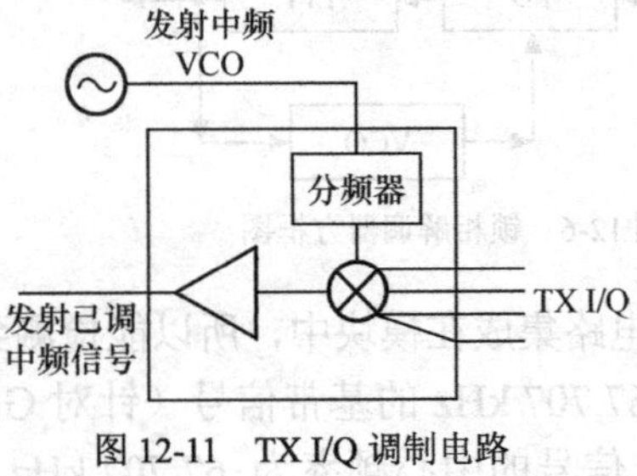

图 12-11　TX I/Q 调制电路

TX I/Q 调制所用的载波信号来自一个中频 VCO 电路。对于大多数手机来说，接收中频 VCO 与发射中频 VCO 共用，仅个别手机有一个专门的发射中频 VCO，如摩托罗拉 CD928

手机。

检修 TX I/Q 调制电路时，应注意检查逻辑音频电路输出的 TX I/Q 信号、发射 I/Q 调制器的载波信号（发射中频 VCO 信号）和调制器输出的发射已调中频信号。

（2）TX VCO

发射 VCO 电路主要应用在发射变换电路中，有分立元件的也有 VCO 组件的，用来产生最终发射信号，其方框图如图 12-12 所示，其电路形式和 RX VCO 电路形式很相似。

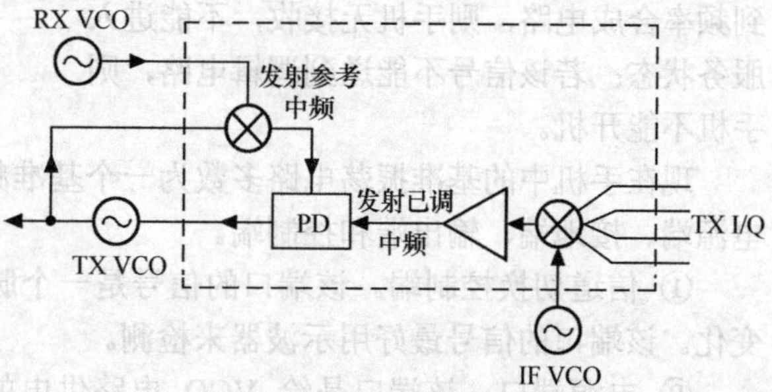

图 12-12　发射 VCO 电路方框图

在发射变频电路中，TX VCO 输出的信号一路送到功率放大电路，一路与 RX VCO 信号进行混频，得到发射参考中频信号；发射已调中频信号与发射参考中频信号在发射变换模块中的鉴相器中进行比较，然后输出一个包含发送数据的脉动直流控制电压信号，去控制 TX VCO 电路，形成一个闭环回路。这样，由 TX VCO 电路输出的最终发射信号就十分稳定。绝大多数手机的发射变频电路均采用了这种方式。

（3）功率放大器

功率放大器在早期分立元件较多，后来采用模块结构，其内部通常包括驱动放大、功率放大、功率检测和控制及电源电路等。功率放大器在平时处于截止状态，不消耗电能；仅在发射时，有信号才使功放开启。本电路发生故障后表现为无发射。检修时应注意检查控制信号是否到位，供电电子开关是否正常，功放模块的损坏是常见原因之一。

（4）功率控制电路

功率控制电路用于控制输出功率的大小。它通过功率检测电路获知发射功率大小的直流信号后，与来自逻辑电路的自动功率控制参考电平进行比较处理，输出一个控制信号去控制功放电路的偏压或电源，从而实现控制功率的目的。本电路发生故障时常会出现无发射现象。

（5）发射上变频电路

发射上变频电路实际上是一个混频电路，这里不再赘述。目前，仅有诺基亚早期生产的手机采用了这种方式。

3. 频率合成器

手机对频率合成器的要求是：第一，能自动搜索信道，也称扫描信道；第二，能锁定信道。频率合成器利用锁相环来实现。

在手机电路中，频率合成器通常是由接收 VCO 频率合成环路、接收中频 VCO 频率合成环路、发射中频 VCO 频率合成环路等几个频率合成环路组成。不管哪一个频率合成环路，其基本结构都差不多，如图 12-13 所示。而且它们的参考信号都来自基准频率时钟电路。

（1）基准振荡电路

基准振荡电路由时钟晶体和中频模块内的部分电路构成。早期的手机只有一个 13 MHz

的晶体电路，从摩托罗拉V998开始，不但有一个13 MHz的电路，还有一个26 MHz的时钟电路。这时的13 MHz电路不再是一个晶体电路，而是一个VCO电路，其参考信号由26 MHz电路提供。若该信号不能送到频率合成电路，则手机无接收，不能进入服务状态；若该信号不能送到逻辑电路，则手机不能开机。

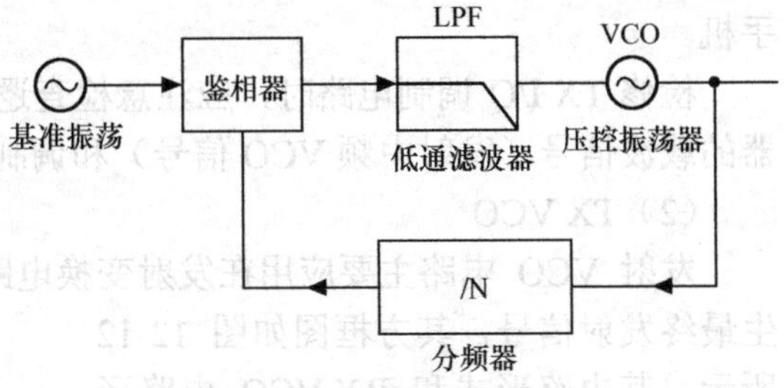

图12-13　频率合成器

现在手机中的基准振荡电路多数为一个基准频率时钟VCO组件。该组件有4个端口：电源端、接地端、输出端和控制端。

① 信道切换控制端。该端口的信号是一个脉动直流信号，它随手机工作信道的变化而变化。该端口的信号最好用示波器来检测。

② 电源端口。该端口是给VCO电路供电的端口，该端口的信号可用示波器或万用表来检查。

③ 信号输出端口。该端口输出VCO电路产生的VCO信号。可用频谱分析仪或频率计来检查该端口的信号；也可用示波器结合示波器功能扩展器来检测该端口的信号。

不管是VCO组件还是晶体组成的振荡电路，都要受逻辑电路提供的AFC信号控制。AFC信号由逻辑电路中的DSP（数字语音处理器）输出。由于GSM手机是按不同的时间段（时隙）来区分用户的，所以，手机与系统保持时间同步非常重要，否则将导致手机不能与系统进行正常通信。

在GSM系统中，公共广播控制信道（BCCH）包含频率校正信息与同步信息等。手机一开机，就会在逻辑电路的控制下扫描这个信道，从中捕捉同步信息与频率校正信息。如果手机系统检测到手机的时钟与系统不同步，手机的逻辑电路就会输出AFC信号。AFC信号改变13 MHz电路中VCO两端的反向偏压，使该VCO电路输出频率发生变化，从而保证手机与系统同步。

（2）鉴相器

鉴相器简称PH、PD或PHD（Phase Detector），是一个相位比较器。它将VCO振荡信号的相位变化变换为电压的变化，鉴相器输出的是一个脉动直流信号，这个脉动直流信号经低通滤波器（LPF）滤除高频成分后去控制VCO电路。

鉴相器对基准输入信号与VCO产生的输入信号进行相位比较，输出反映两信号相位误差的误差电压。为了使相位比较更为精确，鉴相器是在低频状态下工作的。

在手机电路中，鉴相器通常与分频器被集成在一个专用的芯片中，这个芯片通常被称为PLL（锁相环路），或被集成在一个复合芯片中（即该芯片包含多种功能电路）。

（3）压控振荡器

压控振荡器简称VCO（Voltage Control Oscillator），是一个“电压-频率”转换装置。它将鉴相器输出的相差电压信号的变化转化成频率的变化。其电压控制功能的完成是通过一个特殊的器件来实现的，这个器件就是变容二极管。

鉴相器输出的相差电压加在变容二极管的两端后，当该电压发生变化时，变容二极管两端的反偏电压也发生变化，导致变容二极管的结电容改变，从而使VCO振荡回路的元件参数改变，VCO输出的频率也随之改变。

VCO在锁相环路中非常重要，是频率合成及锁相环路的核心电路。它应满足如下一些特性：输出幅度稳定性要好，在整个 VCO 工作频带内均应满足此要求，否则会影响鉴相灵敏度；频率覆盖范围要满足要求且有余量；电压-频率变换特性的线性范围要宽。

（4）分频器

鉴相器是将 VCO 输出信号与基准信号进行比较。在频率合成中，为了提高控制精度，鉴相器应在低频下工作。然而 VCO 输出频率是比较高的，为了提高整个环路的控制精度，就采用了分频技术。

手机中的频率合成环路较多，不同的频率合成环路使用的分频器不同：接收 VCO（第一本机振荡）信号是随信道的变化而变化的，该频率合成环路中的分频器是一个程控分频器，其分频比受控于逻辑电路输出的频率合成数据信号（SYNDAT、SYNCLK 和 SYNSTR）；中频 VCO（第二本机振荡）信号是固定的，中频 VCO 频率合成环路中的分频器的分频比也是固定的。

分频器输出的信号送到鉴相器，和基准时钟信号进行相位比较。

（5）低通滤波器

低通滤波器简称 LPF（Low Pass Filter）。低通滤波器在频率合成环路中又被称为环路滤波器。它是一个 RC 电路，位于鉴相器与 VCO 电路之间。

鉴相器输出的不但包含直流控制信号，还有一些高频谐波成分。这些谐波会影响 VCO 电路的工作。低通滤波器通过对电阻、电容进行适当地参数设置，使高频成分被滤除，防止了对 VCO 电路造成干扰。

最后需要说明的是，对于锁相环路的分析是非常重要的，它在每一个手机中都存在，并且大多集中于一处。分析时一定要弄清以下几点。

① 频率合成器的三线编程信号分别是 SYNCLK、SYNDAT 和 SYNEN，它们一般由逻辑部分的 CPU 送来，用以控制分频比。

② 基准振荡频率是频率合成器产生频率的基准和参考。

③ 锁相环控制电压的输出，是调整压控振荡器（VCO）振荡频率的执行者。

④ 压控振荡器（VCO）产生频率的输出端。

⑤ 产生频率的反馈采样信号线，它是执行调整的基础。

⑥ 电源供电端，包括锁相环频率合成器和压控振荡器的供电。

由于频率合成器的特殊性，当频率合成电路出现故障时，轻则会出现上网难、打电话难等故障，严重时会引起不开机、不入网、无发射等许多症状。

12.1.2　逻辑/音频部分

1. 中央处理单元

在手机中，以中央处理器（CPU）为核心的控制电路称为逻辑电路，负责对整个手机的工作进行控制和管理，包括开机操作、定时控制、数字系统控制、射频部分控制及外部接口、键盘、显示器 SIM 卡管理与控制等。

CPU 是一个 4 位或 8 位的专用单片计算机，内部由运算器、控制器、工作寄存器、缓冲寄存器和总线等组成，相当于手机的“大脑”，它的作用是射频部分的控制、键盘控制、液晶显示驱动、其他集成电路的控制与相互之间的数据传送。

CPU 是按程序一步一步进行工作的。所谓程序就是一长串指令的集合，程序通常又称为软件。程序一般固化在专用存储器中，也可直接固化在中央处理器内部。

因此，要使中央处理器能正常工作，必须具备以下一些基本工作条件。

（1）符合标准而且稳定的供电电源

对 CPU 的供电电压要符合该 CPU 的标准要求，而且要稳定无波动。一般要求其供电电源电压误差不得超过标准值的±5%。

（2）准确的工作时钟

CPU 是严格按照时钟节拍一拍一拍工作的，一个时钟脉冲为一个时钟周期，几个时钟周期为一个机器周期，几个机器周期组成一个命令周期。因此时钟脉冲能决定 CPU 运行速度的快慢。如果没有时钟信号，CPU 就无法工作，相当于心脏停止了跳动，整个设备也就“死”了。所以检修时千万不要忘记检查晶振时钟电路是否正常。

（3）正确的复位（RESET）信号

所谓复位是指强制电路回复到某一确定的起始状态。因为 CPU 内部各部件之间，以及外部与之同步工作的各部件之间，各自都要从某一确定状态一起开始，才能正确协调运行。在正常情况下，不经复位就运行不能达到正常协调；但如果只复位不撤销，则又会只停留在起始状态而不能进入运行。因此正常的复位信号应该是一个短暂的低电平（也可用高电平）脉冲。为简化操作，在电路设计时都安排在开机上电的同时进行复位。检修时应注意复位脉冲出现的时机和大小。

（4）必须要有正确的程序

如前所述，CPU 是严格按照程序逐条执行指令来工作的。CPU 的工作程序必须预先按顺序存放在存储器（ROM）中，工作时 CPU 从 ROM 中顺序逐条取出指令，按指令执行操作。如果没有程序（丢失）或不能提供正确的程序（损坏或传输中发生错误），必定导致 CPU 不能正常运行，造成“死机”或乱运行等故障。

（5）必须要有正确的数据

这里的数据指的是经由 CPU 处理的一切信息。数据信息是 CPU 的加工处理对象，数据可以来自键盘输入和接收电路，可以是反映电路状态的检测信号，也可以是已存储于存储器中的信息，数据经加工处理后，或送到显示屏显示，或再送入存储器储存，或输出某种控制信号完成该种控制。显然，如果 CPU 得不到各种正确的输入数据，处理后的数据也必然是错误的，从而造成乱显示、乱动作等故障。

2. 存储器与总线

存储器分为程序存储器和数据存储器两大类。

数据存储器又叫暂存器，它的作用主要是存放手机当前运行时产生的中间数据，一旦关机，则内容全部消失，这一点和内存的功能是一致的。

程序存储器多数由两部分组成：一个是 FLASH ROM（闪速存储器）；另一个是 EEPROM（电可擦除可编程只读存储器，俗称码片）。不过也有少数手机的程序存储器就是一片集成电路（如西门子 2588、摩托罗拉 L2000 等）。还有部分手机将 FLASH ROM 和随机存储器（RAM）合二为一（如爱立信 T18），所以在手机中看不到 RAM。

（1）静态随机存储器（SRAM）

SRAM 是一种性能较好的随机存储器，因此得到了广泛应用，尤其是存储手机工作时的数据。在掉电后，其内部存储数据会丢失。

（2）闪速存储器（FLASH ROM）

手机逻辑电路中的版本又称字库，FLASH ROM 是一个块存储器，以代码的形式装载了手机的基本程序和各种功能程序。当手机开机时，CPU 送出一个复位信号 RST 给版本，使系统复位。待 CPU 把版本的读写端、片选端选通后，CPU 就可以从字库中取出指令，在 CPU 中运算、译码，输出各部分协调的工作命令，从而完成各自功能。

字库里的软件资料是通过数据交换端、地址交换端与 CPU 进行通信的。如果 FLASH 的地址有误或未能选通，都将导致手机不能正常工作。

（3）电可擦除可编程只读存储器（EEPROM）

在手机中，EEPROM 俗称码片，它主要存储手机机身码（俗称串号）和存放功率控制（PC）表、数模转换（DAC）表、自动频率控制（AFC）表、自动增益控制（AGC）表等信息，其中的信息可以修改。现在，有的手机已经把 EEPROM 集成在 FLASH 中。

码片的故障分两种情况：一种是码片本身硬件损坏；另一种是内部存储的数据丢失。硬件损坏的情况一般较少见，主要是软件数据丢失。当数据丢失后会出现"手机被锁（Phone Locked）"，显示"联系服务商（CONTACT SERVICE）"或出现低电报警、显示黑屏等故障。由于 EEPROM 可以用电擦除，所以出现数据丢失时，可以重新写入。

（4）总线

在中央处理器与存储器之间、存储器与存储器之间传输控制信息的线叫控制总线（CONTROLBUS），简称总线。在微处理系统中，一般有如下 3 种总线。

① 数据总线。是双向传输总线。信息既可以从 CPU 输出到存储器或其他 IC，也可以反向送入 CPU。

② 地址总线。是单向传输总线。信息只能从 CPU 单向输出。

③ 控制总线。这其中有的线进行读、写输出，有的线为输入（中断控制）。

3．数字信号处理器（DSP）

逻辑/音频部分需要进行大量的数字信号的处理，如语音编解码等。实际上，CPU 可以执行这些功能，但势必会加重 CPU 的负荷，影响 CPU 对整机的控制。所以就出现了 DSP 芯片，它具有更快的数字信号运算能力，从而把 CPU 解放出来。每个手机中都存在 DSP 的应用，DSP 通过串行或并行的总线与 CPU 通信。

4．I/O 接口

（1）模拟与数字的接口模块

每个手机中都存在模拟信号和数字信号的处理，因此不可避免地都存在模拟和数字之间的接口。例如，在接收通路上，手机对信号要进行"模拟→数字→模拟"的处理，以最终驱动听筒发声；在发射通路上，也同样执行类似过程。手机中的模拟与数字接口一般都由专门的集成电路来负责，相应地进行 A/D 和 D/A 转换。

（2）I/O 设备

键盘输入、功能翻盖开关输入、话筒输入、液晶显示屏（LCD）输出、听筒输出、振铃器输出、手机状态指示灯输出都是人与手机之间的 I/O。对这些电路的分析，要把握相应的信号输出、输入途径，并了解相关控制信号的作用。

12.1.3 电源部分

电源电路非常重要，它为一切电路提供后勤保障。没有电源电路的支持，射频部分和逻辑/音频部分根本就不能工作，因此，这里把电源电路作为一个独立单元加以介绍。

图 12-14 所示的是手机电源系统组成方框图，手机所需的各种电压一般先由手机电池供给，电池电压（VBATT）一般加在电源 IC（集成电路）上，手机电源是否有电压输出，通过手机键盘的开关机键控制，当开机键按下后，电源 IC 产生各路电压供给各部分，其中一路逻辑电源输出后给 CPU 供电，一路射频电源输出后供给中频 IC 和 13 MHz 晶振，产生的 13 MHz 信号再送往 CPU，同时，电源 IC 还输出一个复位信号供 CPU 进行复位。CPU 在满足了“3 个条件”（电源、复位和时钟信号）之后，便开始从存储器内调出初始化程序，对整机的工作进行自检。自检正常后，CPU 将给出开机维持信号（看门狗信号）到电源 IC，维持手机的正常开机。

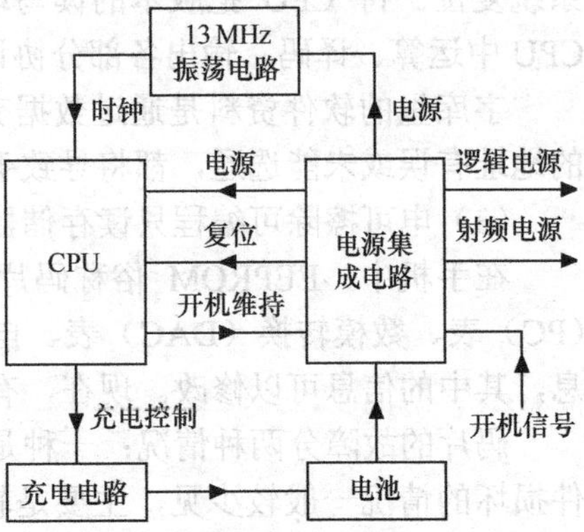

图 12-14 电源系统组成方框图

手机的电池主要分 3 类：镍镉电池、镍氢电池和锂离子电池。目前手机基本上都是用锂电池，锂离子电池是一种高能量的密度电池，与同样大小的镍镉电池和镍氢电池相比，电量储备更大，质量也更小。

电池上一般标注都用英文。Ni-Cd 为镍镉电池，Ni-MH（Hi）为镍氢电池，Ni-Li 为锂电池。

1. 电池接口

手机电池的类型多种多样，其接口（连接）电路也多种多样。对于大多数手机来说，既可以通过电池供电，也可以通过外接电源供电。电池供电用 BATT+表示，外接电源供电用 EXT-B+表示，经过外接电源和电池供电转换后的电压一般用 B+表示。

很多手机电池电路中还有一个比较重要的信号线路——电池识别电路。电池通过 4 条线和手机相连，即电池正极（BATT 等）、电池信息（BSI、BATID、BATT-SER-DATA 等）、电池温度（BTEMP）和电池地（GND）。电池信息信号线通常是手机厂家为防止手机用户使用非原厂配件而设置的，它也用于手机对电池类型的检测，以确定合适的充电模式。其中，电池信息和电池温度与手机的开机也有一定的关系。

2. 开机信号

手机的开机方式有两种，一种是高电平开机，也就是当开关键被按下时，开机触发端接到电池电源，是一个高电平启动电源电路开机；另一种是低电平开机，也就是当开关键被按下时，开机触发端接地，是一个低电平启动电源电路开机。

摩托罗拉、诺基亚及其他多数手机都是低电平触发开机。只有爱立信早期的手机（如 T18 手机）是高电平触发开机。如果电路图中开关键的一端接地，则该手机是低电平触发开机；如果电路图中开关键的一端接电池电源，则该手机是高电平触发开机。

3．时钟信号

实时时钟电路产生一个 32.768 kHz 的信号，给逻辑电路提供睡眠时钟信号，同时给系统计时器提供时钟。

实时时钟电路若不能输出 32.768 kHz 的信号，则手机无时钟显示，还有可能导致不能开机。

4．稳压输出

稳压电源通常都是由一些独立的电压调节器提供不同的电源，这些电源有逻辑电源（VDIG）、频率合成电源（VVCO）、模拟电源（VANA、VPRAD 和 VRAD）等。

手机的电池电压较低，而有些电路则需要较高的工作电压，另外，电池电压随着用电时间的延长会逐渐降低。为了供给手机各电路稳定的且符合要求的电压，手机的电源电路常采用升压电路。

手机中的很多电压是不受控的，即只要按下开机键就有输出，这部分电压大部分供给逻辑电路、基准时钟电路，以使逻辑电路具备工作条件（即供电、复位、时钟），并输出开机维持信号，维持手机的开机。

非受控电压一般是稳定的直流电压，用万用表可以测量，电压值就是标称值。

手机中除非受控电压外，还输出受控电压，也就是说，输出的电压是受控的，这部分电压大部分供给手机射频电路中的压控振荡器、功放、发射 VCO 等电路。输出受控电压主要有两个原因：一是这个电压不能在不需要的时候出现；二是为了省电，使部分电压不需要时不输出。

受控电压一般受 CPU 输出的 RX ON、TX ON 等信号控制，由于 RX ON、TX ON 信号为脉冲信号，因此，输出的电压也为脉冲电压，需用示波器测量，用万用表测量要小于标称值。

电源电路中 VXO 电源若无输出，则基准频率时钟电路不能正常工作，导致手机不开机；若参考电源 V_{REF} 等无输出，则电路中的 A/D 电路不能正常工作，RX I/Q 信号不正常，导致手机不能入网；若 VCP 电源不正常，则频率合成电路中的泵电路不能正常工作，VCO 不能输出正确的频率信号，造成手机无接收或上网难。

5．充电控制

各种手机的充电电路虽然有所不同，但工作原理却基本一致。即充电电路一般由 3 部分电路组成：一是充电检测电路，用来检测充电器是否插入手机充电座；二是充电驱动电路，用来控制外接电源向手机电池进行充电；三是电池电量检测电路，用以检测充电电量的多少，当电池充满电时，向逻辑电路提供一“充电已好”的信号，于是，逻辑电路控制充电电路断开，停止充电。另外，有些手机的充电电路还具有保护电路。

12.1.4　其他电路

1．SIM 卡电路

所有 GSM 手机的 SIM 卡电路都基本相似，只不过它们的具体电路有些变化而已，一般由读卡器（卡座）和总线接口等组成。卡座在手机中提供手机与 SIM 卡通信的接口，通过卡座上的弹簧片与 SIM 卡接触，所以如果弹簧片变形或接触不良，会导致 SIM 卡故障，如“检查卡”“插入卡”等。

SIM 卡电路仅在 SIM 卡插入手机且开机后才开始工作。SIM 卡接口电路很简单，但整个 SIM 卡数据通信的线路却很复杂，SIM 卡电路和其他电路一样，使用过程中也会产生这样或那样的故障。

2. 背景灯电路

背景灯电路一般由发光二极管和开关控制管组成。在手机加电不开机或手机处于待机状态时，发光二极管不发光；而当开机或按键时，中央处理器（CPU）送出背光灯控制信号驱动控制管，使发光二极管发光。

3. 振动器电路

振动器电路由开关控制管（或驱动转换器）、振动电动机和连接器组成。当有来电时，中央处理器送出驱动信号给开关控制管（或驱动转换器）使振动电动机工作。

4. 显示电路

显示电路主要提供液晶显示屏所需的工作电压、数据和时钟信号。

摩托罗拉系列和爱立信系列手机的显示电路都有负压控制，前者的负压都由模块或稳压管产生，后者则受软件控制。所以摩托罗拉系列产品因负压不正常而引起的故障较多。诺基亚系列手机除 8110 有负压电路外，其他手机都没有负压产生电路。

5. 振铃电路

振铃电路由开关管和振铃器组成。振铃信号则由 CPU 发出并通过音频处理模块产生悦耳的铃声使振铃器发出动听的声音。

6. 耳麦电路

耳机（受话器）和麦克风（送话器）的电路比较简单，通过它们可以给手机提供数据、音频信号，手机也可以输出数据、音频信号。

送话器有正负极之分，如果极性接反，则不能输出信号。受话器多因接触不良而导致听不到对方的声音。受话器和振铃是两个不同的电路器件，千万不要混为一谈。

12.2 CDMA 手机

12.2.1 概述

目前 CDMA 手机基本上都使用美国高通公司的技术方案，不同的厂商生产的 CDMA 手机的电路形式也基本相同，都采用超外差一次变频接收和带发射上变频发射。所以，CDMA 手机尽管品种不少，但其电路结构相对来说并不复杂。

在 GSM 手机电路中，各移动电话厂商都用自己的 GSM 通信专用集成芯片，它们的结构当然不尽相同。在 CDMA 手机中，由于各大厂商都使用了美国高通公司的技术专利，因此它们都必须使用高通公司的 CDMA 专用芯片，所以，绝大多数 CDMA 手机的基带电路都很相似。但是，由于 CDMA 系统有各种不同的技术标准，高通公司推出的 CDMA 芯片也有所不同，常见的有 CSM 系列芯片、MSM 系列芯片。在 CDMA 手机中，基本上都是采用 MSM 系列芯片。

MSM 系列芯片的核心是高通公司的 MSM 单芯片基带处理器调制解调器，它直接与接收射频芯片 RFR、接收中频芯片 IFR、发射中频芯片 RFT 与电源管理芯片 PM 连接。

MSM 系列芯片主要有 MSM3000、MSM3100、MSM3300、MSM5000、MSM5100 和 MSM5200 等。

MSM3000 芯片可直接与 IFT3000 和 IFR3000 连接，并带有一个发射和接收前端电路，构成了符合 IS-95A 或 IS-95B CDMA 规范的用户端装置所必需的系统硬件。图 12-15 所示的是 MSM 芯片组的结构示意图。

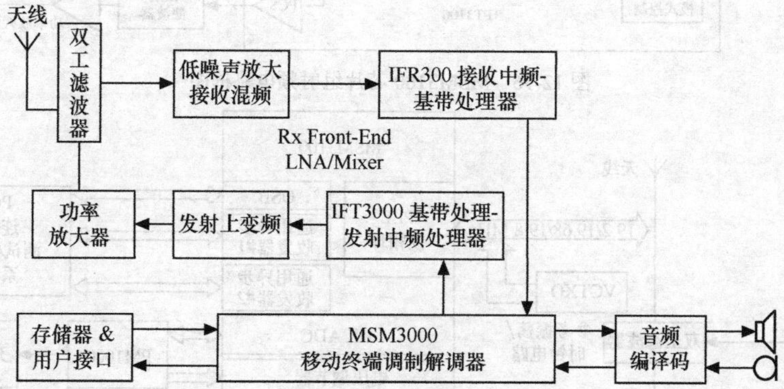

图 12-15　MSM 芯片组的结构示意图

MSM3100™ 是高通公司的第六代 CDMA 产品，它是 3100 芯片组的核心，直接与 RFT3100 模拟基带至射频的向上转换器、IFR3100 中频至基带的向下转换器、RFR3100 射频至中频的向下转换器及 PM1000 电源管理的 ASIC 接口连接。图 12-16 和图 12-17 所示的就是 MSM3100 芯片组的电路结构框图。该结构图适用于大部分 CDMA 手机，可看作是它们的电路方框图。

三星公司 SCH-470 手机是较早投放到市场的产品，其使用 MSM3000 芯片组作为该机的核心。SCH-470 手机工作在 CDMA 模式下，集软切换、硬切换、动态功率控制等技术于一身。

1．接收工作流程

三星 SCH-470 手机的接收部分是一个超外差一次变频接收电路。

由天线接收到的高频感应信号，首先经双工滤波器进行分离，送入接收通道。在接收电路中，该信号先由一个低噪声放大电路进行低噪声放大，以满足混频器对输入信号幅度的要求。

低噪声放大器输出的射频信号在混频电路中与本机振荡信号进行混频，得到 85.38 MHz 的接收中频信号。

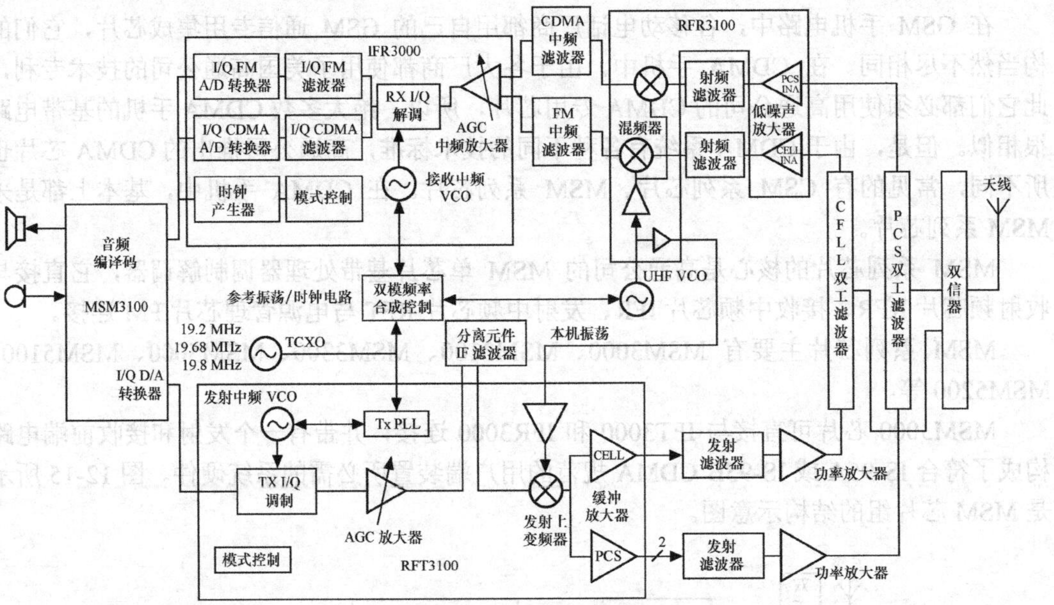

图 12-16　MSM3100 芯片组射频电路框图

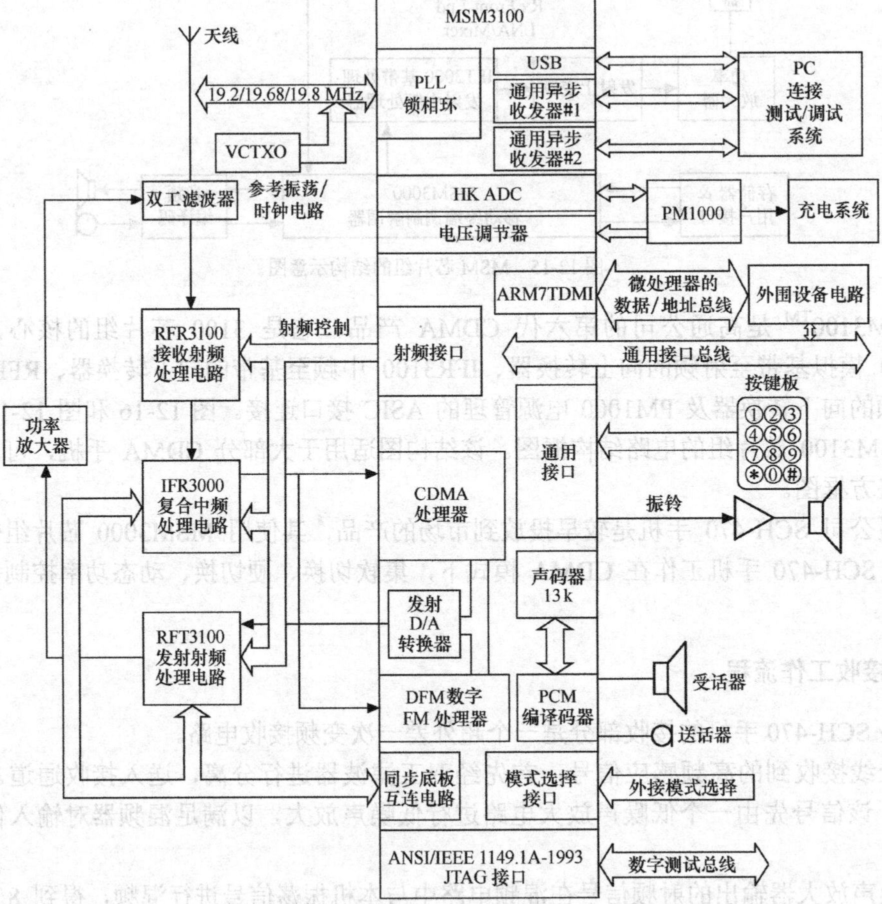

图 12-17　MSM3100 芯片组基带部分电路图

中频信号首先经过中频放大器进行放大，然后由中频滤波器滤波。滤波后的中频信号再经 AGC 放大器放大，然后到中频处理电路进行 RX I/Q 解调，得到接收基带信号。

用于 RX I/Q 解调的 170.76 MHz 信号由一个专门的中频 VCO 电路产生。解调后的 I/Q 信号被送到逻辑电路。I/Q 信号首先经 A/D 转换，得到数码信号。数码信号再经信道解码、去分间插入、声码器处理和 PCM 解码等处理，还原出模拟的话音信号。

2．发送工作流程

在发射电路部分，SCH-470 采用的是带发射上变频的电路。模拟的话音信号首先经送话器转换，得到模拟的话音电信号。该信号经 PCM 编码，得到数字话音信号。

数字话音信号由声码器进行处理，然后经分间插入、信道编码等处理，得到发射基带信号 TXI/Q。TXI/Q 信号被送到射频电路。在射频电路中，I/Q 信号首先进行 I/Q 调制。用于调制的载波信号由一个专门的发射中频 VCO 电路产生。

I/Q 调制器输出发射已调中频信号。该信号在发射上变频器中与本机振荡信号进行混频，得到最终的发射信号。

发射上变频器输出的信号送到功率放大电路进行功率放大，然后经天线辐射出去。

12.2.2　收发部分

1．接收部分电路

SCH-470 手机的接收机是一个超外差一次变频接收机。它的电路结构与摩托罗拉的许多 GSM 手机的接收机电路结构相似。但它们之间是有本质的区别的。下面对 SCH-740 手机的接收部分电路进行详细介绍。

（1）天线电路

在 GSM 手机中，天线电路通常采用天线开关电路。而 CDMA 手机的天线电路则基本上采用双工滤波器电路。在双模的 CDMA 手机中，还设有双讯器，以分离不同频段的信号。但目前国内的 CDMA 手机基本上都是工作在 800 MHz 频段的。所以，天线电路基本上都只有双工滤波器电路。

双工滤波器是一个无源器件。双工滤波器实际上包含一个接收带通滤波器与一个发射带通滤波器。双工滤波器有 3 个端口：ANT、TX 和 RX。

ANT 端口是公共端口，连接到天线；TX 端口是发射信号端口，该端口连接到发射机的功率放大器的输出端；RX 端口是接收信号端口，该端口输出信号送到接收机的低噪声放大电路。

天线将感应接收到的高频电磁波转换成高频电信号，然后经双工滤波器 F301 将该信号传输到接收机电路。

在接收的时候，它只允许中心频率为 881 MHz、上下各 12.5 MHz 范围内的信号通过，以避免发射信号或其他干扰信号进入接收电路，对接收电路性能造成影响。

在发射的时候，它只允许中心频率为 836 MHz，上下各 12.5 MHz 范围内的信号通过，以避免发射电路中的杂散信号辐射出去，对其他通信设施造成影响。

（2）低噪声放大器

在接收电路中的低噪声放大器（LNA）的电路中，VT302 是低噪声放大器的核心器件，在 VT302 的前后，各有一个射频滤波器。这两个射频滤波器都是带通滤波器，它只允许 CDMA 接收频段内的射频信号通过。

（3）混频电路

混频电路是接收部分的核心，如图 12-18 所示。这是一个由集成电路组成的混频电路。U301 是其核心器件。本机振荡信号由 C310、L351 加到 U301 模块，CDMA 射频信号则由 F302 滤波到达。混频得到的中频信号从 U301 的 5 脚输出。C315、L355 等构成混频电路的馈电电路。混频器的工作电源+3.3 VRC 由电压调节器 U382 提供。

（4）中频放大

接收部分的增益主要由中频放大器提供。所以，中频放大器的性能好坏直接影响到接收机的整体性能。中频放大器有分立元件的和集成组件的。SCH-470 手机采用了一个由固定增益的分立元件组成的中频放大器和一个由 AGC 放大电路组成的中频放大器，如图 12-19 所示。

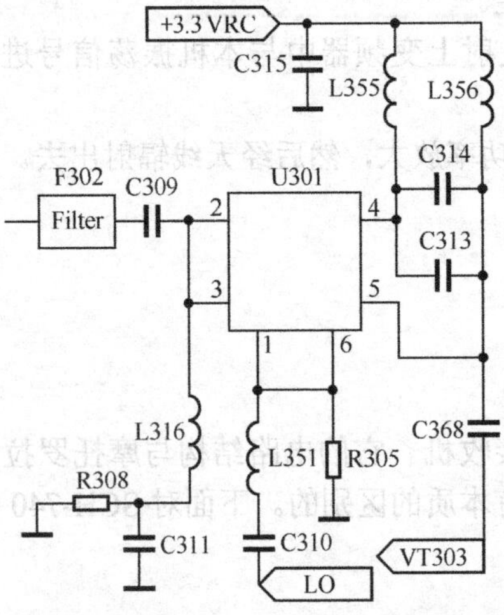

图 12-18　混频电路

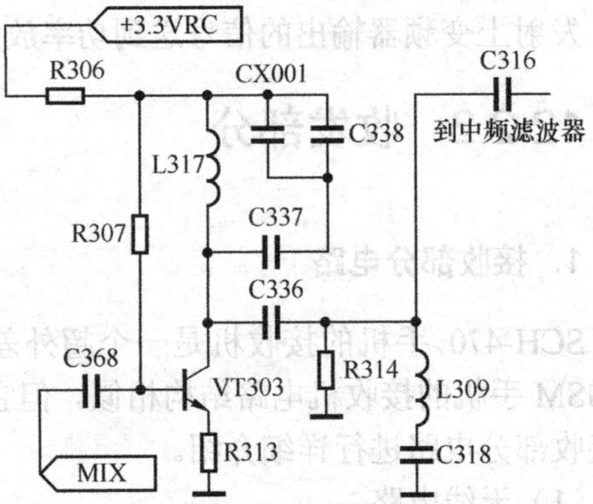

图 12-19　中频放大框图

中频放大器的第一级采用的是一个固定的集电极反馈偏置的三极管放大电路。VT303 是放大管。VT303 电路的工作电源由 U382 提供。电阻 R307 既给三极管的基极提供偏压，又在电路中引入负反馈。放大器的电压放大作用通过电感 L317 反映出来。

VT303 电路放大输出的中频信号送到后面的 AGC 放大电路。但信号首先要经中频滤波器滤波。该滤波器的带宽为 1.25 MHz。经滤波后的中频信号送到 AGC 放大器 U302。该电路受逻辑电路输出的 RX-AGC-ADJ 信号控制。

同时，U302 电路还受 SLEEP 信号的控制。当 SLEEP 信号为高电平时，U302 电路才开始工作。

（5）接收中频压控振荡电路

接收中频压控振荡电路由 U402、U401 及变容二极管 VD403、VD404 等组成。该电路产生一个中心频率恒定为 170.76 MHz 的振荡信号。

该电路产生的中频 VCO 信号用于接收机进行 I/Q 解调。手机开机后，只要+3.3 VRC 电源到达该中频 VCO 电路，该电路就开始工作，产生 170.76 MHz 的振荡信号。

（6）接收 I/Q 解调

U302 内部分 AGC 放大器输出的 85.38 MHz 的接收中频信号被送到 U401 模块内的 I/Q

解调电路。

接收中频 VCO 电路产生的 170.76 MHz 的中频 VCO 信号在 U401 模块内首先被 2 分频，得到一个纯净的 85.38 MHz 的点频信号。该信号与 85.38 MHz 的接收中频信号进行混频，得到 CDMA 接收机的 I/Q 信号。

要说明的是，中频信号并不是一个纯净的 85.38 MHz 点频信号，其中心频率为（85.38±0.63）MHz。

解调得到的 RX I/Q 信号从 U401 的 53～60 脚输出，送到中央处理单元 U101 模块。该信号可用示波器来检测。它与 GSM 手机的 RX I/Q 信号有很大的区别。

RX I/Q 信号可在 U401 的 60 脚测到，也可在 U101 模块旁的电阻 R197、R200、R206、R207、R196、R201、R203 等处检测。

2．发射部分电路

SCH-470 手机的发射机是一个带发射上变频的发射机电路，其电路结构与摩托罗拉 V998 等手机的电路结构非常相似。但它的工作方式与 GSM 手机的发射机却有很大的不同。

（1）发射中频 VCO

SCH-470 手机的发射中频 VCO 电路由 U401 内的部分电路和变容二极管 VD401、VD402 等组成。

该电路产生一个 260.76 MHz 的信号，用于发射机进行 I/Q 调制。若该电路工作不正常，手机无发射。若发射中频 VCO 信号不正常，应检查 U401、D401 电路。

（2）发射 I/Q 调制及发射上变频电路

图 12-20 所示的是 CDMA 手机 TX I/Q 调制的原理方框图。从图中可以看到，逻辑电路输出的 TX I/Q 信号被送到 I/Q 调制器。SCH-470 的 I/Q 调制电路被集成在 U401 模块内。

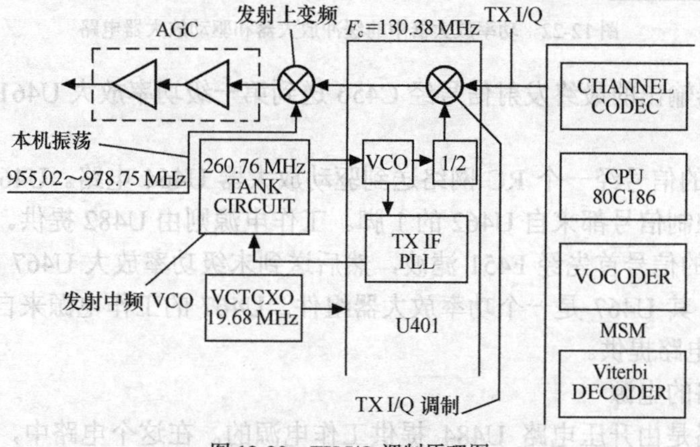

图 12-20　TX I/Q 调制原理图

在调制电路，260.76 MHz 的发射中频 VCO 信号被 2 分频，得到 130.38 MHz 的发射中频载波信号。I/Q 信号调制在该信号上，从 I/Q 调制器输出 130.38 MHz 的发射已调中频信号。

从上面的中频放大电路框图可知，发射已调中频信号与射频 VCO 信号进行混频，得到最终发射信号。图 12-21 所示的就是发射上变频电路。U460 是其核心器件。该电路实际上是一个混频电路，用于发射上变频的本机振荡信号 TX_1ST_LO 信号来自射频 VCOU341 电路。

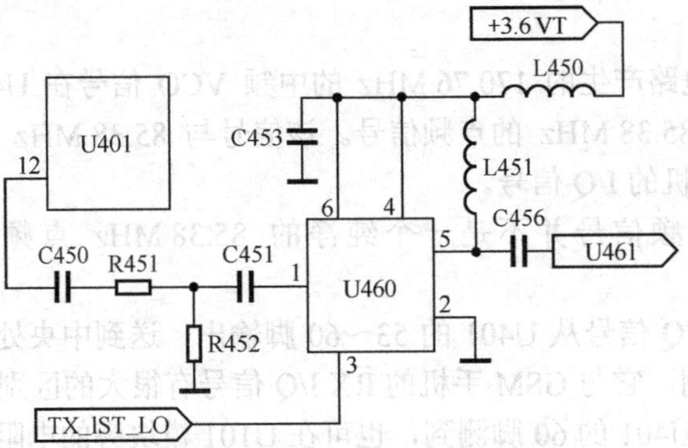

图 12-21　发射上变频电路

（3）功率放大器

SCH-470 的功率放大器比较复杂，使用了 3 级功率放大，其电源电路也比较独特。图 12-22 所示的就是功率放大器中的缓冲放大器和驱动放大器电路。

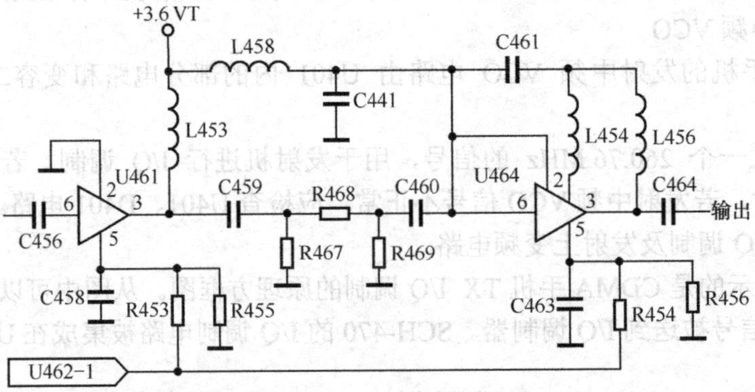

图 12-22　功率放大器中的缓冲放大器和驱动放大器电路

发射上变频器输出的最终发射信号经 C456 送到第一级功率放大 U461 电路。U461 电路的增益是可控的。

U461 放大后的信号经一个 RC 网络送到驱动放大器 U464 电路。U464 电路的增益也是可控的。它们的控制信号都来自 U462 的 1 脚。工作电源则由 U482 提供。

U464 放大后的信号首先经 F451 滤波，然后送到末级功率放大 U467 电路。末级功率放大电路比较简单，其 U467 是一个功率放大器组件。U467 的工作电源来自 U484；其功率控制信号由 VT450 电路提供。

（4）功放电路的电源

功放电源电路是由升压电路 U484 提供工作电源的。在这个电路中，它将 3.6 V 的 V-DC 电源转换成 4.85 V 的电源。当中央处理单元 U101 输出控制信号 PAMP-ON 时，VT482 导通，其集电极电位下降，控制 U484 开始工作。U484 从 5、6 脚输出 VPAM 电源给末级功率放大电路 U467 作为工作电源；U484 的 7、8 脚输出 4.85 V 的电源给 U482、U483 两个电压调节器作为工作电源。

U482 输出 3.6 V 的电源给功率控制电路供电。U483 输出的+3.0 VREF 电源则用于末级功率控制电路。

（5）功率控制

CDMA 手机的功率控制电路与模拟手机、GSM 手机的功率控制电路有很大的区别。该控制电路没有我们熟悉的功率采样部分，而是直接将逻辑电路输出的功率控制参考电平信号 TX-AGC-ADJ 加到 U462 的第 3 脚来进行控制。U462 是一个运算放大器，U462 的 1 脚输出功率控制信号，用以控制 U461、U464 电路的增益。

如图 12-23 所示，U462 输出的控制电压信号送到 U463 的 3 脚。U463 的 1 脚输出控制信号，通过控制 VT451、VT450 的导通程度来改变 VT450 集电极输出的电压（该电压是功率放大器 U467 的控制信号），从而达到进行功率控制的目的。

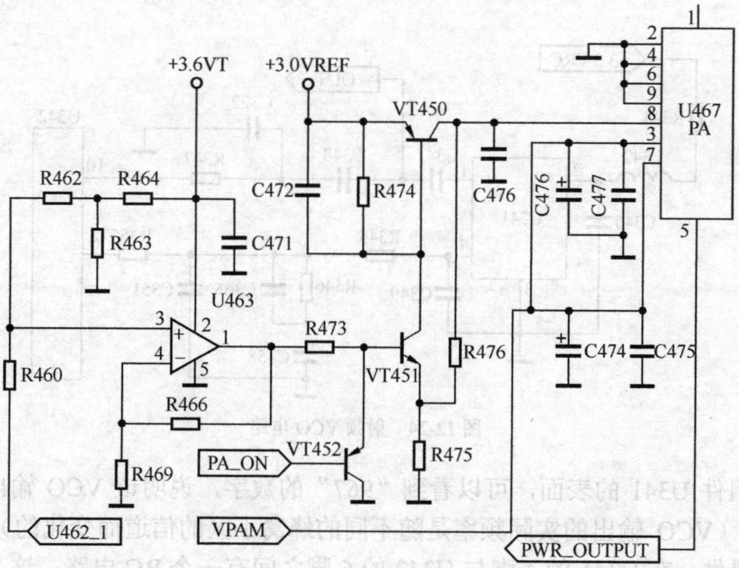

图 12-23　功率控制电路

3．频率合成部分

在手机电路中，频率合成部分通常包含了几个频率合成环路：射频 VCO 频率合成环路、接收中频 VCO 频率合成环路、发射中频 VCO 频率合成环路等。不管是哪一个频率合成环路，其基本结构都大同小异，且它们的参考信号都来自基准频率时钟电路。

（1）基准时钟振荡电路

如同 GSM 手机一样，基准时钟振荡电路在 CDMA 手机中也是一个非常重要的电路，它既给频率合成电路提供参考信号，又给逻辑电路提供逻辑时钟信号。

逻辑时钟电路由 U343 电路产生。在频率合成方面，该信号给射频 VCO 频率合成、接收中频 VCO 频率合成和发射中频 VCO 频率合成提供参考信号。该电路同时还给 PCM 编码器、声码器等电路提供信号。

（2）锁相环（PLL）电路

在手机的频率合成电路中，鉴相器和分频器通常被集成在一个被称为锁相环的专用芯片（模块）中，也有的被集成在一个复合芯片中（这种芯片内包含有多种功能电路）。这里所讲的 PLL 是指射频频率合成中的锁相环。

在中频 VCO 方面，接收中频 VCO、发射中频 VCO 频率合成的控制功能都由复合芯片

U401完成。

（3）压控振荡器（VCO）

VCO电路在锁相环中非常重要，是频率合成及锁相环路的核心电路。射频VCO电路在手机中有两个方面的作用：一个是用于接收方面的混频电路（低噪声放大器后的混频电路），作为本机振荡信号，与低噪声放大电路送来的射频信号进行差频，得到接收机的中频信号；另一个是用于发射方面电路，在发射上变频电路中与发射已调中频信号进行差频，得到最终发射信号。

SCH-470的射频VCO电路相对比较简单，它仅使用了一个VCO组件，如图12-24所示。

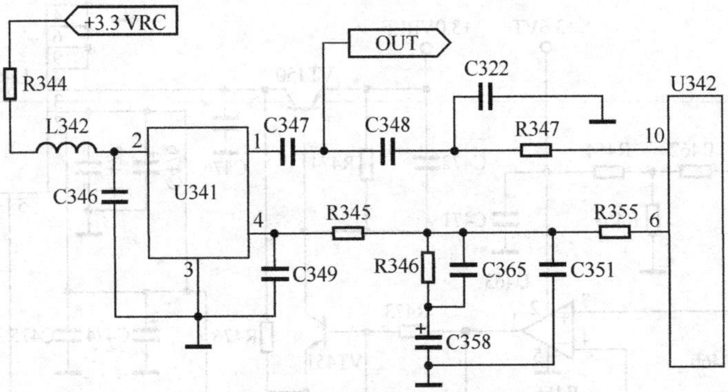

图12-24 射频VCO电路

在VCO组件U341的表面，可以看到“967”的数字，说明该VCO输出信号的中心频率在967 MHz（VCO输出的实际频率是随不同的蜂窝小区的信道而变化的）。U341的工作电源由U382提供。在U341的4脚与U342的6脚之间有一个RC电路，这个电路就是一个低通滤波器。它防止鉴相器输出信号中的高频成分干扰VCO的工作。

（4）缓冲放大电路

射频VCO信号从U341输出后需经缓冲放大后才送到各相关的电路。缓冲放大电路有两级：一是三极管VT304组成的放大电路；二是U385组成的放大电路。

VT304是一个固定分压偏置的共发射极电路。VT304的工作电源由U382提供。VT304电路输出的信号分为两路：一路经C341、R356、C370送到发射上变频器；另一路由U385再一次放大，输出到接收部分的混频U301电路。

12.2.3 逻辑/音频部分

SCH-470手机接收方面的逻辑/音频通道方框图如图12-25所示。

逻辑电路是整机的控制中心，其核心是中央处理模块U101。逻辑电路还包含RAM、ROM和EEPROM等。逻辑电路使用TCXO和CHIPX8两个时钟，同时提供整机的功能控制。

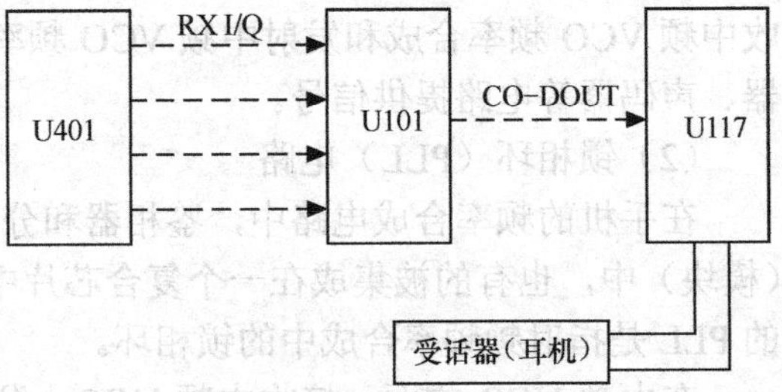

图12-25 逻辑/音频通道方框图

音频电路主要是对话音信号进行编译码。

1．中央处理器

中央处理器（CPU）U101 是一个 16 位微处理器 80186。所有的电路都受 CPU 控制。U101 模块提供了各种处理器接口，如复位电路、地址线、数据线、存储器控制（ALE、DT-R、HWR/、LWR/、RAM-CS、ROM-CS）等。

CPU 使用一个 27 MHz 的时钟信号。该信号由晶体 X101 和 U101 内的部分电路产生。

手机未处于 CDMA 模式下时，它使用一个 4.92 MHz 的参考时钟信号。该信号是由 U341 电路产生一个 19.68 MHz 的信号，经 U401 分频得到的。当手机处于 CDMA 模式下时，它使用的参考时钟 9.830 4 MHz 信号来自 U401 模块的 CHIPX8 端口。

U101 提供 CDMA 数据接口和 FM 接口。本机只使用了 CDMA 接口。

U101 还对整机工作模式进行控制。当 IDLE 信号为低电平时，仅仅发射机电路被关闭；当 IDLE 和 SLEEP 信号都是低电平时，除了 19.68 MHz 电路和 27 MHz 振荡电路外，其他电路都停止工作。

2．存储器

本机使用一个 8 MB 的 FLASH 存储器，用来存储终端程序。这些程序可以利用相关的设备进行更改。同时使用一个 2 MB 的 SRAM 存储器，用来存储呼叫信息、计时器数据等。它还使用一个 128 KB 的 EEPROM 用于存储 ESN、NAM、功率级别、音量级别、电话号码等。

3．逻辑时钟

逻辑时钟信号由 U343 电路产生，该信号的频率为 19.68 MHz。

U343 电路受控于逻辑电路。CPU 模块 U101 输出一个 TRK-LO-ADJ 信号加到 U343 的 2 脚。该信号实际上是一个自动频率控制信号（AFC）。该信号也用于控制整机与系统同步。

4．接口

SCH-470 手机电路中的接口比较多，有 LCD 接口、内联接口，以及存储电路板与主板之间的接口等。

5．背景灯电路

背景灯有显示背景灯和按键背景灯，都直接由 VT114、VT115 电路控制。VT115 集电极除了经 R186、R187 连接到显示背景灯外，还通过内联接口的 15 脚连接到按键背景灯。

由 U101 模块输出控制信号 BCKLGTH-EN。当该信号为高电平时，三极管 VT114 导通，VT115 的基极电压上升，三极管 VT115 导通饱和，集电极电位下降，背景灯因此开始发光。

6．信号指示灯

信号指示灯电路由 U101 输出的信号控制。U101 的 71 脚输出控制信号 RI-LIGHT，送到 VT121 的基极。当 RI-LIGHT 信号为高电平时，信号指示灯开始工作。

7．振动器

振动器电路的控制信号由 U101 输出。控制信号 VIBRATOR 送到 VT108 的 2 脚。当控制信号为高电平时，VT109 导通饱和，振动器开始工作。

8．按键

SCH-470 手机的按键驱动信号由 U101 模块提供。按键阵列由按键组件提供。中央处理器 U101 的 163～167、177、178 等脚所连接的电路输出扫描信号。

9．振铃与按键音

振铃信号也由 U101 模块提供。但 SCH-470 手机的振铃电路与别的机型不同。U101 输出振铃信号 RINGER 到 VT120 的基极。同时，U101 输出一个振铃启动控制信号 RINGER-EN 到 VD105，使 VT120、VT113 开始工作，蜂鸣器发出声音。同时，振铃信号也通过 R141、R145 等到受话器通道，但这时 SPK-MUTE 信号起作用，关闭了受话器信号线路，受话器无声。

而按键音也是从 RINGER 信号端输出。按键被按下时，RINGER 信号也会加到 VT120 的基极，但这时无 RINGER-EN 信号，所以振铃电路不工作。而按键音信号经 R141、R145、C141、R136，并经 U111 到受话器，发出声音。

10．接收音频电路

音频电路的核心主要是声码器，其工作模式如图 12-26 所示。

U401 模块解调输出的 RX I/Q 信号被送到中央处理单元 U101 电路。在 U101 电路中，RX I/Q 信号首先经一个 A/D 转换电路，将模拟的 I/Q 信号转化成数码信号。

转换后的数码信号经信道解码、去分间插入等一系列处理，得到数字语音信号，由 U101 模块经 PCM 信号线路 CO-DOUT 输出到 OCM 编译码器 U117 电路。

U117 对数字语音信号进行解码（D/A 转换），得到模拟的话音信号。

U117 电路是一个复合电路，它包含接收音频的 PCM 解码和发射音频的 PCM 编码，同时包含一些音频电路的控制功能，如 MIC-MUTE、SPK-MUTE。U117 通过 PCM-CLK、PCM-SYNC、CO-DOUT 和 PCM-DOUT 4 条通信线与中央处理单元进行信息传输，如图 12-27 所示。

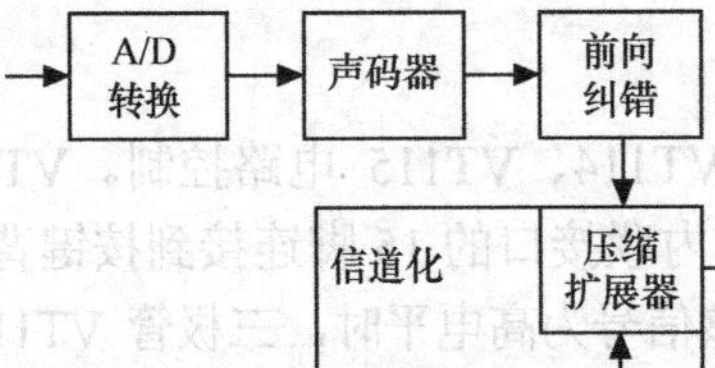

图 12-26　接收音频电路

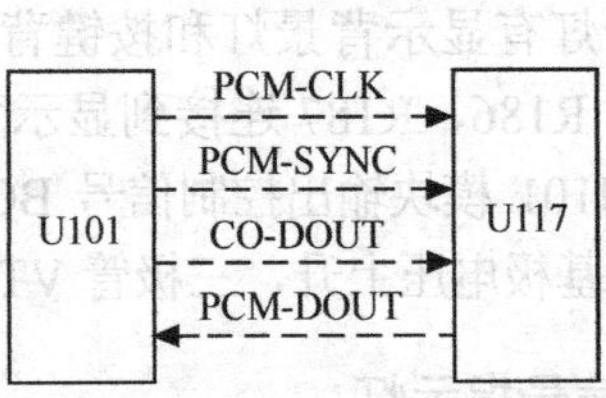

图 12-27　音频控制电路

U117 还原出的模拟音频信号从 U117 的 44、46 脚输出。音频信号经 C154、R170、

C131 等送到受话器，或经 C154、R170、C131、R136、U111、内联接口等接到受话器。

11．发射音频电路

发射音频电路是发射机的第一级电路。

经送话器转换得到的模拟话音信号，由内联接口的第 10 脚输送到主机板电路输出。该信号经 U114 进行前置放大。放大后的音频信号被送到 U117 电路，进行 PCM 编码，得到数字语音信号。数字语音信号被传输到中央处理单元，进行一系列的处理，得到 TX I/Q 信号。

12.2.4　电源部分

1．自动调压电路

自动调压电路如图 12-28 所示。SCH-470 手机由 3.6 V 的电池供电。电池电压首先要经一个自动调压电路进行稳压，然后才给手机内的各部分电路提供工作电源。自动调压电路由 U123、U106 等组成，该电路实际上是一个脉冲调制的自动稳压电路（PCM 调压电路）。

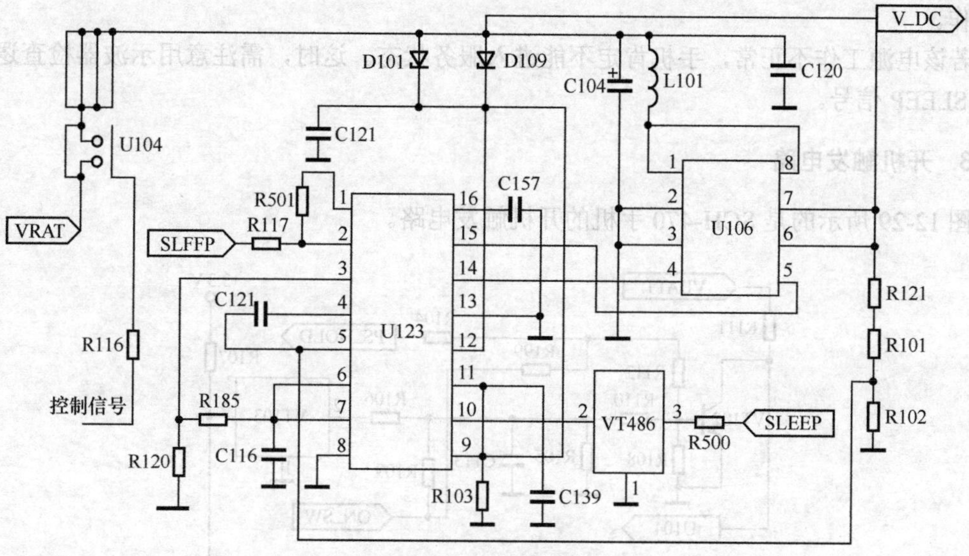

图 12-28　自动调压电路

电池电压直接连接到场效应管 U104 的 4 脚。当电源开关键被按下后，高电平开机触发信号通过 VT102 控制 U104 导通，电池电压被送到 U123 电路，自动调压 U123 电路因此被启动。

在自动调压电路中，U123 是核心电路。若电池电压是 3.6 V 或高于 3.6 V，则自动调压电路不工作，若电池电压低于 3.6 V，则自动调压电路启动，使 U123 电路输出的 V-DC 电压始终保持在 3.6 V。若电池电压低于 2.7 V，则自动调压电路停止工作，手机自动关机。

2．电压调节器

手机的工作电源按供给的电路不同分为逻辑电路的工作电源、射频电路的工作电源及频率合成电路的工作电源等。

手机中有许多单元电路，不同的单元电路对工作电压有不同的要求。有的要求电流大，有的要求精度高。自动调压电路输出的 3.6 V 的 V-DC 电压并不直接给各单元电路提供工作电压。该电压还需通过一些独立的电压调节器进行再一次稳压，然后才提供给各相应的单元电路。

（1）逻辑电源电压调节电路

本电路主要给整机的逻辑电路提供工作电压。该电源还用于复位信号的产生。当 V-DC 电源到达 U124 电路后，U124 开始工作，输出 3.3 V 的稳压电源。U124 的 8 脚输出的电压经 R115 加到 UX102，产生复位信号 RESIN。该复位信号被送到逻辑电路。若该信号不正常，可能会导致手机出现不开机的故障。

（2）频率合成电压调节电路

该部分的输出电压主要给机内的频率合成电路、音频电路等供电。

（3）射频电压调节电路

射频电压调节器电路主要由 U382 组成。U382 输出的 3.3 V 电源主要给接收机电路、频率合成电路供电。与 U124、U122 电路不同的是，该电压调节器要受逻辑电路的控制。逻辑电路输出一个 SLEEP 信号加到 U382 的 3 脚，控制 U382 在适当的时间内启动工作。

若该电源工作不正常，手机肯定不能进入服务状态。这时，需注意用示波器检查逻辑电路的 SLEEP 信号。

3. 开机触发电路

图 12-29 所示的是 SCH-470 手机的开机触发电路。

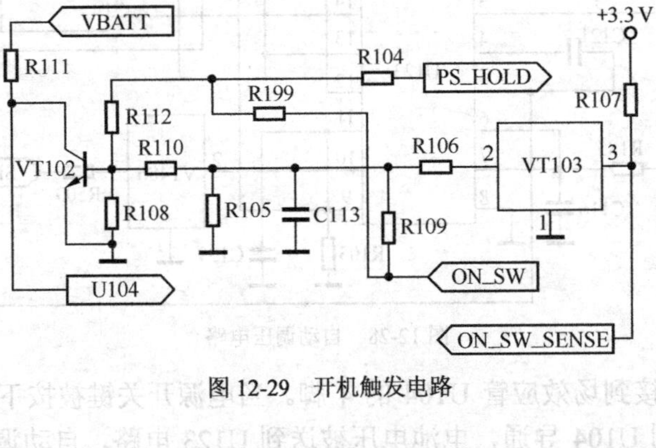

图 12-29 开机触发电路

SCH-470 手机通过一个高电平触发开机。电源开关键的一端连接在电池上。

当电源开关键被按下时，电池电压通过电源开关键连接到开机触发电路，产生一个高电平开机触发信号。该信号经电阻 R109、R110 到三极管 VT102 的基极，使 VT102 饱和导通。VT102 的集电极电位下降，产生一个低电平控制信号，控制 U104 导通。电池电压因此被输送到自动调压电路。

开机触发信号还通过 R109、R106 到 VT103 的基极。VT103 饱和导通时，VT103 的集电极电位下降，产生一个开机检测信号 ON-SW-SENSE 到 CPU。

4．开机维持

如前所述，电源开关键被按下时，电池电源被连接到开机触发线路，产生一个高电平开机触发信号。该信号通过 VT102 控制启动自动调压 U123 电路。U123 电路开始工作，输出 3.6 V 的 V-DC 电源。

V-DC 电源输出分为几路，分别送到逻辑电压调节器 U124、模拟电压调节器 U122 和 UX101、射频电压调节器 U382。于是逻辑时钟 U343 电路开始工作，输出 19.68 MHz 的逻辑时钟信号。

当逻辑电源、复位信号被送到逻辑电路时，逻辑电路开始启动。CPU 通过通信总线启动开机程序，如果得到软件的支持，CPU 便输出一个开机维持信号 PS-HOLD。

PS-HOLD 信号经电阻 R104、R112 到 VT102 的基极，这样即使电源开关键被释放，也有一个高电平使 VT102 保持导通，通过 VT102 使整机电源电子开关 U104 保持导通，完成开机。

小结

手机可以分成两大部分：一部分包括与无线接口有关的硬件（移动台）和软件；另一部分包括用户特有的数据，即用户识别模块（SIM 卡）。移动台一般由射频电路、逻辑/音频电路、电源电路等部分组成。SIM 卡上储存了一个用户的全部必要信息，没有 SIM 卡，移动台便不能接入 GSM 网络（紧急业务除外）。

在手机电路中，射频电路主要包括接收和发射两大部分。接收电路主要有 3 种构成方式：第一种是超外差一次变频；第二种是超外差二次变频；第三种是直接变频。发射电路大致可分为带发射上变频的发射机、带发射变换电路的发射机和直接升频的发射机 3 种结构。频率合成器通常是由接收 VCO 频率合成环路、接收中频 VCO 频率合成环路、发射中频 VCO 频率合成环路等几个频率合成环路组成。

手机中，以中央处理器 CPU 为核心的控制电路称为逻辑电路，负责对整个手机的工作进行控制和管理，包括开机操作、定时控制、数字系统控制、射频部分控制，以及外部接口、键盘、显示器、SIM 卡管理与控制等。

CDMA 手机基本上都使用美国高通公司的技术方案，不同厂商生产的 CDMA 手机的电路形式基本相同，都采用超外差一次变频接收和带发射上变频发射。

习题

12-1 画出 GSM 手机的结构方框图。

12-2 SIM 卡中存有哪些信息内容？

12-3 接收电路中的变频方式有哪几种？

12-4 频率合成器由哪些部分组成？

12-5 中央处理器正常工作应具备哪些条件？

12-6 画出 MSM 芯片组的结构示意图。

12-7 CDMA 手机的功率控制电路与 GSM 手机的功率控制电路相比有什么不同？

参考文献

[1] 解相吾，解文博．移动通信技术基础．北京：人民邮电出版社，2005.

[2] 卢尔瑞，孙孺石，丁怀元．移动通信工程．北京：人民邮电出版社，1998.

[3] 张威．GSM 网络优化——原理与工程．北京：人民邮电出版社，2003.

[4] 蔡康，李洪，朱英军．3G 网络建设与运营．北京：人民邮电出版社，2007.

[5] 袁超伟，陈德荣，冯志勇，等．CDMA 蜂窝移动通信．北京：北京邮电大学出版社，2003.

[6] 郭梯云，邬国扬，李建东．移动通信．西安：西安电子科技大学出版社，2000.

[7] 李蔷薇．移动通信技术．北京：北京邮电大学出版社，2005.

[8] 解相吾，解文博．移动通信终端设备原理与维修．北京：人民邮电出版社，2005.

[9] 陶小峰，崔琪楣，许晓东，等．4G/B4G 关键技术及系统．北京：人民邮电出版社，2011.

[10] 何林娜．数字移动通信技术．第 2 版．北京：机械工业出版社，2010.

[11] 高鹏，赵培，陈庆涛．3G 技术问答．第 2 版．北京：人民邮电出版社，2011.

[12] 解相吾，解文博．通信动力设备与维护．北京：电子工业出版社，2012.

[13] 解相吾，解文博．通信原理．北京：电子工业出版社，2012.